石油化工自动化仪表标准化管理丛书

石油化工自动化仪表

标准化检修

王少勇　张继锋　主编

中国石化出版社

内 容 提 要

《石油化工自动化仪表标准化检修》按照企业生产运营周期将计划性检修典型化分类，在明确标准化检修流程、总体原则的基础上，将作者几十年的专业管理经验与技术积累浓缩成可具体、直接参照执行的表格和条文。全书分为综述、检修准备、检修、交付开工四章，详细阐述检修策划、准备、实施、交付全过程的管理流程标准化、动态化，具体实施与技术执行的表格化、条文化。它从仪表专业宏观管理着手规划，以细化到仪表位号牌如何打印固定的实用性、可操作性落脚，既是管理上标准化、流程化的范本，亦是技术上规范化、系统化的手册。

本书可供石油化工生产企业和检维修公司的仪表专业管理人员、技术管理人员、检修作业人员、维护作业人员学习参考。

图书在版编目(CIP)数据

石油化工自动化仪表标准化检修 / 王少勇，张继锋主编．—北京：中国石化出版社，2019.6
(石油化工自动化仪表标准化管理丛书)
ISBN 978-7-5114-5353-2

Ⅰ.①石… Ⅱ.①王… ②张… Ⅲ.①石油化工-化工仪表-自动化仪表-检修-标准化管理 Ⅳ.①TE967

中国版本图书馆 CIP 数据核字(2019)第 107196 号

中国石化出版社出版发行

地址：北京市朝阳区吉市口路 9 号
邮编：100020 电话：(010)59964500
发行部电话：(010)59964526
http://www.sinopec-press.com
E-mail:press@sinopec.com
北京富泰印刷有限责任公司印刷
全国各地新华书店经销

*

787×1092 毫米 16 开本 26.5 印张 669 千字
2019 年 8 月第 1 版 2019 年 8 月第 1 次印刷
定价：138.00 元

《石油化工自动化仪表标准化检修》编委会

序　言

我国石油化工行业正在向数字化、园区化、集约化、炼化一体化转型，先进智能工厂建设已经成为高质量创新发展的新起点。石化设备作为企业生产经营的硬件基础，其良好运行是本质安全的保障，更是创新发展的前提。因此，建立设备制造安装、日常维护、停工检修等标准化技术管理文件就显得尤为重要。

在中国石化出版社的组织下，中海油惠州石化有限公司编写了《石油化工自动化仪表标准化管理丛书》。该丛书结合现代化石油化工企业自动化仪表专业技术管理实践，总结了项目建设、生产维护、停工检修全过程自动化仪表专业成熟可靠的标准化技术管理经验，对设备全生命周期系统管理提供了规范科学完整的基础文件资料。丛书既为现代化石化企业自动化仪表专业技术管理提供了标准化模板，又为推广该专业通用性技术手册和管理范例做了有益的尝试。其中，《石油化工自动化仪表标准化检修》按照检修准备、检修过程、交付开工全过程顺序制订了关键技术要点、实际执行技术表格与条目，全面展示标准化检修的系统策划准备与现场实施，不同类型的检修都可以参照执行。我相信，该丛书的出版将会为石化行业自动化仪表技术管理人员、技能操作工人提供系统的标准化技术管理手册或基础性文件。

标准化技术管理作为设备完整性管理的基础，是石化行业设备管理走向国际一流的重要标志之一。我希望广大设备技术管理工作者都要主动践行“创新、协调、绿色、开放、共享”五大发展理念，结合石油化工行业发展新要求，在本职岗位上开拓思维、钻研技术、攻克难关，实现设备技术先进，运行指标可靠，智能化水平提高，迈向可持续健康发展的必由之路。

中国化工学会石化设备检维修专业委员会荣誉主任委员

胡安定

前 言

作为国家经济命脉的石油化工企业，其建设、生产、发展都与时代发展息息相关，企业的自动化水平更是与时俱进的重要表征之一。相应地，自动化仪表专业技术管理的重要性和先进性要求也在不断提高。现实情况之一是企业产能越来越大，人员配备逐渐减少，建设、检修、生产维护以外委为主，企业技术管理人员少、外委人员技术素质不高及稳定性差的现状，与企业高标准管理和发展的要求之间形成了冲突。

标准化管理，或许是解决矛盾与提升发展的一把钥匙。石化企业的标准化管理，以系统化管理制度体系为前提，以标准化管理流程为骨架，以菜单化执行为落脚点，化繁为简、规范统一。具体到自动化仪表专业，以表格化落实标准化管理流程、以条文化作业指导践行标准化实施，实现企业项目建设、生产维护、停工检修全过程动态循环标准化运转螺旋发展。以企业或装置停工检修为例，小到检修工器具明细、停工吹扫仪表清单，大到标准格式的检修计划和细化到继电器测试记录的控制系统检修方案，检修准备、实施、交付全过程均以标准化表格规划、跟踪、管理，作业、执行层面则以规范化条文化作业指导书为依据和准则具体作业、操作和执行。同时，管理流程具体化到仪表位号、实践化到各类自动化仪表的基本原理与技术要点，作业指导书则是将制度、规范、标准、规程平民化到什么时候用什么工具、用什么表格记录的航天发射式操作步骤。为此，繁杂的仪表专业技术管理变得有条不紊，具体执行作业也如照单抓药、看菜谱下锅，显得规范又轻松，而且标准化管理流程及作业步骤既顺序执行又自动闭环更新，是缓解目前仪表技术管理困境和提升管理层次的基础性良药。

技术发展迅速、产品更新换代快速的自动化仪表专业，在突出矛盾之外还有显著的个性矛盾：自动化仪表样本、手册、图纸等技术资料已经多到堆积如山、无暇过目，实际工作中却较难找到可以直接参照执行的技术管理类书籍，能够明确指导作业执行层照单作业的实操类书籍也不是很多。

以企业生命全过程为基础与背景，从业主仪表工程师的视角，将企业项目建设、生产维护、停工检修全过程标准化管理的实践经验总结提炼提升，便促成了《石油化工自动化仪表标准化管理丛书》的诞生。丛书以表格化技术管理、条文化作业执行为基本框架和主旨，以管理流程化、执行实用化为目标，分为《石油化工自动化仪表标准化建设》《石油化工自动化仪表标准化维护》《石油化工自动化仪表标准化检修》。这三本书独立介绍而又相互关联，浑然一体。

《石油化工自动化仪表标准化管理丛书》的策划、编写、修改、定稿得到了中国石化出版社领导和编辑、中国石油和中国石化多位专家、领导的大力支持、指导与帮助，在此表示衷心的感谢。相信在各位行业专家的共同努力下，丛书能够代表当今石化企业的自动化仪表专业技术水平和管理水平，广大的自动化仪表专业管理人员、一线技术及作业人员也将从中受益匪浅。让我们共同为石化企业自动化水平和标准化管理水平的不断提升贡献一份力量。

中海油惠州石化有限公司总经理

赵　岩

目　录

第一章　综　　述

石油化工企业的计划性停工检修(包括小修、中修、大修)，是企业生产、发展甚至升级的基础性工作。在企业自动化水平不断提升的今天，如何同步提高停工检修的效率和效果并进一步提升企业管控水平是石化企业面临的共同课题。标准化生产管理、标准化检修或许是一条必由之路。

作为表征企业先进性和自动化生产水平的自动化仪表专业，涉及面广、检修工作量大，是停工检修的重点专业之一和标准化难度最大的专业。然而，从自动化仪表系统构成脉络入手，以保障企业生产发展与产品生命周期管理为目标和依据，以表格化、条文化为落脚点，全过程、系统化统筹实施的自动化仪表标准化检修是多年实践验证的典范。

自动化仪表标准化检修，是贯穿于企业生产、检修、升级改造全过程的系统化工程。其中，一般四年一度的全厂停工大检修(简称大修)，在检修准备、实施等方面最为复杂和最具代表性。本书以大修为例，介绍标准化检修准备、标准化检修实施以及标准化交付与开工配合系统化技术管理过程。工作量相对较小的中修和小修，从基本的标准化流程而言与大修相同，只是具体的内容与细节偏少，因此它们可参照大修取舍执行。

第一节　释　　义

一、自动化仪表

从专业技术管理的角度，石油化工行业从技术上通常分为工艺、动设备、静设备、电气和仪表五大专业。

自动化仪表，是指包括现场仪表、控制系统及辅助系统等相关的所有材料、设备和系统，即通常所说的仪表专业所涉及的技术方向与内容，因此也通常简称仪表。除特别说明外，本书中单独提及的“仪表”均指自动化仪表。

1. 现场仪表

现场仪表，包括常规仪表、分析仪表、特殊仪表等检测类仪表和执行类仪表控制器。常规仪表通常指温度、压力、流量、液位四大类检测仪表；分析仪表指用于工艺操作参数实时分析监控的在线分析仪表；特殊仪表则是指振动、位移等特殊和通用性差的现场仪表，执行类控制器又称执行器，是指最终完成和实现控制功能的仪表设备，通常有调节阀、开关阀、自力阀、变频器、执行机构等。通常将调节阀、开关阀、自力阀等通用性强的执行器统称为控制阀。

根据执行机构的信号源不同，执行类控制器分为气动执行机构、电动执行机构、液动执行机构、电液执行机构；配置电动执行机构的阀门既可以实现自动调节又可以实现开关，通常简称为电动阀。

2. 控制系统

控制系统，是指由一台或多台计算机、控制器、相关硬件、软件和通信网络组成对生产过程进行监视、控制及管理的系统。

石化企业常用的控制系统，主要有集散控制系统(Distributed Control System，DCS)、安全仪表系统(Safety Instrument System，SIS)、可编程控制系统(Programmable Logic Controller，PLC)、压缩机控制系统(Compressor Control System，CCS)等生产监控和安全保护控制系统。

3. 辅助系统

辅助系统，主要包括仪表风、供电、伴热、接地等现场仪表及控制系统的配套、辅助设备和系统。

二、检修

检修，是指对自动化仪表的检查、校准、试验、检定和维修等性能检查校验及故障隐患处理，通常简单地概括为检定校验和维修，即检与修，简称为检修。

1. 检定校验

(1) 检定。是为了评定计量器具、检测仪表的准确性、稳定性和灵敏度等性能，并确定其是否合格而进行的全部工作。按照管理形式，检定分为强制检定和非强制性检定；按照检定性质，通常分为出厂检定和周期检定等。

(2) 校验。仪表在安装和投用前应进行检查、校准和试验，简称校验。

校准，是指为确定计量器具、检测仪表、执行器等仪表示指误差而进行的全部工作。

试验，是指对仪表进行的参数和性能等方面的测试验证。

2. 维修

维修，是指对现场仪表的清洁润滑，整体性能检查、调整、校验及故障处理，以及对控制系统和辅助系统的检查、校验、故障处理和修理等，一般包括日常维修、紧急维修(通常称抢修)和停工维修。日常维修通常包括故障维修和预防性维修。

(1) 故障维修。故障维修，是指在现场仪表、控制系统等自动化仪表发生性能故障、损坏或其他失效时进行的维修。

(2) 预防性维修。预防性维修，是指在现场仪表、控制系统等自动化仪表出现性能故障或损坏之前进行的维修。定期维修，则是一种以时间为基础的预防性维修。

第二节　标准化检修

标准化检修，即从检修准备、检修实施到检修交付全过程内容上系统化、标准化，形式上表格化、条文化，使之不仅工作流程顺畅、形成闭环，而且执行步骤清晰、完整，可执行性与推广性强。

一、检修分类

检修，按照检修执行时间分为日常检修、定期检修和停工检修；按照检修性质分改进性检修、诊断检修和故障检修等。其中，改进性检修是指对仪表设备先天性缺陷或频发故障，按照当前设备技术水平和发展趋势开展，从根本上消除设备缺陷，以提高设备的技术性和可用率的检修。改进性检修中涉及 PID(管道和仪表流程图)改动或重大改造内容，通常需要按照技术改造项目专门立项管理。

1. 大修

停工检修，是指根据装置或企业停工计划组织进行的故障维修、预防性维修和检定校验，通常称为大检修，也称大修。

具体地，停工检修是将自动化仪表所有部件进行维修、检定和校验，主要部件检查并测试其性能，更换主要零部件或易损件，整体修复、程序检查、总体性能试验、组态软件及数据备份，使其主要技术指标达到出厂技术要求。

从彻底消除故障隐患、企业升级发展等角度出发，通常需要利用停工检修的计划进行技术改造，因此通常意义的大修准备与实施一般也包括技改项目，即大修包括常规检修和技改项目两部分。

(1) 常规检修。主要指针对现场仪表、控制系统进行的故障维修和预防性维修，以及对仪表风、伴热、接地、桥架等辅助系统进行的故障维修和预防性维修，同时包括停工过程处理、规范和规定要求的检定校验、开工过程配合等大修全过程相关系列工作。

(2) 技改项目。技术改造简称技改，是指企业为了提高经济效益、提高产品质量、降低成本、节能降耗、加强资源综合利用和三废治理、环保安全、清洁文明生产、变废为宝等，采用先进、适用的技术、工艺、设备和材料等对现有设施、生产工艺条件所进行的改造。

2. 中修、小修

仪表的小修和中修是指按计划在现场进行的定期检修工作，小修和中修通常时间短(小修小于 10 天，中修小于 15 天)、范围小(如单个设备、局部工段等)；而大修通常时间较长(一般在 30 天以上)。

无论是从检修工作量还是从复杂程度上讲，大修均最为全面和最具代表性，以下除特殊说明外本书内容均针对大修而言。检修深度、检修工作量等相对降低或减少的中修和小修从中选取参照执行即可。

二、典型检修

基于装置特点及自动化仪表寿命周期综合分析，装置建成投产后的典型性停工检修分初次大修、二次大修、三次大修。

初次大修，为装置或企业建设投产后的第一次停工大修，自动化仪表总体性能较好，属于装置或企业的青少年时代。二次大修，一般为装置或企业投产运行的第 8 个年头，部分仪表接近寿命周期，属于装置或企业中青年时代。三次大修，众多仪表已经接近甚至超过寿命周期，属于装置或企业中老年时代，大修期间需要大量地更新、更换与改造，进而经历过三次大修的装置或企业也将焕发青春，再次进入“青少年”时代。

因此，石油化工装置或企业典型的大修可以初次大修、二次大修、三次大修为代表。

三、检修原则

1. 基本原则

(1) 应修必修，修必修好；当检必检，当校必校；修废利旧。

（2）设备完整性管理与检修，检修覆盖率与检修阶段合理匹配。

（3）仪表分级管理，A类、B类仪表检修后完好率100%。

（4）全过程仪表保护，避免检修过程造成仪表损坏。

（5）检修实施、交付应遵守执行SH/T 3551《石油化工仪表工程施工质量验收规范》、GB 50093《自动化仪表工程施工及质量验收规范》、SH/T 3521《石油化工仪表工程施工技术规程》、SH/T 3503《石油化工建设工程项目交工技术文件规定》等最新版本规范规程的规定要求。

2. 检修深度

装置的仪表性能状况及使用年限不同，每次检修的深度也不同，典型检修的检修深度建议与差别见表1-1。

表1-1 不同检修阶段的检修深度差异

序号	检修深度	初次大修	二次大修	三次大修
1	消除已发现故障隐患	√	√	
2	恶劣工况及A类热电偶保护套管100%打压测试	√		
3	热电偶保护套管100%打压测试		√	√
4	电偶保护套管着色度检查	10%	30%	100%
5	恶劣工况及A类仪表(压力、流量、液位)引压管着色度检查	10%	20%	30%
6	机组仪表及特殊仪表100%拆检、单校、回路试验	√	√	√
7	A类调节阀、开关阀100%检查、更换易损件及附件，下线检查鉴定率	5%	10%	20%
8	机组控制系统及关键成套设备PLC点检；电源等接近寿命周期的模块及附件更换率	0%	5%	10%
9	DCS、SIS处理隐患故障、清灰检查、点检；电源等接近寿命周期的模块及附件更换率	0%	5%	10%
10	下次大修前超过寿命周期仪表或部件检修更换		√	√
11	仪表风系统100%吹扫		√	√
12	重复性故障改进性检修(改型改造)			√
13	联锁及关键控制回路信号电缆20%绝缘检查			√
14	控制系统软硬件升级			√

3. 检修重点

每次大修的检修重点不同，但也有相同，具体见表1-2。

表1-2 不同阶段大修的检修重点对照表

序号	检修重点	初次大修	二次大修	三次大修
1	消除设计漏项、缺陷	√		
2	已发现故障、隐患	√	√	
3	A类调节阀、切断阀	√	√	√
4	机组仪表及控制系统	√	√	√
5	消除影响长周期运行的隐患		√	√

续表

序号	检修重点	初次大修	二次大修	三次大修
6	下次大修前接近寿命周期仪表或部件检修更换		√	√
7	故障、隐患改造性维修			√
8	A、B 类现场仪表及控制系统预防性维修与强制性维修			√
9	控制系统软硬件升级			√
10	控制系统防病毒处理	√	√	√

四、标准化检修流程

在管理和工作流程上，标准化检修全过程表格化、菜单化，而且动态更新、循环。标准化检修流程框图见图 1-1。

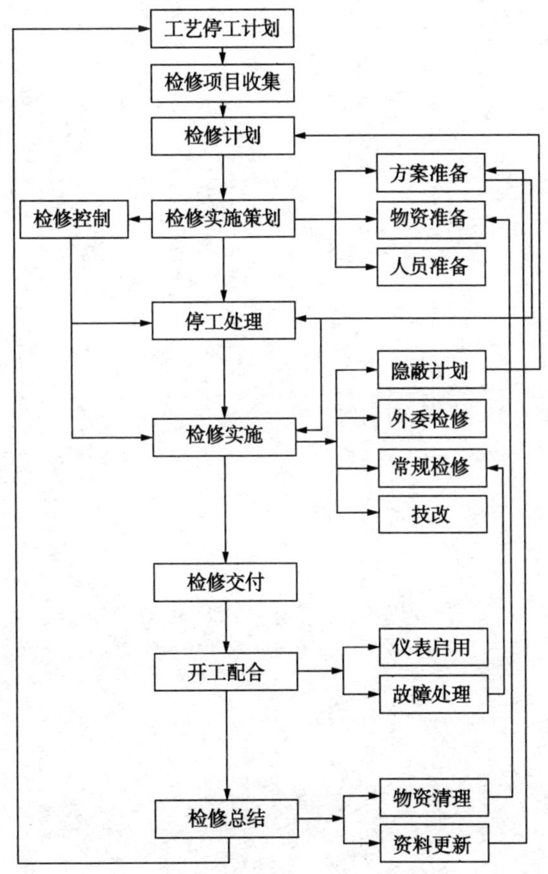

图 1-1 标准化检修流程框图

五、适用范围

(1) 标准化检修适用于三年或四年一度的计划性停工检修，不适用于非计划性停工抢修。但标准化检修作业指导书可以用于日常维护与检修。

(2) 标准化检修管理流程及执行过程适用于装置或企业的每一次大修；初次大修、二次大修和三次大修主要在检修原则、检修深度、检修重点等方面存在差异，所有停工检修在检修准备、检修实施、检修交付全过程管理流程、作业程序与统筹管理思路皆相同。

(3) 标准化检修准备及执行过程主要适用于石油化工企业，类似流程企业可以参照参考。

(4) 标准化检修以一套生产装置为最小基本单位，以部门(多套装置)为基本管理单位，以全厂(企业)所有装置停工检修为背景。

(5) 检修范围涉及全装置的现场仪表、控制系统及辅助系统。

(6) 标准化检修涉及检修计划、规划、管理、执行、控制、优化等全过程。

(7) 其他计划性停工检修(包括中修、小修)在检修规划、检修实施等过程可以从中参照选取执行。

第二章　检修准备

检修准备既是标准化检修实施的起点和基础，又是标准化检修顺利开展与检修水平进一步提升的关键。检修准备的关键在于系统化、标准化，具体体现在技术准备、人员准备、物资准备等方面，其中技术准备包括检修计划、工作量分解、方案落实等标准化、规范化的内容与形式，是标准化检修准备的重点。

第一节　检修计划

一、检修项目收集

1. 常规检修

1）范围

常规检修涉及现场仪表、控制系统、辅助系统等所有自动化仪表相关设备系统，检修内容涉及故障维修、预防性维修、检定校验、开停工配合、工艺设备检修拆装配合，检修时间贯穿于停工、检修、开工全过程。

2）计划收集

根据生产装置运行时间及典型检修次数确定检修原则，通过日常维护记录、未处理问题隐患收集整理常规检修项目，依据典型检修的检修深度不同，参考如下方式组织收集。

（1）现场普查。按照现场仪表、控制系统、辅助系统分类型、分装置、按位号现场普查故障和隐患。表 2-1 为控制阀现场隐患故障检查示例表，其他现场仪表、控制系统和辅助系统参照检查表全面检查记录，并作为补充、完善检修计划的依据和参照。

表 2-1　×××(部门)×××(装置或单元)控制阀现场故障隐患检查表

序号	位号	阀门类型	隐患/故障														检修建议	责任人	日期	备注
			阀体	执行机构	定位器	电磁阀	气路附件	气路管线	格兰	电缆	开度	防雨帽	故障	漏点	损坏	其他				
1	112-FV 02701	套筒	沙眼	漏风	压力表坏	格兰不密封	减压阀坏	无漏风	密封	支架晃动	56%	良好	阀喘	2 处	膜片		换阀体处理故障			示例

(2)专项检查。包括七方面：

A. 防雨检查。重点检查格兰、接线箱，表 2-2 为接线箱现场检查表示例。

表 2-2　×××(部门)×××(装置或单元)现场接线箱防雨隐患检查表

序号	接线箱号	箱门	格兰	呼吸阀	接地	其他	检修建议	检查时间	检查人	备注
1	112-EJB-0102	不密封	主电缆松	脏	良好	端子紧固无锈蚀	更换矩形箱门密封圈，主格兰加密封圈，清理呼吸阀	20180319	李观全	示例
2										

B. 防台风检查。重点检查信号电缆、桥架、高处仪表设备。

C. 防雷检查。按照相关设计规范、施工规范及设计采购资料，检查现场接地、防浪涌措施，重点检查高处、空旷地带、罐区。

D. 引压管路检查。

E. 气路检查。

F. 高温仪表检查。

G. 其他特殊仪表专项检查。

(3) 仪表维护及技术管理人员从记录资料中查看、汇总、整理故障隐患并提出相应的检修项目，具体见表 2-3。

表 2-3　仪表专业收集检修项目的来源

序号	检修项目收集来源	备注
1	日常维护记录	重点查看不完好记录、变更记录、损坏记录、隐患记录、漏点记录
2	交接班记录	包括仪表维护及工艺操作交接班记录
3	维修作业票	
4	检维修方案	
5	巡检记录	
6	定期保养记录	
7	预防性维修检查记录	
8	专项(隐患)检查记录	
9	特护检查记录	
10	例行检查记录	周检、月检等所有定期、例行检查记录
11	检定记录	
12	事故分析报告	

(4) 仪表维护及技术管理人员个人经验与建议。

(5) 从如下方面收集一线生产操作反映的故障隐患：交接班日志，隐患登记，巡检记录，周、月定期检查记录，生产操作人员的个人经验与建议。

(6) 从生产技术管理层面收集故障隐患，具体来源见表 2-4。

(7) 故障、隐患分装置按位号或位置现场全面排查。

(8) 之前或其他类似装置企业检修计划及组织实施经验总结参照。

表 2-4 生产技术管理层面收集检修项目

序号	检修项目收集来源	备注
1	技术总结	
2	管理月报	
3	技术交流资料或纪要	
4	设备、工艺专业检修计划与开停工方案	
5	设备、工艺专业问题与建议	
6	全厂检修统筹计划	
7	DCS、SIS、CCS、PLC 操作站与控制站普查及日常巡检记录	
8	现场检查问题及总结	
9	现场仪表、控制系统按类型专题应用情况与寿命分析评估	
10	现场仪表、控制系统制造厂建议	
11	现场仪表、控制系统专业单位维修记录、报告	

2. 技改项目

1）依据

（1）安全性。自动化仪表存在严重的缺陷和隐患、故障率高、可靠性差，以及对安全生产有严重威胁的，必须考虑更新改造。

（2）技术先进性。自动化仪表技术性能落后、稳定性和可靠性差、维修工作量大、费用高、不适应生产需要，影响装置经济效益的发挥，影响装置达标和生产发展，应考虑更新或改造。

（3）可供应性。国内外已经停止生产、可维修性差、备品备件无来源或耗资大，经济上明显不合算的自动化仪表设备应考虑更新改造。

（4）使用时间。实际使用时间已到国家规定折旧年限或超过设计寿命的自动化仪表，考虑更新或改造。

2）项目收集

技改主要有工艺路线优化改造、设备性能提升改造、节能降耗改造、产品升级改造、操作优化改造、劳动条件和生产环境改造，一般为涉及 PID 流程改动的改造项目。

技改项目的收集主要从如下方面进行：设计漏项与遗留问题，工程建设漏项与遗留问题，生产操作层面反映的重大隐患或故障，生产技术管理层面反映的重大隐患或故障，全厂统筹规划项目与协调项目，工艺、设备层面提报的技改项目，电气、信息和消防等其他专业涉及仪表专业的技改项目。

技改项目通常按照技改项目管理制度进行立项、审批和准备，无须按照常规检修编辑检修计划，但技改项目渗透在正常生产、停工检修、开工全过程，与通常独立的项目建设存在差异。因此，在基本按项目建设模式管理（具体可在《石油化工自动化仪表标准化建设》分册）的基础上，参照表 2-5 进行全程跟踪和标准化管理。

表 2-5　×××(部门)×××(年)大修技改项目仪表设备动态跟踪表

序号	单元号	项目名称	项目号	电子版设计资料	蓝图	签订技术协议时间	仪表名称	仪表位号	物料码	生产厂家	到货时间	中间资料	验收	安装	单校	回路试验	备注

二、检修深度评估

检修项目收集完成后，参照检修原则及不同检修阶段检修特点，进一步分析、评估和确立检修深度。

1. 工厂内部评估

工厂内部评估分装置或单元、按现场仪表类型及控制系统名称逐一核实评估确定检修深度，并逐一记录完毕；进一步与仪表维护人员、生产操作人员、生产管理技术人员交流补充，并重点从如下几个方面分析评估落实：

(1) 充分考虑装置工艺、生产特点；

(2) 重点分析核心流程与关键设备；

(3) 密切结合工艺介质特点，特别关注介质相变部位；

(4) 注意高温高压黏稠介质；

(5) 注意自动化仪表的安装应用环境。

2. 按仪表类型评估

1) 理论分析

按仪表类型收集整理如下相关资料，并逐一与仪表维护人员、生产操作人员、自动化仪表制造厂商专题分析交流：①使用维护手册；②备件供应周期；③推荐寿命周期；④元器件、材料寿命周期常识与建议；⑤相关论文与专题报道。

2) 结合实践经验评估

按自动化仪表类型结合日常维护记录与运行周期进行专题分析，主要可从以下几个方面收集整理分析评估：①重复性故障记录、事故分析报告；②同类或类似装置应用经验；③同类或类似工况应用经验；④制造厂售后服务经验；⑤行业内维护经验。

三、计划编制

1. 计划格式

检修计划编制格式及填写要求应统一，表 2-6 为检修计划提报参考模板，重点填写检修内容与检修目的。检修的原因、目的、目标填写在检修目的中作为检修的依据与目标；检修的内容、主要工作量或工序填写在检修内容中作为检修实施的依据与提醒；同时，根据检修目的与内容确定需要提前采购或准备的仪表设备和材料，并根据每次大修的检修原则、检修深度评估合理的需求或备用数量后填写。

表 2-6 ×××(部门)×××(年)停工检修计划

单元	序号	项目编号	检修项目	检修原因	检修内容	位号	物料名称	规格型号	数量	单位	物料编码	施工单位	工单号	备注
112	1	I8-112-a9-2018TG01	进料线热电偶更换	冲刷弯曲	拆除改型安装校验	112-TT-011/012/014/01508	保护套管	350mm/316/ANSI 300 NPS 1½ RF/ϕ30/25	4	套				示例
							热电偶芯	0~800℃/K/495mm/单 支/ϕ6/316	4	套				
							温变	利旧						
							缠绕垫	*DN*40/*PN*5.0MPa/304+GRAF/IR：304/OR：CS	4	套				
	2													

2. 初版计划

停工检修前1.5年收集、整理、编辑初版检修计划，停工前1年完成初版计划编制，并按照相应管理制度要求进行审核。

3. 审核发布

初版检修计划编制完成后，还需要进一步到现场逐一核实检修内容、检修目的、检修目标。核实、完善、补充、修改检修计划主要从如下几个方面进行：

(1) 按初版检修计划现场核实检修项目与内容。

(2) 修正完善检修项目与检修内容。根据现场普查与专项检查情况，补充完善初版检修计划。

(3) 根据最新生产、维护情况实时更新检修计划。日常维护过程中新增未处理的故障隐患，生产操作过程中发现的新问题、新要求等需实时补充、增加到检修计划中。完善后的检修计划，按照企业的相关管理制度规定进行审核、审批、发布检修计划。装置停工前10个月确定检修计划并开始自动化仪表设备材料的采购。

第二节 实施策划

一、工作量分解

1. 工作量统计

按照常规检修、技改项目按部门分装置统计汇总，整体上可以明确每套装置常规检修项目和技改项目数量部门常规检修项目和技改项目数量。

表 2-7 为常规检修项目工作量统计示例，可作参考。停工过程中需进行保护、吹扫、停用的现场仪表应分装置或单元按位号列清单，检修过程中需投用的现场仪表、控制系统或辅助系统同样分装置或单元列清单。

表 2-7　×××(部门)×××(年)停工检修常规检修工作量统计

序号	检修项目	112 单元	113 单元	114 单元	115 单元	合计	备注
1	大机组仪表检修项目	25	2	0	4	31	
2	DCS、CCS、PLC 等控制系统检修项目	44	7	20	3	84	
3	在线分析仪表检修项目	1	0	6	2	9	
4	调节阀检修项目	37	10	18	15	80	
5	仪表检查调试、回路试验项目	4	5	3	4	16	
6	计量仪表等外委检修项目	9	9	7	8	33	
7	其他检修项目	60	17	28	15	120	
	汇总合计	180	60	82	51	373	

技改项目可以按项目单独统计工作量，也可以按部门(装置或单元)进行工作量技改项目工作量统计，表 2-8 仅作示例或参考。

表 2-8　×××(部门)×××(年)停工检修技改项目工作量统计

序号	单元	项目名称	仪表名称	仪表位号	物料码	配管/m	电缆敷设/m	支架制作/m	槽盒安装/m	接线箱	单校	回路试验	备注
1	112	顶盖机改为闸板阀	压力变送器	112-PT-01130	83057447	8	200	5		IJB-0112			
			涡街流量计	112-FT-01106	83057486		300		50	IJB-0113			
			安全栅	112-PIB-01130									
			安全栅	112-PIB-01106									
2	114	凝结水改造	节流装置	114-FE-00205									
			压力变送器	114-PT-00701									
			安全栅	114-PIB-00701									

2. 工作量分解

常规检修项目，原则上以检修计划为依据、检修实施过程为纲要，按照自动化仪表类型分类统计并模块化分解。表 2-9 常规检修项目工作量分解参考示例，相关检修项目原则上需要分装置或单元按位号列清单。

3. 人员配备计划

根据停工检修工作量汇总统计与分解情况，计算确定常规检修和技改项目所需人工时，结合停工检修时间计划确定分别需求的人员配备和数量。在专业负责人(总技术负责人)的统筹组织下，确立常规检修和技改项目 2 个实施负责人，进一步确定执行人员技术要求、数量以及详细的配备计划。

1）常规检修人员计划

常规检修人员配备主要原则如下：

（1）按照检修项目检修工作内容确定检修工作小组，并确定负责人，可以考虑设立检修机动工作小组。

（2）检修工作小组的确立可以分装置单元或部门总体考虑。

表 2–9 ×××（部门）×××（年）停工检修常规检修项目工作量分解

序号	检修工作	检修项目	单位	单元/装置				总计	备注
				112单元	合计	116单元	合计		
1	机组仪表检修	机组探头校验	只	55	592	12	238	67	
		机组变送器检查调试	台	24		12		36	
		压力/液位开关检查调试	台	30		0		30	
		热电偶、热电阻检查测试	支	50		24		74	
		机组回路调试	个	304		176		480	
		机组联锁调试点数	个	108		13		121	
		其他仪表检修	台	13		1		14	
		汽轮机启动油、速关油、调速气门电磁阀检修	个	8		0		8	
2	控制系统检修	DCS、SIS、PLC 等系统检修、备份、清灰、点检	套	7	7	2	2	9	
3	调节阀检修	阀门解体大修	台	106	362	16	40	122	配合
		调节阀更换填料	台	136		22		158	
		执行机构维修（含电动阀）	台	120		2		122	
4	仪表单校、回路试验	仪表单校数量	台	496	5798	93	294	589	
		检测、控制回路试验数量	个	3828		182		4010	
		联锁、回路试验数量	个	1474		19		1493	
5	计量仪表等外委检定	压力表检定	台	613	939	82	157	695	拆装
		温度计检定	台	105		18		123	拆装
		热电阻、热电偶检定	台	221		57		278	拆装
6	仪表其他检修项目	可燃气有毒气报警仪校验	台	50	620	10	208	60	
		射线料位计检修、校验	台	4		0		4	
		接线箱密封及接线检查	台	224		39		263	
		高温、高压、磨损腐蚀工况温度保护套管检查更换	支	142		21		163	
		玻璃板吹扫、检查、维修	台	71		9		80	
		仪表阀门检查更换	台	12		5		17	
		隐患、不完好仪表整改	项	117		124		241	
7	分析仪表	按分析仪表类型分类	项	20	20	10	10	30	

续表

序号	检修工作	检修项目	单位	单元/装置				总计	备注
				112单元	合计	116单元	合计		
8	停、开工相关	停工过程中需进行保护、停用的仪表	台	23		11		34	该部分工作量为检修实施准备，不计入检修项目总数，未列示例数量
		停工过程中需进行吹扫、排凝的仪表	台						
		停工后需现场鉴定的仪表	台						
		停工后需停电的现场仪表及控制系统	台						
9	其他检修准备	需委托设计的检修项目	项						
		签订技术协议的检修项目	项						
		其他外委项目或服务	项						
	总计			8361		960		9325	

(3) 机组仪表检修、阀门检修、控制系统检修、分析仪表检修等专业性强、技术要求高的检修项目，需由相关专业特长的人员负责。

(4) 制订外借人员熟悉检修计划、熟悉现场等特定计划。

(5) 确定电气焊、钳工、架子工等其他所需工种及人员数量。

(6) 确定专职设备材料管理人员。

(7) 人员计划及名单确定后，组织各小组负责人进行工作量复核匹配，并根据复核情况修正人员计划。

2) 技改项目人员计划

技改项目人员配备主要原则如下：

(1) 技改项目施工负责人需具备较强的审图能力。

(2) 专人做设备、材料采办验收跟踪。

(3) 提前施工项目可以由部分常规检修人员实施，但常规检修与技改项目需由不同人员牵头负责。

(4) 根据不同项目确定电气焊、电缆敷设等其他所需的相关工种及人员，可根据情况考虑力工等临时人员，但也要预估数量并确认相关资源。

(5) 技改项目涉及的单校、回路试验、联锁试验等工作应有相对专业人员完成，如果有常规检修人员完成，则要充分考虑工作安排的合理性避免工作交叉或冲突。

二、关键路径

检修工作量统计分解后，需重点确定检修难点、重点检修项目、重点技改项目以及影响到检修进度的相关项目或步骤。

重点技改项目，是指项目涉及工艺流程变动较大、仪表设备较多、对装置的开停工影响较大的重大、重点改造项目。重点技改项目在立项之初即需要进行详细的调研、考察与论证，然后进行委托设计、组织图纸审查、联系设计现场交底、设备材料采购、编制施工方案、预制预装、打压校验等项目的准备实施工作，在此仅就主要管理流程及关键节点作简要提示。

考虑到重点技改项目准备的相对独立性，本章节的“编制检修网络计划”及“检修控制”部分均针对常规检修而言而不包括技改项目。

1. 确定关键检修工作

根据检修不同阶段的检修深度和审批后的检修计划，梳理出具体的重点及难点检修项目，即确定关键检修工作项目内容。通常从如下几个方面分析确定：

（1）根据检修原则确定检修重点。

（2）影响检修进度的节点工作，例如下线阀门的拆装、检定仪表的拆装、停工后鉴定计划的提报、检定校验损坏仪表采购和机加工等现场测绘项目等。

（3）影响停、开工进度的节点工作，例如停工吹扫排凝、回路试验、联锁试验、涉及机组试运或烘炉等需提前完成的检修项目。

（4）影响检修质量的检修工作，例如机组轴系仪表的安装校验、关键控制阀维修监督、控制阀打压温度仪表保护套管打压等隐患排除工作、涉及动火项目、控制系统组态修改完善和控制系统升级等。

（5）蒸汽、净化风等涉及全厂公用工程与其他全厂物料平衡的检修项目。

（6）涉及关键工艺流程、关键设备的检修项目。

（7）机组仪表检修。

2. 编制检修网络计划

结合企业停工检修总体统筹与关键节点计划，编制相应部门及部门相关装置单元的检修网络计划。检修网络计划应包括检修内容(项目)、工作量、人员安排、时间节点等关键信息，并作为检修组织实施宏观把控、检修进度控制的主要依据。图2-1为检修网络计划部分内容的简单示例。

任务名称	工期	开始时间	完成时间	资源名称
112单元仪表大修	25个工作日	2018年12月3日	2019年1月4日	
仪表停工前准备	5个工作日	2018年12月3日	2018年12月7日	
112-F-101单元仪表吹扫、仪表停用、保护	3个工作日	2018年12月3日	2018年12月5日	
炉入口压力拆除6台(2640项)	1个工作日	2018年12月3日	2018年12月3日	刘以晓,力工4人
炉出口温度、转油线温度拆除、装盲板(2605项)	1个工作日	2018年12月3日	2018年12月3日	许浩,仪表工2人,力工
加热炉入口流量吹扫(2630项)	1个工作日	2018年12月3日	2018年12月3日	罗庆龙,仪表工2人,力
瓦斯仪表排凝24台(2629项)	1个工作日	2018年12月3日	2018年12月3日	力工1人,袁商
加热炉进料法兰变送器拆除18台(2641项)	2个工作日	2018年12月3日	2018年12月4日	罗庆龙,陈鹏辉,力工4
入口流控阀、瓦斯压控阀、注水阀拆除风线、信号线13台(2179/2189/2241项)	1个工作日	2018年12月3日	2018年12月3日	谈俊鹏,仪表工1人
入口流控阀、瓦斯压控阀、注水阀,长明灯自立阀回装19台(2179/2189/2241/2295项)	2个工作日	2018年12月3日	2018年12月4日	静设备
1、2号塔电动阀拆线32台(2344项)	3个工作日	2018年12月3日	2018年12月5日	许浩,仪表工3人
吸收稳定、分馏、放空区域仪表吹扫、仪表停用、保护(2630项)	4个工作日	2018年12月3日	2018年12月7日	刘以晓,仪表工2人,力
玻璃板液位计清洗更换71台(2612项)	5个工作日	2018年12月3日	2018年12月7日	湛创业,力工2人
送修阀门拆除附件、电缆、风线51台(二十七大项)	3个工作日	2018年12月4日	2018年12月6日	谈俊鹏,仪表工1人
仪表大修项目	25个工作日	2018年12月3日	2019年1月4日	
阀门检修项目	25个工作日	2018年12月3日	2019年1月4日	
泵出口电动阀仪表信号线拆除17台(2344项)	2个工作日	2018年12月6日	2018年12月7日	许浩,仪表工3人
大型碟阀拆除17台、送修9台(2197项)	2个工作日	2018年12月3日	2018年12月4日	静设备
FISHER送修阀门拆除、送修6台,压缩机阀门拆装、送修5台(2241/2224项)	1个工作日	2018年12月5日	2018年12月5日	静设备
其他阀门拆除、送修21台(1195/2002/2235/2267/2375/2379项,496项二版)	3个工作日	2018年12月6日	2018年12月10日	静设备
反冲洗阀门拆除10台(2535项)	2个工作日	2018年12月11日	2018年12月12日	静设备
风线整改21台,更换过滤减压阀、风表87台(2171/2369/2378项,482项二版)	5个工作日	2018年12月3日	2018年12月7日	谈俊鹏,仪表工1人
减温减压阀、移位、安装3台(2335版),大阀门拆检3台(2297版)	2个工作日	2018年12月3日	2018年12月4日	阀门技师,起重1人,力
阀门拆检、加填料42台(2302版)	7个工作日	2018年12月5日	2018年12月3日	阀门技师,力工4人,仪
F-101、F-102烟道挡板检修(2178版)	1个工作日	2018年12月6日	2018年12月6日	臧宝良(技师),仪表2
定位器更换10台,电磁阀更换8台、更换阀门反馈支架9台(2340/2373/2374项,494项二版)	3个工作日	2018年12月7日	2018年12月11日	臧宝良(技师),仪表2
外委调节阀回装	6个工作日	2018年12月3日	2018年12月10日	
反冲洗阀门回装10台(2535项)	1个工作日	2018年12月20日	2018年12月20日	静设备
其他阀门回转17台(2267/2297/2375/2379项,496项二版)	2个工作日	2018年12月21日	2018年12月24日	静设备
FISHER送修阀门回装6台,压缩机阀门回装5台(2241/2224项)	2个工作日	2018年12月25日	2018年12月26日	静设备
大型碟阀回装9台(2197项)	2个工作日	2018年12月27日	2018年12月28日	静设备
送修阀门恢复附件、电缆、风线51台并单校(二十七大项)	3个工作日	2018年12月31日	2019年1月2日	谈俊鹏,仪表工1人
F-102入口流控阀、瓦斯压控阀、注水阀,长明灯自立阀回装24台(2179/2189/2241/2295项)	1个工作日	2018年12月31日	2019年1月1日	静设备
F-102入口流控阀、瓦斯压控阀、注水阀恢复风线、信号线18台(2179/2189/2241项)	1个工作日	2019年1月3日	2019年1月3日	谈俊鹏,仪表工1人
F-101入口流控阀、瓦斯压控阀、注水阀,长明灯自立阀回装19台(2179/2189/2241/2295项)	2个工作日	2019年1月2日	2019年1月3日	静设备

图2-1 ×××(部门)×××(年)停工检修网络计划

3. 确定关键路径

关键检修工作及检修网络计划确定之后，还需确定检修实施的生命线——关键路径。它是决定和影响停工检修按计划实施执行的关键节点和脉络，通常指关键的检修工作和具有较大难度的检修工作以及影响重大的技改项目。一般而言，如下停工检修相关工作为检修的关键路径：拆除下线回装项目、控制阀检修、机组仪表检修，以及影响重大的技改项目等。

确立为关键路径的检修工作，一般应编制专门的检修实施方案与计划，并作为检修的重中之重实时监控。

三、外部协作

停工检修统筹准备需要充分考虑公司内外的资源和力量，公司整体停工检修统筹规划确定后，应该尽快落实外部人力、物力资源与服务。

1. 检修队伍确定

检修计划批准和检修网络计划确定后，应着手选择检修队伍，并按公司管理制度要求签订相关技术协议或合同。通常，以负责日常维护的单位或队伍作为停工检修的主要力量和主体队伍，具体根据工作量和相关管理制度分为常规检修队伍、技改项目施工队伍和专业检修或服务单位。

2. 外委检修或服务

一般地，如下检修项目或服务应委托外部专业单位或机构实施完成：

(1) 质量流量计、汽车衡等计量仪表检定；

(2) 温度计、压力表、可燃气体报警仪、有毒气体报警仪等强制检定工作；

(3) 控制阀中修、大修；

(4) 色谱等特殊分析仪表检修；

(5) 核仪表用放射源拆装运输；

(6) DCS、SIS、CCS、PLC 等控制系统点检；

(7) DCS、SIS、CCS、PLC 等控制系统软硬件升级；

(8) PX(对二甲苯)装置吸附控制系统(SCS)等特殊或专利控制系统检修；

(9) 垫片、密封圈、阀内件等现场测绘机加工项目。

外委检修或服务一般均需要签订专门的技术协议或合同，是停工检修统筹准备的重要一环，却也是经常被忽略的一环。

四、检修控制

停工检修的管理与施工项目管理类似，基本目标为成本低、工期短、质量高和安全性好。因此，质量控制、费用控制、进度控制、安全控制是停工检修管理的主要任务和基本控制，下面仅就检修四大控制的重点及与施工项目管理不同的地方简单叙述。

1. 质量控制

检修质量是检修的生命线也是下一生产周期安稳运行的基本保障。因此，从检修准备到标准化检修实施，检修质量的控制是贯串始终的主线。尤其在检修实施过程中要严格执行质量三级监督检查制度(专业负责人、技术负责人、班组质量负责人)和质量自检、互检、专检“三检制”，分级别、分层次、分重点监督检查检修质量。

从制度上和执行上确保实现检修质量控制的基本目标：施工质量事故为零、检修返修率为零、施工质量优良、开车一次成功。具体而言，除标准化检修实施(具体见第三章)要求的质量控制点外，检修项目收集全面、检修深度落实到位、检修计划编制准确、检修工作量分解科学、标准化检修方案(作业指导书)完备则是检修准备关键质量控制点。

2. 进度控制

检修进度的控制，关键在于关键路径、检修网络计划等检修准备的准确、翔实和执行力强。以标准化检修准备为基础和坚持标准化检修实施执行，检修工作自然会水到渠成地按进度按计划进行进展完成。在此，重点说明如下几方面：

(1) 停工后第一时间拆除需下线的检测仪表、控制阀，充分及时发现出问题，有效避免处理隐蔽项目时间不足的问题，为检修抢得时间先机。

(2) 及时提报鉴定计划、及时采购临时需求的仪表设备和材料是保障检修顺利进行的基础。

(3) 检修进度控制的关键点在于人员到位、方案落实、按标准化检修流程执行。

3. 费用控制

(1) 检修原则是实现检修目标的保障性原则，坚持执行“应修必修，修必修好”“修废利旧”的检修原则，报废物资再利用，从中拆除、修复可回收利用的部件。

(2) 加大国产化替代方案加大国产化力度。

(3) 选择专业化高水准专业维修单位(如选择经验丰富的特殊仪表控制阀单位或队伍、选择控制阀制造厂的维修队伍进行控制阀维修等)。

(4) 充分利用机加工、机修等措施手段减少备件采购。

(5) 充分利用库存设备、材料，合理发掘备件替代方案或办法，尽量降低库存和减少备件采购量，并避免因检修造成库存增加。

(6) 检修拆除物资应妥善保管，确定不再回装使用的设备、材料进行详细检查、检定、拆解、修复、评估，然后详细记录、比对、建档，并尽量在检修中利用。

4. 安全控制

安全是一切工作的前提和基础，停工检修的安全控制主要涉及人身安全和设备安全。人身安全管理为通常意义上的操作、检修作业时所涉及的安全行为管理，设备安全管理则是停工检修过程中针对设备保护而相对特别强调的安全措施与管理。

停工检修安全控制，应坚持“安全第一、环保至上，人为根本、设备完好”的安全环保理念，以“不着火、不伤人、不污染、不扰民”为基本目标，以“不发生一起事故、不发生一次环境污染、不发生一次人身伤害”为安全管理控制底线，确保实现安全、文明、绿色检修。为此，就停工检修安全管理与控制的基本原则和需要特别提醒的地方强调如下：

(1) 严格遵守并执行公司、国家安全相关管理制度与规定，尤其是作业管理制度规定。

(2) 遵循“五想五不干”的安全行为准则，切实贯彻执行“风险评估、有效隔离、消项作业、清场恢复”的十六字现场作业方针。

(3) 所有拆除作业需先行确认工艺已经有效隔离，而有毒、有害、高温、高压等高危工况停工后首次作业需工艺、检修人员现场双重确认“有效隔离”后检修。

(4) 施工交叉、空间交叉、系统交叉作业等交叉作业风险的防范。

(5) 注意防范吹扫、试压等开停工特殊情况的系统风险。

(6) 特别注意未拆除检修仪表的保护。

(7) 原则上避免破坏性拆除，杜绝因检修作业不当造成二次检修。

(8) 严格执行相关的检修作业票管理制度。

(9) 注意仪表校验过程中劳保穿戴及有毒有害物质防护。

(10) 注意配合设备检修过程中的安全防护。

(11) 注意配合电气检修与回路试验过程中的强电安全防护。

(12) 注意停工吹扫及开工过程的中高温高压防护。

第三节　方案准备

一、现场核对

检修计划确定且检修工作量分解之后，尚需进一步现场核对检修计划与工作量的准确性以及检修的可执行性。考虑到停工检修技改项目准备的特殊性，本节前两部分均针对常规检修而言。

现场核对的主要任务是实地核准落实检修工作量及现场检修条件，同时督促检修实施人员熟悉检修计划、检修工作内容与检修现场。因此，现场核实的基本原则为：以检修计划为依据，以检修工人为主力，以核准工作量为主要目标，以确认检修条件为落脚点。

现场核对一般需要1个月的时间，不仅要面面俱到，也要从停工保护、拆除、检修、回装等全过程考虑。具体地，现场核对工作可以按照检修计划逐项进行，也可按类型组织。分类型按位号现场逐一核实的好处是针对性、专业性更强，更容易发现问题和解决问题，但也应注意以检修计划反查和参照确保检修项目不遗漏。表2-10为控制阀检修现场核对示例。

表2-10　×××(部门)×××(年)停工检修控制阀检修现场核对

序号	位号	检修计划编号	阀门类型	厂家	口径	安装地点	检修单位	检修 深度	搭架	吊车	备注
1	113-FV-20102	I5-113-2018TG01	气动调节阀	KOSO	3″	150-P-020105	外委	小修		25T	
2	113-FV-30601	I5-113-2018TG01	气动调节阀	KOSO	2″	C-301循环回流	外委	小修		25T	
3	113-PV-60204	I5-113-2018TG01	减温减压器	CV	6″	减温减压装置	外委	大修		25T	
4	113-LV-10401	I5-113-2018TG01	气动调节阀	KOSO	2″	C-102富液出口		更新	√		
5	113-LV-5010	I5-113-2018TG02	气动球阀	浙江德卡	4″			在线检修	√		

二、专业交叉

检修计划一般分动设备、静设备、仪表和电气四大主专业提报。在公司、部门整体统筹组织的前提下，一定程度上仍然存在相对独立的准备、组织和实施。因此，做好专业之间的沟通与协调是充分掌握检修工作量和切实保障检修按计划实施的基础。为做好专业配合，需充分了解并掌握工艺开停工计划安排、其他专业检修计划，以及通过参加组织专业协调会和停工检修总体统筹会的形式全面了解融合，并重点通过如下方面明确专业交叉带来的隐形检修工作量和检修实施过程中专业间的制约影响。

1. 配合其他专业检修的工作

（1）工艺停工过程：①相关仪表的保护、停用；②相关仪表同步进行吹扫、排凝；③相关控制系统停电或停用、保护。

（2）工艺开工准备：①烘炉、催化剂装填等需临时或提前安装投用的自动化仪表；②冲洗、试压、水联运等需要临时或提前安装或拆除的自动化仪表。

（3）大机组相关：①机组拆检配合及鉴定计划项目；②机组油运和试运配合。

（4）塔器加热炉等大型设备：主要有蒸塔、清洗、检查等相关配合工作。

（5）成套设备相关：主要为成套设备或撬块设备单独检修、试运配合。

（6）电气专业：①涉及电气的联锁；②机泵运行状态。

（7）土建、保温等其他辅助专业：①涉及仪表电缆的隐蔽工程；②需防腐保温的现场仪表或辅助系统。

配合其他专业检修的工作按单元梳理后，列出配合工作清单并以此作相应考虑安排。表 2-11为部分配合其他专业检修工作示例。

表 2-11　×××(部门)×××(年)停工检修配合其他专业检修工作

序号	位号	配合工作	其他专业负责人	仪表负责人	备注
1	112-SR-107E	拆除排污阀气缸			
2	112-PV-07006	拆除，静设备拆装研磨打压一次阀			
3	112-D101-104	裙座保温拆除，可能需拆表面热偶			
4	112-SR-107A	拆回讯开关 2 个，换向阀 1 个，风线若干，并回装			
5	112-P-107A/B	轴温仪表拆线			
6	113-FT-60401	循环水停后，拆除电磁流量计配合土建施工			
7	113-C-201	换催化剂需拆除或关闭引压阀：PT-20201/TT-20201/LT-20201/LG-20201			
8	114-C-401	塔盘拆通可能需拆除 TT-40313/LT-40303			
9	115-C-202	浮阀更换支撑圈可能需拆除 LT-20401/PG-20402/PT-20402/TT-20404ABC			

2. 转其他专业实施的项目

按照检修分工惯例，大型控制阀拆装、动火项目等检修工作通常转交给其他专业检修队伍实施，常见的转交项目主要有以下方面：

（1）一次阀拆除、安装。

（2）口径 *DN*80 及以上控制阀的拆除、安装。

（3）管道式流量计的拆除、安装。

(4) 伴热管线配管安装。

(5) 温度计保护套管、引压管嘴等过程接口安装。

(6) 玻璃板液位计、磁翻板液位计等液位计的拆除、安装。

(7) 隔离液罐焊接、加装检修平台等工作量较大的动火项目。

(8) 高处检修需要吊车或检修支吊架的项目。

在制订检修方案之前，应统计整理现场核对情况，分类汇总需要现场搭架子、吊车、临时支吊架等辅助设施、设备才能完成的检修项目，并提出详细的吊车需求计划、搭架子工作量。

3. 专业交叉协调

大型设备检修一般会存在多专业、多工种同时施工的情况，尤其列为关键路径的检修项目应该先召集各专业讨论专题检修方案和专业进场顺序，以避免不必要的误工、窝工。

现场检修条件落实后确要吊车、搭架子的，应该与其他专业沟通协调，确定是否对其他专业检修造成影响或可以充分利用其他专业检修的现场条件设备，以及对各专业都合理或不影响的架子拆除时间。

涉及配管、动火的检修项目可结合工艺开工准备与设备检修整体进度优化安排。

设备鉴定、工艺动改等对仪表检修有特殊要求的工作，仪表专业应优先服从整体的里程碑计划安排。

三、作业指导书

对于常用、通用的现场仪表和控制系统检修，在检修准备、检修步骤和质量控制点等方面均有相对通用的技术标准或要求，在停工检修准备过程中按类型编辑整理标准化作业指导书，并作为检修实施、执行的规范和手册。

作业指导书的编写、修改、讨论、完善和定稿，以主责仪表工程师为主，同时充分发挥仪表维护班组人员尤其是技术骨干的作用，可以充分利用每个人的特长分类别、分小组讨论编写，辅助以向兄弟单位学习、与厂家技术服务人员交流咨询等多渠道、多样式、全方位完善优化。

作业指导书，一般至少应该在检修开始前 2 个月完成并定稿，以便印刷分发给所有参与检修实施工作人员熟悉掌握。

1. 现场仪表

现场仪表包括温、压、流、液等常规仪表，在线分析仪表，特殊仪表，执行器共四大类。分析仪表相对独立且检修校验作业也相对固定、标准，相关内容在第三章作专题介绍。

现场仪表大致经历了如下发展过程：气动仪表—电动仪表—智能仪表—现场总线仪表。虽然极个别的机组配套中还可能会见到气动调节器，但就目前生产运行的石油化工企业而言，气动仪表和电动仪表已基本绝迹，不再讨论。广义上讲，相对技术成熟且有一定市场应用的 FF(Foundation Fieldbus，基金会现场总线)仪表也属于智能仪表类型。其基本功能与当今主流的智能仪表类似，只是在数据传输、通信方式等方面存在差异和信息量更强大，但由于制造厂商少、建设成本高、维护难度大、丰富的信息数据较难充分开发利用等问题，加之石油化工企业始终把仪表的稳定性、安全性放在首位等，FF 仪表在短期内广泛应用的可能性较小。所以，本书以近年来和以后一段时期内成熟、主流的支持 HART(Highway Addressable Remote Transducer，可寻址远程传感器高速通道的开放通信协议)智能仪表为主介绍石油化工常见和常用现场仪表。

现场仪表作业指导书，主要针对目前常用、通用的主流现场仪表而言，具体的停工检修项目涉及的不同装置特殊工况、特殊现场仪表或特殊要求的现场仪表检修作业，则要针对性编写专门的现场仪表检修方案，具体示例随后介绍。

2. 控制系统

控制系统主要包括常见的 DCS、SIS、CCS、PLC 及安全栅、电源、信号分配器、辅助操作台等附属设备配件。

控制系统厂家众多，但基本硬件构成类似、软件功能相近，停工检修的工作内容也基本类似。常规和通用的检查检修工作主要有点检、清扫检查、供电回路停电检查、接线端子检查紧固、控制系统软件备份、控制系统功能检查测试、模块功能检查测试、网络功能检查测试等。此外，还有根据具体检修项目需要而进行的软件组态修改完善、硬件增减等针对软硬件修改的工作。具体的控制系统检修作业指导方案及相关典型控制实例参见第三章“检修”的第二节“控制系统检修”部分内容。

四、作业方案

作业方案，也称施工方案或检修方案。为统一名称与规范作业和区分常规检修和技改项目，技改项目施工作业方案统称施工方案。常规检修作业方案一般命名检修作业方案或简称作业方案。

1. 常规检修

常规检修中涉及核心仪表设备、专业化检修、要求特殊的重点检修项目一般需要专门编写检修方案，具体说明示例如下。

(1) 装置核心仪表设备或涉及装置生产核心的检修项目。

延迟焦化四通阀、加氢反应器柔性热电偶、催化裂化烟机蝶阀、PX 吸附塔特阀等直接影响和决定装置长周期运行的核心仪表设备，以及延迟焦化底盖机阀位变送器、中压蒸汽一体化减温减压器等结构原理特殊的重要现场仪表检修。

检修作业方案原则上应该符合公司相关规章制度要求及格式规范，附录Ⅱ检修作业方案主要从格式和内容深度层面作示例与参考，具体技术细节还应结合实际情况修正。

另外，检修作业方案从制度上一般要求需要走审批程序，可依据公司具体相关制度或规定要求在完成编写后进行审批。

(2) 由仪表制造厂、专业维修单位完成的外委检修项目。

外委检修的主要目的是通过专业化检修提高检修质量，因此一般原则上谁家的产品谁维修或者哪家最专业哪家维修。实践证明，选择专业化维护单位或队伍对于保障检修质量、检修进度、检修费用控制等均有较好的效果，但外委强制检定不需要编制方案。

附录Ⅱ-2“控制阀检修作业方案”是以通用控制阀检修为示例的实际检修作业方案，检修作业方案应符合公司停工检修方案编制规范要求，并遵循标准化检修指导原则。

(3) 因专业交叉或现场检修条件限制等较难组织进行的检修项目。

例如，延迟焦化水力除焦单元设备、电气专业检修过程中，经常需要同时使用 2 台甚至 4 台钻井绞车，但联锁保护系统要求只允许启用 1 台钻井绞车，而且钻井绞车启用由水力除焦控制系统监控。因此，水力除焦控制系统的检修就无法像其他控制系统一样完全停用后检修。为解决这一特殊矛盾与冲突，就需要制订专门的检修作业方案以协调冲突、解决隐患，具体作业方案见附录Ⅱ-3“设备检修与控制系统检修冲突作业方案”。

(4) 辅助系统或者开停工重点执行的工作。

停工吹扫、隔离液系统、接地系统、仪表风系统等检修实施过程相对独立且重要，附录Ⅱ-4“停工吹扫作业方案”为通常的停工在线蒸汽吹扫方案示例，其他吹扫方案可参照执行。

2. 技改项目

停工检修实施的技改项目，一般在停工前的生产期间就着手适时施工。在停工检修期间，主要进行在生产期不具备条件施工的建设工作和单校、回路试验及联锁试验等工作。

涉及仪表设备较少、工艺流程动改较少、控制方案简单的技改项目可以不用编写专门的施工方案，其他技改项目一般应编制施工方案、施工网络计划并系统化、标准化组织实施。施工方案在满足公司停工检修方案编制规范要求的基础上，可由具体施工单位编制但需经审核审批，下面就基本的施工方案准备、施工组织管理作简要介绍说明。

1) 施工方案

施工方案编制前，应充分了解现场情况、施工限制条件、生产期施工建设管理制度要求，然后细化核实施工工作量并将工作分解为检修前实施、检修前预制准备、检修期间实施的三大类型部分。附录Ⅱ-6“孔板改楔式流量计施工方案”仅供参考。

2) 质量监督检查方案

停工检修技改项目施工受现场条件、施工时间等限制较多。很多施工不仅需要见缝插针地进行，而且许多技术条件、施工技术细节需要在现场核对后再确定。因此，需要根据所有技改项目情况确定统一或专门的质量监督检查方案或清单，下面示例的表2-12～表2-16为通常需要现场重点监督检查的项目和内容。

表2-12　×××(部门)×××(年)停工检修技改项目节流装置现场检查表

序号	项目名称	项目编号	仪表名称	仪表位号	生产厂家	型号	介质	介质状态	流向	引压管	工艺确认	仪表确认	备注
1	112单元改楔式流量计	HL13082	楔式	112-FE-01801	仓南六龙	LGKF-300#X150	甩油	液体					
2			楔式	112-FE-01802	仓南六龙	LGKF-300#X150	甩油	液体					
3			楔式	112-FE-03301	仓南六龙	LGKF-300#X40	重蜡油	液体					
4			楔式	112-FE-04601	仓南六龙	LGKF-300#X100	急冷油	液体					
5	112顶盖机改造为闸板顶盖机	HL13086	孔板	112-FE-01405	安为机电	ROHOD I HJ12S6	蒸汽	蒸汽					
6			孔板	112-FE-01406	安为机电	ROHOD I HJ12S6	蒸汽	蒸汽					
7			孔板	112-FE-01505	安为机电	ROHOD I HJ12S6	蒸汽	蒸汽					
8			孔板	112-FE-01506	安为机电	ROHOD I HJ12S6	蒸汽	蒸汽					

表 2-13 ×××(部门)×××(年)停工检修技改项目过程接口现场核对表

序号	项目名称	仪表名称	仪表位号	生产厂家	一次阀	仪表接口	设备接口	现场确认	备注
1		压力变送器	113-PT-10604	EMERSON	DN15、CL800	1/2-14 NPT			
2		调节阀	113-TV-30101	KOSO		*DN*200、CL300RF			
3		一体化热电偶	113-ET-30102	浙江伦特		1-1/2″CL300 RF			
4		玻璃板液位计	113-LG-30503	丹东通博		*DN*20、CL300、RF			

表 2-14 ×××(部门)×××(年)停工检修技改项目引压管吹扫试压确认表

项目名称	序号	仪表位号	变送器与引压管隔离	打开一次阀	打开放空/排污阀	吹扫	关闭放空/排污阀	打压压力	保压时间	作业人	确认人	备注
113单元扩能改造	1	113-PT-10604										示例
	2	113-FT-30502										
	3	113-FT-30601										

表 2-15 ×××(部门)×××(年)停工检修技改项目气源管路吹扫试漏确认表

项目名称	序号	阀门类型	位号	气源管吹扫排污	气源球阀处排放	试漏方式	试漏结果	作业人	确认人	备注
113单元扩能改造	1	调节阀	113-TV-30101			涂抹肥皂水				示例
	2	调节阀	113-PV-30603			涂抹肥皂水				
	3	调节阀	113-FV-10901			涂抹肥皂水				

表 2-16 ×××(部门)×××(年)停工检修技改项目三查四定消项表

序号	日期	项目名称	问题	位号	解决方案	检查人	整改人	复查人	备注
1		113单元扩能改造	风包焊接不合理	112-TV-08005	改为垂直				示例
2		112单元增加减温器	单向阀、过滤器未装	113-FT-30601					

3）进度跟踪方案

技改项目施工的原则一般为：在停工检修前生产期内可以施工的尽量在停工前完成，相对施工组织时间较长的可按表 2-17 示例编制技改项目进度跟踪表进行全程进度管理。

表 2-17 ×××(部门)×××(年)停工检修技改项目进度跟踪表

序号	项目名称	仪表名称	仪表位号	生产厂家	安装	接线	单校	回路试验	问题	整改	备注
1	113 单元扩能改造	调节阀	113-TV-30506	KOSO							示例
		变送器	113-FT-30601	EMERSON							
		孔板	113-FE-30601	丹东通博							
		双金属	113-TG-30103	浙江伦特							

五、现场交底

1. 常规检修

常规检修项目现场交底一般在检修方案编制完成、检修物资准备、检修人员准备均就绪成形后逐步安排，通常在停工检修前 1 个月按照先技术交底、后作业交底的顺序进行。

作业指导书、检修方案编制审批完成后，检修技术负责人组织执行层骨干(检修小组负责人、检修骨干)熟悉检修计划及相关技术方案，对执行层骨干进行 1~2 周的技术交底。

技术交底完成后，执行层骨干负责带领检修人员按检修计划、检修方案现场逐一进行检修作业交底。

2. 技改项目

技改项目施工现场交底主要由施工技术负责人根据施工方案组织进行，做到详细解释关键施工工序、明确施工程序步骤、强调质量控制点。

技改项目现场交底通常采用三级交底法：第一级是由专业负责人向项目部各职能管理人员、技术负责人进行技术交底；第二级是由项目组技术负责人向本项目组系统内班组长管理人员进行技术交底；第三级是班组长向施工工人进行技术交底。原则上未进行技术交底的技改项目不得开工。

3. 培训

为确保检修技术准备的有效落实和保障检修质量与安全，可根据检修工作量和检修人员实际情况适时安排培训工作。培训工作以内部培训为主，适当利用外部资源或外出培训，原则上由仪表专业负责人组织安排，形式上以现场实物互动培训为主，通过检修人员培训后进行实际操作和讲解来验证培训效果。具体培训工作如下：

(1) 专项技能培训。包括机组轴系仪表校验、浮筒液位计校验、雷达液位计拆装、电动执行机构参数设定与备份、CCS 组态修改备份等重要常用技术、技能专题培训。

(2) 检修方案培训。主要是检修作业指导书的宣讲、讲解甚至现场操作示范。培训的方式可以由专业负责人向检修小组负责人讲解，然后由检修小组负责人对检修人员培训；或者先由检修人员学习再通过答疑或讲课的形式检验学习效果，但不推荐专业负责人集中讲课的方式。

(3) 施工方案培训。主要是针对较大检修改造项目进行的专题施工内容明确和施工步骤讲解，通常由施工技术负责人现场讲解说明。

(4) 厂家技术培训。类似核料位计、激光分析仪等特殊仪表、新投用仪表，可以联系制造厂到现场做专门的应用、检修技术培训。卡套接头安装、防爆格兰安装等影响施工质量的基本技能，也可以联系厂家技术人员或经验丰富的施工人员到现场培训指导。

第四节　物资准备

一、检修用仪表设备材料

检修计划审批后，第一时间梳理检修项目需要的仪表设备和材料，汇总停工检修需要的所有仪表设备、材料并列出清单跟踪采购、验收和使用情况。

1. 利用库存

根据设备材料清单实际核实现有库存情况，核对可利用库存仪表设备、材料数量及是否可供停工检修使用。

2. 修废利旧

首先，清理检修计划中涉及拆除仪表设备的检修项目和技改项目，核对相关规格书及现场仪表设备、材料性能状况，再结合检修计划确定是否有可再利用仪表设备、材料。

其次，库存废旧物资再利用，可从报废物资中拆除性能良好的配件备件，经鉴定后作为检修仪表设备、材料使用。

3. 仪表设备材料采购

在明确利用库存、修废利旧的基础上，确定需重新采购的仪表设备、材料清单，并根据采购周期确定采购顺序。原则上按如下优先顺序采购：长周期仪表设备→进口仪表设备→关键仪表设备→其他仪表设备材料，具体可参照下面步骤计划执行。

1）委托设计

方案变更、仪表改型等非原仪表设备直接更换的检修项目，一般需要委托设计出具相关设计方案或仪表规格书，并以此设计资料为依据采购。简单的改型或变更如不委托设计，也应按照相关管理制度要求办理变更审批。变更审批单可参考附录Ⅲ-1“自动化仪表变更申请审批单”。

原厂家原型号更换的现场仪表，控制系统软件、硬件升级，控制系统原厂模块、配件更换等情况不需要委托设计。

2）签订长周期仪表设备技术协议

根据仪表的重要性、技术特点确定采购分交方案。一般特殊控制阀、特殊仪表等进口厂家产品，采购和到现场用时较长，需要签订相关技术协议并明确仪表到现场的具体日期。

3）签订其他仪表设备技术协议

常规检修、技改项目需要更新、更换的其他自动化仪表及配件备件，需要按照相应的仪表设备采购程序进行技术确认并跟踪采购。

4）配合工艺、设备、电气等相关专业技术协议的签订

常规检修、技改项目中涉及较大检修工作量或较大改动的项目，往往也需要由主体专业牵头签订技术协议，仪表专业需要配合确认项目涉及的仪表专业相关内容与技术要求。

5）材料采购与技术确认

电缆穿墙密封系统、防爆接线箱等仪表材料，因技术要求多和需要根据具体需求重新选

型确认，通常也需要签订专门的技术协议。

4. 催交与验收

技术协议签订之后，还要对仪表设备、材料的采购进度实时跟踪，避免因延迟到货而影响检修进度。

仪表设备、材料到现场后首先以技术协议为依据进行验收。到货验收后就地压力表、就地温度计等还应由具有检定资质的专业机构或部门进行校验、检定，所有控制阀(包括调节阀、开关阀、自力阀)则应进行打压测试保证符合技术协议要求。

二、备品备件

检修计划提报的仪表设备、材料尽管允许预留少量备用量，但实际停工后的鉴定计划及检修过程中还有很多不可预知的情况，如果仪表设备、材料不足将直接关系到检修工作的开展和检修进度，因此检修准备通常需要考虑以下应急备品、备件提供方案或解决措施。

1. 现场测绘机加工

尽量全面考虑停工检修过程中可能需要的现场测绘加工任务。分类预估后与相关测绘加工单位签订机机工框架协议。通常必需的机加工项目有以下几方面：

(1) 橡胶密封圈，主要用于控制阀维修、格兰密封处理或更换等；

(2) 盘根、垫片、螺栓等消耗材料加工；

(3) 机加工，定位器支架、各种接头等小件机械加工和阀内件等专业机械加工。

2. 签订备件框架协议

就地压力表、温度仪表等检定仪表，检定不合格和在检修过程中损坏的概率相对较大，而且规格型号繁杂无法提前采购备用。因此，可以在停工检修前按仪表规格型号分类签订停工检修紧急供货框架协议。在检修过程中一旦发现检定不合格或损坏应立即通知厂家制造，可有效缩短采购周期并有效克服备件影响进度难题。

同样，控制阀维修、控制系统点检等存在不确定维修内容或备件更换可能的检修项目，也应根据具体现场情况和检修工作量实际签订备件供应框架协议或在维修技术协议中明确应急备件提供方案。

3. 利用动态库存

详细了解并掌握本公司和母公司或其他物资共享单位的实时动态库存，做到可以随时查询和领出利用。

4. 外部支持

根据检修工作量和检修次数并结合自动化仪表寿命周期，预估检修过程中可能临时增加的配件、备件的种类、规格、数量，并以此与相关制造厂联系，沟通、了解供货周期和国内库存情况，做到有备无患。

紧急情况可以寻求友好企业单位或制造厂支持援助。

三、工器具

1. 个人检修工具

为保证检修质量和检修进度，参与检修作业的每个人都应配备齐全质量过硬的检修工具，如螺丝刀、活动扳手、剥线钳、压线钳、万用表等常用工具。而要着重强调的是检修作业人员工具一定选择大品牌且质量过硬的产品，否则隐患无穷，检修质量无法保证。例如，因压线钳质量差或规格不合适经常容易造成接线端子压接不紧，进而造成信号虚接或突变甚至进一步酿成联锁、误动作事故。

2. 班组公用工器具

信号发生器、24VDC直流电源、配管工具等检修需要但不是每人必备的工器具，可参考表2-18配备。其中部分工器具与标准校验工器具、检修临时用工器具存在重复，工器具分类和示例均为检修准备方便和全方位考虑而为之。具体的检修工器具配备可根据检修工作量和施工队伍具体情况而定。

表2-18 ×××(部门)×××(年)停工检修班组工器具清单

序号	名称	厂家	规格型号	单位	数量	备注
1	475	EMERSON		台	5	
2	打码机			台	1	
3	直流电源			台	2	
4	信号发生器	DRUCK			4	
5	温度校准器	FLUKE	714	台	3	
6	压力校准器	FLUKE	718	台	5	
	手压泵	FLUKE	700PTP1	套	1	
	压力模块	FLUKE	700P05	套	1	
	压力模块	FLUKE	700P08	套	1	
	压力模块	FLUKE	7000kPa	件	1	
	压力模块	FLUKE	200kPa	件	1	
7	万用表	FLUKE	87V	台	2	
8	游标卡尺		0~180mm	件	1	
9	压线钳	伍尔特		把	4	
10	内六角		公制(12件)	套	3	
11	内六角		英制(12件)	套	3	
12	电烙铁		60W、25W	个	2	各1个
13	弯管器		8mm、10mm、12mm	套	3	
14	锯弓			把	4	
15	割刀			件	10	
16	剪刀			把	2	
17	管钳		10″、12″、15″	件	6	各2个
18	轴向止口挡圈钳		7″	件	3	
19	穴向止口挡圈钳		7″	件	3	
20	钢直尺		0~50	个	1	
21	套筒扳手			套	2	
22	开口扳手		12~32	套	2	
23	梅花扳手		10件套	套	2	

续表

序号	名称	厂家	规格型号	单位	数量	备注
24	敲击扳手		24~34	套	2	
25	活动扳手		12″、15″等	套	2	
26	十件套什锦锉		4mm×160mm	套	1	
27	手动试压泵	RIDGID	1450	台	1	
28	铁锤、防爆锤、撬棍			个	3	各 1
29	防爆电筒		JW7210	把	2	
30	振动位移校验仪		TK3-2E	套	1	
31	耦合剂			管	2	超声波用
32	光盘或 U 盘			盒	3	备份用
33	专用清洁剂			瓶	6	控制系统
34	吸尘器			台	1	
35	绝缘手套			付	6	
36	防静电腕带			个	10	

3. 标准校验工器具

应根据检修工作量准备足够数量的信号发生器、HART 手操器、TK3-2 等常用现场校验仪器和仪表检定用标准校验仪表及仪器。同时注意务必选择性能可靠的主流大品牌产品，并提前做好标准仪器的检定和测试，保证合格好用。表 2-19 为建议的标准校验工器具清单，一般由具体检定单位或部门根据实际情况配置。

表 2-19　×××(部门)×××(年)停工检修标准校验工器具清单

序号	名　称	厂家	规格型号	数量	备注
1	万用表				
2	钳型电流表				
3	摇表				
4	便携式温度校验装置				
5	便携式毫伏信号发生器				
6	便携式热阻信号发生器				
7	便携式毫安信号发生器				
8	便携式电压信号发生器				
9	便携式频率信号发生器				
10	便携式 24V 可调直流电源装置				
11	精密交直流稳压电源				
12	示波器				
13	标准电压、电流信号校验仪				
14	多功能信号校验仪				
15	标准差压发生器				

续表

序号	名 称	厂家	规格型号	数量	备注
16	标准压力发生器				
17	标准压力表校验台				
18	压力模块				
19	便携式压力校验仪				
20	便携式低压压力信号发生器				
21	便携式中压压力信号发生器				
22	便携式高压压力信号发生器				
23	精密标准电阻箱				
24	精密热电偶				
25	标准热电偶校验装置(含高温电热炉)				
26	标准热阻校验装置(含中温电热炉)				
27	天平				
28	HART 手操器				

4. 检修临时用工器具

因停工检修工作量集中、作业类型齐全，一般需要准备如下种类的检修临时用工器具：

(1) 吹扫用工器具：管钳、塑料桶、接油盘等。

(2) 打压试漏器具：打压泵、喷壶等。

(3) 仪表运输、临时存储器具：叉车、货车、塑料箱、木箱、塑料泡沫等。

(4) 打码机、线码管、标签纸等接线用工器具。

(5) 临时标识牌、警示牌、进度看板等现场标识指示用工器具。

5. 转其他专业准备的工器具

(1) 本章第三节方案准备的“二、专业交叉”中“需转交其他专业施工的检修项目”涉及的工器具，主要有电焊机、切割机、套丝机、钻床、冲击钻、火焊工具、便携式液压泵、气压泵、高压液压钳等，具体由施工单位或队伍根据具体工作确定准备。

(2) 仪表检修工作需要搭架子、吊车等其他专业支持的项目。需要搭架子的检修项目，应该汇总统计检修位置、架子高度等要求转交给有资质的搭架子公司。吊车的需要计划与安排，可以参考表 2-20 格式汇总准备。

表 2-20 ×××(部门)×××(年)停工检修吊车需求计划

序号	吊车吨位	吊车类型	台数	作业部位及内容	仪表位号	仪表口径/重量	检修编号	作业起止时间	作业台班	检修单位	备注
1	160	普通	1	112 单元压缩机阀门拆装	112-FV-10110	12″			4		示例
					112-PV-10102	24″					

四、耗材

检修用耗材主要有四氟带、保险、螺丝、螺母、垫片、电池等安装、维修用材料或用品。表2-21为建议的检修耗材准备清单。

表2-21 ×××(部门)×××(年)停工检修耗材用品清单

序号	名 称	规格	数量	用途	备注
1	保险	1A			
2	保险	2A			
3	保险	其他各种常用规格			
4	接线柱				
5	接线端子				
6	电池	9V等常用规格			
7	松香焊锡				
8	毛刷				
9	接地线	各种常用规格			
10	四氟带				
11	标签纸				
12	油性笔/记号笔				
13	绝缘胶带				
14	密封塑料带				
15	压力表垫片	紫铜退火			
16	压力表垫片	四氟			
17	压力表垫片	生铁			
18	其他常用垫片				
19	螺丝、螺母、螺钉	M10及以下，普通碳钢			
20	仪表管卡	常用规格			
21	仪表接头	常用规格			
22	石棉板	常用规格			
23	石棉绳	常用规格			
24	除锈剂				
25	瞬干胶	常用规格			
26	耐油密封胶	常用规格			
27	抗咬合剂	常用规格			
28	螺纹锁固剂				
29	砂纸				
30	锯条				
31	尼龙扎带				
32	不锈钢轧带				
33	钢丝刷				
34	破布				

五、应急物资

停工检修同样需要编制火灾、人身伤害、事故等各种应急处理方案，并按应急预案准备应急物资。因此，应急物资通常有以下几大类：①人身伤害救助，如中毒、物体打击、触电、灼烫、辐射等紧急救助物资；②消防救护；③防雨防台风；④应急电源；⑤应急通信；⑥应急医疗救护等。具体可结合安全部门准备及要求进行准备落实。

六、预制预装

为缩短检修周期提高检修效率，很多检修工序可以提前准备，很多仪表设备、材料可以提前预制预装。下面简要举例说明可以提前准备和预制、预装的检修工作或工序，具体应根据检修计划工作量实际分解确定与安排。

1. 常规检修

常规检修项目中部分工作可以在停工检修前开展或部分开展，主要相关工作如下：

(1) 更新或更换的温度仪表校验、温度变送器校验及参数设定。

(2) 更新或更换的温度仪表保护套管打压。

(3) 更新或更换的就地压力表校验、检定。

(4) 涉及补偿导线的温度仪表检修项目预制测试补偿导线。

(5) 涉及更换一次阀的项目提前对一次阀打压测试。

(6) 预制或分段预制检修需更换的引压管。

(7) 预制或分段预制检修需更换的仪表风管。

(8) 预制定位器支架、电磁阀支架等各种安装支架。

(9) 预制电缆槽盒或角钢等电缆敷设材料。

(10) 预装防雨罩、控制阀防雨帽。

(11) 控制系统点检短接线、测试电缆等。

2. 技改项目

技改项目可以提前预制、预装的工作主要有仪表引压管预制，仪表风管预制，穿线管预制，电缆槽盒、角钢等预制，各种安装支架预制，变送器预装，各种仪表校验、参数设定，一次阀、控制阀、保护套管等打压测试，控制系统组态(含操作画面)等。

七、设备材料管理

检修设备材料的管理是检修质量和进度控制的关键之一，应编制专门的设备材料管理制度并严格执行。常规检修和技改项目设备材料原则上可以分开管理，但管理机构体系和管理流程应该保持一致。不同公司、不同检修工作量以及不同的管理要求都决定了管理制度的较难统一，所以仅就设备材料管理的关键点说明如下：

(1) 专人负责、统一管理。

(2) 建立设备材料动态台账，实时更新。表 2-22 为常规检修设备材料库存台账管理(特指停工检修期间从公司仓库领出存放在检修施工单位材料仓库)示例格式。

(3) 入库、出库、退库有严格手续有签字记录。

(4) 回收、报废物资及时鉴定、登记。

（5）贵重物资、标准校验仪器、一般设备、材料等分级别保护或管理。

（6）制定专门的外送检定、外送检修仪表设备管理流程。

（7）设备、材料、配件领用时，必须按检修或施工方案领用，并检查合格证书及相关技术文件，不合格不得领用。

（8）代用的设备、材料、配件必须要有设备材料代用审批单。

表 2-22　×××(部门)×××(年)停工检修设备材料台账

序号	检修项目编号	物料码	名称	规格型号	到货数量	需求数量	存放位置	入库时间	出库时间	领用人	备注
1											

第五节　人员准备

当前主流的停工检修管理模式是：生产企业通常为总体的检修组织统筹管理单位，具体的检修工作由一家承担主要检修和技改项目任务的检修公司和其他辅助专业检修单位共同完成，生产企业对各检修单位严把人员关并做好总体统筹把控是落实各项检修准备的前提和基础。

1. 组织机构

1）成立检修管理机构

首先，成立公司级检修指挥组织机构；其次，成立部门级检修组织机构。

检修组织机构应该分工明确、责任到人，监督检查、物资供应、后勤保障等全过程、全方位安排到位。

2）检修实施单位组织机构确立

最迟在停工检修前半年，检修单位应正式成立完备的检修组织机构。检修组织机构成立后1个月内，应编制完成检修组织设计、检修人力和机具需求计划及进厂计划，并保证检修机构管理人员及技术人员进现场和检修分工开展检修准备工作。

检修组织机构的确立，除分工明确、合理之外，还应特别注意人员的能力、资质、素质，一般关键的检修管理人员、技术人员、技术骨干等需要经过专门的资格、资质和能力审查，甚至面试考察，以确保检修的顺利进行。

图2-2为检修组织机构框架示例，具体的人员组织安排还应根据检修工作实际统筹考虑，并体现在停工检修网络计划(图2-1)和整体的检修实施方案中。

2. 专业协调

在组织机构设立及人员准备安排过程中，应充分考虑与工艺、设备、电气、土建等其他专业之间的工作交叉配合，并按照检修工作量分解统计计划安排与其他专业检修相关的配合人员。

1）其他专业检修需要仪表专业配合的项目

常见的检修项目类别参见本章第三节方案准备的“二、专业交叉”相关内容，具体人员安排依据具体工作量执行，但一般需要按单元设置一个与其他专业对接联系的牵头人。

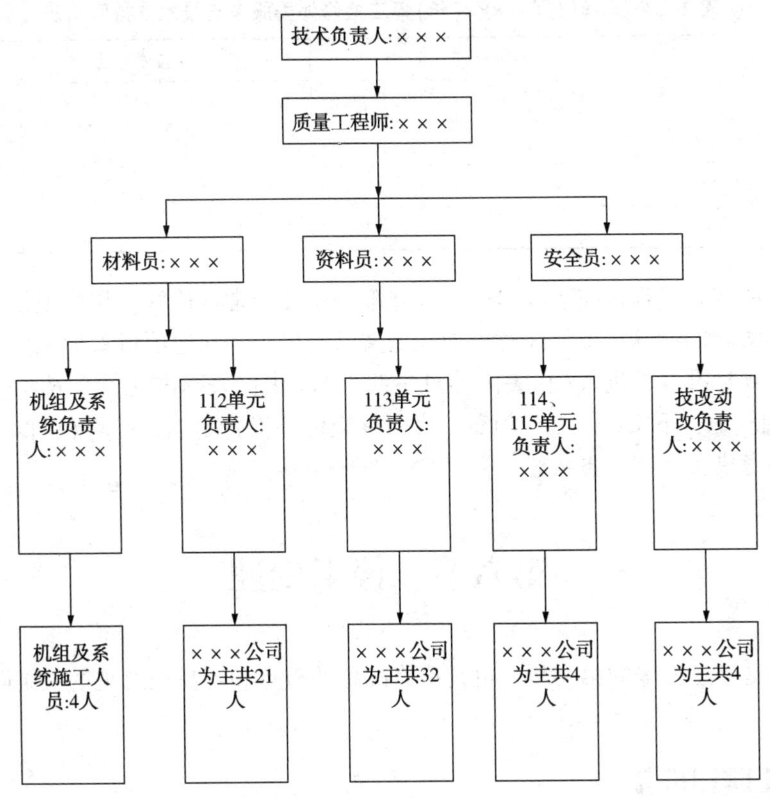

图 2-2　×××(部门)×××(年)停工检修组织构架

2）需转交其他专业施工的检修项目

常见的检修项目类别可参见本章第三节方案准备的“二、专业交叉”相关内容，该类型检修项目或工作一般分单元由专人负责现场交底、监督检查和跟踪记录。

因涉及专业交叉的检修项目，具体实施过程不可控因素较多，在人员安排上应该留有余量或可以由机动人员随时替补。

3. 联络信息

停工检修过程涉及检修单位或部门几十余家，参与人员多则上千少则过百。各检修单位与检修人员的无缝联系沟通是检修顺利进行的保障。因此，在检修统筹、检修组织机构确立、检修方案编制等检修准备过程中，都应收集整理公布关键人员联络信息。

联络信息分外部联络和内部联络信息。检修单位内部联络信息应该包括所有参与检修或支持检修工作人员的详细联络方式，相关交通、送餐、宣传等服务人员也应详细登记联络信息，以保障检修施工、服务及时、到位。内部联络信息一般需要通过以下几种方式告知：向内部人员和相关单位发送电子版通信录、在检修施工现场打印并张贴、检修指挥部张贴。

外部联络信息，主要有外委检修、外委检定单位联系渠道和主要人员联系方式。此外，由于检修过程中发生临时故障损坏的仪表设备需要厂家技术支持或紧急采购，因此建议整理检修外委服务和厂家支持联络表(示例表格见表 2-23)，以保障高效沟通和问题处理。

表 2-23　×××(部门)×××(年)停工检修外委服务与技术支持联络表

序号	类型	厂家	销售采购					技术服务					备注
			姓名	职务	电话	手机	邮箱	姓名	职务	电话	手机	邮箱	
1	控制阀	FISHER											示例
2		KOSO											
3		美卓											

除特殊说明或直接提及技改项目外，检修准备主要指常规检修。技改项目的准备工作在停工检修过程实施的特殊情况及注意事项在上文已经提出，其他项目管理工作可依据工程建设项目管理常规标准要求进行(相关内容可参照《自动化仪表标准化管理丛书——标准化建设》分册)。相应地，下文(第三章检修 、第四章交付开工)也均针对常规检修，技改项目相关工作可以参考借鉴具体不再赘述。

第六节　停工处理

停工处理是停工检修的第一步，也是检修准备的重点和容易被忽视的关键路径，再次着重说明。

一、停工吹扫排凝

停工吹扫一般包括蒸汽吹扫和氮气吹扫，但因氮气吹扫相对涉及面窄而且原则方案上与蒸汽吹扫类似且相对简单，因此本部分“停工吹扫、排凝”以蒸汽吹扫为例。

1）确定吹扫前需拆除保护的现场仪表

首先，熟悉工艺吹扫方案，确定吹扫线路上的质量流量计涡街流量计等管道式流量计、自力阀、无辅线控制阀等吹扫前需拆除的现场仪表清单；然后，根据拆除位号清单现场逐一核实确定需要预制的直管道、法兰、垫片等材料。

2）在线吹扫

停工吹扫工作务必按照工艺停工吹扫方案和统筹安排，确定合理的时间点及时有效进行。图 2-3 为停工吹扫顺序安排统筹示例。表 2-24 为示例相应单元需吹扫仪表清单及吹扫要求。执行的关键是要以详细了解工艺吹扫方案与顺序进度安排为基础，分析归类所有黏稠、有毒介质等需要吹扫的现场仪表，并安排人员现场核对在线吹扫仪表一次阀等状况，确保仪表在线吹扫不影响工艺吹扫进度与质量要求的前提下有序高效进行。具体的停工吹扫方案可参见本章第三节“四、作业方案”。

3）排凝、拆清

黏稠、有毒介质等在线吹扫的现场仪表，如果没有密闭排放系统，则在线吹扫完成后还需按照“上不着天，下不着地”原则进一步排凝、排空。

介质黏稠或其他需要吹扫清理的现场仪表，因工艺流程或吹扫方案原因无法在线吹扫的，需要在工艺吹扫结束后尽快安排拆清。拆清工作同样需要结合工艺介质特点及实际工况和仪表应用情况按照仪表位号清单处理。

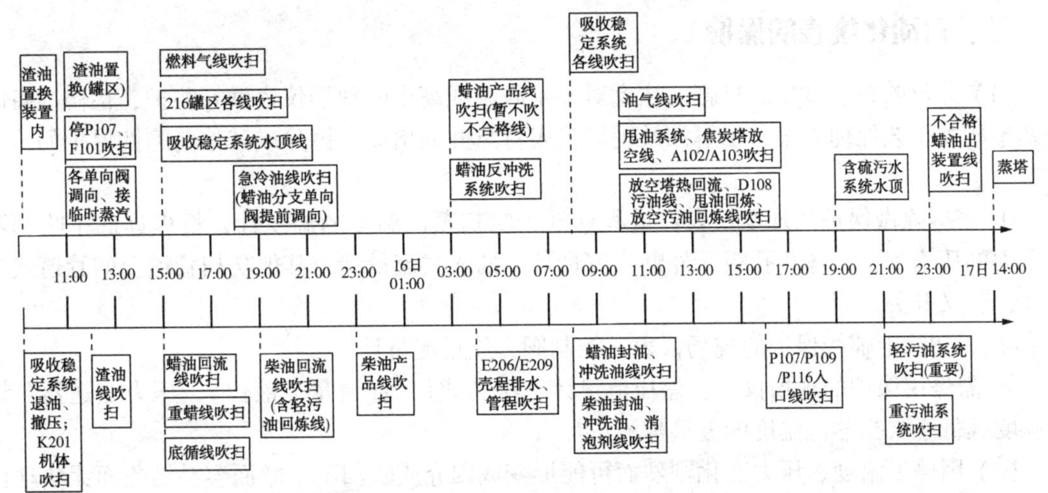

图 2-3 ×××(单元)×××(年)停工检修停工吹扫顺序统筹图

表 2-24 ×××(单元)×××(年)停工检修在线吹扫仪表清单

序号	仪表类型	位号	介质	安装地点	吹扫要求	一次阀	引压管	吹扫时间	吹扫效果	备注
1	差压变送器	112-PDT-16402		密封油罐	工艺吹扫末期在线吹扫 30min					
2	双法兰变送器	112-LT-08701		D-113 液位	工艺吹扫末期在线吹扫 30min					
3	孔板流量计	112-FT-01201		D-101	工艺吹扫末期在线吹扫 30min					
4	楔式流量计	112-FT-03201		C-101 进线	工艺吹扫末期在线吹扫 30min					
5	玻璃板液位计	112-LG-15502		D-122	工艺吹扫末期在线吹扫 30min					
6	质量流量计	112-FT-01806B		轻污油线	工艺吹扫末期在线吹扫 30min					
7	浮筒液位计	112-LT-04203		分馏塔	工艺吹扫末期在线吹扫 30min					

二、自动化仪表的停用

(1) 检修过程无须投用的控制系统停电。

(2) 现场仪表(停工后需继续使用的除外)从机柜室内停电。

(3) 有一次阀且介质干净无须吹扫、排凝的检测类仪表(如单法兰)关闭一次阀。

(4) 反吹风、伴热等辅助系统的相关阀门关闭。

(5) 隔离液系统、冲洗油系统及相关现场仪表停用。

三、自动化仪表的保护

（1）蒸汽吹扫、试压、打靶前注意对不耐高温或高压的现场仪表做好防护，检修准备时需熟悉相关工艺处理方案，了解涉及现场仪表特点并列出需要拆除或其他前瞻性保护的位号清单。

① 需拆除做保护的现场仪表：量程远低于吹扫蒸汽温度的温度计，量程远低于吹扫蒸汽压力的压力表，一体化孔板，外贴式流量计，插入式流量计，其他吹扫管道上的管道式流量计，音叉开关。

② 需切除走辅线保护的现场仪表：控制阀，质量流量计。

③ 需停用保护的现场仪表：差压流量计，法兰式仪表（流量、液位），压力变送器，设计温度远低于吹扫蒸汽温度的玻璃板液位计。

（2）因停工温度、压力变化剧烈而可能形变或因介质吹扫不干净而容易结焦而无法动作的控制阀，应提前拆除保护或在停工时动作至合理的开关位置（如需下线检修的蝶阀在停工后应全关）。

（3）对停工不拆除的现场仪表做好防撞击保护，毛细管仪表则同时做好防缠绕、防割伤、防火保护措施。

（4）现场检修的现场仪表做好维修备件保护及现场作业保护。

（5）现场仪表在拆除、暂存、运输、回装全过程做好防撞伤、防雨等全方位保护。

四、停工后继续投用的现场仪表

一般地下污油罐、污水缓存罐、溶剂罐等在停工检修期间仍需要正常投用，结合停工检修的总体统筹安排以及具体单元的开停工及检修具体要求，确定停工后继续投用的现场仪表清单，并提前做好校验检查工作，保证检修期间的良好应用。

检修过程临时投用的现场仪表不在考虑之列，可视检修计划安排及实际检修实施情况提前或临时协调解决。

五、停工后继续投用的控制系统

消防泡沫站、喷淋系统以及工艺特殊要求或检修特殊要求的控制系统，在停工检修过程中一般需要继续正常投用。需正常投用的控制系统，开停工及检修期间重点做好如下防护保护工作：防潮、防雨，防砸伤、防撞击、防火、防电气焊灼伤，张贴“电焊接地禁用”标识与防护警示。

六、提报鉴定计划

停工后需尽快提报最后一版检修计划，即鉴定计划。鉴定计划主要来源于以下方面：

（1）隐蔽项目鉴定，是指阀内件冲刷、温度仪表保护套管变形腐蚀等需要停工后拆除鉴定才能确定是否需要检修和进行到何种检修深度。隐蔽项目鉴定主要从表 2-25 列出的几方面准备执行，一般应根据不同情况列专门的检查表（引压管腐蚀性检查、电磁阀密封性及性能检查、轴系仪表静态线性试验等）。表 2-26 为隐蔽项目鉴定检查的示例。

表 2-25 隐蔽项目鉴定内容

序号	隐蔽项目鉴定内容	备注
1	高差压工况控制阀	
2	高温、高黏稠介质控制阀	
3	存在两相流工况的现场仪表	
4	高黏稠、高腐蚀介质现场仪表	
5	工艺流程末端或最低端安装的现场仪表	
6	加热炉、反应器等内部安装的温度仪表	
7	正常生产期间间歇使用的现场仪表	
8	理论分析可能存在冲刷、腐蚀、损坏的现场仪表	
9	其他无法准确判断是否故障或损坏的现场仪表	

（2）检修计划审批后到装置停工期间，收集整理记录的新故障、隐患或优化整改措施。

（3）检修计划审批后到装置停工这段时期内，国家政策新要求、公司政策或检修统筹新要求等需要增加的检修项目或内容。

（4）检修计划审批后到装置停工这段时期内，现场仪表、控制系统产品升级或无法满足下一个检修周期要求的检修建议。

表 2-26 ×××（部门）×××（年）停工检修鉴定项目检查
加热炉表面热电偶隐蔽内容检查表

装置：									
序号	位号	检查内容					检查结果	检查日期	检查人
		使用日期	有无虚焊及断裂	有无裂纹	牢固性	mV 值测量判断			

第三章　检　　修

装置停工并吹扫、隔离、处理完毕后，按照相关管理制度规定进行生产交检修确认，各部门各专业现场联合检查确认并签字后，正式进入检修阶段。检修开始，在遵照检修相关管理制度的前提下，以检修计划为依据以标准化检修流程为指引具体组织实施检修工作。

标准化检修实施过程，以先拆除、鉴定、外送后维修检定为基本思路，分组别分主次有序展开。标准化检修的“修”重在维修，为描述方便从现场仪表、控制系统方面分两节按仪表类型具体介绍；标准化检修的“检”在于校验、检定，因其在检修实施过程中的特殊性和重要性，单独一节介绍。

第一节　现场仪表检修

现场仪表的检修以检修计划及位号清单为基本依据组织实施，具体的标准化检修流程与步骤又略有不同：常规仪表标准化检修需先列检修仪表位号清单然后依据对应的仪表检修作业指导书按步骤执行；在线分析仪表按照仪表类型检查、校验、投用；特殊仪表的检修则在充分了解仪表工作原理与应用场合的情况下按步骤拆除、检查、校验、安装；执行器厂家品牌众多但从结构及原理上可清晰归类，从类型原理上标准化拆除、维修、校验、回装；辅助系统检修主要通过系统化、菜单化的检查、检修项目体现标准化检修。

一、常规仪表

1. 压力仪表

1）压力表

（1）范围。压力表包括一般压力表和特殊压力表；特殊压力表主要包括膜盒压力表、隔膜压力表、差压表、耐震压力表、双针压力表、毛细管压力表、电接点压力表等。因电接点压力表多为220VAC供电的开关类仪表，不仅安全性差误动作概率高，而且与现场安全仪表设计管理理念差距较大，目前已经基本不再应用，个别地方如果有应用也应该在停工检修时进行改型改造更换，所以不再介绍电接点压力表停工检修的内容，如果确有电接点压力表检修可以参考附录Ⅰ-3“压力开关检修作业指导书”。

原则上除强制检定的A类压力表外的所有压力表均需拆装、校验，分装置按位号参考表3-1示例表格记录跟踪。

（2）检修。按照清单及附录Ⅰ-1“压力表检修作业指导书”规定要求组织压力表拆装检修检定，并跟踪记录相关问题。

类似压力表更换冷凝弯、更换一次阀等涉及压力表的其他检修项目，可根据专业分工及具体检修内容具体安排实施。

强制检定的的A类压力表，参见本章“第三节 检定校验”相关内容。

(3) 进度控制与问题处理。

① 停工后第一时间进行压力表拆除、送检工作。

② 压力表拆除、检定过程中发现报废或不合格压力表，第一时间提报备件采购计划。

③ 压力表拆装过程中临时损坏或需更换的一次阀等附件及时更换或提报采购计划。

表 3-1 ×××(部门)×××(年)停工检修压力表检修跟踪表

序号	单元号	仪表位号	规格型号	测量范围	精度	安装地点	工艺介质	操作温度	操作压力	附件及耗材	制造厂	拆除日期	送检日期	送检箱号	接收人	证书编号	回装日期	负责人	问题记录	备注

2) 压力(差压)变送器

(1) 范围。压力(差压)变送器主要包括压力变送器、差压流量变送器、远传密封式差压变送器、远传密封式压力变送器等；双法兰、引压管差压原理液位变送器虽然在原理、应用等方面与压力(差压)变送器相同，但为便于归类区分本部分仅涉及通常意义的压力变送器、差压流量变送器，差压液位变送器则在液位仪表部分阐述。

分装置按位号参考表 3-2 示例统计压力(差压)变送器拆装、校验清单并记录跟踪。

表 3-2 ×××(部门)×××(年)停工检修压力(差压)变送器拆装、校验跟踪表

序号	单元号	仪表位号	规格型号	测量元件	安装地点	工艺介质	操作温度	操作压力	伴热	隔离液	阀组检查	格兰密封	拆除日期	校验日期	回装日期	零点校准	负责人	问题记录	备注

(2) 检修。按照清单及附录Ⅰ-2“压力(差压)变送器检修作业指导书”规定要求组织压力(差压)变送器拆装检修，注意测试阀组是否内漏，跟踪记录相关问题。

其他类似更换三阀、伴热改造等与压力(差压)变送器相关的检修项目，可以分类安排处理。

(3) 进度控制与问题处理。准备备用打压校验设备；压力(差压)变送器拆除、校验过程中发现报废或不合格变送器或阀组及附件，第一时间提报备件采购计划。

3) 压力开关

(1) 范围。压力开关是一种借助弹性元件受压后产生位移以驱使微动开关工作的压力控制仪表。按照不断提高的安全仪表系统要求，压力开关原则上不应用于联锁回路，目前通常用做机泵密封油罐封油辅助报警显示。

停工装置所有压力开关均需拆装、校验，分装置按位号按表 3-3 示例表格记录跟踪。

表 3-3 ×××(部门)×××(年)停工检修压力开关检修跟踪表

序号	单元号	仪表位号	规格型号	安装地点	工艺介质	操作温度	操作压力	设定值	系列号	制造厂	拆除日期	检定日期	微动开关	格兰密封	回装日期	负责人	问题记录	备注

(2) 检修。压力开关检修，按照清单及附录 I -3“压力开关检修作业指导书”规定要求组织压力开关拆装检修校验，并跟踪记录相关问题。

(3) 进度控制与问题处理。

① 停工后第一时间进行压力开关拆除、校验工作;

② 检修过程重点检查微动开关动作情况及是否有锈蚀老化现象;

③ 压力开关拆除、校验过程中发现报废、损坏或不合格压力开关，第一时间提报备件采购计划，由于 UE 、SOR 等进口压力开关及微动开关备件采购周期长，可以在检修计划中适量提报备用量。

2. 温度仪表

1) 就地温度计

(1) 范围。就地温度计，通常指双金属温度计，一般有带过程管嘴的法兰连接式和直接螺纹两种安装方式。

原则上除强制检定的 A 类温度计外的所有温度计均需拆装、校验，分装置按位号参考表 3-4 示例表格记录跟踪。

表 3-4 ×××(部门)×××(年)停工检修就地温度计检修跟踪表

序号	仪表位号	规格型号	测量范围	安装地点	工艺介质	操作温度	操作压力	插入深度	过程连接	压力等级	制造厂	拆除日期	送检日期	送检箱号	接收人	证书编号	回装日期	负责人	备注

(2) 检修。

① 强制检定的 A 类温度计，参见本章“第三节 检定校验”相关内容。

② 温度计的检定，应符合最新版 JJG 226《双金属温度计检定规程》规定要求。

③ 温度计检修，按照清单及附录 I -4“双金属温度计检修作业指导书”规定要求组织温度计拆装检修检定，并跟踪记录相关问题。

④ 与温度计相关的过程管嘴更换、保护套管更换、螺纹修复等其他检修项目，可根据具体情况单独安排实施。

(3) 进度控制与问题处理。

① 停工后第一时间进行温度计拆除、送检工作。

② 温度计拆除、检定过程中发现报废或不合格温度计，第一时间提报备件采购计划。

③ 温度计拆装过程中临时损坏或需更换的一次阀等附件及时更换或提报采购计划。

2）常用热电偶

（1）范围。常用热电偶，包括常见的 K 型、B 型、S 型热电偶或一体化热电偶、表面热热电偶、多支热电偶(一般 3 支以内)，本部分主要阐述热电偶本体，配套的温度变送器下面专门介绍。

常用热电偶检修原则、检修项目以及检修内容的确定可参考第二章中检修准备相关章节介绍执行，具体可按照表 3-5 格式统计汇总热电偶检修校验工作并动态跟踪记录。

表 3-5　×××(部门)×××(年)停工检修热电偶检修跟踪表

序号	仪表位号	规格型号	测量范围	精度等级	安装地点	工艺介质	插入深度	分度号	压力等级	制造厂	着色打压	拆除日期	送检日期	送检箱号	接收人	证书编号	回装日期	负责人	备注

（2）检修。热电偶保护套管表面检查及耐压测试：保护套管表面检查主要是检查保护套管表面冲刷、腐蚀、裂纹、变形等外观情况；进一步的裂纹情况检查及耐压测试，可通过着色、打压进行检查试验；表面检查及测试结果记录在表 3-5 中。

热电偶偶芯校验：按照清单及附录Ⅰ-5“热电偶检修作业指导书”规定要求组织热电偶拆装检修校验。

热电偶管嘴更换、垫片更换、静密封点防水处理等非常规检修项目，可具体根据检修计划单独安排处理。

（3）进度控制与问题处理。

① 塔壁、炉管壁等表面热电偶的拆除、检查应在停工后相关设备具备检修检查条件的第一时间进行，表面热电偶的回装、更换则要充分了解相关设备检修进度安排选择最佳时间组织进行。

② 外观检查、测试不合格需更换的热电偶保护套管第一时间提报备件采购计划。

③ 校验不合格的热电偶偶芯第一时间提报备件采购计划。

3）特殊热电偶

（1）范围。特殊热电偶，主要有催化耐磨热电偶、硫黄回收制硫炉专用热电偶、加氢反应器柔性热电偶、重整反应器热电偶、汽化炉耐磨热电偶等特殊热电偶，但普通反应器多支热电偶按照常规热电偶检修组织即可。

（2）检修。

① 耐磨热电偶检修，在检修准备、回装、外观检查、校验等方面同普通热电偶，相关内容可以附录Ⅰ-5“热电偶检修作业指导书”；此外，需要特别强调注意的主要有以下几点：

A. 耐磨热电偶停工前已经损坏或在停工拆除后外观检查损坏严重的，应认真分析原因考虑升级改型。

B. 高标准执行耐磨热电偶保护套管防渗漏检查：2. 5MPa 以下的保护管应能承受 1. 5 倍

的工作压力而无渗漏，更高压力的耐磨热电偶保护套管应经探伤或拍片检查，达到二级合格标准。

C. 外观良好、校验合格的耐磨热电偶，仍需要做热电特性检查。

② 硫黄回收制硫炉专用热电偶，保护套管采用易碎的刚玉或类似材料，停工检修通常需要拆除热电偶，拆除过程中即使保护套管完好为保障下一检修周期良好运行，一般也应整体更换专用热电偶(带刚玉保护套管)；如果硫黄回收制硫炉热电偶投用不到 2 年就保护管断裂或其他原因故障损坏，建议检修期间重新选型更换为可以保证运行 1 个检修周期的硫黄回收制硫炉专用专利热电偶。硫黄回收制硫炉专用热电偶的检修还应重点注意如下内容：

A. 反吹风管路及附件需吹扫、试漏并全面检查。

B. 重点检查炉膛补强管，如有变形、熔化等异常应该及时更换。

C. 检修拆除再利用或新更换的专用热电偶，需有特别的保护措施以避免保护套管断裂或外力开裂。

D. 检修新更换或回装专用热电偶的安装，务必在确认制硫炉其他检修项目已经完成的情况下进行，但如果制硫炉耐火砖更换后需重新烘炉，则应该在烘炉完成后安装，以避免保护套管受水蒸汽冲击炸裂。

E. 专用热电偶安装之前务必检查确认：补强管通畅，法兰垫片合适，炉膛无异物；安装过程需双人缓慢进行。

加氢反应器柔性热电偶，如果停工检修前运行良好，一般停工过程例行外观检查即可；如果出现泄漏、故障点多等较严重问题，则需在停工检修过程进行检修、改造、更换，具体检修作业方案可参考附录Ⅰ-6“柔性热电偶检修作业指导书”。

(3) 进度控制与问题处理。特殊热电偶检修实施，应充分与相关专业检修对接配合，并根据检修计划和现场实际提前做好检修作业方案。

4) 热电阻

(1) 范围。常用的热电阻温度仪表为铂热电阻温度仪表，分一体化和分体安装两种，应用于机泵、电机轴承或定子温度测量的一般为分体式螺纹连接，应用于大型机组轴瓦温度测量的一般为埋入式安装，其他生产装置通常采用保护套管法兰连接一体化安装。本部分主要阐述热电阻本体，成套的温度变送器参见下面专门篇幅介绍。

生产装置及一般机泵用热电阻温度仪表，根据检修计划分装置按位号依据表 3-6 跟踪记录热电阻拆装、检修、校验。

表 3-6 ×××(部门)×××(年)停工检修热电阻检修跟踪表

序号	单元号	仪表位号	规格型号	安装地点	测量范围	插入深度	压力等级	分度号	单/双支	制造厂	变送器	拆除日期	送检日期	送检箱号	接收人	证书编号	回装日期	负责人	备注

(2) 检修。生产装置及一般机泵用热电阻温度仪表的拆装、检查、校验，可参考附录Ⅰ-7“热电阻检修作业指导书”执行。

大型机组热电阻温度仪表的拆装、检查、校验，在确保与机组检修良好配合协调的前提下，可参考本章第三节“三、特殊仪表”中的“机组轴系仪表”相关内容执行。

其他类似接线盒更换、保护套管检查更换等检修项目，可具体根据情况单独安排实施。

(3) 进度控制与问题处理。

① 生产装置用热电阻温度仪表，停工检修一般均需要拆除、校验，停工后应该第一时间拆除、送检；检查、校验过程发现故障、损坏或不合格热电阻，应第一时间提报采购计划。

② 一般机泵用热电阻温度仪表的检修，应与设备专业检修充分对接、结合，尽量及早发现问题和检修。

③ 热电阻相对应的温度变送器参数设定、报警设置等组态工作可以集中、提前组织进行。

5) 温度变送器

(1) 范围。温度变送器，包括热电偶温度变送器、热电阻温度变送器、温度变送安全栅。

原则上所有温度变送器停工检修时都应进行组态参数检查备份(重点是量程、分度号、报警设置等)，对于拆除检修的温度仪表用温度变送器同时进行校验，具体可将温度变送器分装置按位号依据表 3-7 跟踪记录温度变送器校验和组态参数检查、修改和备份。

表 3-7 ×××(部门)×××(年)停工检修温度变送器校验组态检查记录

序号	单元号	仪表位号	温度元件	结构形式	分度号	测量范围	变送器	系列号	制造厂	精度	开路故障	变送器故障	报警值	联锁值	投用日期	校验日期	负责人	备注

(2) 检修。温度变送器检修，主要为温度变送器的校验和组态参数检查修改备份，具体可参照附录Ⅰ-8“温度变送器检修作业指导书”执行。

一体化温度仪表带温度变送器、分体式温度变送器可通过 375、475 等 HART 手操器进行组态检查修改，温度变送器安全栅则根据厂家及型号不同选择专用手操器或使用专业软件进行组态检查修改。

一体化温度仪表密封圈损坏、接线端子锈蚀松动个别问题，可根据具体情况具体个别安排实施。

(3) 进度控制与问题处理。温度变送器组态参数检查、修改工作可以提前确定参数设置原则，并集中或部分提前组织进行，例如，温度变送器“开路故障”和“变送器故障”出厂默认设置为“故障显示最大”，但从生产安全角度考虑，设置为“故障显示最小”更为合理，这一组态原则提前确定之后，停工检修期间就可以按照统一原则要求全面检查。

校验不合格、故障、损坏的温度变送器，第一时间提备件采购计划或应急替代方案。

6）红外线温度仪

（1）范围。红外线温度仪，一般用于高温炉膛温度辅助测量，尽管厂家不同但原理基本相同，停工检修期间通常均需要拆除、检查。

红外线温度仪有一体化结构和分体式两种。一体化结构传感器与变送器集成一体不需要光纤连接，稳定性和精确性上均有优势，为目前一线品牌的主流结构。

（2）检修。停工检修首先检查确认看火通道无任何堵塞物并成一直线，其次重点清洁镜片和检查吹扫风管路。生产期故障损坏的红外线温度仪，可根据故障、损坏提报变送器或其他备件维修更换。停工检修期间对红外线温度仪的拆除、检查工作，可参照附录Ⅰ-9“红外线温度仪检修作业指导书”执行。

（3）进度控制与问题处理。红外线温度仪的拆除、检查，应该在不影响设备检修的前提下进行。红外线温度仪的回装、投用，应该在合适的工艺条件（如红外线温度仪可测量的最低温度）下开展。

7）温度开关

（1）范围。温度开关现在已经很少使用，个别成套设备配套的部分温度开关还有保留。

（2）检修。原则上可以通过更换为温度变送器实现报警功能的，应该不再使用温度开关。

（3）进度控制与问题处理。可以提前测绘并可以确定改造方案的，检修计划提报温度开关改温度变送器改造方案。生产期间无法测量和确定改造方案的，停工检修期间及时测绘提出改造方案，以便下次检修期间实施温度开关改造替代方案。

3. 流量仪表

1）节流装置

（1）范围。节流装置，包括孔板、喷嘴、文丘里等GB/T 2624规定的标准节流装置；限流孔板、一体化孔板，因检修维护量小，本章不对其做详细介绍。

（2）检修。标准节流装置，通常的检修项目为漏点处理、更换一次阀、增加隔离液罐等个性问题处理，涉及拆装、检修的项目可参照附录Ⅰ-10“节流装置检修作业指导书”组织实施。

蒸汽或氮气吹扫、蒸汽打靶等工艺管路上的节流装置（含限流孔板和一体化孔板），应该先行拆除保护，具体可参考第二章检修准备“第六节 停工处理”部分。

停工检修期间，可以对一体化孔板拆除吹扫清理检查。

（3）进度控制与问题处理。涉及节流装置拆除、安装或需要动火的检修项目，提前做好专业协调以及搭架子等各项准备工作。新安装或回装的节流装置，安装后尽快试压、试漏，避免正式投用后泄漏难以处理。

2）楔式流量计

（1）范围。检修计划涉及的楔式流量计检修、改造项目。

（2）检修。楔式流量计，一般应用于黏稠介质工况，停工后通常需要蒸汽吹扫，相关内容可参考第二章检修准备“第六节 停工处理”相关内容。

通常的楔式流量计检修，可参照附录Ⅰ-11“楔式流量计检修作业指导书”组织实施。其他流量计改为楔式流量计、伴热改造、引压管疏通等所有与楔式流量计相关的检修项目，具体按检修计划执行。涉及楔式流量计引压管疏通的检修项目，需提前确定打压疏通方案，根据经验需要高压水冲洗的则要协调好相关专业队伍。

涉及楔式流量计伴热改造的检修项目，应提前与工艺专业准确对接配管方案。

（3）进度控制与问题处理。严格按停工吹扫方案吹扫，保证楔式流量计吹扫干净。伴热改造等检修项目，在现场详细勘查测绘的基础上，做好预制工作。

3）V 锥流量计

（1）范围。目前 V 锥流量计应用较少，可针对性故障维修。

（2）检修。V 锥流量计的检修项目通常为引压管、一次阀等附属部件故障维修，基本的检修方案可参考附录Ⅰ-11“楔式流量计检修作业指导书”组织实施。类似 V 锥流量计管道沙眼等较严重故障问题，建议停工检修时重新选型更换。工艺吹扫涉及的 V 锥流量计，按第二章检修准备“第六节 停工处理”相关介绍执行。

（3）进度控制与问题处理。提前确认好 V 锥流量计检修是否需要吊车、搭架子或电气焊，做好检修协调统筹。

4）阿牛巴流量计

（1）范围。通常阿牛巴流量计故障率较小，检修项目按检修计划执行即可。

（2）检修。阿牛巴流量计的检修项目通常为引压管、一次阀等附属部件维修更换，基本的检修方案可参考附录Ⅰ-12“阿牛巴流量计检修作业指导书”组织实施。阿牛巴流量计拆除过程，需注意取压管的保护；安装时，务必按照厂家安装建议执行，尤其注意阿牛巴传感器的对中。吹扫涉及的阿牛巴流量计，按第二章检修准备“第六节 停工处理”相关介绍执行。

（3）进度控制与问题处理。阿牛巴流量计检修一般需要吊车配合，提前做好计划协调。

5）转子流量计

（1）范围。转子流量计，包括金属管浮子流量计、玻璃管浮子流量计、吹扫装置，分就地显示和远程就地同时显示两种指示类型。

转子流量计检修项目，按照检修计划执行；需清理、检查的转子流量计可依据设备台账分单元按位号列清单安排执行。

（2）检修。转子流量计检修通常为拆除清理、检查、校验，基本的检修方案可参考附录Ⅰ-13“转子流量计检修作业指导书”组织实施。机组部分使用转子流量计、吹扫装置即使生产期间使用良好，停工检修时也需拆除清理、检查以确保开工后良好运行。工艺吹扫涉及的转子流量计，按第二章检修准备“第六节 停工处理”相关介绍执行。

（3）进度控制与问题处理。及早安排吹扫装置和用于反吹风仪表测量的转子流量计拆除、清理，便于及早发现问题和处理问题。

6）电磁流量计

（1）范围。检修计划涉及的电磁流量计。

（2）检修。涉及故障、损坏、更换的电磁流量计检修，可参考附录Ⅰ-14“电磁流量计检修作业指导书”组织实施；现场特别注意接线格兰防水密封检查。

生产期间使用良好的电磁流量计，停工检修期间可以分单元按位号列清单现场外观检查、导电性能检查、组态参数检查，具体格式可参考表3-8执行。

表3-8　×××(部门)×××(年)停工检修电磁流量计组态检查及检修跟踪表

序号	单元号	仪表位号	安装地点	规格型号	测量范围	口径	工艺介质	内衬材质	电极检测	接地环	变送器	屏蔽电缆	接地线	格兰密封	校验系数	阻尼值	系列号	负责人	备注

(3) 进度控制与问题处理。结合循环水停水及投用计划，合理安排电磁流量计的检查、检修。

7) 涡街流量计

(1) 范围。检修计划中提报的需进行检查、检修、检定的涡街流量计。

(2) 检修。涡街流量计的检查检修，可参考附录Ⅰ-15“涡街流量计检修作业指导书”组织实施。

用于贸易交接或其他原因需要外委检定的涡街流量计，参见本章第三节“检定校验”相关内容执行。工艺吹扫涉及的涡街流量计，按第二章检修准备“第六节 停工处理”相关介绍执行。

安装位置处于流程末端或最低端的涡街流量计，在检修完成工艺开工前吹扫试压结束后拆除清理杂物。检修时应首先检查流量计前后管道是否存在未消除应力及是否会产生振动；其次，重点拆除清理流量计内部异物。

停工前或停工检修开始阶段，通常需要对涡街流量计组态参数备份，具体可参考表3-9格式进行组态参数备份检查。

表3-9　×××(部门)×××(年)停工检修涡街流量计组态备份检查记录

序号	单元号	仪表位号	安装地点	规格型号	测量范围	单位	口径	工艺介质	压力等级	K系数	阻尼系数	温度	密度	切除信号	制造厂	系列号	备注

(3) 进度控制与问题处理。详细了解工艺停、开工方案，选择最佳时间安排实施涡街流量计检查、备份、拆除、检修、回装工作。

8) 涡轮流量计

(1) 范围。检修计划中提报的需进行检查、检修、检定的涡轮流量计。

(2) 检修。通常的涡轮流量计检查、检修、拆除、回装等工作，可参考附录Ⅰ-16“涡轮流量计检修作业指导书”组织实施。用于贸易交接或其他原因需要外委检定的涡轮流量计，参见本章第三节“检定校验”相关内容执行。

涡轮流量计，一般用于精确测量或贸易交接，因此在拆除、安装、检查、运输、保管等过程中应特别注意仪表的防护、保护。如果检修项目涉及叶轮更换，则检修更换完成应该整体送检检定 K 系数。工艺吹扫涉及的涡轮流量计，按第二章检修准备“第六节 停工处理”相关介绍执行。

涡轮流量计拆除、安装过程需要吊车配合的，加强现场监护防止意外损伤。

(3) 进度控制与问题处理。需外委检定的涡轮流量计，停工后应第一时间拆除、送检。

9) 质量流量计

(1) 范围。检修计划中提报的需进行检查、检修、检定的质量流量计。

(2) 检修。质量流量计检查、检修、拆除、回装等工作，可参考附录Ⅰ-17“质量流量计检修作业指导书”组织实施。用于贸易交接或其他原因需要外委检定的质量流量计，参见本章第三节“检定校验”相关内容执行。

质量流量计，一般用于精确测量或贸易交接，因此在拆除、安装、检查、运输、保管等过程中应特别注意仪表的防护、保护。停工检修现场，特别注意防止电焊机接地线搭在质量流量计管道上。工艺吹扫涉及的质量流量计，按第二章检修准备“第六节 停工处理”相关介绍执行。

工艺介质黏稠等需要伴热或带保温夹套的质量流量计，在停工检修期间应该全面检查伴热管线确认伴热效果良好；带伴热或保温夹套的质量流量计，停工过程务必吹扫干净。

质量流量计拆除、安装过程需要特别注意防止外力冲击，需要吊车配合的更要加强现场监护防止意外损伤。停工前或停工检修开始阶段，通常需要对质量流量计组态参数备份，具体可参考表3-10格式进行组态参数备份检查。质量流量计零点校准时，质量流量计必须为满管且介质为静止状态。

表3-10 ×××(部门)×××(年)停工检修质量流量计组态备份检查记录

序号	单元号	仪表位号	安装地点	规格型号	测量范围	单位	口径	工艺介质	输出设定	特性参数	阻尼系数	切除信号	团状流量参数	制造厂	系列号	备注

(3) 进度控制与问题处理。需外委检定的质量流量计，停工后第一时间拆除、送检。

10) 超声波流量计

(1) 范围。超声波流量计，指通常应用的外夹式超声波流量计、插入式超声波流量计、管道式超声波流量计，不包括火炬气超声波流量计、便携式超声波流量计。

(2) 检修。超声波流量计的常规检修维护，主要为流量计组态参数检查备份、现场检查校验以及故障处理，具体可参考附录Ⅰ-18“超声波流量计检修作业指导书”组织实施。

外夹式超声波流量计，无论生产期间是否应用良好，停工检修时均需重新涂抹导波膏重新安装夹具并进行现场校验检查。现场注意接线格兰防水密封检查。

停工前或停工检修开始阶段，通常需要对超声波流量计组态参数备份，可参考表3-11格式进行主要组态参数备份检查。

表 3-11 ×××(部门)×××(年)停工检修超声波流量计组态备份检查记录

序号	单元号	仪表位号	安装地点	规格型号	测量范围	工艺介质	管道材质	管道外径	管道壁厚	声速	安装生程数	探头安装距离	信号输出	信号放大低限	信号放大高限	制造厂	系列号	备注

(3) 进度控制与问题处理。变送器故障等硬件损坏或故障，应提前采购相应备件。

11) 靶式流量计

(1) 范围。靶式流量计，一般指电动靶式流量计，但已基本被淘汰或个别地方继续使用。

(2) 检修。靶式流量计已经故障或损坏的，原则上应该改为楔式流量计等其他应用广泛且应用效果良好的流量计。各种原因无法改型尚需继续使用的靶式流量计拆除、检修、安装等相关工作，可参考附录Ⅰ-11“楔式流量计检修作业指导书”组织实施。

(3) 进度控制与问题处理. 提前做靶式流量计更新改造计划。

12) 热式质量流量计

(1) 范围. 热式质量流量计，按结构原理来分有浸入式、热分布式和边界层式三种，通常用于烟气等小流速介质流量测量。

检修计划涉及的热式质量流量计。

(2) 检修。热式质量流量计的检修、安装、调试等工作，可参考附录Ⅰ-19“热式质量流量计检修作业指导书”组织实施。热式质量流量计的组态检查及参数备份，可按照厂家技术资料执行。

(3) 进度控制与问题处理。结合停、开工计划，确定是否有可以提前实施的热式质量流量计检修内容。

13) 流量开关

(1) 范围。按照工作原理，流量开关可分为挡板式、电磁式、热导式等流量开关流量开关。随着安全仪表系统要求的不断提高，原则上已经尽量不选用开关类仪表，但成套设备上还有部分流量开关作为报警类仪表使用。

检修计划涉及的流量开关。

(2) 检修。原则上可以通过更换为流量变送器实现开关量输出的，应该不再使用流量开关。因设备结构或其他原因，暂时不能取消流量开关的，考虑下次检修改型更换。

(3) 进度控制与问题处理。可以提前测绘并可以确定改造方案的，检修计划提报流量开关改流量变送器改造方案。生产期间无法测量和确定改造方案的，停工检修期间及时测绘提出改造方案，以便下次检修期间实施流量开关改造替代方案。

4. 物位仪表

1) 玻璃板(管)液位计

(1) 范围。目前通常使用玻璃板液位计，部分成套设备带玻璃管液位计。

检修计划提报的需要清洗、检查、维修的玻璃板(管)液位计，可参考表 3-12 组织跟踪玻璃板(管)液位计检修。

表 3-12 ×××(部门)×××(年)停工检修玻璃板(管)液位计检修跟踪表

序号	单元号	仪表位号	安装地点	规格型号	测量范围	工艺介质	压力等级	拆除日期	清洗	更换备件	备件型号	更换备件	装配	试压	喷漆	回装日期	备注

(2) 检修。需吹扫玻璃板(管)液位计，按第二章检修准备“第六节 停工处理”相关介绍执行。

① 下线清洗、检修的玻璃板(管)液位计，可参照附录 I -20“玻璃板(管)液位计检修作业指导书”执行，并按表 3-12 做好跟踪监督检查记录，如果清洗检修工作外委则还需要做好玻璃板(管)液位计及备件交接记录。

② 内漏、锈蚀严重、损坏的玻璃板(管)液位计快速切断阀、放空阀、排污阀按照专门的更换维修计划执行。

③ 有伴热或冲洗的玻璃板(管)液位计，在停工检修期间应该全面检查伴热、冲洗管线无异常无漏点。

(3) 进度控制与问题处理。

① 严格按照停工吹扫方案彻底吹扫干净玻璃板(管)液位计。

② 装置停工后，第一时间拆除需下线清洗检修的玻璃板(管)液位计。

③ 玻璃板(管)液位计常用备件签订框架协议。

2) 磁翻板液位计

(1) 范围。检修计划提报的磁翻板液位计。

(2) 检修。参照附录 I -21“磁翻板液位计检修作业指导书”实施执行。放空阀、排污阀等磁翻板液位计附件检查、检修按照专门的检修计划安排执行。

(3) 进度控制与问题处理。因介质不干净等造成各种故障或应用效果不好的磁翻板液位计考虑重新选型改型。

3) 差压液位计

(1) 范围。差压液位计，包括双法兰差压液位计、引压管差压液位计、反吹风差压液位计。

(2) 检修。差压液位计检修，参照附录 I -22“差压液位计检修作业指导书”实施执行。工艺吹扫涉及的差压液位计，按第二章检修准备“第六节 停工处理”相关介绍执行。汽包、分馏塔底等关键部位或高温高压工况差压液位计，应特别注意过程管嘴、垫片、一次阀的检查检修。

(3) 进度控制与问题处理。差压液位计拆除、运输、校验、检修、回装过程特别注意变送器、膜盒、毛细管的保护，避免意外损坏紧急采购。

4) 浮筒液(界)位计

(1) 范围。浮筒液(界)位计，有电动内浮筒和电动外浮筒两种，因电动内浮筒应用较少，本篇特指电动外浮筒。

智能电动外浮筒，既可以测量液位又可以测量界位，二者的测量原理相同，不同的是界位零点为充满低密度介质时的浮力，因此智能电动外浮筒通常通称浮筒液位计。

浮筒液位计在一定范围内可以与法兰液位计互换，小差压的情况优先选用浮筒液位计，但密度变化较大的场合不能使用浮筒液位计。

检修计划涉及的浮筒液位计。

(2) 检修。需吹检修的浮筒液位计，按第二章检修准备“第六节 停工处理”相关介绍执行。

浮筒液位计拆除、检查、校验、检修，可参照附录Ⅰ-23“浮筒液位计检修作业指导书”实施执行。

(3) 进度控制与问题处理。特别注意浮筒液位计筒体垂直度检查。浮筒液位计检修回装后正式投用之前，需要用水校法现场再次校验。

5) 浮球液位计(开关)

(1) 范围。浮球液位计(开关)是一种力矩平衡式液位测量仪表，是黏稠介质液位测量的首选。通常分内浮球、外浮球和大转角三种类型。因工作原理相同，本章以最常用的普通内浮球为例介绍。

检修计划涉及的浮球液位计(开关)。

(2) 检修。

① 浮球液位计(开关)拆除、检查、校验、检修，可参照附录Ⅰ-24“浮球液位计(开关)检修作业指导书”实施执行。

② 浮球液位计拆除、检修，应特别注意浮球与连杆之间务必牢固或者直接焊死。

③ 浮球液位计测量精度相对较差，变送器故障率相对较高，停工检修期间应重点检查校验浮球液位计变送器。

④ 浮球液位开关拆除、检修，应注意检查微动开关动作良好无锈蚀。

(3) 进度控制与问题处理。及时检查校验浮球液位计变送器。

6) 超声波液位计

(1) 范围。检修计划涉及的超声波液位计。

(2) 检修。超声波液位计检查、校验、检修，可参照附录Ⅰ-25“超声波液位计检修作业指导书”实施执行。注意超声波液位计探头的清洁、清理。停工前或停工检修开始阶段，通常需要对超声波液位计组态参数备份。

(3) 进度控制与问题处理。停、开工及检修期间，做好防护防止蒸汽或高压损伤。

7) 伺服液位计

(1) 范围。检修计划涉及的伺服液位计。

(2) 检修。伺服液位计的检查、检修及参数备份，可参照附录Ⅰ-26“伺服液位计检修作业指导书”实施执行。

(3) 进度控制与问题处理。详细了解罐区设备检修及工艺开、停计划，合理安排伺服液位计检查检修。

8) 雷达液位计

(1) 范围。雷达液位计，一般分为过程级雷达和计量级雷达。过程级雷达与计量级雷达工作原理相同，但计量级精度更高、功能更强，因此我们以计量级雷达为例介绍雷达液位计的停工检修。

检修计划涉及的雷达液位计。

(2) 检修。雷达液位计的检查、检修及参数备份，可参照附录Ⅰ-27“雷达液位计检修作业指导书”实施执行。需要特别注意的是，雷达液位计天线的清理清洁及信号电缆绝缘检查(通常信号电缆距离较长)。

(3) 进度控制与问题处理。详细了解罐区设备检修及工艺开、停计划，合理安排雷达液位计检查检修。

9) 导波雷达液位计

(1) 范围。导波雷达液位计，从天线形式分主要有杆式、同轴缆绳式两种。

检修计划涉及的导波雷达液位计。

(2) 检修。导波雷达液位计的检查、检修，可参照雷达液位计相关介绍执行，主要的不同之处为：导波雷达液位计检修的关键是天线的清理、检查与死区的设置。表3-13示例的参数设置为导波雷达液位计基本的参数设置内容。

表3-13 导波雷达液位计参数设置备份示例

序号	参数	LT-04001A	LT-04001B	备注
1	罐高	2000mm	2000mm	
2	套管高度	1800mm	1800mm	
3	导波杆长度	1800mm	1800mm	
4	闭锁距离(死区)	20mm	20mm	
5	延迟检测	0mm	0mm	
6	参考迁移	0mm	0mm	
7	罐底迁移	450mm	400mm	
8	时间常数	5s	5s	
9	测量模式	自动测量	自动测量	
10	被测液体介电常数	2. 35	2. 35	
11	上层气体介电常数	1	1	
12	液位的门槛电平值	0. 149V	0. 3V	
13	导波杆末端的门槛电平	-0. 25V	-0. 25V	

(3) 进度控制与问题处理。与相关设备检修计划统一规划配合安排导波雷达液位计拆除、检查、回装。

10) 磁致伸缩液位计

(1) 范围。检修计划涉及的磁致伸缩液位计。

(2) 检修。参照附录Ⅰ-28“磁致伸缩液位计检修作业指导书”实施执行。注意磁致伸缩液位计探测杆的清理、检查。

(3) 进度控制与问题处理。与相关设备检修计划统一规划配合安排磁致伸缩液位计检查、检修。

11) 射频导纳(电容)液位计

（1）范围。检修计划涉及的射频导纳（电容）液位计。

（2）检修。射频导纳（电容）液位计的检查、检修，可参照附录Ⅰ-29“射频导纳（电容）液位计检修作业指导书”实施执行。注意射频导纳（电容）液位计探测杆的清理、检查以及变送器防水检查处理。

（3）进度控制与问题处理。充分了解罐检修计划，合理安排射频导纳（电容）液位计检修。

12）音叉物位开关

（1）范围。音叉物位开关的工作原理是通过安装在基座上的一对压电晶体使音叉在一定共振频率下振动。当音叉物位开关的音叉与被测介质相接触时，音叉的频率和振幅将改变，音叉物位开关的这些变化由智能电路来进行检测和处理并将之转换为一个开关信号，达到液位报警或控制的目的。音叉开关通常安装在罐体的侧面或者顶部，多应用于物位测量。

检修计划涉及的音叉液位开关。

（2）检修。音叉物位开关的检查、检修，可参照附录Ⅰ-30“音叉物位开关检修作业指导书”实施执行；注意音叉物位开关音叉的清理、检查。

（3）进度控制与问题处理。与设备检修充分对接。

二、在线分析仪表

1. 红外线分析仪

1）检修准备

（1）开具合格的仪表作业许可证，确认作业安全环境；

（2）佩戴合适劳保用品，准备好检修工具和检修材料。

2）检修

（1）停用。

A. 关闭工艺截止阀；

B. 关闭仪表进样和出样阀门；

C. 在仪器停用前，应使用零点气或氮气对仪器进行彻底的吹扫，将管道内的样品气体安全排空；

D. 切断总电源；

E. 关闭现场电源开关；

F. 在控制室内或现场接线牌上断开变送器供电电源并挂牌提示。

（2）预处理系统检修。

A. 清洁探头过滤芯，用高纯氮气吹干；

B. 拆除减压阀、过滤器进行清洗或更换；

C. 更换老化破损管路及卡套接头；

D. 吹扫预处理，清洗流量计，更换过滤器滤芯；

E. 清洗气液分离器；

F. 检查制冷器，检查电机磨损情况并涂抹润滑脂更换蠕动泵管；

G. 检查抽气泵，清洁膜片。

（3）检测单元及线路检查。

A. 检查接线箱(盒)密封及格兰密封；

B. 检查接线端子、接线鼻子有无松动、锈蚀，并紧固或更换；

C. 检查线路屏蔽接地情况，确保接地良好；

D. 检查线路绝缘是否良好，用500V兆欧表检查芯线对地绝缘电阻，应大于20MΩ。

(4) 气密检查。在管路中通入氮气，用试漏瓶进行检查，发现有漏点进行整改。

(5) 校验。

A. 仪表通电，依次打开控制室内电源防爆开关电源和变送器电源。

B. 仪表预热，待仪表运行正常，指示稳定。

C. 零点校准：将零点气钢瓶安装减压阀后连接到仪表的校验口并打开，把二次表压力调节到0.5bar，调节进样流量至50L/h，待仪表测量数值稳定后进行零点校准。

D. 量程校准：将量程气钢瓶安装减压阀后连接到仪表的校验口并打开，把二次表压力调节到0.5bar，调节进样流量至50L/h，待仪表测量数值稳定后进行量程校准。

E. 基础校验：针对零点或量程校准误差超过10%的设备需进入专家菜单进行基础校准。

F. 在校验过程中严格按仪表测量示值填写，并计算出误差及变差，若超出仪表精度要求，必须重新调校直到符合要求为止。

G. 按照表3-14校验记录(表中内容为示例)真实填写，不得涂改，小数点后保留两位有效数字；填写好后，校验者及技术人员应签名存入档案。

表3-14 红外线分析仪校验记录

×××公司		红外线分析仪校验记录		装置名称：	
仪表名称	CO分析仪	仪表型号	CAT 100	仪表位号	109-AT-11001
制造厂	EMERSON	精确度	±1%	出厂编号	109181934880
分析仪量程	0~10%	计量单位		%	
零点校准	零点气浓度值	校准前测试值	零点漂移	校准是否正常	校准后测试值
	0	0.1%	1%	正常	0.0%
量程校准	量程气浓度值	校准前测试值	量程漂移	校准是否正常	校准后测试值
	8%	8.23%	-2.8%	正常	8.01
校验结果	仪表响应时间快测量准确，校准偏移偏差小于10%，符合校准要求，仪表满足正常投用要求				
备注：仪表正常					
技术负责人：		质量检查人：		校验人：	年 月 日

(6) 回路试验。回路试验过程中记录DCS显示数据，确保仪表显示数据和DCS显示数据一致。

3) 清场恢复

检修完毕，清理打扫现场，施工废料、垃圾等收集到指定位置，保持现场清洁。

4) 投用

(1) 投用前准备。

A. 打开工艺根部阀；

B. 保持进样阀门关闭，打开仪表旁路阀门走样品循环2h以上；

C. 确保工艺开工正常，压力、流量等参数稳定；

D. 联系操作员，准备投用仪表。

(2) 投用。

A. 打开进样阀；

B. 调节仪表风、样品压力、流量满足仪表运行要求；

C. 观察仪表显示值并做好记录。

5) 质量控制点

(1) 分析仪停用；

(2) 预处理系统清理；

(3) 仪表校准数据准确；

(4) 分析仪投用。

2. 氧化锆分析仪

1) 检修准备

(1) 开具合格的仪表作业许可证，确认作业安全环境。

(2) 佩戴合适劳保用品，准备好检修工具和检修材料。

2) 检修

(1) 停用。

A. 切断总电源；

B. 关闭现场电源开关；

C. 在控制室内或现场接线牌上断开变送器供电电源并挂牌提示；

D. 如炉内检修或影响到检测器的，检测器需拆出保护并密封保存。

(2) 检测单元。

A. 拆除锆头及导流管；

B. 更换锆头、导流管垫片，更换锆头过滤器；

C. 导流管灰尘清理；

D. 检查标气口堵头密封情况；

E. 检查各接线端子是否牢靠无氧化，接触良好。

(3) 转换器单元。检查各接线端子是否牢靠无氧化，接触良好。

(4) 线路检查。

A. 检查接线箱(盒)密封及格兰密封；

B. 检查接线端子、接线鼻子有无松动、锈蚀，并紧固或更换；

C. 检查线路屏蔽接地情况，确保使其接地良好；

D. 检查线路绝缘是否良好，用500V兆欧表检查芯线对地绝缘电阻，应大于20MΩ。

(5) 校验。

A. 仪表通电，依次打开控制室内电源防爆开关电源和变送器电源。

B. 仪表预热，待仪表运行正常，指示稳定。

C. 零点校准：将零点气钢瓶安装减压阀后连接到仪表的校验口并打开，把二次表压力调节到0.5bar，调节进样流量至50L/h，待仪表测量数值稳定后进行零点校准。

D. 量程校准：将量程气钢瓶安装减压阀后连接到仪表的校验口并打开，把二次表压力调节到0.5bar，调节进样流量至50L/h，待仪表测量数值稳定后进行量程校准。

E. 在校验过程中严格按仪表测量示值填写，并计算出误差及变差，若超出仪表精度要求，必须重新调校直到符合要求为止。

F. 按照表3-15校验记录(表中内容为示例)真实填写，不得涂改，小数点后保留两位有效数字；填写好后，校验者及技术人员应签名存入档案。

表3-15 氧化锆分析仪校验记录

×××公司		氧化锆分析仪校验记录		装置名称：	
仪表名称	氧化锆分析仪	仪表型号		仪表位号	109-AT-11001
制 造 厂	EMERSON	精 确 度	±1%	出厂编号	109181934880
分析仪量程	0~10%	计量单位		%	
零点校准	零点气浓度值	校准前测试值	零点漂移	校准是否正常	校准后测试值
	0	0.1%	1%	正常	0.0%
量程校准	量程气浓度值	校准前测试值	量程漂移	校准是否正常	校准后测试值
	8%	8.23	-2.8%	正常	8.01
锆头信号	温度信号(Ω)	加热器信号(Ω)	锆头信号(Ω)		
校验结果	仪表响应时间快测量准确，校准偏移偏差小于10%，符合校准要求，仪表满足正常投运要求				
备注：仪表正常					
技术负责人：		质量检查人：	校验人：	年 月 日	

(6) 回路试验。回路试验过程中记录DCS显示数据，确保仪表显示数据和DCS显示数据一致。

3）清场恢复

检修完毕，清理打扫现场，施工废料、垃圾等收集到指定位置，保持现场清洁。

4）投用

待工艺开工正常后观察并记录仪表读数，如发现示值异常需对仪表通标准气体验证。

5）质量控制点

(1) 做好锆头保护措施；

(2) 导流管清理、锆头垫片、过滤器及导流管垫片更换；

(3) 仪表校准数据准确。

3. WDG-IV 氧化锆分析仪

1）检修准备

(1) 开具合格的仪表作业许可证，确认作业安全环境。

(2) 佩戴合适劳保用品，准备好检修工具和检修材料。

2）检修

(1) 停用。

A. 关闭工艺截止阀。

B. 在仪器停用前，应使用零点气或氮气对仪器进行彻底的吹扫，将管道内的样品气体安全排空。

C. 切断总电源。

D. 关闭现场电源开关。

E. 在控制室内或现场接线牌上断开变送器供电电源并挂牌提示。

（2）预处理系统。

A. 更换阻火过滤器。

B. 更换校验管。

C. 取样探头拆除清理灰尘。

（3）检测单元。

A. 检查各接线端子是否牢靠无氧化，接触良好。

B. 更换锆管。

C. 检查抽气器工作是否正常，能否正常抽取样品气。如果不能，应更换抽气器。

（4）线路检查。

A. 检查接线箱(盒)密封及格兰密封。

B. 检查接线端子、接线鼻子有无松动、锈蚀，并紧固或更换。

C. 检查线路绝缘是否良好，用500V兆欧表检查芯线对地绝缘电阻，应大于20MΩ。

（5）气密检查。

A. 在管路中通入氮气。

B. 用试漏瓶进行检查，发现有漏点进行整改。

（6）回路试验。回路试验过程中记录DCS显示数据，确保仪表显示数据和DCS显示数据一致。

3）清场恢复

检修完毕，清理打扫现场，施工废料、垃圾等收集到指定位置，保持现场清洁。

4）投用

（1）校验。

A. 仪表通电，依次打开控制室内电源防爆开关电源和变送器电源。

B. 仪表预热，待仪表运行正常，指示稳定。

C. 零点校准：将零点气钢瓶安装减压阀后连接到仪表的校验口并打开，把二次表压力调节到0.5bar，调节进样流量至50L/h，待仪表测量数值稳定后进行零点校准。

D. 量程校准：将量程气钢瓶安装减压阀后连接到仪表的校验口并打开，把二次表压力调节到0.5bar，调节进样流量至50L/h，待仪表测量数值稳定后进行量程校准。

E. 在校验过程中严格按仪表测量示值填写，并计算出误差及变差，若超出仪表精度要求，必须重新调校直到符合要求为止。

F. 按照表3-16校验记录(表中内容为示例)真实填写，不得涂改，小数点后保留两位有效数字；填写好后，校验者及技术人员应签名存入档案。

（2）投用。

A. 确保工艺压力、流量及温度等参数满足投用条件。

B. 观察仪表显示值并做好记录。

5）质量控制点

（1）分析仪停用；

（2）更换锆管、阻火过滤器、校验管；

（3）仪表校准数据准确；

（4）分析仪投用。

表 3-16 WDG-IV 氧化锆分析仪校验记录

×××公司		WDG-IV 氧化锆分析校验记录		装置名称：	
仪表名称	WDG-IV 氧化锆	仪表型号	SERSE2000	仪表位号	109-AT-11001
制 造 厂	AMETEK	精 确 度	±1%	出厂编号	109181934880
分析仪量程	0~10%	计量单位		%	
零点校准	零点气浓度值	校准前测试值	零点漂移	校准是否正常	校准后测试值
	0	0.1%	1%	正常	0.0%
量程校准	量程气浓度值	校准前测试值	量程漂移	校准是否正常	校准后测试值
	8%	8.23%	-2.8%	正常	8.01
校验结果	仪表响应时间快测量准确，校准偏移偏差小于 10%，符合校准要求，仪表满足正常投用要求				
备注：仪表正常					
技术负责人：		质量检查人：	校验人：		年 月 日

4. 顺磁式氧分析仪

1）检修准备

（1）开具合格的仪表作业许可证，确认作业安全环境。

（2）佩戴合适劳保用品，准备好检修工具和检修材料。

2）检修

（1）停用。

A. 关闭工艺截止阀。

B. 关闭仪表进样和出样阀门。

C. 在仪器停用前，应使用零点气或氮气对仪器进行彻底的吹扫，将管道内的样品气体安全排空。

D. 切断总电源。

E. 关闭现场防爆电源开关。

F. 在控制室内或现场接线牌上断开变送器供电电源并挂牌提示。

（2）预处理系统。

A. 关闭仪表进样和出样阀门。

B. 拆除减压阀过滤器进行清洗或更换。

C. 更换老化破损管路及卡套接头。

D. 吹扫预处理，清洗减压阀流量计，更换过滤器滤芯。

E. 清洗气液分离器。

F. 检查制冷器。

G. 清洁探头过滤芯，用高纯氮气吹干。

H. 检查确保抽气泵工作正常，否则更换或维修抽气泵。

(3) 检测单元。

A. 打开仪表盖。

B. 检查各接线端子是否牢靠无氧化，接触良好。

C. 检查检测器参比室是否密封。

D. 回装检测器及防爆盖。

(4) 线路检查。

A. 检查接线箱(盒)密封及格兰密封。

B. 检查接线端子、接线鼻子有无松动、锈蚀，并紧固或更换。

C. 检查线路屏蔽接地情况，确保接地良好。

D. 检查线路绝缘是否良好，用500V兆欧表检查芯线对地绝缘电阻，应大于20MΩ。

(5) 气密检查。

A. 在管路中通入氮气。

B. 用试漏瓶进行检查，发现有漏点进行整改。

(6) 校验。

A. 仪表通电，依次打开控制室内电源防爆开关电源和变送器电源。

B. 仪表预热，待仪表运行正常，指示稳定。

C. 零点校准：将零点气钢瓶安装减压阀后连接到仪表的校验口并打开，把二次表压力调节到0.5bar，调节进样流量至50L/h，待仪表测量数值稳定后进行零点校准。

D. 量程校准：将量程气钢瓶安装减压阀后连接到仪表的校验口并打开，把二次表压力调节到0.5bar，调节进样流量至50L/h，待仪表测量数值稳定后进行量程校准。

E. 在校验过程中严格按仪表测量示值填写，并计算出误差及变差，若超出仪表精度要求，必须重新调校直到符合要求为止。

F. 按照表3-17校验记录(表中内容为示例)真实填写，不得涂改，小数点后保留两位有效数字；填写好后，校验者及技术人员应签名存入档案。

(7) 回路试验。回路试验过程中记录DCS显示数据，确保仪表显示数据和DCS显示数据一致。

3) 清场恢复

检修完毕，清理打扫现场，施工废料、垃圾等收集到指定位置，保持现场清洁。

4) 投用

(1) 打开进样阀。

(2) 调节仪表风、样品压力、流量满足仪表运行要求。

(3) 观察仪表显示值并做好记录。

5) 质量控制点

(1) 分析仪停用。

(2) 预处理系统清理。

（3）仪表校准数据准确。

（4）分析仪投用。

表 3-17 顺磁氧分析仪校验记录

×××公司		顺磁式氧分析仪校验记录		装置名称：	
仪表名称	顺磁氧分析仪	仪表型号		仪表位号	
制 造 厂		精 确 度		出厂编号	
分析仪量程	0~10%	计量单位		%	
零点校准	零点气浓度值	校准前测试值	零点漂移	校准是否正常	校准后测试值
	0	0.1%	1%	正常	0.0%
量程校准	量程气浓度值	校准前测试值	量程漂移	校准是否正常	校准后测试值
	8%	8.23	-2.8%	正常	8.01
校验结果	仪表响应时间快测量准确，校准偏移偏差小于10%，符合校准要求，仪表满足正常投用要求				
备注：仪表正常					
技术负责人：		质量检查人：		校验人：	年 月 日

5. 热导式氢分析仪

1）检修准备

（1）开具合格的仪表作业许可证，确认作业安全环境。

（2）佩戴合适劳保用品，准备好检修工具和检修材料。

2）检修

（1）停用。

A. 关闭工艺截止阀。

B. 关闭仪表进样和出样阀门。

C. 在仪器停用前，应使用零点气或氮气对仪器进行彻底的吹扫，将管道内的样品气体安全排空。

D. 切断总电源。

E. 关闭现场防爆电源开关。

F. 在控制室内或现场接线牌上断开变送器供电电源并挂牌提示。

（2）预处理系统。

A. 关闭仪表进样和出样阀门。

B. 拆除减压阀过滤器进行清洗或更换。

C. 更换老化破损管路及卡套接头。

D. 吹扫预处理，清洗减压阀流量计，更换过滤器滤芯。

E. 清洗气液分离器。

F. 检查制冷器。

G. 清洁探头过滤芯，用高纯氮气吹干。

H. 检查确保抽气泵工作正常，否则更换或维修抽气泵。

(3) 检测单元。

A. 检查各接线端子是否牢靠无氧化，接触良好。

B. 检查检测器参比室是否密封。

(4) 线路检查。

A. 检查接线箱(盒)密封及格兰密封。

B. 检查接线端子、接线鼻子有无松动、锈蚀，并紧固或更换。

C. 检查线路屏蔽接地情况，确保接地良好。

D. 检查线路绝缘是否良好，用500V兆欧表检查芯线对地绝缘电阻，应大于20MΩ。

(5) 气密检查。

A. 在管路中通入氮气。

B. 用试漏瓶进行检查，发现有漏点进行整改。

(6) 校验。

A. 仪表通电，依次打开控制室内电源防爆开关电源和变送器电源。

B. 仪表预热，待仪表运行正常，指示稳定。

C. 零点校准：将零点气钢瓶安装减压阀后连接到仪表的校验口并打开，把二次表压力调节到0.5bar，调节进样流量至50L/h，待仪表测量数值稳定后进行零点校准。

D. 量程校准：将量程气钢瓶安装减压阀后连接到仪表的校验口并打开，把二次表压力调节到0.5bar，调节进样流量至50L/h，待仪表测量数值稳定后进行量程校准。

E. 在校验过程中严格按仪表测量示值填写，并计算出误差及变差，若超出仪表精度要求，必须重新调校直到符合要求为止。

F. 按照表3-18校验记录(表中内容为示例)真实填写，不得涂改，小数点后保留两位有效数字；填写好后，校验者及技术人员应签名存入档案。

表3-18 热导式氢分析仪检修校验记录

×××公司		热导式氢分析仪校验记录		装置名称：	
仪表名称	热导式氢分析仪	仪表型号		仪表位号	
制 造 厂		精 确 度		出厂编号	
分析仪量程	0~10%	计量单位			
零点校准	零点气浓度值	校准前测试值	零点漂移	校准是否正常	校准后测试值
	0	0.1%	1%	正常	0.0%
量程校准	量程气浓度值	校准前测试值	量程漂移	校准是否正常	校准后测试值
	8%	8.23	-2.8%	正常	8.01
校验结果	仪表响应时间快测量准确，校准偏移偏差小于10%，符合校准要求，仪表满足正常投用要求				
备注：仪表正常					
技术负责人：		质量检查人：	校验人：		年 月 日

（7）回路试验。回路试验过程中记录 DCS 显示数据，确保仪表显示数据和 DCS 显示数据一致。

3）清场恢复

检修完毕，清理打扫现场，施工废料、垃圾等收集到指定位置，保持现场清洁。

4）投用

（1）投用前准备。

A. 确认工艺开工正常。

B. 确认工艺条件具备，保证压力、流量等参数稳定。

C. 继续保持进样阀门关闭，打开仪表旁路阀门取走样品气体循环 2h 以上。

D. 联系工艺操作员，准备投用仪表。

（2）投用。

A. 打开进样阀。

B. 调节仪表风、样品压力、流量，满足仪表运行要求。

C. 观察仪表显示值并做好记录。

5）质量控制点

（1）分析仪按要求停用；

（2）预处理系统清理；

（3）仪表校准数据准确；

（4）分析仪投用。

6. 半导体激光气体分析仪

1）检修准备

（1）开具合格的仪表作业许可证，确认作业安全环境。

（2）佩戴合适劳保用品，准备好检修工具和检修材料。

2）检修

（1）停用。

A. 关闭工艺截止阀。

B. 关闭仪表风球阀。

C. 切断总电源。

D. 关闭现场电源开关。

E. 在控制室内或现场接线牌上断开变送器供电电源并挂牌提示。

（2）清洁光学元件。

A. 松开锁箍，把接收单元和发射单元从仪器法兰上分别拆下；

B. 检查光学元件的污染情况，认真查看可能的损坏（如裂痕），若发现任何损坏，必须更换光学元件；

C. 用干净的擦镜布或擦镜纸的清洁光学元件，确保光学元件表面无明显污迹；

D. 如果光学元件不能完全清洗干净，应该更换新的光学元件。

（3）校验。

A. 仪表通电，依次打开控制室内电源防爆开关电源和变送器电源。

B. 仪表预热，待仪表运行正常，指示稳定。

C. 零点校准：将零点气钢瓶安装减压阀后连接到仪表的校验口并打开，把二次表压力调节到0.5bar，调节进样流量至50L/h，待仪表测量数值稳定后进行零点校准。

D. 量程校准：将量程气钢瓶安装减压阀后连接到仪表的校验口并打开，把二次表压力调节到0.5bar，调节进样流量至50L/h，待仪表测量数值稳定后进行量程校准。

E. 在校验过程中严格按仪表测量示值填写，并计算出误差及变差，若超出仪表精度要求，必须重新调校直到符合要求为止。

F. 按照表3-19校验记录(表中内容为示例)真实填写，不得涂改，小数点后保留两位有效数字；填写好后，校验者及技术人员应签名存入档案。

表3-19 半导体激光烟气分析仪校验记录

×××公司		半导体激光烟气分析仪校验记录		装置名称：	
仪表名称	半导体激光烟气分析仪	仪表型号		仪表位号	
制 造 厂		精 确 度		出厂编号	
分析仪量程	0~10%	计量单位		%	
零点校准	零点气浓度值	校准前测试值	零点漂移	校准是否正常	校准后测试值
	0	0.1%	1%	正常	0.0%
量程校准	量程气浓度值	校准前测试值	量程漂移	校准是否正常	校准后测试值
	8%	8.23	-2.8%	正常	8.01
透光率	透光率				
校验结果	仪表响应时间快测量准确，校准偏移偏差小于10%，符合校准要求，仪表满足正常投用要求				
备注：仪表正常					
技术负责人：		质量检查人：	校验人：		年 月 日

(4) 回路试验。回路试验过程中记录DCS显示数据，确保仪表显示数据和DCS显示数据一致。

(5) 优化光路。

A. 安装好发射和接收单元，观察LCD液晶屏上的透过率信息。如果透过率仍较低(小于80%)，进行测量光路优化。

B. 松开发射单元仪器法兰上的四颗紧定螺栓，调节四颗M16螺栓使发射单元LCD液晶屏上显示的透过率达到最大，然后锁紧四颗紧定螺栓。

C. 松开接收单元仪器法兰上的四颗紧定螺栓，调节四颗M16螺栓使发射单元LCD液晶屏上显示的透过率达到最大，然后锁紧四颗紧定螺栓。

(6) 线路检查。

A. 检查接线箱(盒)密封及格兰密封。

B. 检查接线端子、接线鼻子有无松动、锈蚀，并紧固或更换。

C. 检查线路屏蔽接地情况，确保使其接地良好。

D. 检查线路绝缘是否良好，用500V兆欧表检查芯线对地绝缘电阻，应大于20MΩ。

3）清场恢复

检修完毕，清理打扫现场，施工废料、垃圾等收集到指定位置，保持现场清洁。

4）投用

（1）投用前准备。打开氮气吹扫阀，确保流量压力满足要求。

（2）投用。

A. 打开工艺截止阀。

B. 确认仪表参数正常(光程、温度、压力等)。

C. 确认透光率正常。

D. 观察仪表显示值并做好记录。

5）质量控制点

（1）分析仪停用。

（2）清洁光学部件。

（3）仪表校准数据准确。

（4）光路优化。

（5）分析仪投用。

7. 硫比值分析仪

1）检修准备

（1）开具合格的仪表作业许可证，确认作业安全环境。

（2）佩戴合适劳保用品，准备好检修工具和检修材料。

2）检修

（1）停用。

A. 关闭仪表进样和抽提阀。

B. 切断总电源。

C. 关闭现场电源开关。

D. 在控制室内或现场接线牌上断开变送器供电电源并挂牌提示。

（2）预处理及检测单元。

A. 拆除减压阀过滤器进行清洗或更换。

B. 更换老化破损管路及卡套接头。

C. 清洁测量气室及镜片，更换镜片密封垫片。

D. 清洁抽提器。

E. 清洁管路、清理电磁阀。

F. 检查电磁阀阀芯磨损情况及弹簧张力。

（3）转换单元。

A. 检查各接线端子是否牢靠无氧化，接触良好。

B. 检查并用酒精清洗电路板腐蚀点。

C. 检查电源输出电压，测量CPU(Central Processing Unit，简称CPU，即中央处理器)电池电压，如有必要进行更换。

D. 检查电源板电容发现鼓包需更换。

E. 检查温控器使用情况。

F. 检查正压保护器运行情况。

G. 调节信号处理器板电压，如与标准值偏差过大则是光源老化所致，需更换光源。

H. 仪表数据表与原始数据表进行数据核对，如有偏差需重新输入原始数据。

(4) 线路检查。

A. 检查接线箱(盒)密封及格兰密封。

B. 检查接线端子、接线鼻子有无松动、锈蚀，并紧固或更换。

C. 检查线路屏蔽接地情况，确保接地良好。

D. 检查线路绝缘是否良好，用500V兆欧表检查芯线对地绝缘电阻，应大于20MΩ。

(5) 气密检查。

A. 在管路中通入氮气。

B. 用试漏瓶进行检查，发现有漏点进行整改。

(6) 校准。

A. 自动仪表系统校准，确保校准成功。

B. 记录校准过程中路仪表信号值。

C. 在校验过程中严格按仪表测量示值填写，并计算出误差及变差，若超出仪表精度要求，必须重新调校直到符合要求为止。

D. 按照表3-20校验记录(表中内容为示例)真实填写，不得涂改，小数点后保留两位有效数字；填写好后，校验者及技术人员应签名存入档案。

表3-20　硫比值分析仪检修校验记录

<table>
<tr><td colspan="2">×××公司</td><td colspan="4">硫比值分析仪校验记录</td><td colspan="3">装置名称：</td></tr>
<tr><td>仪表名称</td><td>硫比值分析仪</td><td colspan="2">仪表型号</td><td colspan="2"></td><td>仪表位号</td><td colspan="2"></td></tr>
<tr><td>制 造 厂</td><td></td><td colspan="2">精 确 度</td><td colspan="2"></td><td>出厂编号</td><td colspan="2"></td></tr>
<tr><td>分析仪量程</td><td colspan="2"></td><td colspan="3">计量单位</td><td colspan="3"></td></tr>
<tr><td rowspan="2">校准数据</td><td colspan="2">A</td><td colspan="2">B</td><td>C</td><td colspan="2">D</td><td></td></tr>
<tr><td colspan="2"></td><td colspan="2"></td><td></td><td colspan="2"></td><td></td></tr>
<tr><td rowspan="2">接收板信号调节</td><td colspan="2"></td><td colspan="2"></td><td></td><td colspan="2"></td><td></td></tr>
<tr><td colspan="2"></td><td colspan="2"></td><td></td><td colspan="2"></td><td></td></tr>
<tr><td rowspan="2">接收板信号调节</td><td colspan="2"></td><td colspan="2"></td><td></td><td colspan="2"></td><td></td></tr>
<tr><td colspan="2"></td><td colspan="2"></td><td></td><td colspan="2"></td><td></td></tr>
<tr><td></td><td colspan="2"></td><td colspan="2"></td><td></td><td colspan="2"></td><td></td></tr>
<tr><td>校验结果</td><td colspan="8">仪表响应时间快测量准确，校准偏移偏差小于10%，符合校准要求，仪表满足正常投用要求</td></tr>
<tr><td colspan="9">备注：仪表正常</td></tr>
<tr><td colspan="9">技术负责人：　　　　　　　　质量检查人：　　　　　　校验人：　　　　　　年　　月　　日</td></tr>
</table>

(7) 回路试验。回路试验过程中记录DCS显示数据，确保仪表显示数据和DCS显示数据一致。

3) 清场恢复

检修完毕，清理打扫现场，施工废料、垃圾等收集到指定位置，保持现场清洁。

4）投用

（1）确认工艺开工正常。

（2）打开进样阀、抽提阀。

（3）调节仪表风、样品压力、流量满足仪表运行要求。

（4）观察仪表显示值并做好记录。

5）质量控制点

（1）分析仪停用。

（2）气室清洁、镜片清洁。

（3）信号处理器板电压调节保证满足正常需要。

（4）内部参数与数据表数据一致。

（5）分析仪投用。

8. 折射率分析仪

1）检修准备

（1）开具合格的仪表作业许可证，确认作业安全环境。

（2）佩戴合适劳保用品，准备好检修工具和检修材料。

2）检修

（1）停用。

A. 关闭电源开关。

B. 关闭仪表进样出样阀门。

C. 确认排空残留样品。

（2）测量元件。

A. 拆除检查单元后，用稀盐酸软布轻轻擦拭镜片表面附着物，直到擦拭干净为止；

B. 检查镜片有无划伤。

（3）线路检查。

A. 检查接线箱（盒）密封及格兰密封。

B. 检查接线端子、接线鼻子有无松动、锈蚀，并紧固或更换。

C. 检查线路屏蔽接地情况，确保接地良好。

D. 检查线路绝缘是否良好，用500V兆欧表检查芯线对地绝缘电阻，应大于20MΩ。

（4）校验。

A. 仪表通电，依次打开控制室内电源防爆开关电源变送器电源。

B. 预热，待仪表预热后指示稳定。

C. 校准，将检测器倒置安装专用校准工具，分别用不同折射率浓度的标准液来测试。

D. 在校验过程中严格按仪表测量示值填写，并计算出误差及变差，若超出仪表精度要求，必须重新调校直到符合要求为止。

E. 按照表3-21校验记录（表中内容为示例）真实填写，不得涂改，小数点后保留两位有效数字；填写好后，校验者及技术人员应签名存入档案。

（5）回路试验。回路试验过程中记录DCS显示数据，确保仪表显示数据和DCS显示数据一致。

3）清场恢复

检修完毕，清理打扫现场，施工废料、垃圾等收集到指定位置，保持现场清洁。

表 3-21　折射率分析仪校验记录

×××公司		折射率分析仪校验记录		装置名称：	
仪表名称	折射率分析仪	仪表型号		仪表位号	
制 造 厂		精 确 度	±1%	出厂编号	
分析仪量程：	0~10%	计量单位：%		折射率	
标准液		仪表指示折射率	浓度	误差标准液	
1.33					
1.37					
1.42					
1.47					
1.52					
校验结果	仪表响应时间快测量准确，校准偏移偏差小于10%，符合校准要求，仪表满足正常投用要求				
备注：					
技术负责人：		质量检查人：		校验人：	年　月　日

4）投用

（1）确认工艺开工正常。

（2）打开进出口阀。

（3）观察仪表显示值并做好记录。

5）质量控制点

（1）分析仪停用。

（2）检测器清洁。

（3）仪表准确性验证。

9. 晶体震荡式微量水分析仪

1）检修准备

（1）开具合格的仪表作业许可证，确认作业安全环境；

（2）佩戴合适劳保用品，准备好检修工具和检修材料。

2）检修

（1）停用。

A. 关闭工艺截止阀。

B. 关闭仪表进样和出样阀门。

C. 在仪器停用前，应使用零点气或氮气对仪器进行彻底的吹扫，将管道内的样品气体安全排空。

D. 切断总电源。

E. 关闭现场电源开关。

F. 在控制室内或现场接线牌上断开变送器供电电源并挂牌提示。

（2）预处理系统。

A. 关闭仪表进样和出样阀门。

B. 拆除减压阀过滤器进行清洗或更换。

C. 更换老化破损管路及卡套接头。

D. 吹扫预处理，清洗减压阀流量计，更换过滤器滤芯。

E. 清洗气液分离器。

(3) 检测单元。检查各接线端子是否牢靠无氧化，接触良好。

(4) 线路检查。

A. 检查接线箱(盒)密封及格兰密封。

B. 检查接线端子、接线鼻子有无松动、锈蚀，并紧固或更换。

C. 检查线路屏蔽接地情况，确保接地良好。

D. 检查线路绝缘是否良好，用500V兆欧表检查芯线对地绝缘电阻，应大于20MΩ。

(5) 置换水分发生器高纯水。

A. 拆除水分发生器。

B. 清洗干净水分发生器内部。

C. 更换新的高纯水。

(6) 更换干燥剂。

A. 拆除干燥剂罐。

B. 更换干燥剂。

C. 高温烘烤干燥剂水分。

(7) 气密检查。

A. 在管路中通入氮气；

B. 用试漏瓶进行检查，发现有漏点进行整改。

(8) 校准。

A. 仪表通电，依次打开控制室内电源防爆开关电源和变送器电源。

B. 仪表预热，待仪表运行正常，指示稳定。

C. 在仪表菜单中点击自动校准。

D. 在校验过程中严格按仪表测量示值填写，并计算出误差及变差，若超出仪表精度要求，必须重新调校直到符合要求为止。

E. 按照表3-22校验记录(表中内容为示例)真实填写，不得涂改，小数点后保留两位有效数字；填写好后，校验者及技术人员应签名存入档案。

表3-22 微量水分析仪检修校验记录

×××公司		微量水分析仪校验记录		装置名称：	
仪表名称	微量水分析仪	仪表型号		仪表位号	
制 造 厂		精 确 度		出厂编号	
分析仪量程		计量单位			
校准	标准水分发生器值	仪表值	量程漂移	校准是否正常	校准后测试值

续表

<table>
<tr><td colspan="2">×××公司</td><td>微量水分析仪校验记录</td><td>装置名称：</td></tr>
<tr><td>校验结果</td><td colspan="3"></td></tr>
<tr><td colspan="4">备注：</td></tr>
<tr><td colspan="2">技术负责人：</td><td>质量检查人：　　　　　校验人：</td><td>年　月　日</td></tr>
</table>

(9) 回路试验。回路试验过程中记录 DCS 显示数据，确保仪表显示数据和 DCS 显示数据一致。

3）清场恢复

检修完毕，清理打扫现场，施工废料、垃圾等收集到指定位置，保持现场清洁。

4）投用

(1) 投用前准备。

A. 确认工艺开工正常。

B. 继续保持进样阀门关闭，打开仪表旁路阀门走样品循环 2h 以上。

C. 联系工艺操作员，准备投用仪表。

(2) 投用。

A. 打开进样阀。

B. 调节仪表风、样品压力、流量，满足仪表运行要求。

C. 观察仪表显示值并做好记录。

5）质量控制点

(1) 分析仪停用。

(2) 预处理系统清理。

(3) 仪表校准数据准确。

(4) 分析仪投用。

10. 电极式露点(微量水)分析仪

1）检修准备

(1) 开具合格的仪表作业许可证，确认作业安全环境。

(2) 佩戴合适劳保用品，准备好检修工具和检修材料。

2）检修

(1) 停用

A. 关闭工艺截止阀。

B. 关闭仪器的入口取样阀和出口阀。

C. 切断总电源。

D. 关闭现场防爆电源开关。

E. 在控制室内或现场接线牌上断开变送器供电电源并挂牌提示。

(2) 预处理系统

A. 关闭仪表进样和出样阀门。

B. 拆除减压阀过滤器进行清洗或更换。

C. 更换老化破损管路及卡套接头。

D. 吹扫预处理，清洗减压阀流量计，更换过滤器滤芯。

E. 清洗气液分离器。

F. 清洁探头过滤芯，用高纯氮气吹干。

(3) 检测单元。检查各接线端子是否牢靠无氧化，接触良好。

(4) 线路检查。

A. 检查接线箱(盒)密封及格兰密封。

B. 检查接线端子、接线鼻子有无松动、锈蚀，并紧固或更换。

C. 检查线路屏蔽接地情况，确保使其接地良好。

D. 检查线路绝缘是否良好，用500V兆欧表检查芯线对地绝缘电阻，应大于20MΩ。

(5) 气密检查。

A. 在管路中通入氮气。

B. 用试漏瓶进行检查，发现有漏点进行整改。

(6) 探头送检。

A. 将露点仪探头拆除，做好标记。

B. 打包邮寄给厂家进行校验。

C. 将校验后的电极进行回装。

(7) 校验数据导入主机。

A. 检查公共主机运行情况，检查线路连接。

B. 将每支校验后的探头校验数据表导入主机。

(8) 回路试验。回路试验过程中记录DCS显示数据，确保仪表显示数据和DCS显示数据一致。

3) 清场恢复

检修完毕，清理打扫现场，施工废料、垃圾等收集到指定位置，保持现场清洁。

4) 投用

(1) 投用前准备。

A. 确认工艺开工正常。

B. 确认工艺条件具备，保证压力、流量等参数稳定。

C. 继续保持进样阀门关闭，打开仪表旁路阀门走样品循环2h以上。

(2) 投用。

A. 打开进样阀。

B. 调节仪表风、样品压力、流量，满足仪表运行要求。

C. 打开冷却水，样品温度降至50℃以下(如有需要)。

D. 观察仪表显示值并做好记录。

5) 质量控制点

(1) 分析仪停用。

(2) 预处理系统清理。

(3) 探头送检。

(4) 校准数据导入系统。

(5) 分析仪投用。

11. 激光颗粒分析仪

1）检修准备

（1）开具合格的仪表作业许可证，确认作业安全环境。

（2）佩戴合适劳保用品，准备好检修工具和检修材料。

2）检修

（1）停用。

A. 关闭工艺截止阀。

B. 切断总电源。

C. 关闭现场电源开关。

D. 在控制室内或现场接线牌上断开变送器供电电源并挂牌提示。

（2）检查仪表吹扫系统。

A. 关闭仪表风总开关。

B. 排除仪表风储存罐中的废液及灰尘。

C. 紧固仪表风管接头。

D. 检测单元检查。

E. 关闭发射及接收单元根部阀。

F. 关闭吹扫气，先后打开发射系统和接收系统吹扫单元两侧的方形孔板。

G. 打开放空阀，排出管道中的气体。

H. 用Y形专用工具旋出两侧石英玻璃压定盖，取出石英玻璃及平垫圈。

I. 用医用棉花蘸无水乙醇清洗石英玻璃等光学元件，查看表面是否有划痕或损坏，如有划痕及损坏，及时更换。

J. 更换平垫圈。

K. 用清扫钢丝刷清理管道中的污物。

L. 清理干净后，回装石英玻璃等光学元件及平垫圈，用专用工具旋紧。

M. 关闭放空阀，打开吹扫气，打开两侧的根部阀。

N. 更换视窗密封垫。

O. 先后关闭及紧固发射系统和接收系统吹扫单元两侧的方形孔板。

（3）线路检查。

A. 检查接线箱(盒)密封及格兰密封。

B. 检查接线端子、接线鼻子有无松动、锈蚀，并紧固或更换。

C. 检查线路屏蔽接地情况，确保接地良好。

D. 检查线路绝缘是否良好，用500V兆欧表检查芯线对地绝缘电阻，应大于20MΩ。

（4）仪表测试。

A. 检查斩光器是否正常工作，若不正常更换。

B. 检查电子单元接线及信号电压是否正常。

（5）光路校准。

A. 先后打开发射系统和接收系统吹扫单元两侧的方形孔板。

B. 用扳手卸下四个螺母，取下发射及接收电子单元防护罩。

C. 调整发射端对中螺钉，使光点打在接收端小透镜中间。

D. 调整接收端对中螺钉，使光点打在接收滤光镜中间。

E. 调整接收器座上的 M5 螺钉，使打在接收滤光镜中间的光点最小。
F. 这时在接收端散射孔旁有一个光环，调整接收端螺钉，使光环包住散射孔。
G. 调整散射器座上的 M5 螺钉，使打在接收滤光镜中间的光点最小。
H. 先后关闭发射系统和接收系统吹扫单元两侧的方形孔板。

3）清场恢复

检修完毕，清理打扫现场，施工废料、垃圾等收集到指定位置，保持现场清洁。

4）投用

（1）投用前准备。
A. 确认工艺条件具备，保证压力、流量等参数稳定。
B. 联系工艺操作员，准备投用仪表。

（2）投用
A. 打开仪表风阀。
B. 调节仪表风满足仪表运行要求。
C. 打开发射接收单元闸阀。
D. 确认仪表参数正常。
E. 测量并确认光能量电压满足投用条件。
F. 观察仪表显示值并做好记录。

5）质量控制点

（1）分析仪停用。
（2）清洁光学部件。
（3）光路优化。
（4）工控机系统备份，信号检查。
（5）分析仪投用。

12. 气体密度分析仪

1）检修准备

（1）开具合格的仪表作业许可证，确认作业安全环境。
（2）佩戴合适劳保用品，准备好检修工具和检修材料。

2）检修

（1）停用。
A. 关闭工艺截止阀。
B. 关闭仪表进样和出样阀门。
C. 在仪器停用前，应使用零点气或氮气对仪器进行彻底的吹扫，将管道内的样品气体安全排空。
D. 切断总电源。
E. 关闭现场防爆电源开关。
F. 在控制室内或现场接线牌上断开变送器供电电源并挂牌提示。

（2）预处理系统。
A. 拆除减压阀过滤器进行清洗或更换。
B. 更换老化破损管路及卡套接头。

C. 吹扫预处理，清洗减压阀流量计，更换过滤器滤芯。

D. 清洁探头过滤芯，用高纯氮气吹干。

E. 压力变送器检查。

（3）检测单元。检查各接线端子是否牢靠无氧化，接触良好。

（4）线路检查。

A. 检查接线箱(盒)密封及格兰密封。

B. 检查接线端子、接线鼻子有无松动、锈蚀，并紧固或更换。

C. 检查线路屏蔽接地情况，确保使其接地良好。

D. 检查线路绝缘是否良好，用500V兆欧表检查芯线对地绝缘电阻，应大于20MΩ。

（5）气密检查。

A. 在管路中通入氮气。

B. 用试漏瓶进行检查，发现有漏点进行整改。

（6）校验。

A. 仪表通电，依次打开控制室内电源防爆开关电源和变送器电源。

B. 仪表预热，待仪表运行正常，指示稳定。

C. 零点校准：将零点气钢瓶安装减压阀后连接到仪表的校验口并打开，把二次表压力调节到0.5bar，调节进样流量至50L/h，待仪表测量数值稳定后进行零点校准。

D. 量程校准：将量程气钢瓶安装减压阀后连接到仪表的校验口并打开，把二次表压力调节到0.5bar，调节进样流量至50L/h，待仪表测量数值稳定后进行量程校准。

E. 在校验过程中严格按仪表测量示值填写，并计算出误差及变差，若超出仪表精度要求，必须重新调校直到符合要求为止。

F. 按照表3-23校验记录(表中内容为示例)真实填写，不得涂改，小数点后保留两位有效数字；填写好后，校验者及技术人员应签名存入档案。

表3-23　气体密度计分析仪检修校验记录

×××公司		气体密度计分析仪校验记录		装置名称：	
仪表名称	气体密度分析仪	仪表型号		仪表位号	
制造厂		精确度		出厂编号	
分析仪量程	0~10%	计量单位		%	
零点校准	零点气浓度值	校准前测试值	零点漂移	校准是否正常	校准后测试值
	0	0.1%	1%	正常	0.0%
量程校准	量程气浓度值	校准前测试值	量程漂移	校准是否正常	校准后测试值
	8%	8.23	-2.8%	正常	8.01
校验结果	仪表响应时间快测量准确，校准偏移偏差小于10%，符合校准要求，仪表满足正常投用要求				
备注：仪表正常					
技术负责人：		质量检查人：		校验人：	年　月　日

（7）回路试验。回路试验过程中记录DCS显示数据，确保仪表显示数据和DCS显示数据一致。

3）清场恢复

检修完毕，清理打扫现场，施工废料、垃圾等收集到指定位置，保持现场清洁。

4）投用

（1）投用前准备。

A. 确认工艺开工正常。

B. 确认工艺条件具备，保证压力、流量等参数稳定。

C. 继续保持进样阀门关闭，打开仪表旁路阀门走样品循环 2h 以上。

D. 联系工艺操作员，准备投用仪表。

（2）投用。

A. 打开进样阀。

B. 调节仪表风、样品压力、流量满足仪表运行要求。

C. 观察仪表显示值并做好记录。

5）质量控制点

（1）分析仪停用。

（2）预处理系统清理。

（3）仪表校准数据准确。

（4）分析仪投用。

13. 工业色谱分析仪

1）检修准备

（1）开具合格的仪表作业许可证，确认作业安全环境。

（2）佩戴合适劳保用品，准备好检修工具和检修材料。

2）检修

（1）停用

A. 关闭工艺截止阀。

B. 关闭仪表进样和出样阀门。

C. 在仪器停用前，应使用零点气或氮气对仪器进行彻底的吹扫，将管道内的样品气体安全排空。

D. 切断总电源。

E. 关闭现场电源开关。

F. 在控制室内或现场接线牌上断开变送器供电电源并挂牌提示。

（2）预处理系统。

① 采样探头检查。

A. 关闭一次阀，拆采样探头。

B. 小心拆采样探头，用软布将探头包好。

C. 探头外观、探头体及探头内部检查。

D. 将探头整体清洁干净。

E. 确认探头外观无破损、无变形。

F. 确认探头内部无磨损且通畅。

② 流路切换阀及流路管道检查。

A. 确认流路切换阀切换准确。

B. 确认流路切换阀开关灵活。

③ 过滤器检查。

A. 将样品旁通过滤器拆下，小心取出滤芯，清洗干净或更换

B. 将样品过滤器拆下，小心取出滤芯，清洗干净或更换。

④ 蒸汽雾化减压阀检查。

A. 确认雾化蒸汽减压阀外观无损、无变形。

B. 确认密封胶圈完好，发现老化要更换胶圈。

(3) 检测单元。

① 色谱柱更换。

A. 关闭预处理色谱进样开关阀。

B. 放空残存在进样管线内样品。

C. 将载气关闭，将备用的色谱柱与柱箱中的色谱柱对一下，再次确认是否相符。

D. 一般是从内往外，先是不锈钢柱，后是毛细管柱，按编号、按顺序、按标签更换。

E. 更换毛细管柱时，将柱固定色谱柱固定架上，毛细管柱套上帽，套上石墨垫，往后拉至2cm，用备好的玻璃刀从中划，折断，要保持端面平整无毛刺，再连接到相应的接头上。

F. 更换完后，再确认一下是否有误，如正常，接下来进行气密性检查。

G. 将载气阀打开，给色谱柱供气，用试漏液检查每个接点是否正常。

② 检测器的清洗。

A. 断开检测器接头及相关连接导线。

B. 拆下并取出检测器。

C. 用8/1″PVC管堵住检测器进口，用注射器吸无水乙醇注入到检测器，浸泡半小时。完后用仪表风吹扫，风量控制在10mL/min(若是TCD检测器，吹扫时的风量应慢慢调大或慢慢减小，否则会损坏检测器。

D. 用万用表测量已清洗、吹干的检测器，各导线与检测器之间阻值应在无穷大，同时测量检测器电桥是否平衡，电极是否正常，如不正常则更换。

E. 将已清洗的检测器或新检测器回装到仪器上，回装后确认导线连接是否正确，测量各导线与箱体之间的电阻是否是无穷大，如果阻值小，需重新检查是否有短接或短路现象。

F. 连接好接头，并检漏，正常后等待投用。

③ 采样阀。

A. 拆除采样阀。

B. 清洗阀体并更换阀瓣。

C. 回装采样阀。

(4) 线路检查。

A. 检查接线箱(盒)密封及格兰密封。

B. 检查接线端子、接线鼻子有无松动、锈蚀，并紧固或更换。

C. 检查线路屏蔽接地情况，确保使其接地良好。

D. 检查线路绝缘是否良好，用500V兆欧表检查芯线对地绝缘电阻，应大于20MΩ。

(5) 气密检查。在管路中通入氮气，用试漏瓶进行检查，发现有漏点进行整改。

(6) 校准仪表。

A. 仪表通电，依次打开控制室内电源防爆开关电源和变送器电源。

B. 仪表预热，待仪表运行正常，指示稳定。

C. 校验：将量程气钢瓶安装减压阀后连接到仪表的校验口并打开，把二次表压力调节到0.5bar，调节进样流量至50L/h，待仪表测量数值稳定后进行量程校准。

D. 在校验过程中严格按仪表测量示值填写，并计算出误差及变差，若超出仪表精度要求，必须重新调校直到符合要求为止。

E. 按照表3-24校验记录(表中内容为示例)真实填写，不得涂改，小数点后保留两位有效数字；填写好后，校验者及技术人员应签名存入档案。

表3-24　工业色谱分析仪检修校验记录

×××公司		工业色谱分析仪校验记录		装置名称：	
仪表名称	工业色谱分析仪	仪表型号		仪表位号	
制 造 厂		精 确 度		出厂编号	
分析仪量程		计量单位			
标准物质组分	标准值	校准前测试值	漂移	校准是否正常	校准后测试值
校验结果					

备注：

技术负责人：　　质量检查人：　　校验人：　　年　月　日

(7) 回路试验。回路试验过程中记录DCS显示数据，确保仪表显示数据和DCS显示数据一致。

3) 清场恢复

检修完毕，清理打扫现场，施工废料、垃圾等收集到指定位置，保持现场清洁。

4) 投用

(1) 投用前准备

A. 确认工艺开工正常。

B. 确认工艺条件具备，保证压力、流量等参数稳定。

C. 继续保持进样阀门关闭，打开仪表旁路阀门走样品循环24h以上。

(2) 投用。

A. 打开进样阀。

B. 打开载气阀，调节载气压力。

C. 仪表上电。

D. 调节仪表风、样品压力、流量，满足仪表运行要求。

E. 观察仪表显示值并做好记录。

5) 质量控制点

(1) 分析仪停用。

(2) 预处理系统清理及管线吹扫。

(3) 色谱柱更换、采样阀清洗及更换采样阀瓣。

(4) 校验。

(5) 分析仪投用。

14. 拉曼光谱分析仪

1) 检修准备

(1) 开具合格的仪表作业许可证，确认作业安全环境。

(2) 佩戴合适劳保用品，准备好检修工具和检修材料。

2) 检修

(1) 系统数据备份。

A. 对工作站系统进行备份并刻录成光盘。

B. 在刻录好的光盘上贴上标签，标签内容包括名称、日期、作业人等信息。

(2) 停用。

A. 关闭工艺截止阀。

B. 关闭仪表进样和出样阀门。

C. 关闭所检修激光主机光源系统。

D. 切断总电源。

E. 关闭现场电源开关。

F. 在控制室内或现场接线牌上断开变送器供电电源并挂牌提示。

(3) 预处理系统检修。

A. 拆下过滤器更换新过滤器。

B. 清洗吹扫过滤减压阀滤芯，确认过滤减压阀工作正常。

C. 回装过滤器与过滤减压阀。

D. 检查冷凝罐。打开冷凝罐上下盖板，检查冷凝器各个部件有无裂纹。清洗冷凝罐内底部淤泥并检查罐壁是否结垢。清洁完成后回装上、下盖板，回装盖板时需更换密封垫片。回装完成后需用冷凝水进行试漏。

(4) 压力容器、激光头检查和清洁。

A. 按顺序依次拆除激光探头与检测池并将其放在事先准备好的纯棉软布上面。

B. 用镜头纸蘸取无水乙醇轻轻擦拭激光镜头镜片与检测池镜片，直至镜片表面清洁无任何杂质为止。

C. 按照拆除顺序进行回装。

(5)光纤能量测试。

A. 打开仪表电源。

B. 打开激光光源，待仪器运行 60min。

C. 拆下仪表柜内光纤并将光纤头用含无水乙醇的镜头纸轻轻擦拭。

D. 用激光笔进行激光测试，确认读书稳定后记录数据。

E. 读数应在 25~60mW 为正常。

F. 如激光笔测量结果小于 20mW 应对光纤两端光纤头用无水乙醇进行多次擦洗，擦洗完成后测量光能量，如果光能量依然小于 20mW 时应更换主机一台进行再次测试，如测试结果依然不理想则考虑更换光纤。

G. 按照表 3-25 校验记录(表中内容为示例)真实填写，不得涂改，小数点后保留两位有效数字；填写好后，校验者及技术人员应签名存入档案。

表 3-25　拉曼光谱分析仪能量测试记录

×××公司		拉曼光谱分析仪能量测试记录		装置名称：	
仪表名称	拉曼光谱分析仪	仪表型号		仪表位号	
制 造 厂		精 确 度	±1%	出厂编号	
分析仪量程		计量单位：			
光纤能量测	入口光纤	出口光纤能量	标准范围	是否满足要求	备注
光纤能量测	入口光纤	出口光纤能量	标准范围	是否满足要求	备注
光纤能量测	入口光纤	出口光纤能量	标准范围	是否满足要求	备注
测试结论					
备注：					
技术负责人：	质量检查人：		校验人：		年　月　日

(6)激光器光能量检查和调整。

①检查前准备。

A. 准备 350m 新光纤一根。

B. 接入电源，将尾部开光进行短接。

C. 将光纤头用无水乙醇清洗干净后将一端接入激光器。

D. 激光器开机并打开钥匙开关。

E. 待激光器预热约 60min 后在光纤另外一端用激光笔进行测试光能量。

F. 光能量在 30~60mW 为正常值，无须调整光能量。

G. 若所测光能量低于 30mW 时需调整光路。

②光路调节。

A. 将光纤对向墙面，以查看出射激光。连接 350m 长的光纤，注意在连接前，清洁光纤端部。

B. 观察激光在墙上的投影，查看其光斑是否为圆形，如果光斑的形状为椭圆或者模糊，调整反射镜。

C. 调整水平方向和垂直方向的螺钉来调整反射镜，以增加激光功率。当强度最大时，利用功率计测量功率。调整反射镜达到最大输出功率。

D. 安装和调整激光器时戴上防护眼镜，当进行以上操作时，房间中不可有其他人员。

E. 所有工作完成后填写记录单，填写好后，校验者及技术人员应签名存入档案。

3）清场恢复

检修完毕，清理打扫现场，施工废料、垃圾等收集到指定位置，保持现场清洁。

4）投用

（1）投用前准备。

A. 确认工艺开工正常。

B. 确认工艺条件具备，保证压力、流量等参数稳定。

（2）投用。

A. 打开进样阀。

B. 调节样品压力、流量，满足仪表运行要求。

C. 观察仪表显示值并做好记录。

5）质量控制点

（1）软件备份。

（2）分析仪停用。

（3）预处理系统清理。

（4）光纤、激光器能量检查，光路调整。

（5）分析仪投用。

15. 汽油调和分析仪

1）检修准备

（1）开具合格的仪表作业许可证，确认作业安全环境。

（2）佩戴合适劳保用品，准备好检修工具和检修材料。

2）检修

（1）工作站数据备份。

A. 对工作站系统进行备份并刻录成光盘。

B. 在刻录好的光盘上贴上标签，标签内容包括名称、日期、作业人等信息。

(2)停用。

A. 切断总电源。

B. 关闭现场电源开关。

C. 在控制室内或现场接线牌上断开变送器供电电源并挂牌提示。

（3）采样探头镜片清洁。从插拔装置上拆下采样探头，用蘸有无水乙醇的镜头纸轻轻擦拭探头玻璃直至干净为止。

（4）能量测试。

A. 仪表通电。

B. 开启主机及工作站进行光能测试，确定光学探头是否良好，记录探头光能量信号值。

（5）线路检查。

A. 检查接线箱(盒)密封及格兰密封。

B. 检查接线端子、接线鼻子有无松动、锈蚀，并紧固或更换。

C. 检查线路屏蔽接地情况，确认规范良好。

D. 检查线路绝缘是否良好，用500V兆欧表检查芯线对地绝缘电阻，应大于20MΩ。

E. 在每个探头上贴上标签，标签内容包括名称、日期、作业人等信息。

3）清场恢复

检修完毕，清理打扫现场，施工废料、垃圾等收集到指定位置，保持现场清洁。

4）投用

（1）投用前准备：确认工艺开工正常。

（2）投用。

A. 打开调和软件。

B. 观察仪表显示值并做好记录，具体格式见表 3-26。

表 3-26 汽油调和分析仪探头能量测试记录

×××公司		汽油调和分析仪能量测试记录		装置名称：	
仪表名称	汽油调和	仪表型号		仪表位号	
制 造 厂		精 确 度	±1%	出厂编号	
分析仪量程		计量单位：			
探头光能量测	探头能量	正常能量		是否满足要求	备注
探头光能量测	探头能量	正常能量	是否满足要求	备注	备注
探头光能量测	探头能量	正常能量	是否满足要求	备注	备注
测试结论					
备注：					
技术负责人：	质量检查人：		校验人：		年 月 日

5）质量控制点

（1）调和软件数据备份。

（2）分析仪停用。

（3）清洗探头，确保探头光能量达到投用。

（4）分析仪投用。

16. CEMS 分析仪（烟气、粉尘）

1）检修准备

（1）开具合格的仪表作业许可证，确认作业安全环境。

（2）佩戴合适劳保用品，准备好检修工具和检修材料。

2）烟气分析仪检修

（1）停用。

A. 关闭工艺截止阀。

B. 关闭仪表进样和出样阀门。

C. 在仪器停用前，应使用零点气或氮气对仪器进行彻底的吹扫，将管道内的样品气体安全排空。

D. 切断总电源。

E. 关闭现场防爆电源开关。

F. 在控制室内或现场接线牌上断开变送器供电电源并挂牌提示。

(2) 预处理系统。

A. 拆除减压阀过滤器进行清洗或更换。

B. 更换老化破损管路及卡套接头。

C. 吹扫预处理，清洗减压阀流量计，更换过滤器滤芯。

D. 清洗气液分离器。

E. 更换冷凝器蠕动泵泵管。

F. 清洁探头过滤芯，用高纯氮气吹干。

G. 更换除水过滤器膜片。

H. 清洁采样泵并更换膜片。

(3) 检测单元。

检查各接线端子是否牢靠无氧化，接触良好。

(4) 线路检查。

A. 检查接线箱(盒)密封及格兰密封。

B. 检查接线端子、接线鼻子有无松动、锈蚀，并紧固或更换。

C. 检查线路屏蔽接地情况，确保使其接地良好。

D. 检查线路绝缘是否良好，用500V兆欧表检查芯线对地绝缘电阻，应大于20MΩ。

(5) 气密检查。

A. 在管路中通入氮气。

B. 用试漏瓶进行检查，发现有漏点进行整改。

(6) 校验。

A. 仪表通电，依次打开控制室内电源防爆开关电源和变送器电源。

B. 仪表预热，待仪表运行正常，指示稳定。

C. 零点校准：将零点气钢瓶安装减压阀后连接到仪表的校验口并打开，把二次表压力调节到0.5bar，调节进样流量至50L/h，待仪表测量数值稳定后进行零点校准。

D. 量程校准：将量程气钢瓶安装减压阀后连接到仪表的校验口并打开，把二次表压力调节到0.5bar，调节进样流量至50L/h，待仪表测量数值稳定后进行量程校准。

E. 基础校验：对零点或量程校准误差超过10%的设备需进入专家菜单进行基础校准。

F. 在校验过程中严格按仪表测量示值填写，并计算出误差及变差，若超出仪表精度要求，必须重新调校直到符合要求为止。

G. 校验记录填写要求真实，不得涂改，小数点后保留两位有效数字；填写好后，校验者及技术人员应签名存入档案。

(7) 回路试验。回路试验过程中记录DCS显示数据，确保仪表显示数据和DCS显示数据一致。

3) 粉尘分析仪检修

(1) 镜片清洁。

A. 清洗粉尘仪光学镜面，检查表面是否有划痕、损坏。

B. 用清扫钢丝刷清理管道中的污物。

C. 清理干净后，回装光学镜面玻璃及平垫圈。

D. 检查空气吹扫保护装置，吹扫空气过滤器芯。

(2) 粉尘仪调校。

A. 仪器通电。

B. 必须保证发射的光束照在反射镜的镜面上，在进行调焦时，必须保证测量距离和振动的幅度在允许的范围之内。

C. 连接装置与笔记本电脑的通信电缆。

D. 启动操作程序软件 MEPA-FW. EXE。在屏幕上点击连接菜单。在“Diagnosis/Test”菜单中点击“Set reference”。装置将自动进行校准。

E. 在校验过程中严格按上、下行实际示值填写，并计算出误差及变差，若超出仪表精度要求，必须重新调校直到符合要求为止。

F. 按照表 3-27 校验记录(表中内容为示例)真实填写，不得涂改，小数点后保留两位有效数字；填写好后，校验者及技术人员应签名存入档案。

表 3-27　CEMS 烟气(粉尘)分析仪校验记录

×××公司		CEMS 烟气分析仪校验记录		装置名称：	
仪表名称	CEMS 烟气分析仪	仪表型号		仪表位号	
制造厂		精确度		出厂编号	
分析仪量程：		计量单位：		%	
(××)零点校准	零点气浓度值	校准前测试值	零点漂移%	校准是否正常	校准后测试值
(××)零点校准					
(××)零点校准					
(××)量程校准	量程气浓度值	校准前测试值	量程漂移%	校准是否正常	校准后测试值
(××)量程校准					
(××)量程校准					
校验结果					
备注：					
技术负责人：		质量检查人：		校验人：	年　月　日

(3) 风机检修。

A. 检查风机接线情况，接地良好。

B. 更换风机过滤芯。

4) 清场恢复

检修完毕，清理打扫现场，施工废料、垃圾等收集到指定位置，保持现场清洁。

5) 投用

(1) 投用前准备。

A. 确认工艺开工正常。

B. 确认工艺条件具备，保证压力、流量等参数稳定。

C. 继续保持进样阀门关闭，打开仪表旁路阀门走样品循环 2h 以上。

(2) 投用。

A. 打开进样阀。

B. 调节仪表风、样品压力、流量，满足仪表运行要求。

6)质量控制点

(1) 分析仪停用。

(2) 预处理系统清理。

(3) 仪表校准数据准确。

(4) 分析仪投用。

17. pH(ORP)分析仪

1) 检修准备

(1) 开具合格的仪表作业许可证，确认作业安全环境。

(2) 佩戴合适劳保用品，准备好检修工具和检修材料。

2) 检修

(1) 停用。

A. 关闭工艺截止阀。

B. 关闭仪表进样和出样阀门。

C. 仪表断电。

(2) 电极检查。

A. 拆除电极后用稀盐酸软布轻轻擦拭电极表面附着物，直到擦拭干净为止。

B. 检查玻璃电极表面有无划伤。

(3) 电解液更换。

A. 拿下电极头塑料帽，轻轻倒掉内部点解液并用去离子将内部清洗干净。

B. 添加进新配置好的电解液(3mol/L KCl 溶液)，加满后紧固塑料帽。

(4) 线路检查。

A. 检查接线箱(盒)密封及格兰密封。

B. 检查接线端子、接线鼻子有无松动、锈蚀，并紧固或更换。

C. 检查线路屏蔽接地情况，确认规范良好。

D. 检查线路绝缘是否良好，用 500V 兆欧表检查芯线对地绝缘电阻，应大于 20MΩ。

(5)校验。

A. 仪表通电。

B. 仪表预热，待仪表预热后指示稳定。

C. 校验。其中 OPR 分析仪校验用一点校验。

D. 校准完成后，记录校准斜率。

E. 在校验过程中严格按仪表测量示值填写，并计算出误差及变差，若超出仪表精度要求，必须重新调校直到符合要求为止。

F. 按照表 3-28 和表 3-29 校验记录(表中内容为示例)真实填写，不得涂改，小数点后保留两位有效数字；填写好后，校验者及技术人员应签名存入档案。

表 3-28 pH(ORP)分析仪校验记录

×××公司		pH 分析仪校验记录		装置名称：	
仪表名称		仪表型号		仪表位号	
制造厂		精确度		出厂编号	
分析仪量程：		计量单位：			
pH=4 校准	标液值	校准前测试值	漂移	校准是否正常	校准后测试值
	4.00				
pH=7 校准	标液值	校准前测试值	漂移	校准是否正常	校准后测试值
	7.00				
pH=10 校准	标液值	校准前测试值	漂移	校准是否正常	校准后测试值
	10.00				
校验结果					
备注：					
技术负责人：		质量检查人：	校验人：	年 月 日	

表 3-29 ORP 分析仪校验记录

×××公司		ORP 分析仪校验记录		装置名称：	
仪表名称	ORP 分析仪	仪表型号	SC100+DPD1PA	仪表位号	
制造厂		精确度		出厂编号	
分析仪量程		计量单位			
ORP 校准	标液值	校准前测试值	漂移	校准是否正常	校准后测试值
校验结果					
备注：					
技术负责人：		质量检查人：		校验人：	年 月 日

(6) 回路试验。回路试验过程中记录 DCS 显示数据，确保仪表显示数据和 DCS 显示数据一致。

3) 清场恢复

检修完毕，清理打扫现场，施工废料、垃圾等收集到指定位置，保持现场清洁。

4) 投用

(1) 投用前准备。

A. 确认工艺开工正常。

B. 确认工艺条件具备，保证压力、流量等参数稳定。

(2) 投用。

A. 打开进样阀。

B. 调节样品压力、流量满足仪表运行要求。

C. 观察仪表显示值并做好记录。

5) 质量控制点

(1) 分析仪停用。

(2) 预处理系统清理。

(3) 电解液更换。

(4) 校验。

(5) 分析仪投用。

18. 电导率分析仪

1) 检修准备

(1) 开具合格的仪表作业许可证，确认作业安全环境。

(2) 佩戴合适劳保用品，准备好检修工具和检修材料。

2) 检修

(1) 停用。

A. 关闭工艺截止阀。

B. 关闭仪表进样和出样阀门。

C. 切断电源。

(2) 电极检查。

A. 拆除电极后用稀盐酸软布轻轻擦拭电极表面附着物，直到擦拭干净为止。

B. 更换老化电极。

(3) 线路检查。

A. 检查接线箱(盒)密封及格兰密封。

B. 检查接线端子、接线鼻子有无松动、锈蚀，并紧固或更换。

C. 检查线路屏蔽接地情况，确认规范良好。

D. 检查线路绝缘是否良好，用500V兆欧表检查芯线对地绝缘电阻，应大于20MΩ。

(4) 校验。

A. 仪表通电。

B. 仪表预热，待仪表预热后指示稳定。

C. 校验。

D. 校准完成后记录校准斜率。

E. 在校验过程中严格按仪表测量示值填写，并计算出误差及变差，若超出仪表精度要求，必须重新调校直到符合要求为止。

F. 按照表3-30校验记录(表中内容为示例)真实填写，不得涂改，小数点后保留两位有效数字；填写好后，校验者及技术人员应签名存入档案。

表 3-30 电导率分析仪校验记录

<table>
<tr><td colspan="2">×××公司</td><td colspan="2">电导率分析仪校验记录</td><td colspan="2">装置名称：</td></tr>
<tr><td>仪表名称</td><td></td><td>仪表型号</td><td></td><td>仪表位号</td><td></td></tr>
<tr><td>制造厂</td><td></td><td>精确度</td><td></td><td>出厂编号</td><td></td></tr>
<tr><td>分析仪量程：</td><td></td><td colspan="2">计量单位：</td><td colspan="2"></td></tr>
<tr><td rowspan="2">电导率</td><td>标液值</td><td>校准前测试值</td><td>漂移</td><td>校准是否正常</td><td>校准后测试值</td></tr>
<tr><td></td><td></td><td></td><td></td><td></td></tr>
<tr><td>校验结果</td><td colspan="5"></td></tr>
<tr><td colspan="6">备注：</td></tr>
<tr><td colspan="6">技术负责人： 质量检查人： 校验人： 年 月 日</td></tr>
</table>

(5) 回路试验。回路试验过程中记录 DCS 显示数据，确保仪表显示数据和 DCS 显示数据一致。

3) 清场恢复

检修完毕，清理打扫现场，施工废料、垃圾等收集到指定位置，保持现场清洁。

4) 投用

(1) 投用前准备。

A. 确认工艺开工正常。

B. 确认工艺条件具备。

(2) 投用。

A. 打开进样阀。

B. 调节样品压力、流量满足仪表运行要求。

C. 观察仪表显示值并做好记录。

5) 质量控制点

(1) 分析仪停用。

(2) 预处理系统清理。

(3) 仪表校准数据准确。

(4) 分析仪投用。

19. 浊度分析仪

1) 检修准备

(1) 开具合格的仪表作业许可证，确认作业安全环境。

(2) 佩戴合适劳保用品，准备好检修工具和检修材料。

2) 检修。

(1) 停用。

A. 关闭工艺截止阀。

B. 关闭仪表进样和出样阀门。

C. 切断电源。

(2) 光源清洁及光电池清洗。

A. 光源接头防腐处理。

B. 接收单元镜片清洁。

C. 测量窗口清洁。

D. 光电池窗口的清洗。

(3) 清洗浊度计本体及气泡捕集器。

(4) 线路检查。

A. 检查接线箱(盒)密封及格兰密封。

B. 检查接线端子、接线鼻子有无松动、锈蚀，并紧固或更换。

C. 检查线路屏蔽接地情况，确认规范良好。

D. 检查线路绝缘是否良好，用500V兆欧表检查芯线对地绝缘电阻，应大于20MΩ。

(5) 校验。

A. 仪表通电，依次打开控制室内电源防爆开关电源变送器电源。

B. 仪表预热，待仪表预热后指示稳定。

C. 校验。

D. 在校验过程中严格按上、下行程实际示值填写，并计算出误差及变差，若超出仪表精度要求，必须重新调校直到符合要求为止。

E. 按照表3-31校验记录(表中内容为示例)真实填写，不得涂改，小数点后保留两位有效数字；填写好后校验者及技术人员应签名存入档案。

表3-31　浊度分析仪校验记录

×××公司		浊度分析仪校验记录		装置名称:	
仪表名称		仪表型号		仪表位号	
制造厂		精确度		出厂编号	
分析仪量程			计量单位		
校准(空气)	标液值	校准前测试值	漂移	校准是否正常	校准后测试值
校验结果	仪表响应时间快测量准确，校准偏移偏差小于10%，符合校准要求，仪表满足正常投用要求				
备注:					
技术负责人:		质量检查人:		校验人:	年　月　日

(6)回路试验。回路试验过程中记录DCS显示数据，确保仪表显示数据和DCS显示数据一致。

3) 清场恢复

检修完毕，清理打扫现场，施工废料、垃圾等收集到指定位置，保持现场清洁。

4) 投用

(1) 投用前准备。

A. 确认工艺开工正常。

B. 确认工艺条件具备。

（2）投用。

A. 打开进样阀。

B. 调节样品压力、流量满足仪表运行要求。

C. 观察仪表显示值并做好记录。

5）质量控制点

（1）分析仪停用。

（2）光源接头防腐镜片清洁。

（3）仪表校准数据准确。

（4）分析仪投用。

20. 溶解氧分析仪

1）检修准备

（1）开具合格的仪表作业许可证，确认作业安全环境。

（2）佩戴合适劳保用品，准备好检修工具和检修材料。

2）检修

（1）停用。

A. 关闭工艺截止阀。

B. 关闭仪表进样和出样阀门。

C. 关闭电源。

（2）电极检查。

A. 拆除电极后用蘸有无水乙醇的软布轻轻擦拭电极表面附着物，直到擦拭干净为止。

B. 拿下电极头塑料帽，轻轻倒掉内部电解液并用去离子水将内部清洗干净。

C. 添加新配置好的电解液(3mol/L KCl 溶液)加满后紧固塑料帽。

D. 探头更换探头帽。(电极帽盖、膜有严重划伤的)。

（3）线路检查。

A. 检查接线箱(盒)密封及格兰密封。

B. 检查接线端子、接线鼻子有无松动、锈蚀，如有紧固或者更换。

C. 检查线路屏蔽接地情况，确认规范良好。

D. 检查线路绝缘是否良好，用 500V 兆欧表检查芯线对地绝缘电阻，应大于 20MΩ。

（4）校验。

A. 仪表通电，依次打开控制室内电源变送器电源。

B. 仪表预热，预热后指示稳定。

C. 溶解氧分析仪用校验带装入 500mL 清水进行校验(做好登记校验记录)。

D. 等待仪表显示校准完成字样然后按 Ent 键确认校准完成。

E. 校验过程中严格按上、下行程实际示值填写，并计算出误差及变差，若超出仪表精度要求，必须重新调校直到符合要求为止。

F. 按照表 3-32 校验记录(表中内容为示例)真实填写，不得涂改，小数点后保留两位有效数字；填写好后，校验者及技术人员应签名存入档案。

表 3-32　溶解氧分析仪校验记录

<table>
<tr><td colspan="2">×××公司</td><td colspan="2">溶解氧分析仪校验记录</td><td colspan="2">装置名称：</td></tr>
<tr><td>仪表名称</td><td></td><td>仪表型号</td><td></td><td>仪表位号</td><td></td></tr>
<tr><td>制造厂</td><td></td><td>精确度</td><td></td><td>出厂编号</td><td></td></tr>
<tr><td>分析仪量程</td><td colspan="2"></td><td colspan="2">计量单位</td><td></td></tr>
<tr><td rowspan="4">校准（空气）</td><td>标液值</td><td>校准前测试值</td><td>漂移</td><td>校准是否正常</td><td>校准后测试值</td></tr>
<tr><td></td><td></td><td></td><td></td><td></td></tr>
<tr><td></td><td></td><td></td><td></td><td></td></tr>
<tr><td></td><td></td><td></td><td></td><td></td></tr>
<tr><td>校验结果</td><td colspan="5"></td></tr>
<tr><td colspan="6">备注：</td></tr>
<tr><td colspan="2">技术负责人：</td><td colspan="2">质量检查人：</td><td>校验人：</td><td>年　月　日</td></tr>
</table>

（5）回路试验。回路试验过程中记录 DCS 显示数据，确保仪表显示数据和 DCS 显示数据一致。

3）清场恢复

检修完毕，清理打扫现场，施工废料、垃圾等收集到指定位置，保持现场清洁。

4）投用

（1）投用前准备。

A. 确认工艺开工正常。

B. 确认具备工艺条件，保证压力、流量等参数稳定。

（2）投用。

A. 打开进样阀。

B. 调节样品压力、流量满足仪表运行要求。

C. 观察仪表显示值并做好记录。

5）质量控制点

（1）分析仪停用。

（2）电极清洗。

（3）仪表校准数据准确。

（4）分析仪投用。

21. 水中油分析仪

1）检修准备

（1）开具合格的仪表作业许可证，确认作业安全环境。

（2）佩戴合适劳保用品，准备好检修工具和检修材料。

2）检修

（1）停用。

A. 关闭工艺截止阀。

B. 关闭仪表进样和出样阀门。

C. 切断电源。

（2）检测单元。

A. 卸下仪表自动清洗单元，更换密封圈，清洗活塞表面的水垢。

B. 挤牙膏少许于牙刷上，轻轻擦拭玻璃测量池内壁，若无法擦拭干净，可以尝试用调配好的稀盐酸倒入少许，浸泡几分钟后，然后用清水冲洗干净即可。

C. 清洗完后，回装自动清洗单元。

D. 用手旋开面板上的干燥剂容器，倒出已变色的硅胶或干燥剂，更换干燥剂。

（3）线路检查。

A. 检查接线箱(盒)密封及格兰密封并整改，使其密封完好。

B. 检查接线端子、接线鼻子有无松动、锈蚀，并紧固或更换。

C. 检查线路屏蔽接地情况，确认规范良好。

D. 检查线路绝缘是否良好，用500V兆欧表检查芯线、芯线对地绝缘电阻大于20MΩ。

（4）校验。

A. 仪表通电，依次打开控制室内电源防爆开关电源变送器电源。

B. 仪表预热，待预热后指示稳定。

C. 检查仪表参数是否正常。

D. 用去离子水进行零点校准(做好登记校验记录）。

E. 在校验过程中严格按上、下行程实际示值填写，并计算出误差及变差，若超出仪表精度要求，必须重新调校直到符合要求为止。

F. 按照表3-33校验记录(表中内容为示例)真实填写，不得涂改，小数点后保留两位有效数字；填写好后，校验者及技术人员应签名存入档案。

表3-33　水中油分析仪校验记录

×××公司		水中油分析仪校验记录		装置名称：	
仪表名称		仪表型号		仪表位号	
制造厂		精确度		出厂编号	
分析仪量程			计量单位		
校准(空气)	标液值	校准前测试值	漂移	校准是否正常	校准后测试值
校验结果					
备注：					
技术负责人：		质量检查人：	校验人：	年　月　日	

（5）回路试验。回路试验过程中记录DCS显示数据，确保仪表显示数据和DCS显示数据一致。

3）清场恢复

检修完毕，清理打扫现场，施工废料、垃圾等收集到指定位置，保持现场清洁。

4）投用

(1) 投用前准备。

A. 确认工艺开工正常。

B. 确认具备工艺条件，保证压力、流量等参数稳定。

(2) 投用

A. 打开进样阀。

B. 调节样品压力、流量满足仪表运行要求。

C. 观察仪表显示值并做好记录。

5) 质量控制点

(1) 析仪停用要求。

(2) 干燥剂更换。

(3) 仪表校准数据准确。

(4) 分析仪投用。

22. 余氯分析仪

1) 检修准备

(1) 开具合格的仪表作业许可证，确认作业安全环境。

(2) 佩戴合适劳保用品，准备好检修工具和检修材料。

2) 检修

(1) 停用。

A. 关闭工艺截止阀。

B. 关闭仪表进样和出样阀门。

C. 切断电源。

(2) 检测单元。

A. 更换消耗性管路接头，清洗过滤器。

B. 清洗比色池。

(3) 试剂阀测试。测试所有试剂阀，查看运行情况是否良好，检查所有试剂是否均能到达检测池。

(4) 线路检查。

A. 检查接线箱(盒)密封及格兰密封。

B. 检查接线端子、接线鼻子有无松动、锈蚀，并紧固或更换。

C. 检查线路屏蔽接地情况，确认规范良好。

D. 检查线路绝缘是否良好，用500V兆欧表检查芯线对地绝缘电阻，应大于20MΩ。

(5) 校验。

A. 仪表通电，依次打开控制室内电源防爆开关电源变送器电源。

B. 仪表预热，待预热后指示稳定。

C. 仪表校准：关闭样品阀按键盘上面的CAL键，选择Autocal，然后确认，待校验完成后屏幕有完成信息。

D. 校准完成，待仪表显示校准完成字样然后按Ent确认校准完成。

E. 在校验过程中严格按上、下行程实际示值填写，并计算出误差及变差，若超出仪表精度要求，必须重新调校直到符合要求为止。

F. 按照表 3-34 校验记录(表中内容为示例)真实填写，不得涂改，小数点后保留两位有效数字；填写好后，校验者及技术人员应签名存入档案。

表 3-34 余氯分析仪校验记录

×××公司		余氯分析仪校验记录		装置名称：	
仪表名称		仪表型号		仪表位号	
制造厂		精确度		出厂编号	
分析仪量程			计量单位		
标准溶液	标液值	校准前测试值	误差	校准是否正常	校准后测试值
校验结果					
备注：					
技术负责人：		质量检查人：		校验人：	年 月 日

(6) 回路试验。回路试验过程中记录 DCS 显示数据，确保仪表显示数据和 DCS 显示数据一致。

3) 清场恢复

检修完毕，清理打扫现场，施工废料、垃圾等收集到指定位置，保持现场清洁。

4) 投用

(1) 投用前准备。

A. 确认工艺开工正常。

B. 确认具备工艺条件，保证压力、流量等参数稳定。

(2) 投用。

A. 打开进样阀。

B. 调节样品压力、流量满足仪表运行要求。

C. 观察仪表显示值并做好记录。

5) 质量控制点

(1) 分析仪停用。

(2) 清洗检测池。

(3) 分析仪投用。

23. 硅分析仪

1) 检修准备

(1) 开具合格的仪表作业许可证，确认作业安全环境。

(2) 佩戴合适劳保用品，准备好检修工具和检修材料。

2) 检修

(1) 停用。

A. 关闭工艺截止阀。

B. 关闭仪表进样和出样阀门。

C. 切断电源。

(2) 检测单元。

A. 拆除减压阀过滤器进行清洗更换。

B. 更换所有消耗性乳胶管。

C. 检查比色计是否正常，光源是否正常发光，磁性搅拌子工作是否正常，如发现异常需更换。

D. 试剂模块检查。

E. 试剂填充到位，仪器开机，关闭试剂仓门。

F. 进入菜单直至试剂测试程序，观察每种试剂能否顺利流出，并根据经验值判断在测试的规定时间内流出的试剂量是否正常。如果发现异常则需更换试剂管等备件。

G. 试剂阀检查或更换。

(3) 线路检查。

A. 检查接线箱(盒)密封及格兰密封。

B. 检查接线端子、接线鼻子有无松动、锈蚀，并紧固或更换。

C. 检查线路屏蔽接地情况，确认规范良好。

D. 检查线路绝缘是否良好，用500V兆欧表检查芯线对地绝缘电阻，应大于20MΩ。

(4) 校验。

A. 仪表通电。

B. 待仪表试运行正常后用标准溶液校验。

C. 在校验过程中严格按上、下行程实际示值填写，并计算出误差及变差，若超出仪表精度要求，必须重新调校直到符合要求为止。

D. 按照表3-35校验记录(表中内容为示例)真实填写，不得涂改，小数点后保留两位有效数字；填写好后，校验者及技术人员应签名存入档案。

表3-35　硅分析仪校验记录

×××公司		硅分析仪校验记录		装置名称：	
仪表名称		仪表型号		仪表位号	
制造厂		精确度		出厂编号	
分析仪量程			计量单位		
校准	标液值	校准前测试值	漂移	校准是否正常	校准后测试值
校验结果					
备注：					
技术负责人：		质量检查人：	校验人：		年　月　日

（6）回路试验。回路试验过程中记录 DCS 显示数据，确保仪表显示数据和 DCS 显示数据一致。

3）清场恢复

检修完毕，清理打扫现场，施工废料、垃圾等收集到指定位置，保持现场清洁。

4）投用

（1）投用前准备。

A. 确认工艺开工正常。

B. 确认具备工艺条件，保证压力、流量等参数稳定。

（2）投用。

A. 打开进样阀。

B. 调节样品压力、流量满足仪表运行要求。

C. 观察仪表显示值并做好记录。

5）质量控制点

（1）分析仪停用。

（2）检测池清洗及更换老化光源。

（3）仪表校准数据准确。

（4）分析仪投用。

24. TOC 分析仪

1）检修准备

（1）开具合格的仪表作业许可证，确认作业安全环境。

（2）佩戴合适劳保用品，准备好检修工具和检修材料。

2）检修

（1）停用。

A. 关闭工艺截止阀。

B. 关闭仪表进样和出样阀门。

C. 切断电源。

（2）检测单元。

①更换消耗性管路接头，清洗减压阀过滤器。

A. 拆除减压阀过滤器，进行清洗更换。

B. 更换所有消耗性乳胶管。

C. 吹扫预处理，清洗减压阀流量计，更换过滤器滤芯。

②试剂阀测试。测试所有试剂阀、查看运行情况是否良好，检查所有试剂是否均能到达检测池。

③泵吸管更换。

A. 拆下泵头安装螺丝的翼形螺母。

B. 小心地将管件从带倒刺配件上拆下。

C. 拆下泵头。

D. 将泵吸管更换后回装泵头

E. 固紧四个翼形螺母，用手拧紧即可。

④气压分离器(GLS)清洗。

A. 在维修 GLS 之前，必须关闭泵。在打开分析仪壳门前必须断开继电器的电源。

B. 远程断开分析仪的所有电源。

C. 从分析仪上断开 GLS，并将 GLS 取下。

D. 翻转 GLS，倒掉其中积累的沉淀物，如有必要，使用塑料剂瓶中的去离子水冲洗 GLS。使用棉签和去离子水清除藻类累积物。

⑤反应器清洗或更换。

A. 拆下壳盖上的翼形螺钉，然后拆下壳盖。

B. 将反应器支定位盘上的螺丝旋出，并从分析仪上拆下反应器组件。将定位盘和螺丝放置一旁。

C. 拆下反应器的压缩盘以及玻璃反应器盖，并将它们放置一旁。

D. 待反应器冷却之后，将它浸入水中，溶解累积的矿物，待矿物完全溶解后，拆开反应器剩下的零件进行清洗。

⑥IR(红外)室清洗。

A. 从 IR 室上拆下进口和出口管件。

B. 支撑镜组件(为防止在指按门栓意外松脱时，室组件掉出)并切断绑带。

C. 从室组件上拔出指按门栓。

D. 用无绷带清洗棉和异丙醇清洗 IR 室。

⑦IR 压力/泄漏测试。

A. 从 IR 室组件上拆下出口管道并堵上出口管道。

B. 观察 GLS U 形管中的气泡是否一直是从前移到后，如果是的话，说明环形密封垫提供了足够的密封性。

(3) 线路检查。

A. 检查接线箱(盒)密封及格兰密封。

B. 检查接线端子、接线鼻子有无松动、锈蚀，并紧固或更换。

C. 检查线路屏蔽接地情况，确认规范良好。

D. 检查线路绝缘是否良好，用 500V 兆欧表检查芯线对地绝缘电阻，应大于 20MΩ。

(4) 校验。

A. 准备校验设备：标准标准溶液两瓶，零点量程标液各一瓶，必需的工具接头若干。

B. 检查试剂是否在保质期内。

C. 在校验过程中严格按上、下行程实际示值填写，并计算出误差及变差，若超出仪表精度要求，必须重新调校直到符合要求为止。

D. 按照表 3-36 校验记录(表中内容为示例)真实填写，不得涂改，小数点后保留两位有效数字；填写好后，校验者及技术人员应签名存入档案。

(5) 回路试验。回路试验过程中记录 DCS 显示数据，确保仪表显示数据和 DCS 显示数据一致。

表 3-36 TOC 分析仪校验记录

×××公司		TOC 分析仪校验记录		装置名称：	
仪表名称		仪表型号		仪表位号	
制造厂		精确度		出厂编号	
分析仪量程				计量单位	
校准	标液值	校准前测试值	漂移	校准是否正常	校准后测试值
校验结果					
备注：					
技术负责人：		质量检查人：	校验人：		年 月 日

3）清场恢复

检修完毕，清理打扫现场，施工废料、垃圾等收集到指定位置，保持现场清洁。

4）投用

（1）投用前准备。

A. 确认工艺开工正常。

B. 确认具备工艺条件，保证压力、流量等参数稳定。

（2）投用。

A. 打开进样阀。

B. 调节样品压力、流量满足仪表运行要求。

C. 观察仪表显示值并做好记录。

5）质量控制点

（1）分析仪停用。

（2）预处理系统清理。

（3）仪表校准数据准确。

（4）分析仪投用。

25. 铬法 COD 分析仪

1）检修准备

（1）开具合格的仪表作业许可证，确认作业安全环境。

（2）佩戴合适劳保用品，准备好检修工具和检修材料。

2）检修

（1）停用。

A. 关闭工艺截止阀。

B. 关闭仪表进样和出样阀门。

C. 切断电源。

（2）检测单元。

A. 检查预处理管线接头是否出现松动，是否有漏点，并紧固或更换。

B. 拆除过滤芯并用清水清洗。

C. 更换消耗性管路接头，清洗定量管和消解池并检查定量管和光度计是否正常。

D. 拆除定量管和消解池进行清洗更换。

E. 更换所有消耗性乳胶管。

F. 将样品管线放到去离子水烧杯中，启动清洗功能，检查定量管和光度计是否正常运行。

G. 测试所有试剂阀、样品阀和泵，查看运行情况是否良好，检查试剂和样品是否均能到达消解池。

(3) 线路检查。

A. 检查接线端子有无松动、锈蚀，并紧固或更换。

B. 检查线路板块是否正常工作。

(4) 校验。

A. 仪表通电，依次打开控制室内电源。

B. 仪表校准：按键盘上面的 F3 键选择校准，然后确认，待校验完成后自动进行测量。

C. 校准完成，仪表会自动进行一个周期测量并得出测量结果。

D. 在校验过程中严格按上、下行程实际示值填写，并计算出误差及变差，若超出仪表精度要求，必须重新调校直到符合要求为止。

E. 按照表 3-37 校验记录(表中内容为示例)真实填写，不得涂改，小数点后保留两位有效数字；填写好后，校验者及技术人员应签名存入档案。

表 3-37　COD 分析仪校验记录

×××公司		COD 仪校验记录		装置名称：	
仪表名称		仪表型号		仪表位号	
制造厂		精确度		出厂编号	
分析仪量程			计量单位		
校准	标液值	校准前测试值	漂移	校准是否正常	校准后测试值
	1500				
校验结果					
备注：					
技术负责人：		质量检查人：	校验人：		年　月　日

(5) 回路试验。回路试验过程中记录 DCS 显示数据，确保仪表显示数据和 DCS 显示数据一致。

3) 清场恢复

检修完毕，清理打扫现场，施工废料、垃圾等收集到指定位置，保持现场清洁。

4) 投用

(1) 投用前准备。

A. 确认工艺开工正常。

B. 确认具备工艺条件，保证压力、流量等参数稳定。

(2) 投用。

A. 打开进样阀。

B. 调节样品压力、流量满足仪表运行要求。

C. 观察仪表显示值并做好记录。

5) 质量控制点

(1) 分析仪停用。

(2) 预处理系统清理。

(3) 定量管检查或更换。

(4) 仪表校准数据准确。

(5) 分析仪投用。

26. 氨氮分析仪

1) 检修准备

(1) 开具合格的仪表作业许可证，确认作业安全环境。

(2) 佩戴合适劳保用品，准备好检修工具和检修材料。

2) 检修

(1) 停用。

A. 关闭工艺截止阀。

B. 关闭仪表进样和出样阀门。

C. 切断电源。

(2) 检测单元。

A. 清洗预处理过滤芯和流通池并更换老化仪表样品管线和试剂管线。

B. 测试试剂泵、样品泵和阀，查看运行情况是否良好，检查所有试剂和样品是否均能到达检测池。

(3) 线路检查。

A. 检查接线箱(盒)密封及格兰密封。

B. 检查接线端子有无松动，接线是否正确，如出现松动，对其加以紧固。

C. 检查仪表主板是否良好，确定仪表主板正常工作。

(4) 校验。

A. 仪表通电，依次打开控制室内电源仪表器电源。

B. 仪表预热，待仪表屏幕指示正常。

C. 仪表校准。

D. 在校验过程中严格按上、下行程实际示值填写，并计算出误差及变差，若超出仪表精度要求，必须重新调校直到符合要求为止。

E. 按照表 3-38 校验记录(表中内容为示例)真实填写，不得涂改，小数点后保留两位有效数字；填写好后，校验者及技术人员应签名存入档案。

(5) 回路试验。回路试验过程中记录 DCS 显示数据，确保仪表显示数据和 DCS 显示数据一致。

表 3-38　氨氮分析仪校验记录

×××公司		氨氮分析仪校验记录		装置名称：	
仪表名称		仪表型号		仪表位号	
制造厂		精确度		出厂编号	
分析仪量程：			计量单位：		
校准	标液值(零点)	校准前测试值	漂移	校准是否正常	校准后测试值
	标液值(量程)	校准前测试值	漂移	校准是否正常	校准后测试值
校验结果					
备注：					
技术负责人：		质量检查人：	校验人：		年　月　日

3）清场恢复

检修完毕，清理打扫现场，施工废料、垃圾等收集到指定位置，保持现场清洁。

4）投用

(1) 投用前准备

A. 确认工艺开工正常。

B. 确认具备工艺条件，保证压力、流量等参数稳定。

(2) 投用

A. 打开进样阀。

B. 调节样品压力、流量满足仪表运行要求。

C. 观察仪表显示值并做好记录。

5）质量控制点

(1) 分析仪停用。

(2) 预处理系统清理。

(3) 仪表校准数据准确。

(4) 分析仪投用。

27. 总磷分析仪

1）检修准备

(1) 开具合格的仪表作业许可证，确认作业安全环境。

(2) 佩戴合适劳保用品，准备好检修工具和检修材料。

2）检修

(1) 停用。

A. 关闭工艺截止阀。

B. 关闭仪表进样和出样阀门。

C. 切断电源。

(2) 检测单元。

A. 清洗预处理过滤网并更换老化仪表样品及试剂管线。

B. 试剂更换及试剂样品阀测试。

C. 清洗测量池。

D. 泵校准。

(3) 线路检查。

A. 检查接线箱(盒)密封及格兰密封。

B. 检查接线端子、接线鼻子有无松动、锈蚀，并紧固或更换。

C. 检查线路屏蔽接地情况，确认规范良好。

D. 检查线路绝缘是否良好，用500V兆欧表检查芯线对地绝缘电阻，应大于20MΩ。

(4) 校验。

A. 仪表通电，依次打开控制室内电源防爆开关电源变送器电源。

B. 仪表预热，待仪表预热后指示稳定。

C. 仪表校验前，可在test菜单中，更改阀位，以保证标液能正常抽入腔室内。

D. 仪表校准：打开样品阀按键盘上边的calibration键，选择需要的时间，然后按M键退出，再按E键确认，待校验完成后仪表自动进行测量界面。

E. 校准完：通过程序菜单/列表/维护记录可查看校准零点和斜率，以及标液对应的吸光度。

F. 校准完成，仪表将自己测量一个周期并得出测量结果。

G. 在校验过程中严格按上、下行程实际示值填写，并计算出误差及变差，若超出仪表精度要求，必须重新调校直到符合要求为止。

H. 按照表3-39校验记录(表中内容为示例)真实填写，不得涂改，小数点后保留两位有效数字；填写好后，校验者及技术人员应签名存入档案。

表3-39 总磷分析仪校验记录

×××公司		总磷分析仪校验记录		装置名称：	
仪表名称		仪表型号		仪表位号	
制造厂		精确度		出厂编号	
分析仪量程			计量单位		
校准	标液值	校准前测试值	漂移	校准是否正常	校准后测试值
校验结果					
备注：					
技术负责人：		质量检查人：	校验人：	年 月 日	

(5) 回路试验。回路试验过程中记录DCS显示数据，确保仪表显示数据和DCS显示数据一致。

3) 清场恢复

检修完毕，清理打扫现场，施工废料、垃圾等收集到指定位置，保持现场清洁。

4）投用

（1）投用前准备。

A. 确认工艺开工正常。

B. 确认具备工艺条件，保证压力、流量等参数稳定。

（2）投用。

A. 打开进样阀。

B. 调节样品压力、流量满足仪表运行要求。

C. 观察仪表显示值并做好记录。

5）质量控制点

（1）分析仪停用。

（2）预处理系统清理。

（3）仪表校准数据准确。

（4）分析仪投用。

三、特殊仪表

1. 机组轴系仪表

轴系仪表通常指压缩机、汽轮机等大型机组轴振动、轴位移、键相、轴温等测量仪表以及3500框架二次仪表(大机组多数采用Bently产品)，轴系仪表的拆除、检查、校验、安装等检修更换可参考如下方案执行。

1）检修准备

（1）技术准备。轴系仪表中的位移、振动和键相位监测仪表，主要由探头、延伸电缆、前置器组成，基本的构成图见图3-1。

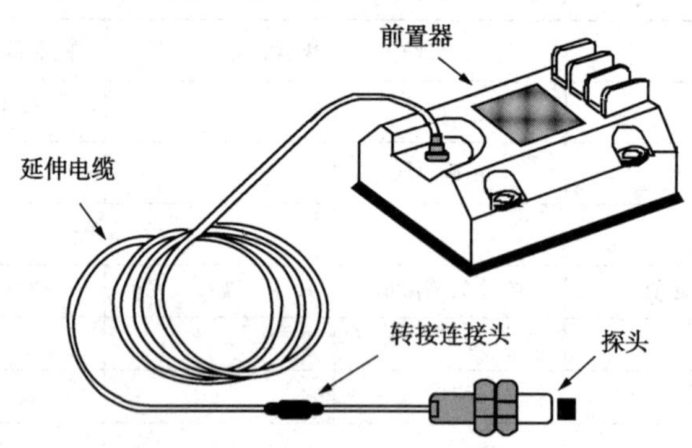

图3-1　轴系仪表构成简图

传感器系统的工作原理是电涡流效应。当接通传感器系统电源时，在前置器内会产生一个高频电流信号，该信号通过电缆被送到探头的头部，在头部周围产生交变磁场。如果在磁场的范围内没有金属导体材料接近，则发射到这一范围内的能量都会全部释放；反之，如果有金属导体材料接近探头头部，则交变磁场将在导体的表面产生电涡流场，该电涡流场也会产生一个方向与之相反的交变磁场。由于该磁场的反作用，就会改变探头头部线圈高频电流的幅度和相位，即改变了线圈的有效阻抗；而且它们的变化量与线圈到被测金属导体之间的距离的变化量有关，这样就将被测金属导体的位移量转换为电量。这就是电涡流传感器的基本原理。

线圈阻抗的变化既与电涡流效应有关，又与静磁学效应有关，如果磁导率激励电流强度、频率等参数恒定不变，则可把阻抗看成是探头顶部到金属表面间隙的单值函数，即二者之间成比例关系。采用测量变换电路中的前置放大器，将阻抗的变化测出，并转换成电压式电流输出，再用二次表显示出来，即可以反映间隙的变化。前置器输出的电压 *VA* 是正比于间隙的电压。前置器输出电压由两部分组成：一部分是交流成分 V_{ac}，代表轴相对于轴承壳振幅；另一部分是直流成分 V DC，代表轴在振动时与探头的平均相对位置，即轴在轴承中的平均位置。直流分量 *X* 相当于信号的算术平均值，交流分量 *S* 是振动位移的瞬时值。径向振动监视仪主要是将其交流分量的峰值进行放大，并输出到表头进行指示，以反映机器径向振动状况。轴向位移监视仪主要是将其直流分量进行放大，输出表头进行指示，反映机器轴向位置情况。

A. 传感器。传感器，通常简称探头。探头对正被测体表面，它能精确地探测出被测体表面相对于探头端面间隙的变化。探头通常由线圈、头部、壳体、高频电缆、高频接头组成，其典型外形结构见图 3-2。

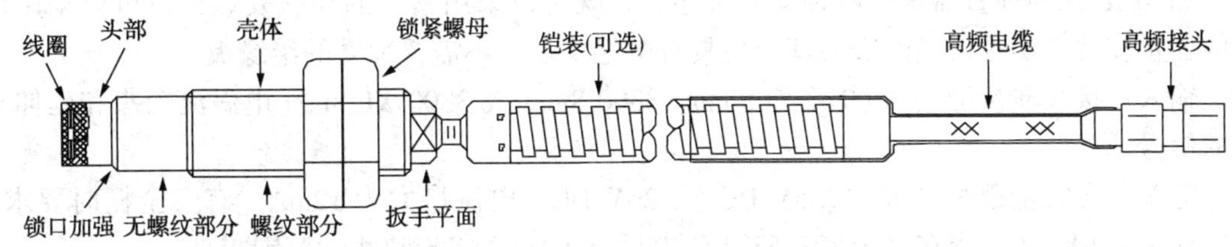

图 3-2 轴系仪表传感器外形图

线圈是探头的核心，它是整个传感器系统的敏感元件，线圈的物理尺寸和电气参数决定传感器系统的线性量程以及探头的电气参数稳定性。

探头头部采用耐高低温的 PPS(聚苯硫醚)工程塑料，通过“二次注塑”工艺将线圈密封其中，增强了探头头部的强度和密封性，在恶劣环境中可以确保头部线圈能正常工作。头部直径取决于其内部线圈直径。由于线圈直径决定了传感器系统的基本性能——线性量程，通常用头部直径来分类和表征各型号探头。一般传感器的线性量程大致是探头头部直径的 1/2~1/4。3300 系列传感器常见 $\phi5$、$\phi8$、$\phi11$、$\phi25$、$\phi50$ 五种直径的头部。

探头壳体用于支撑探头头部，并作为探头安装时的装夹结构。壳体采用不锈钢制成，一般上面刻有标准螺纹，并备有锁紧螺母。为了能适合不同的应用和安装场合，探头壳体具有不同的型式和不同的螺纹及尺寸规格。

高频电缆是用于连接探头头部到前置器(有时中间带有延伸电缆转接)，这种电缆是用氟塑料绝缘的射频同轴电缆，通常电缆长度有 0. 5m、1m、5m、9m 四种选择。当选择 0. 5m 和 1m 时，必须用延伸电缆以保证系统的总电缆长度为 5m 或 9m，至于选择 5m 还是 9m，取决于能否满足将前置器安装在设备机组的同一侧。根据探头的应用场合和安装环境，探头所带电缆可以配有不锈钢软管铠装(可选择)，以保护电缆不易被损坏；对于现场安装探头电缆无管道布置的情况，应该选择铠装。

键相位传感器为电涡流传感器，检测原理和振动、位移的工作原理相同。键相位测量就是通过在被测轴上设置一个凹槽或凸键，称为键相标记。当这个凹槽或凸键转到探头安装位置时，相当于探头与被测面间距突变，传感器会产生一个脉冲信号，轴每转一圈，就会产生一个脉冲信号，产生的时刻表明了轴在每转周期中的位置。同时通过对脉冲计数，可以测量轴的转速，但键相位只能产生每转一个脉冲的信号，用它作为转速测量的精度不高；然而通过将脉冲与轴的振动信号比较，可以确定振动的相位角，用于轴的动平衡分析以及设备的故障分析与诊断等方面。因此，键相位除了进 3500 信号处理送至 CCS 或 DCS 监视外，通常还需要引入 MMS(机组监控系统)，MMS 过去也称 RDAS(转动设备状态监测系统)。

B. 延伸电缆。作为系统的一个组成部分，延伸电缆(见图 3-2)用来连接和延长探头与前置器之间的距离。我们可以对延伸电缆长度和是否需要带铠装进行选择，选择延伸电缆的长度应该使延伸电缆长度加探头电缆长度与配套前置器所要求的长度一致(5m 或 9m)。铠装选择的情况同探头电缆。

C. 前置器。前置器是一个电信号处理器：一方面前置器为探头线圈提供高频交流电流；另一方面，前置器感受探头前由于金属导体靠近引起探头参数的变化，经过前置器的处理，产生随探头端面与被测金属导体间隙线性变化的输出电压或电流信号。

3300XL 系列前置器统一两种安装尺寸。它既可以采用紧凑的导轨安装，也可以采用传统的面板安装。两种形式的安装基板均具有电绝缘性，不需要独立的绝缘板。

输入：接收非接触式 3300 系列 5mm、3300 8mm 或 3300 XL 8mm 电涡流探头和延伸电缆的信号。

电源：无安全栅时要求-17.5V DC ~-26V DC，电流最大为 12mA，有安全栅时要求-23V DC~-26V DC。当在高于-23.5V DC 电压下工作时 将导致线性范围减小。

供电电压灵敏度：当输入供电电压每变化 1V DC 时，输出电压的变化小于 2mV。

输出阻抗：50Ω。

探头及延伸电缆阻抗值可参考表 3-40。

表 3-40 轴系仪表传感器正常阻抗值

探头长度/m	中心导体至外导体的阻抗(RPROBE)/Ω	延伸电缆的长度/m	从中心导体到中心导体的阻抗/Ω	从同轴导体到同轴导体的阻抗 RJACKET/Ω
0.5	7.45±0.50	3	0.66±0.10	0.20±0.04
1	7.59±0.50	3.5	0.77±0.12	0.23± 0.05
1.5	7.73±0.50	4	0.88±0.13	0.26± 0.05
2	7.88±0.50	4.5	0.99±0.15	0.30±0.06
5	8.73±0.70	7	1.54±0.23	0.46± 0.09
9	9.87±0.90	7.5	1.65±0.25	0.49±0.10
		8	1.76±0.26	0.53±0.11
		8.5	1.87±0.28	0.56±0.11

线性范围：2mm(80 mils)线性范围始于距离靶面大约 0.25mm(10mils)的位置，从 0.25~2.3mm(10~90mils)(-1~-17V DC)。推荐振动使用的间隙设定值：-10V DC(约 1.5mm)。

(2) 工具准备。

检查表 3-41 所列工具是否齐全完好合格。

表 3-41 机组仪表检修工器具清单

序号	名称	规格	单位	数量
1	过程校验仪(配模块)	FLUKE744	台	1
2	各种尺寸呆扳手		套	1
3	各种尺寸活扳手		套	1
4	轴探头检测仪	TK3-2E	台	1
5	探头拆装专用工具		套	1
6	万用表	0.5 级	台	1
7	智能手操器		台	1
8	打号机		台	1
9	对讲机		台	2
10	24V 直流稳压电源		台	1
11	防爆相机		台	1

(3) 作业准备。

A. 开具合格的仪表作业许可证，确认作业安全环境。

B. 佩戴合适劳保用品。

C. 确认机组停车且置换干净，与现场工艺、设备人员确认，达到作业条件。

2) 拆检

与钳工配合拆卸振动、位移、键相位、热电阻等连接线及探头，并做好标识。拆除时要对损坏仪表进行原因分析，避免故障重复发生，必要时要进行拍照为安装做准备。根据钳工的施工要求，拆除妨碍钳工施工的仪表，需将拆卸的格兰丝扣保护好，电缆线头应用绝缘胶带包扎好，避免线号脱落丢失。拆卸下来的仪表应由专人妥善保管，具体步骤如下。

(1) 确认机组停用。

A. 确认机组停车；

B. 确认机组油泵停用、油系统卸压；

C. 在控制室内断开前置放大器供电电源。

(2) 振动位移键相位探头拆卸。

A. 断开前置器电源，拆开延伸电缆中间接头并用生料带将电缆头缠紧包好，将延伸电缆抽出电缆保护管。

B. 用合适工具将探头背紧螺丝拧松，将探头从机组上取下，注意不能损坏探头。

C. 拆除的探头做好位号标记和探头保护，统一存放班组。

(3) 位移、振动、键相位测量系统探头、延伸电缆、前置器检查。

A. 探头及电缆组件完整无损，接头无氧化锈蚀和污迹，端部的保护层不应有碰伤或剥落的痕迹。

B. 前置器完整无损，安装盒无变形和密封不良现象，前置器与安装盒之间绝缘层良好。

C. 监测器部件完好，其检测单元监测指示、报警、复位、试验功能正常，零位准确。

(4) 机组温度探头拆除。

A. 断开温度探头现场接线箱接线；把热电阻延长线退回，从机组内应可自由拉伸，如拉不动，拆开保护管检查。

B. 待钳工拆卸轴承、轴瓦后，应对每一支轴承、轴瓦的嵌入式热电阻进行嵌入牢固度检查，延伸导线的外观破损检查。

C. 热阻线一般比较细，拆卸时注意不要用力过猛，拆卸后对轴承、轴瓦的嵌入式热电阻标记好位号和安装位置(对应瓦块的位置)并拍照留存。

D. 对拆卸的热阻进行有效保护。

(5) 初步检查与保护。

准备更换和拆卸下来的振动、位移、温度探头做好标识进行校验并将校验报告存档，对于热电阻，应测量其阻值及绝缘，确认拆卸下来的热电阻是好的，如果有损坏应更换。

3) 校验

机组轴瓦温度仪表的检查校验可参考本章第一节中的“温度仪表”相关内容执行，下面重点介绍轴振动、轴位移、键相位的静态线性校验。

(1) 校验设备检查确认。

A. TK3-2E 校验仪，$4\frac{1}{2}$位数字电压表，24V DC 电源以及必需的连接件、导线等。

B. 稳压电源确定是否为 24V DC。

C. 确认电源线及信号线极性是否正确。

D. 确认探头是否牢固，确认延伸电缆连接是否牢固，是否同一位号电缆。

(2) 轴位移、轴振动、键相位静态线性校验。

A. 依照图 3-3，将探头组成电缆与延伸电缆连接，延伸电缆另一端接到前置器上，前置器电源端(-24V DC)、公共端(common)接入-24V DC 电源，公共端(common)、输出端(output)接入数字电压表。校验时必须与同一位号的延伸电缆、前置放大器成套进行。

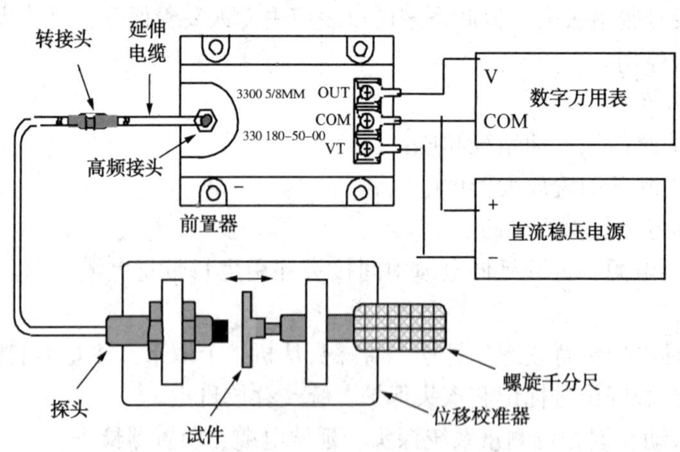

图 3-3　轴系仪表静态线性校验连接图

B. 选择与被测体材料相同的试件，按图 3-3 所示安装好。装好探头、千分尺(量程应大于传感器量程 20%)；将稳压电源的供电电压调到传感器系统所需电压范围。分别将稳压电源、数字万用表、探头接到前置器上，旋转千分尺调节钮，使探头与试件平面紧贴。将-24V DC 送到前置放大器的电源端和公共端，记录 0mm 处间隙电压值；校验仪上的螺旋千分尺：将千分尺的示值增加到 0.25mm，记录数字电压表的电压值(此值为前置器输出电压)；以每次 0.25mm 的数值增加间隙，直到示值为 2.5mm 为止，并记录每一次的输出电压值(校验点不少于10 点)。

C. 将测试数据记录在表 3-42 中，并绘制出被校探头传感器系统的间隙-电压曲线，即轴系仪表(指位移、振动、键相，但以位移为例描述)的静态线性曲线。

表 3-42 轴系仪表校验记录表

间隙值/mm	上升值/V	上升间隙差/V	下降值/V	下降间隙差/V	ISF 误差/%	仪表位号	
						机组名称	
						探头型号	
						探头编号	
						延伸电缆型号	
						延伸电缆编号	
						前置器型号	
						前置器编号	
						测试灵敏度(ASF)	
						探头阻值	
						探头+延伸电缆阻值	
						探头阻值	
						探头+延伸电缆阻值	
						安装间隙电压	
						标准线性范围	
						使用测量范围	
						结论	
						校验人员	
						校验日期	

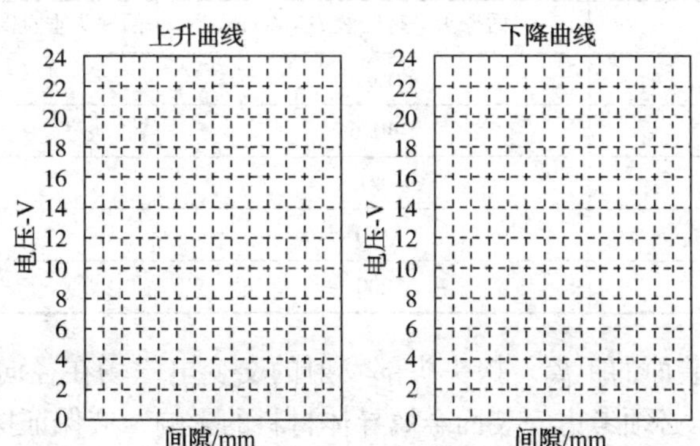

a. 根据所绘制出的间隙-电压曲线，确定出传感器系统的线性范围，应不小于 2mm。计算出传感器系统的灵敏度应为 7.874V/mm，在线性范围内的非线性偏差不大于 20μm。电压增量除以间隙增量为灵敏度；传感器线性范围中心为轴位移传感器的静态设定点。

b. 确认同一端面上两支位移检测回路线性范围基本一致。

c. 外观损坏仪表不能修复及校验不合格仪表要进行更换。

(3) 轴振动动态线性校验。

A. 振动监测器使用马达驱动的倾斜圆盘校准；圆盘上有一个摇臂保持器将电涡流探头固定。通过将保持器和探头调节到适当位置，可以使机械振动大小达到预期值。该机械振动由校准装置中的刻度盘千分尺测量。振动监测器的读数可以与已知的机械振动信号输出(千分表测出的读数)进行比较；TK3-2E 测得的机械振动信号范围从 50~254μm(2~10mils)峰值。

B. 其他步骤参考静态线性校验。

4) 安装

(1) 安装前检查。

A. 轴系仪表探头的导线及延伸电缆的连接插头必须用酒精擦拭干净；

B. 轴系仪表探头的导线及延伸电缆必须进行绝缘测试和阻值检查合格；

C. 轴系仪表探头必须进行静态线性校验；

D. 确认轴系仪表探头、延伸电缆、前置放大器的配对情况是否符合要求；

E. 轴系仪表探头周围 2D(探头的直径 2 倍)范围内是否有金属物体。

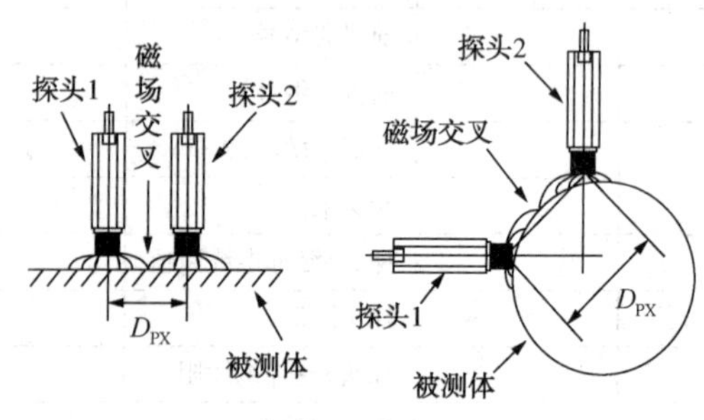

图 3-4 探头间相互干扰示意图

(2) 安装技术要求。

A. 各探头间的距离。当探头头部线圈通过电流时，在头部周围会产生交变电磁场，因此在安装时要注意两个探头的安装距离不能太近，否则两探头之间会通过电磁场互相干扰，在输出信号上叠加两探头的差频信号，造成测量结果的失真，这种情况称之为相邻干扰(如图 3-4 所示)。排除相邻干扰有关的因素：被测体的形状，探头的头部直径以及安装方式。通常情况下，探头之间的最小距离见表 3-43。

表 3-43 探头之间允许的最小安装距离

探头头部直径/mm	两探头平行安装 D_{PX}/mm	两探头垂直安装(被测体为圆形)D_{CY}/mm
Φ5	40.6	35.6
Φ8	40.6	35.6
Φ11	80	70
Φ25	150	120
Φ50	200	180

B. 探头头部与安装面的距离。探头头部发射的交变电磁场在径向和轴向上都有一定的扩散。因此在安装时，必须考虑安装面金属导体材料的影响，应保证探头的头部与安装面之间不小于一定的距离；工程塑料头部体要完全露出安装面，否则应将安装面加工成平底孔或倒角，具体见图 3-5。

键相标记可以是凹槽，也可以是凸键。如图 3-6 所示，API670 标准要求用凹槽的型式。当标记是凹槽时，安装探头要对着轴的完整部分调整初始安装间隙，不能对着凹槽来调整初始安装间隙；当标记是凸键时，探头要对着凸起顶部表面调整初始安装间隙，不能对着轴的其他完整表面进行调整，否则当轴转动时可能会造成凸键与探头碰撞剪断探头。

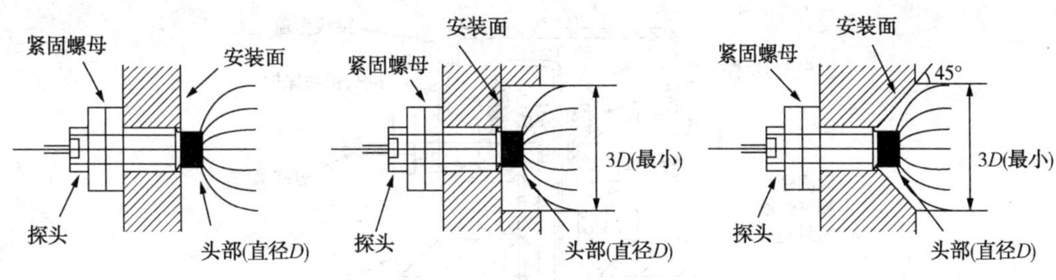

图 3-5 金属端面影响图

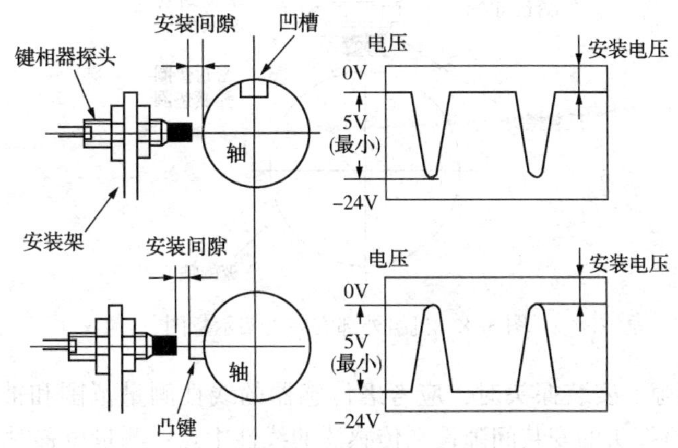

图 3-6 键相位测量安装示意图

C. 探头安装支架选择。实际的测量值是被测体相对于探头的相对值，而需要的测量结果是被测体相对于其基座的，因此探头必须牢固在基座上，通常需要用安装支架来固定探头。对于不同的测量要求和不同的被测体结构，安装支架的形状和尺寸各种各样，常用的有机器内部探头安装支架和机器外部探头安装支架。常用的机组内部安装支架见图 3-7。

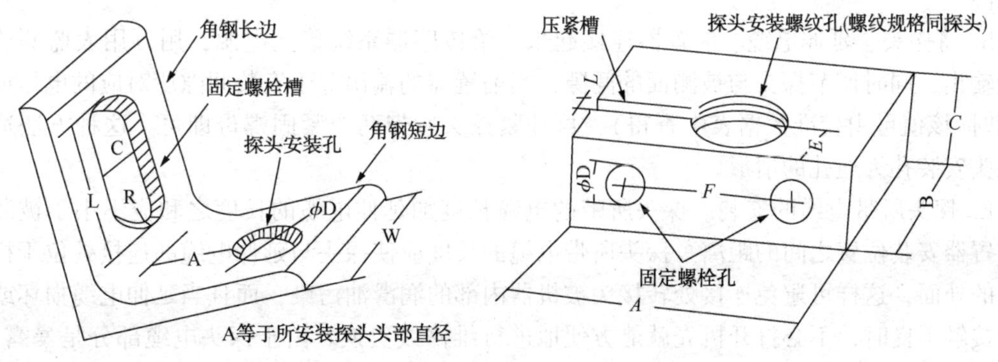

图 3-7 机组轴系仪表内部安装支架

在机器内部安装探头，需要将探头电缆引出机壳外。为了避免在过线孔处由于密封不良而产生漏油等现象，应该在机器外部安装一套电缆密封、保护装置。关于这个装置的详细说明见电缆的安装部分。通常在机器内部安装的探头选型时，应该选用带不锈钢软管铠装，以保护探头电缆不易被损坏。机组外部安装支架见图 3-8。

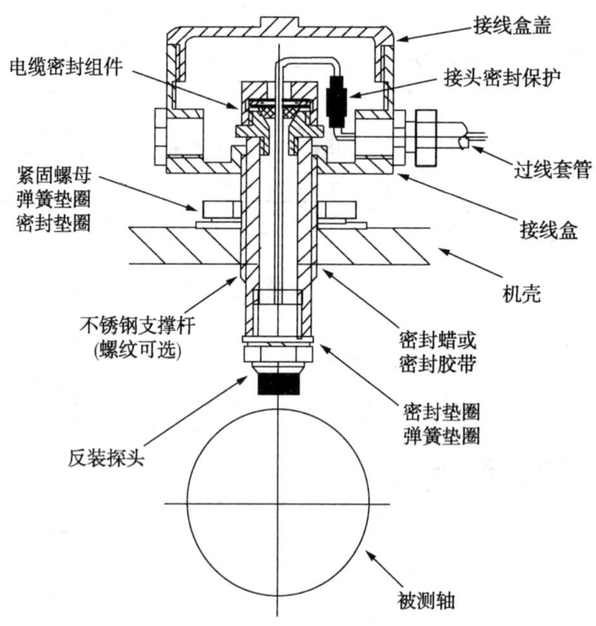

图 3-8　机组外部安装支架示意图

D. 探头安装间隙。安装探头时，应考虑传感器的线性测量范围和被测间隙的变化量。通常测量振动时，将探头的安装间隙设在传感器的线性中点；测量位移时，要根据位移往哪个方向变化或往哪个方向的变化量较大来决定其安装间隙。当位移向远离探头端部的方向变化时，安装间隙应设在线性近端；反之应设在线性远端。

调整探头安装间隙可以采用下列两种方法：

a. 在探头端面和被测面之间塞入设定安装间隙厚度的塞尺，当探头端面和被测面压紧塞尺时，紧固探头即可。该方法适用于探头安装孔为螺纹孔的情况，通过旋动探头来调整安装间隙。

b. 将探头、延伸电缆、前置器连接起来，给传感器系统接上电源，用万用表监测前置器的输出，同时调节探头与被测面的间隙，当前置器的输出等于安装间隙所对应的电压或电流值时(该值可由校准数据表中查得)，再拧紧探头所带两个紧固螺母即可。这种方法适用于探头安装孔为通孔的情形。

E. 探头所带电缆的安装。探头所带的电缆长度加延伸电缆的长度之和应不小于被测体到前置器安装位置之间的距离。探头所带电缆的长度应使探头与延伸电缆的连接处位于机器机壳的外面，这样可避免连接处转接头被机器内部的润滑油污染，而且当延伸电缆损坏或连接处接触不良时，不必打开机壳就能方便地进行维修或更换。由于探头电缆部分是暴露的，在机器检修和探头装拆时容易被损坏，因此通常应该选用带不锈钢软管铠装的探头来保护。如果在机器内部安装探头，建议采用如图 3-9 所示的电缆密封装置进行电缆密封和接头保护，两个或者多个探头可共用一套装置。

F. 电缆接头的密封与绝缘。探头的内部结构已经绝缘，但是探头电缆接头是和信号“地”相接的，而且不具有密封性。为了避免接头和机壳接触以及加强其密封性，应该对接头进行绝缘保护。在连接接头前，应先清洗接头，清洗介质可以采用洗油、四氯化碳、仪表

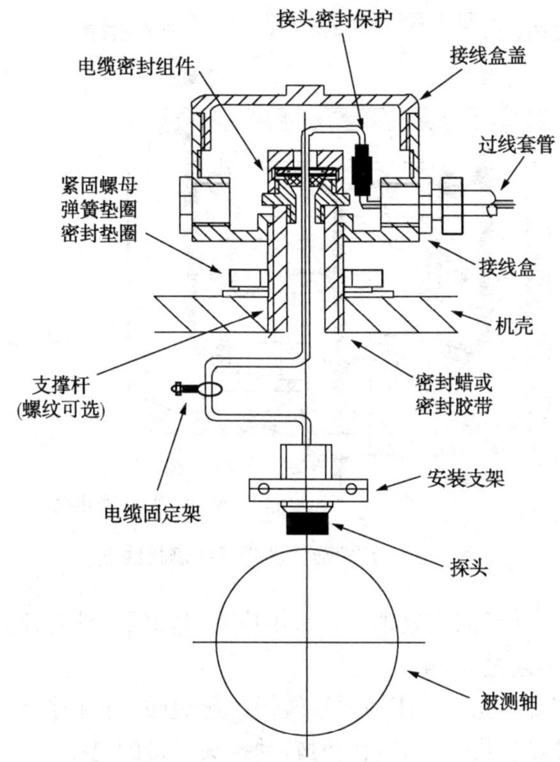

图 3-9 轴系仪表电缆密封装置

清洗剂等(注意：洗油、四氯化碳有毒)。较好的办法是采用热缩套管收缩包裹：利用 $\Phi8$ 透明热缩套管，现场安装时，剪下约 50mm 长的一节，接好接头后，将套管套在接头处，用 750W 电吹风将其加热收缩即可。这样还能起到防止接头松动的作用。也可在机壳外部用四氟乙烯密封带缠绕后，再使用塑料绝缘胶带包好。先使用四氟乙烯密封带缠绕，可以避免胶带污染接头。如需脱开接头，用刀片小心将热缩套管划开。如需再次连接接头，则另剪一节完好的未收缩的套管套上后收缩。

G. 前置放大器的安装。作为传感器系统的信号处理部件，前置器对工作环境的要求比探头严格得多，通常采用专用前置器安装盒(见图 3-10)。

前置器安装盒在使用前，应该清理干净，以保证盒内没有残存的液体和金属屑，否则可能会导致前置器接线端子短路。过长的探头或延伸电缆应该固定在不接触前置器的地方。为了防止不同地电位造成的干扰，必须采用单点接地。为屏蔽外界干扰，应该将前置器安装盒及安装螺钉与前置器外壳绝缘。在设计制造时，前置器已增加了绝缘底板和安装螺钉绝缘套，只需装上安装螺钉即可，不必再考虑前置器的绝缘问题；同一个安装盒中安装多个前置器时，要避免前置器间相互接触，以保证前置器之间相互绝缘。

（3）振动位移探头安装前现场校验。

前置放大器、延伸电缆在现场安装接线后探头安装前，需在现场将振动、位移探头与其配套的前置放大器、延伸电缆连接校验，具体校验和记录方法参见静态线性校验。

（4）振动探头安装。

A. 振动探头应安装在轴承 75mm 以内的位置，并有大于探头半径的侧间隙。探头工作

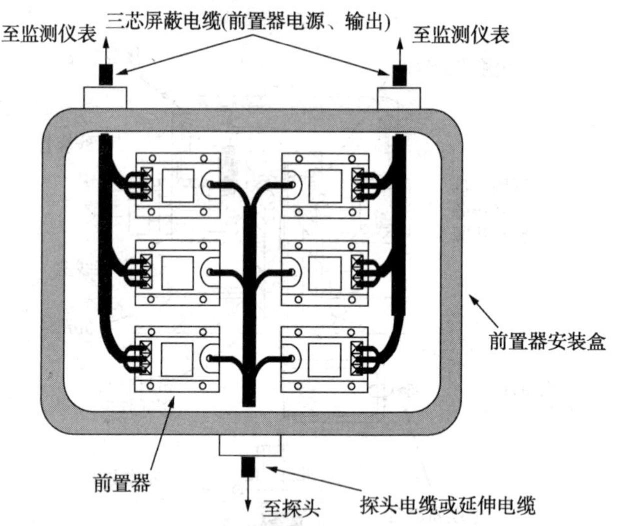

图 3-10　前置放大器现场防爆接线盒

轴表面应光洁、无划痕，并经消磁处理。探头不应受目标区以外的任何金属的影响，总的机械和电的综合偏移振幅不超过 6μm。

B. 将探头旋进螺纹安装孔时，用力要轻缓慢，避免碰坏损伤探头。

C. 将探头旋进螺纹安装孔时，必须同时转动探头所带的电缆。

D. 调整传感器与轴的间隙，监视前置器输出，前置器输出应为-10V，紧固好传感器。连接延伸电缆梳理线路，安装完毕。

(5) 位移探头安装。

A. 待钳工将转子固定后，位移探头安装需将转子调至轴窜量之中间位置，并确认无误。

B. 将对应的轴位移探头放入位移安装孔，先用手将探头拧到一定的位置，即离轴平面 3mm 左右。

C. 将探头导线、延伸电缆、前置放大器插头相连，用万用表的直流电压档在前置放大器输出端测量电压，用手或小扳手(特殊部位用专扳手)转动探头，使万用表读数显示-10V DC左右(位移探险头误差≤±0. 1V)，用探头背帽固定。

D. 位移探头安装前由钳工进行对中，即将转子推到位移量的中间位置，后进行安装位移探头，安装完成后要对机械位移和 CCS 显示进行校验，看操作站显示是否和机械位移一致，并做好记录。校验原则：当机器启动后，轴处于其轴向窜动量的中心位置时，保证传感器应工作在其线性工作范围的中点。

E. 脱开相应连接插头，将探头导线和延伸电缆穿入相应的保护管内，要求在探头导线与延伸电缆插头处做可靠的绝缘处理。

F. 在探头或电缆从机组引出口处做好防漏措施。

(6) 键相位探头安装。调整机械转子，使键槽避开探头安装孔，按轴振动探头安装方法进行，调整探头间隙直流电压为-10V，锁紧探头。

(7) 轴瓦温度安装。

A. 查接线端子是否有松动或生锈，延伸导线的外观是否破损，测温元件是否断线。

脱开热电阻/ABC 接线，用数字万用表 200Ω 档测 AB 和 AC 阻值应完全一致，AB 或 AC 的阻值应为实际温度所对应的阻值，估计该阻值所对应的温度(Pt100，0℃对应的阻值是 100Ω，100℃对应的阻值是 138.5Ω，粗略可按 0.385Ω/℃估算)。用 20MΩ 档分别测 A、B、C 对外壳电阻应大于 20MΩ。对每一支轴承、轴瓦嵌入式热电阻进行两组三线电阻值测量，测试其是否符合要求，对测试不合格的轴承、轴瓦嵌入式热电阻进行更换。

B. 安装在轴瓦上的温度探头，先测量安装孔的大小、深度，安装孔的大小、插入深度符合设计要求，深度不能满足探头安装需要时，应进行扩孔或增加深度。热电阻铠装测量头根据轴瓦、轴承安装方式，或用胶固定，或用专用连接件固定。温度探头在安装完成后，应保证瓦块活动正常，探头牢固。

C. 引线在机组内要有合适的固定方式，避开转动轴和油路冲刷口；温度探头引线绑扎牢固，不被轴转动或安装螺丝拧动时碰伤，防止脱落造成与机组转动部分接触而导致磨坏。

D. 引线引至机外出口处必须安装密封专用接头，做好密封处理。

E. 热电阻引线至机外专用防爆接线箱，中间配置合适的保护管固定牢固，拆装方便。

F. 热电阻引线在接入防爆接线箱端子前，必须再一次对热电阻的完好状态和电阻值进行确认。根据轴瓦、轴承部位进行对号入座接线，并严格进行端子确认。

G. 热电阻延长线接到接线箱端子处，确认接线端子正确，3 线制热电阻接线正确。A/B/C 对应相应的温变端子，检查端子有无接触不良、氧化、松动等情况。检查端子盖密封圈是否老化，对有老化密封圈应更换。确认电缆入口的密封是否完好。

H. 安装接线完成后，测量电阻值及对地绝缘无异常；并通过 CCS 检查指示正常。

5) 3500 组态检查备份

轴系仪表安装完成后，还需要通过启用二次框架仪表 3500 检查轴系仪表的指示及状态是否正常并进行组态参数备份。

(1) 开始→程序集→3500 Software →Rack Configuration Software。

(2) 出现画面(见图 3-11)，按下 File→connect→Direct。

(3) Rack Address→选择所要连接的 rack，选择 1；Com Port→计算机所连接的，选 Com 1；com port Baud→选择计算机和 3500Rack 间的联机速率，选 19200；具体参考图 3-12。

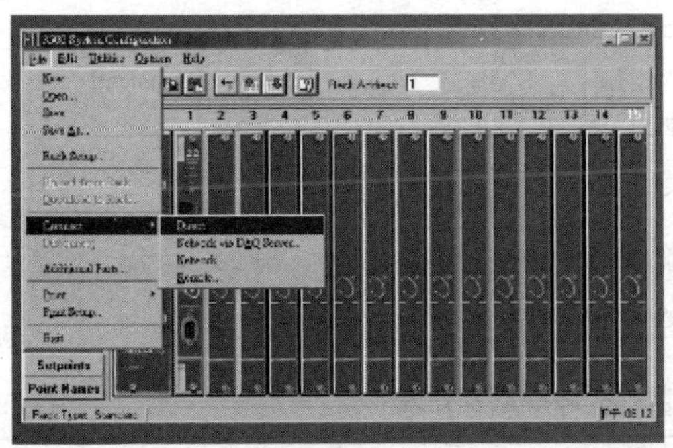

图 3-11 3500 组态开始画面

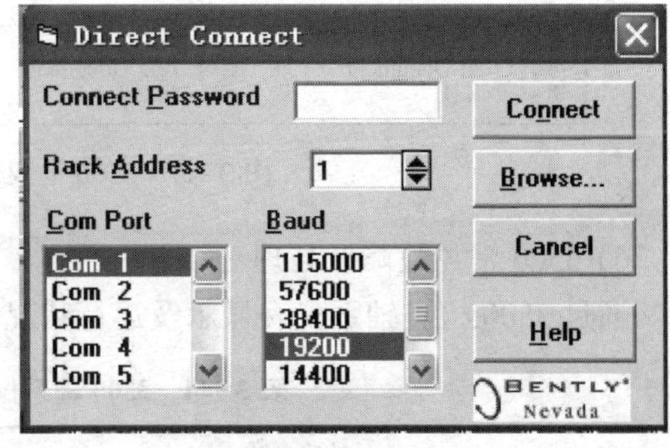

图 3-12 3500 通信端口设置

(4) 设置完成后点击图 3-12 中的 connect 与 3500 系统建立通信连接。

(5) 通信连接后点击图 3-13 中的箭头所指的按钮，出现提示后点击 YES。

(6) 读取检查框架组态，当进度条完成后出现图 3-14 所示界面。

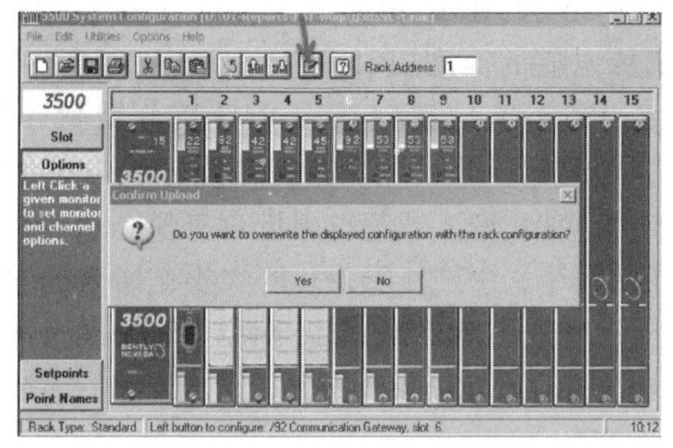

图 3-13　3500 框架组态界面

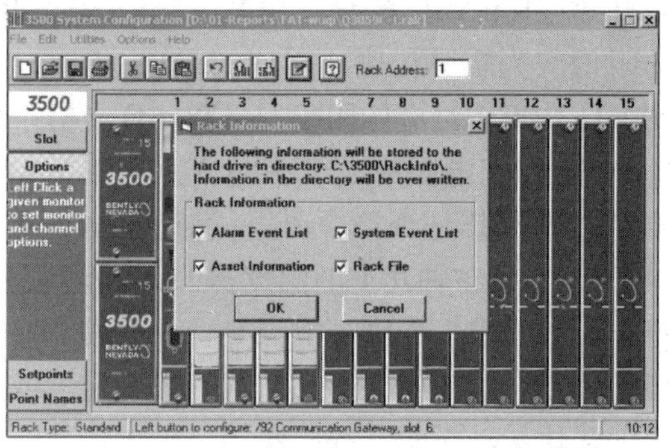

图 3-14　3500 框架组态信息读取界面

（7）点击图 3-14 中的“OK”按钮，开始保存系统日志、报警日志等，保存界面如图 3-15 所示。

（8）保存成功后出现图 3-16 显示的提示，注意记住保存的位置。

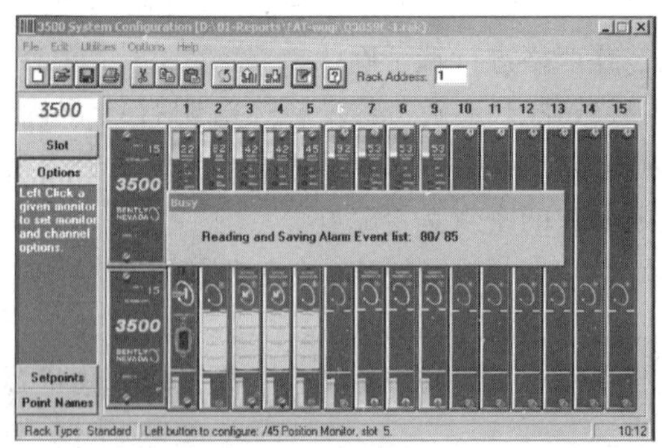

图 3-15　3500 框架组态信息存储界面

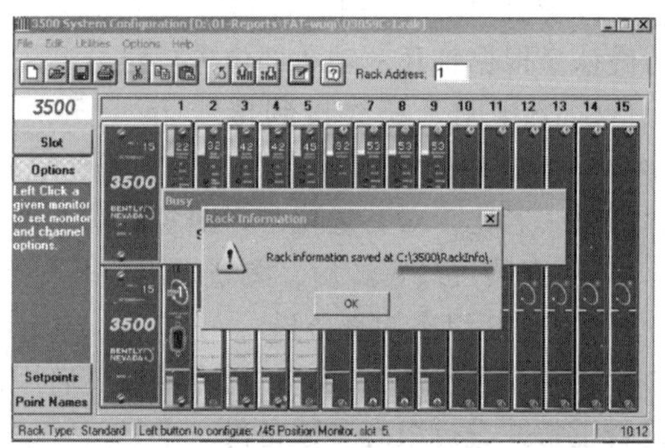

图 3-16　3500 框架组态信息保存成功界面

（9）进入 3500 软件安装目录，找到 Rackinfo 文件夹。

（10）确认找到的 Rackinfo 文件夹里面应该有四个文件，文件名如图 3-17 所示；确认 3500 组态程序备份成功。

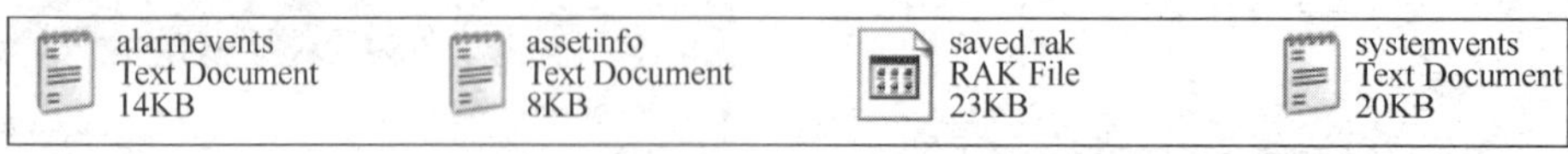

图 3-17　3500 框架仪表组态程序备份文件

6）3500 常见故障及处理

通过 3500 检查轴系仪表显示及运行状况，常见的故障及处理办法见表 3-44。

表 3-44　3500 轴系仪表监视故障现象及处理

序号	故障现象	故障原因	处理方法
1	监测器各通道均失灵，“OK”灯灭	仪表供电中断 监测器电源单元损坏	查找原因恢复供电 更换电源单元
2	间隙电压指零	延伸电缆短路 信号电缆开路	更换延伸电缆 查找更换信号电缆

续表

序号	故障现象	故障原因	处理方法
3	间隙电压负向超限	延伸电缆开路 接头接触不良 探头损坏	更换延伸电缆 清洗并紧固探头 更换探头
4	振动、位移信号波动	屏蔽未按规范接好 延伸电缆接头接触不良 接线端子松动	重新接线并测试 重新连接并测试 检查并清理除锈

7）质量控制点

(1) 轴系仪表的静态线性校验。

(2) 振动位移探头、延伸电缆及前置放大器必须成套校验、安装。

(3) 探头及延伸电缆的安装固定。

(4) 轴系仪表及接线箱、接头等密封处理与检查。

(5) 轴系仪表引出线部分做好防漏油密封处理。

2. 1900 模块

1）1900 模块简介

本特利公司(Bently-Nevada)1900 模块，作为 3500 框架仪表的简化版，其性能可靠、功能满足基本使用要求，在一些大型机泵或小型机组运行检测控制中有着较为广泛的应用。

常用的为 4 通道 1900/65 系列，1900 模块接收本特利一次探头(振动、位移、键相、温度)的信号，转换成相应的 4~20mA 及 0~10V 或 5~10V 的信号输出；也可以组态成报警信号以干触点信号输出，或者加装显示模块实现就地监控及操作。

2）检修准备

(1) 开具合格的仪表作业许可证，确认作业安全环境。

(2) 确认笔记本、螺丝刀、网线等工具齐全。

(3) 确认相关控制系统及相关的设备已经停运，无相关检修作业进行。

3）组态备份

(1) 在笔记本电脑上安装 1900 组态软件。

(2) 配置笔记本电脑的网络配置，IP 地址末位数字非 1 即可，例如可选 192.168.0.122。

(3) 用以太网线连接笔记本电脑和 1900/65A。

(4) 在笔记本电脑打开已经安装好的 1900 Configuration Software 软件。

(5) 打开存放的组态文件，双击 open 选择组态文件。

(6) 打开的组态文件(示例见图 3-18)。

(7) 1900/65A 的组态文件上传到指定路径。

(8) 点击 upload，在出现的画面中，勾选要通信模块的 IP 地址，后点击 OK 键。

(9) 点击 save as 按钮，选择要保存的路径，另

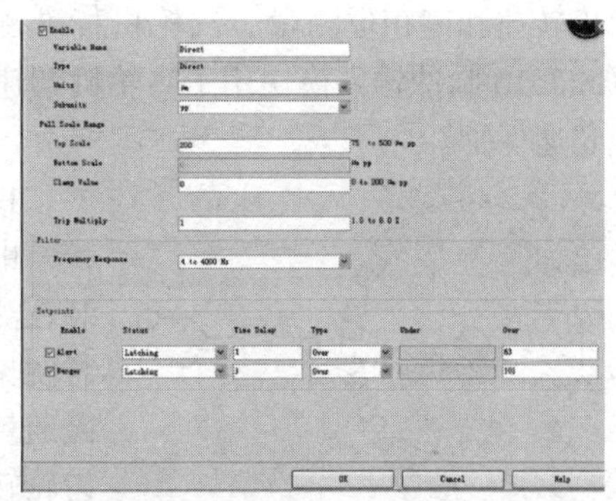

图 3-18 1900/65 参数组态设定界面

起文件名，点击 save 保存完毕。

4）检查检修

（1）硬件检查。

A. 检查所有状态灯指示是否正常。

B. 检查接线端子接线是否牢固。

C. 检查确认信号电缆、信号线外观绝缘良好。

D. 检查屏蔽线、接地线规范良好。

E. 检查确认 24V DC 供电线路及电压正常。

F. 检查确认 RJ45 通信接口状态稳定正常。

（2）组态检查。根据组态参数备份资料（关键参数备份示例见表 3-45），打开 1900/65 组态界面，按位号逐项核对轴系仪表参数设定是否正确合理，重点检查报警联锁值及单位。

表 3-45　×××（部门）×××（年）停工检修 1900/65 组态参数备份记录表

序号	位号	说明	量程值		单位	设定值			
			L	*H*		*LL*	*L*	*H*	*HH*
1	XE_ 13300HH	泵联轴端振动 X 方向	0	200	μm			75	115
2	XE_ 13301HH	泵联轴端振动 Y 方向	0	200	μm			75	115
3	XE_ 13302HH	泵非联轴端振动 X 向	0	200	μm			75	115
4	XE_ 13303HH	泵非联轴端振动 Y 向	0	200	μm			75	115
5	ZE_ 13300HH	泵位移 1	-1	1	mm	-0.5	-0.4	0.4	0.5
6	ZE_ 13301HH	泵位移 2	-1	1	mm	-0.5	-0.4	0.4	0.5
7	ZE_ 13302HH	齿轮箱低速轴位移 1	-1	1	mm	-0.5	-0.4	0.4	0.5
8	ZE_ 13303HH	齿轮箱低速轴位移 2	-1	1	mm	-0.5	-0.4	0.4	0.5
9	ZE_ 13400HH	泵位移 1	-1	1	mm	-0.5	-0.4	0.4	0.5
10	ZE_ 13401HH	泵位移 2	-1	1	mm	-0.5	-0.4	0.4	0.5

（3）回路试验。按照回路试验规范要求，对进 1900 所有轴系仪表信号进行现场单校和回路试验，相关要求可参考本章第三节“检定校验”相关介绍组织实施。

3. 转速仪表

石化企业常见的转速传感器有两种：电涡流转速传感器和电磁感应传感器，主要用于汽轮机转速和键相位测量。汽轮机标准配置 6 个转速探头，1 个用于就地转速指示，2 个进 CCS 3510 脉冲输入模块用于汽轮机调速，3 个进 Protech 203（相关内容下一节专门介绍）实现超速保护。

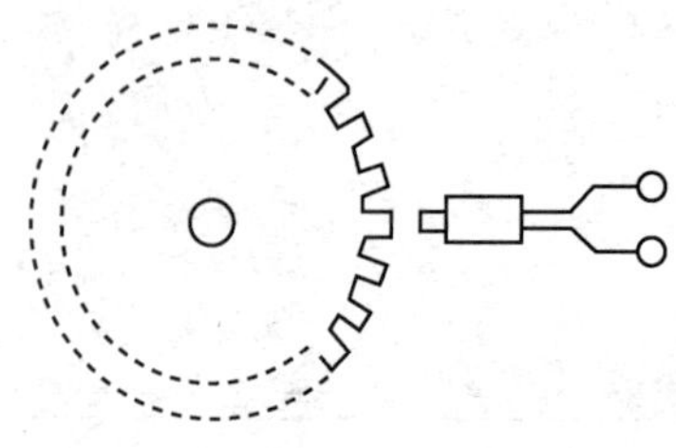

图 3-19　转速探头安装示意图

1）技术准备

电磁感应转速探头采用电磁感应原理工作，转速探头装在测速齿轮齿的对面（或开有槽口的轴面），安装位置示意图见图 3-19。机器转轴（齿盘）转动时，转速传感器附近磁通量变化，感应出重复的脉冲电压信号，其频率正比于齿轮转动频率。该脉冲信号被送到转速表或超速保护器/机组监控系统，测量其脉冲频率并转换成相应的信号转速显示出来。

电磁感应转速探头有有源和无源两种，应用较多的为AI-TEK的70085系列变磁阻式无源电磁感应探头，工作时无须外部电压源。

2）检修准备

转速仪表停工检修的工器具准备、检修前确认、作业程序准备等可参照本章本节机组轴系仪表检修相关内容。

3）拆除检查

(1) 现场条件确认。

A. 确认汽轮机停车。

B. 确认汽轮机油泵停用、油系统卸压。

C. 现场确认汽轮机相关仪表停电。

(2) 拆除。

A. 用合适工具将转速探头的背紧螺丝拧松，将探头从机组上取下，注意不能损坏探头；并用白布或海绵包好保护探头，放在安全的地方。

B. 拆除的转速探头做好位号标记和探头保护，统一存放班组。

(3) 线路检查。

A. 检查接线箱(盒)密封及格兰密封；接线端子、接线鼻子有无松动、锈蚀。

B. 电缆屏蔽层接地良好，用500V兆欧表检查信号线间及对地绝缘电阻大于20MΩ。

C. 检查线路屏蔽接地情况(接地电阻小于4Ω)，确认单点接地。

4）参数检查设置

转速表带设定开关的数字控制电路以脉冲/秒进行计数，并根据刻度系数进行计算，给出显示控制信号。数字显示器接受来自数字控制电路的显示控制信号，驱动五位七段码发光二极管显示机组运行转速。

刻度系数根据每转产生的脉冲数和不同的显示单位计算确定，并由设定开关设定。设定开关还可设定探头型式和测量范围。下面以AIRPAX-TACHTROL3型转速表为例介绍转速仪表的参数设置。

(1) 参数表。表3-46为AIRPAX-TACHTROL3型转速表的可设置参数项，通常情况下如果选用A通道，只需设置C1/C2，报警输出无设置，C6设为0，C7设为16000即可。

表3-46 AIRPAX-TACHTROL3型转速表参数设置项

项目	TACHTROL3参数表	初始值
C1/C2	设定通道A输入的刻度因子	1.0000
C3/C4	设定通道B输入的刻度因子	1.0000
C5	显示与输入之间的转换因子	
C6	设置对应模拟输出零点的转速	0.0000
C7	设置对应模拟输出的满刻度的转速	0.0000
C8	设定继电器1报警值	1000
C9	设定继电器2报警值	1000

续表

项目	TACHTROL3 参数表	初始值
C10	迟滞常数，设定两个继电器的复位点，可以从 0~99%，步长为 1%	0505
C11	设定四个输出的功能	1121
C12	设定输出的特殊性能，如显示小数点位置，继电器逻辑等	14017

（2）参数设置。

A. 拨动常数拨盘 CTW，使其置于 CTW1 位置，数字显示屏上显示常数 C1 的值。继续拨动 CTW，使其分别置于 CTW2、CTW3、CTW4……CTW12 位置，通过数值显示屏得到 C2、C3、C4……C12 的数值。C1~C12 各常数值应与设计值相同，不相同时要进行修改。

B. 用 DTW 拨盘和 Pb 按钮修改仪表常数。将 CTW 置于要修改项的对应位置上。

C. 置 DTW=0 位置，按 Pb 按钮，显示屏上小数点的位置移动，直至和该常数项设计的小数点位置相同为止。

置 DTW=1 位置，按 Pb 按钮直到显示屏上第一位数字和该常数第一位数值相同为止。

置 DTW=2 位置，按 Pb 按钮直到显示屏上第二位数字和该常数第二位数值相同为止。

置 DTW=3 位置，按 Pb 按钮，改变常数第三位。

置 DTW=4 位置，按 Pb 按钮，改变常数第四位。

置 DTW=5 位置，按 Pb 按钮，改变常数第五位。

D. 各参数检查修改正确后，将 DTW 置于 DTW=0 位置，按 Pb 按钮，转速表存储修改后的常数，并转入测量工作状态。

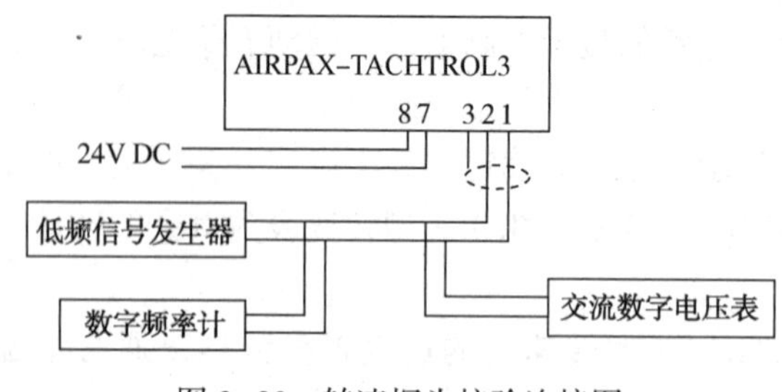

图 3-20　转速探头校验连接图

（3）检查、记录转速仪表参数设置，更新转速仪表参数备份档案。

5）校验

（1）按照图 3-20 将转速探头连接。

（2）接通频率信号发生器、数字频率计的电源。

（3）对 TACHTROL3 转速表，将 A 通道 DIP 开关置于 OFF 位置。

（4）将万用表置于交流电压档，将低频信号发生器置正弦信号输出方式，调整输出幅度，使万用表读数在 1~10V DC 范围内的某一数值上(如 2.5V)。

（5）改变低频信号发生器输出频率，由数字频率计测出频率。校准时，若转速表探头所检测的机器采用键相槽脉冲，则给出的每秒脉冲数，直接折算为转数/分标准信号；若是转速齿轮，应乘上齿数。

（6）分别加入转速表测量范围的 0%、25%、50%、75%、100%及报警点的标准频率信号进行校验，仪表测量显示值和报警动作误差应不大于量程的±0.05%。

（7）将转速表 A 通道 DIP 开关置于“ON”位置。如果是有源探头要将接线端“2”与接线端“7”连接。对 TACH-PAK3，有源探头要将接线端“4”与接线端“8”连接。

（8）置低频信号发生器为脉冲输出方式，调整占空比为 50%，调整输出信号为 TTL 型，用数字万用表测量其电压为 2. 5V DC；

(9) 按上述方法校验 A 通道 TTL 电平输入方式的精度，应满足要求.

(10) 对照 AIRPAX-TACHTROL3 校验接线图(见图 3-20)将校验信号加入 B 通道，按上述步骤校验 B 通道的精度，应满足要求。

(11) 按照最新版《SH/T 3543 石油化工建设工程项目施工过程技术文件规定》中的规定要求和格式记录校验数据。

6) 安装

(1) 定位。转速探头静态安装时注意测速齿盘与探头安装孔的相对位置，调整机械转子使测速齿齿顶处于测速探头安装孔中心位置，用深度卡尺测出其安装孔深度后，在探头上用记号笔做好标记，防止过度拧入损坏探头。

(2) 安装间隙确定。探头安装时采用塞尺测量安装间隙，将定位探头与齿轮间隙控制在 0. 8~1. 2mm。

(3) 安装。将转速探头慢慢插入安装孔，探头顶到测速盘齿顶后退后 2 扣；紧固探头时，拧紧的力矩不能超过探头能承受的最大力矩，防止损坏探头；将探头安装位置固定好并拧紧螺母。

7) 回路试验

按照 CCS 回路试验档案及作业方案规定进行转速仪表回路试验，具体可参考本章第三节“检定校验”相关内容，注意转速需要用脉冲信号模拟。

8) 质量控制点

(1) 就地转速显示仪表供电线路检查；

(2) 转速仪表参数设置、检查；

(3) 转速仪表安装。

4. 203 超速保护

Woodward 的 Protech 203(简称 203)超速保护系统，因其稳定性高、响应快等诸多优点，多年来一直是汽轮机超速保护最有效屏障之一。下面就 203 超速保护器基本工作原理及停工检修要点做简要介绍。

1) 技术准备

(1) 203 工作原理。Woodward ProTech203 对汽轮机的速度进行实时监测，当速度超过设定的允许值时送出信号使压缩机安全停车。203 模块采用的同样是三冗余技术，由双冗余电源供电。易于校准、试验精度高和重复性好是该设备的显著特点。203 不需要像机械式超速保护装置那样对于超速停机速度值要给予足够的余量。203 采用的是数字式速度感应技术，通过面板操作即可简单地设定停机速度限值。汽轮机在高速运转时容易遭受损坏，所以 203 保护器对峰值记录的特点为分析故障原因可提供有力的依据，203 采用的是三选二停机方式，确保不会因三个单元任意一个发生故障而造成误停机。当 203 使用两个单元运转时，另一个单元可以在线替换，即可以利用热替换进行无扰替换。203 的外形图参考图 3-21。

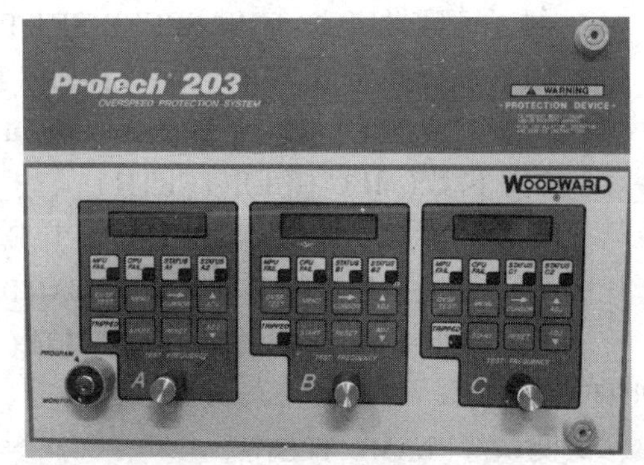

图 3-21 203 面板布置示意图

（2）运行过程。Protech 203 系统的每个模块实时监控转速，判断是否达到超速条件[当前转速>TRIP SPEED SETPOINT(跳闸速度设定点)]或者是否失去转速信号。每当当前转速超过峰值转速，峰值转速会更新。

一旦超速，Protech 203 系统跳闸。跳闸后，系统仍然可以更新峰值转速并且保存到非挥发性记忆体中。非挥发性记忆的意思是指如果设备失电，峰值转速可以找回。若没满足超速条件，峰值转速不会保存到非挥发性记忆体中。

要重设峰值转速，只要重复按 MENU 键直到显示“PEAK SPEED”(如果系统跳闸了，首先必须按复位键将系统复位)。将按键开关置于 PROGRAM，按下 RESET 键。将峰值转速设成与当前转速一致。最后将按键开关返回到 MONITOR 位置。

检测到传感器的输出频率低于 100Hz，系统会审核以前测到的转速，如果这个转速频率大于 120Hz，系统就认为 MPU(微处理器单元)发生故障。接着报警继电器失电，MPU FAIL LED 灯保持长亮直到系统复位或者重新通电。若“TRIP ON MPU FAILURE”选项设为 yes，此时就会跳闸。

要进行灯泡测试，只需重复按 MENU 键直到显示 PRESS START FOR LAMP TEST。按下 start 键，开启所有 LED 灯，显示屏上的字符会显示大约 2s。

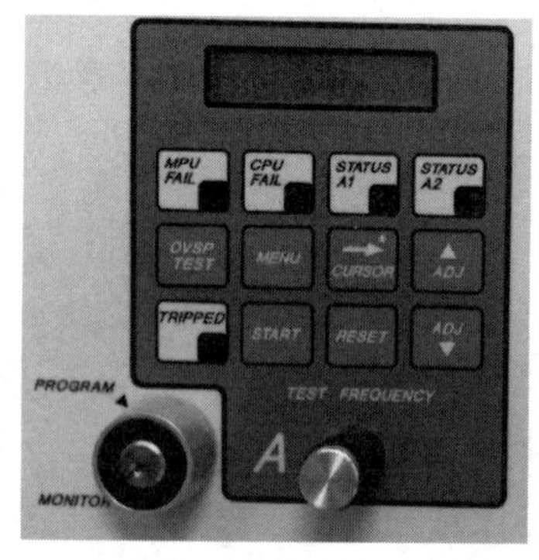

图 3-22　203 组态界面示意图

（3）编程。如图 3-22 所示，Protech 203 超速保护系统具有监测（键锁“MONITOR”位置）或编程（键锁“PROGRAM”位置）两种运行模式。正常运行时处于监控模式，只有在组态时才打到编程模式。当键锁处于监测状态时，CURSOR RIGHT、ADJ UP、ADJ DOWN 键不起作用。当键锁处于编程状态时，显示屏上会显示信号器。如果显示可调参数，会出现光标。

A. 编程主菜单。触屏上的菜单键(“MENU”键)可以选择显示下述参数：

a. 当前速度(PRESENT SPEED)。

b. 峰速(PEAK SPEED)。

c. 触发速度设定值(TRIP SPEED SET POINT)。

d. MPU 故障设定值(MPU FAILED SET POINT)。

e. MPU 故障超时(MPU FAILED TIMEOUT)。

f. MPU 齿数(MPU GEER TEETH)。

g. MPU 故障触发选项(TRIP ON MPU FAILURE OPTION)。

h. 计时器复位启动选项(TIMER START ON RESET OPTION)。

i. 速度小于 MPU 故障设定值报警选项(ALARM WHEN SPEED<MPU FAILED SET POINT OPTION)。

j. 测试灯(LAMP TEST)。

k. 触发原因(TRIP CAUSE)(若使用)。

B. 测速模块的编程。

a. 将按键开关旋至“PROGRAM”位置。

b. 按下“MENU”键进入第一个可调参数“TRIP SPEED SETPOINT”(跳闸转速设定值)的菜单。

c. 利用“CURSOR RIGHT”“ADJ UP”和 “ADJ DOWN”键输入预定的超速跳闸转速。

d. 按下“MENU”键进入下一个可调参数“MPU FAILED SETPOINT”（转速传感器故障设定值）。

e. 利用“CURSOR RIGHT”“ADJ UP”和 “ADJ DOWN”键输入预定的转速传感器故障转速。

f. 按下“MENU”键进入第一个可调参数“MPU FAILED TIMEOUT”(转速传感器故障超时)的菜单。

g. 利用“CURSOR RIGHT”“ADJ UP”和 “ADJ DOWN”键输入合适的时间间隔。

h. 按下“MENU”键进入下一个可调参数“MPU GEAR TEETH”（测速齿轮齿数）。

i. 利用“CURSOR RIGHT”“ADJ UP”和 “ADJ DOWN”键输入齿数。

j. 按下“MENU”键进入下一个可调参数“TRIP ON MPU FAILURE”（MPU 故障跳闸）。

k. 利用“ADJ UP”和 “ADJ DOWN”键输入“yes” 或“no”。

l. 按“MENU”进入下一个可调参数“TIMER STARTS ON RESET”（复位时计时器启动）;

m. 利用“ADJ UP”和 “ADJ DOWN”键输入“yes” 或“no”。

n. 按下“MENU”键进入最后一个可调参数“ALARM IF SPEED < MPU FAIL SETPOINT”(如果转速低于 MPU 故障设定值系统报警)。

o. 利用“ADJ UP”和 “ADJ DOWN”键输入“yes” 或“no”。

p. 其他两模块重复上述步骤。

q. 按键开关置于“MONITOR”，LCD 显示“CHANGES SAVED”(改动已保存)2s。

2）检修准备

（1）开具合格作业许可证。

（2）确认压缩机完全停运，203 系统不再起任何控制作用，不会联动装置联锁，压缩机各执行机构处于安全位置。

3）状态检查

A. 机组正常运行时，各单元显示的转速值基本一致。

B. 机组正常运行时各单元 MPU 故障、CPU 故障灯、跳闸信号灯、继电器状态灯不亮。

C. 机组停运时各单元显示的转速值都为零，跳闸信号灯亮，按复位按钮可恢复状态。

4）硬件清洁检查

A. 断开与 203 系统连接的电源，进行系统停电。

B. 清扫 203 内灰尘，测试接地电阻，接地电阻小于 4Ω。

C. 按照图 3-23 检查各类连接线是否紧固，端子无氧化、腐蚀。

5）组态检查、备份

（1）合上与 203 供电电源，系统通电。

（2）跳闸转速设定点值检查。

（3）MPU 故障设定点值检查。

（4）MPU 故障超时值检查。

（5）MPU 齿轮的齿数值检查。

（6）在 MPU 故障时是否设定跳闸值检查。

（7）组态文件备份。

A. 使用钥匙将按键开关打开 PROGRAM 位置。

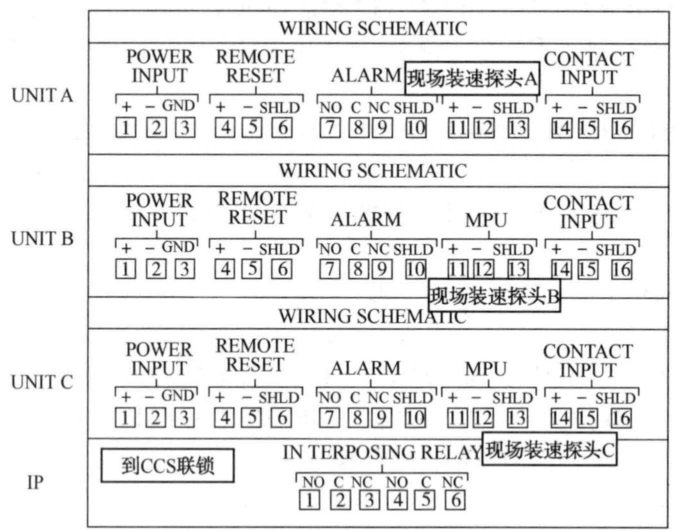

图 3-23　203 现场转速探头接线示意图

B. 按下菜单见，通过参数菜单走到第一个可调参数。

C. 使用“光标”和“调节”键查看不同的菜单，记录参数。

6）超速试验

（1）基本步骤。当键锁位于编程位置，按下并保持触屏上的超速测试键，启动超速测试功能。微控制器将 MPU 信号源从 MPU 输入端转移到振荡器上，LCD 上显示测试速度。若调整测试速度大于触发速度设定值，可用每个单元上的测试频率电位器触发。MPU 丢失信号，检查被禁止，超速测试期间峰速值不变。释放超速测试键，微控制器将 MPU 信号源转回 MPU 输入端，正常操作模式恢复。

（2）系统超速试验。

A. 使用频率发生器和各单元 MPU 进行连接。

B. 根据各单元设定齿数值和跳闸设定值输入频率信号，看 203 转速输出值是否对应。

C. 输入跳闸设定值后观察 203 是否跳闸。

D. 在对各单元同时输入频率值得时，拆掉某一单元的频率线，观察该单元是否有 MPU 故障输出。

E. 在跳闸信号出现或者故障信号出现时，测量报警输出状态是否正确。

7）投用

A. 机组准备运行前再次检查 203 各单元状态，按下复位按钮确保所有状态恢复正常。

B. 回路试验合格。

C. 设备专业许可时投用。

D. 汽轮机运行后检查运行状况：203 显示面板当前速度是第一个显示的参数，每再次按菜单键一次就会显示列表中的下一项参数。

5. 称重仪表

常见的称重仪表或称重系统，有汽车衡、轨道衡、电子秤。火车轨道衡的检查、检修、检定一般有专业机构完成。

电子秤通常有用于贸易计量的电子复检称和过程计量的电子定量称。电子复检称的检定需要根据相关规定由质量技术监督局完成，不再专门介绍。下面以包装码垛生产线上常用的称重系统(包括电子定量称)为例，介绍其停工检修实施过程。

1) 称重系统的构成

称重系统，由称重传感器、称重控制器、触摸屏、接近开关、执行器等部分组成。

(1) 称重传感器。称重传感器，又叫电子定量秤，电子定量秤通常采用 2 个称重传感器。

(2) 称重控制器。称重控制器是定量称重部分的核心，接收现场的称重传感器信号并进行数字化转换处理，进而可以实时监控物料的重量信息。

(3) 触摸屏。称重系统通常通过触摸屏进行称重相关的操作、监控，接收来自操作人员的操作指令，显示称重系统工作状态以及对称重系统组态校验检修；触摸屏内置通用端口，可通过串行通信电缆直接与计算机及其他含有通用端口的设备实现互联；触摸屏的人机界面，通常设置生产线运行状态显示、I/O 监控、手动操作、设备自动运行指示及故障报警和报警帮助等多个画面，并设置操作员、工程师等不同等级功能权限。

(4) 接近开关。用于检测运动机构的位置信号。

(5) 执行器。气缸等执行控制器的输出指令。

(6) 控制柜。用于安装称重控制器和触摸屏以及其他辅助操作按钮的盘柜。控制柜的布置示意图见图 3-24。

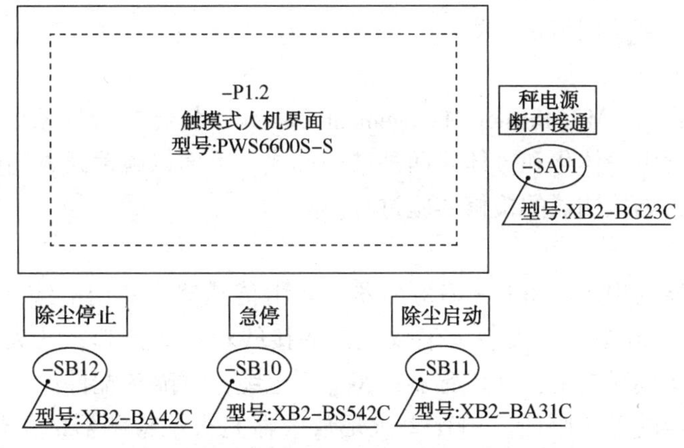

图 3-24 包装码垛称重系统控制柜示意图

控制柜上面的操作按钮功能说明见表 3-47。

表 3-47 称重控制柜操作按钮功能说明

名称	种类	功 能
秤电源	钥匙开关	称重仪表 ME2000A 控制电源的断开和接通
除尘启动	按钮，绿色	用于启动除尘风机和脉冲控制仪，使脉冲控制仪按照预置的脉冲宽度和间隔时间控制脉冲阀喷吹清灰
急停	红色蘑菇头按钮	当系统出现紧急情况，按下急停按钮，可切断控制回路电源，使系统立即停止。若再次启动系统，须先将此开关右旋复位
除尘停止	按钮，红色	用于停止除尘风机和脉冲控制仪的运行

2）检测及控制原理

称重控制器将称重传感器输出的模拟信号转换成数字信号，并将其运算处理，向输出回路的中间继电器输出粗流、精流、卸料信号，通过继电器辅助触点的闭合或断开，使相应控制回路上的电磁阀得电或失电，控制定量秤上主辅给料气缸及卸料气缸的动作，实现粗给料、精给料及卸料控制，完成定量称重过程控制。

3）参数设置

称重控制器需要设置的主要参数有控制重量、粗流时间、精流时间等。停工检修期间应该对所有称重控制器的参数设置进行检查、备份。

为了称重控制器能够准确地控制装袋重量，实际生产操作时还须对称重控制器的相关参数进行调整。

4）检查检修

（1）称重传感器安装、接线、完好检查。

（2）现场接线盒密封及完好性检查。

（3）接近开关现场清理、接线紧固、性能测试。

（4）控制柜按钮、指示灯性能测试、接线检查。

（5）触摸屏操作画面、组态参数检查、备份。

（6）执行器相关气路密封性、清洁性检查处理：各气动接头无泄漏点、电磁阀切换正常、阀门动作顺畅、阀位回讯正确等。

6. 火焰检测器(分体式)

火焰检测器通常与BMS(Burner Management System，焚烧炉管理系统)配套使用，是重要的联锁仪表，通常由一体化和分体式两种结构形式。下面以硫黄回收制硫炉BFI火焰检测器为例介绍分体式火焰检测器的检修实施过程。

1）技术准备

（1）火焰检测器的构成。BFI火焰检测器主要由传感器、专用电缆、火焰放大器组成，基本构成见图3-25。其中，①安装火焰放大器的接线箱；②铭牌；③火焰放大器(3001)；④机架；⑤电源；⑦接线端子；⑨传感器；⑩专用电缆；⑪隔热配件。

（2）火焰放大器的工作原理。3001型火焰放大器是火焰检测器的信号接收、处理、转换以及调试的功能核心，图3-26为火焰放大器的面板图。

3001型火焰放大器具有故障安全及自检功能，包含不同配置的两个独立的信号形成信道，它们通过一个处理器进行同步处理。两个独立的监控等级(时间级Ⅰ、时间级Ⅱ)可通过外部控制信号自由选择，每个监控等级通过灵敏度和停止时间来描述。通过这种方式，容易实现火焰的最优监控。

火焰探测器的输出信号经过一个滤波器和脉冲整形器，以脉冲信号的形式被送至灵敏控制器。每个时间等级都有两个旋转开关，以设置需要的信号放大。火焰信号分别传送到三个频道：①测量频道（M）；②监控频道(RM)；③计算频道(RF)。

测量频道(M)：模拟测量频道是由信号集成商设计的一个带电压-电流互感器的衰减滤波器。互感器的输出信号传送到强度指示器，同时，通过外部输出终端分别以0~20mA或4~20mA的信号传送到远程显示设备。

监控频道(RM)：监控频道包含为保证系统连续运行的所有周期性自检。一旦火焰监控

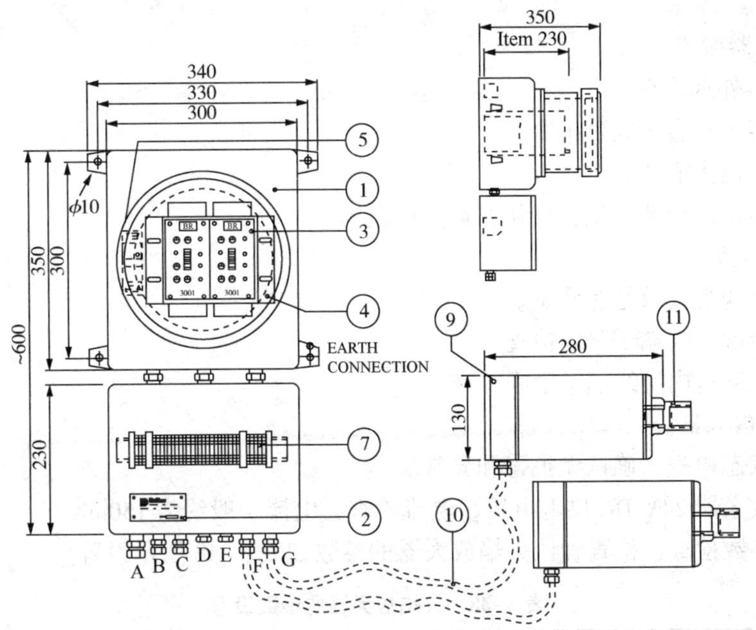

图 3-25　BFI 分体式火焰检测器构成简图

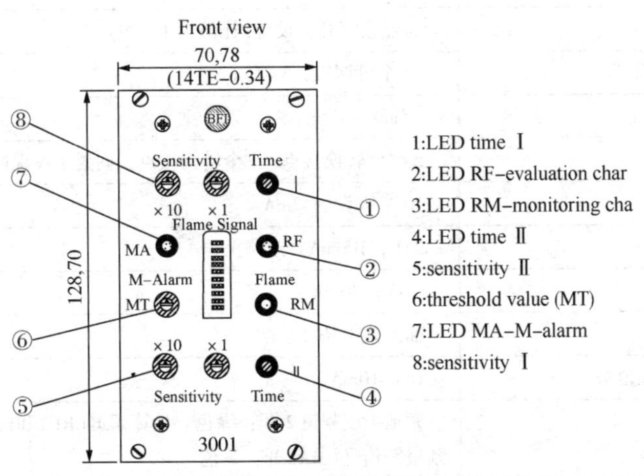

图 3-26　火焰放大器面板图

系统出现故障，逻辑程序将立即启动，连接 LED RM 的继电器断电，同时在监控频道（S4/S5）安全停止时间内停运燃烧器。

计算频道（RF）：计算频道包含所有必要的为每个级别提供不同离线时段的精密元件，DIP 开关（S2/S3）选择每一个离线时段。此外，计算频道支持预选开关阀“火焰运行”（DIP 开关 S1）滞后。与监控频道相连，计算频道处理继电器 K101 的输出。

2）检修准备

（1）开具合格的仪表作业许可证，确认作业安全环境。

（2）佩戴合适劳保用品。

（3）选用合适的防爆工具。

3）检修

（1）传感器检查。

A. 传感器外观检查。

B. 检查传感器有无故障报警。

C. 传感器镜头清洁。

D. 传感器按照位置调整，确认在可照射范围。

（2）专用电缆。

A. 专用电缆检查及绝缘测试。

B. 传感器端接线端子紧固检查。

C. 现场控制盘内接线端子紧固检查。

（3）火焰放大器。

A. 指示状态检查，确认无报警和异常。

B. 火焰放大器 24V DC 供电电压、电流检查，电流一般约为 150mA。

C. 组态参数检查，检查确认火焰放大器的参数如表 3-48 所示设置。

表 3-48　火焰放大器的参数设置

参数	参数设置
两个安全时段	设置 1~6 级(1~6s)，根据需求可以延长时间
两个灵敏度范围	通过数字开关设置(比例为 1∶99)
延迟：开关点“火焰运行”	64 个可调级，5~15mA
开关点“火焰熄灭”	<5mA
火焰继电器	2 两个转换接点，1 个转换接点，内置 1 A 保险丝
预报警	10 个级设置/2mA
预报警输出	24V，100mA，短路保护
频道选择	24V，40mA
量子化转换	插入式电桥
锁定范围切换或监控频道关	15V/10mA
LED 状态显示	频道 1 或频道 2 开：绿色。计算频道(RF)和监控频道(RM)开：黄色。预报警信号(MA)开：黄色

4）回装

A. 安装时使探头的视线与燃烧器中心线相交成一个微小的角度(如 5°)，而且能最大限度地看到主燃烧区，探头视线与点火火焰相交；这样可获得最佳效果。

B. 如果有两个分别监测主火焰和点火火焰，则检测主火焰的探头应检测不到点火火焰。

C. 火检探头应该尽可能有观火的自由角度，一些阻碍物(如导流板、阻风叶片或其他硬物)都应要去除或开孔，以便不会挡住探头的视线。

D. 火检镜头必须保持不受污染物(油污、飞灰、灰尘等)影响，火检环境温度不超过它的最高温度 150℉(65℃)。要满足上述两个条件可通过持续不断地注入冷却风来实现。

5）故障处理

（1）火焰放大器 RM 无指示。如果燃烧器点火过程中 LED RM 没有启动或者在运行过程中停止，则可能存在下列故障：3001 火焰放大器模块故障，如计时器失灵；火焰探测器线的安装或连接错误将导致干扰脉冲的产生(感应电压)；火焰探测器电子系统故障。

尽管 LED RF 开关延迟时间取决于选择的灵敏度和滞后级别，当监控系统顺利启动后，火焰信号立即点燃 LED RM。浮动继电器接触 K101“火焰运行”(配于外部安全电路)内置保险丝，接通内部安全回路，应排除任何接触熔断。

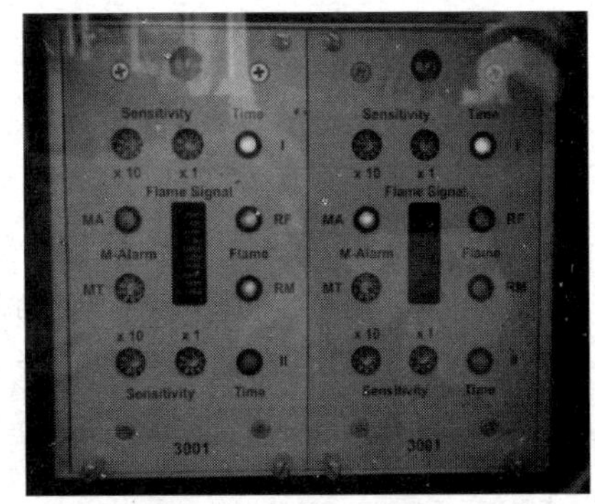

图 3-27 火焰放大器检测不到火焰状态报警

(2) 火焰放大器无火焰信号。确认点火成功，但检测火焰放大器检测不到火焰检情况如图 3-27 所示，主要的处理方法为：检查电源是否正常，接线是否松脱；若电源正常，轻轻松开火焰检测器探头与设备连接处(四个螺栓，松开后探头可自由旋转)，缓慢调整探头角度并观察是否检测到火焰信号(调整至满意效果后紧固螺栓)。

(3) 火焰信号不稳定，时有时无。

A. 打开接线箱检查是否进水、接线端子是否松动腐蚀。

B. 咨询工艺人员是否存在燃烧介质、燃烧空气波动。

C. 参考另一火焰检测是否波动。

D. 若以上都正常，则用替换法检查探头、火焰放大器是否正常。

(4) 其他常见故障及处理见表 3-49。

表 3-49 火焰检测器常见故障及处理办法

故障	分析	处理办法
火检无火(开关量)	光纤原因	1. 现场鉴定光纤的通光性能
		2. 现场用光源测试火检通道
	电缆原因	1. 探头检测各输入、输出电压是否正常
		2. 接线盒端检测各输入、输出电压是否正常(连接探头)
		3. DCS 检测各输入、输出电压是否正常(连接探头)
	插头原因	检查电缆航空插头内接线的正确和可靠性
	探头原因	更换探头
火检无火(开关量)	火检原因	1. 探头检测模拟量端子输出是否正确。
		2. 在探头检测各模拟量保护熔丝是否损坏
	电缆原因	检测模拟量输出电缆
	DCS 原因	检测 DCS 相关设备
信号偏低(模拟量)	火检原因	检查并重新设置各参数及增益
	探头原因	调整整益，更换探头
	燃烧原因	适当调整燃烧

续表

故障	分析	处理办法
火检报警	连接原因	检测火焰检测通道屏蔽线端连接是否正确、可靠
	火检原因	1. 检查火检“GAIN”值设置和增益状态
		2. 检查电源
		3. 断电复位

6）调试、备份

（1）用数据线将电脑与火焰检测器连接。

（2）打开软件，在菜单栏中选择 settings→interface 进入通信窗口（显示界面见图 3-28）。

（3）选择所连接的端口选项，选择 ASRL3：：INSTR，则通信上该表，显示界面见图 3-29。

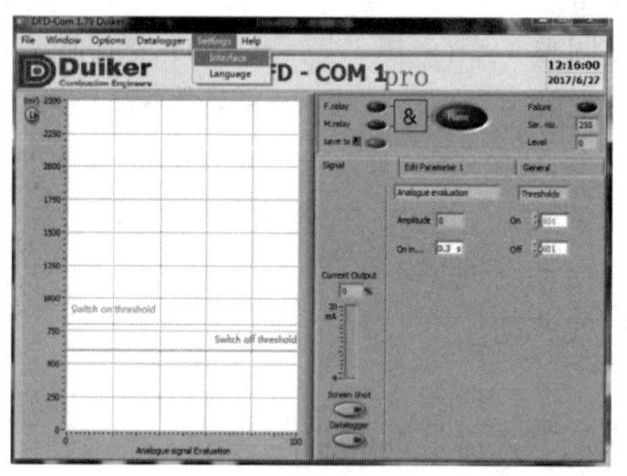

图 3-28　火焰检测器通信窗口界面

图 3-29　火焰检测器连接端口选择

（4）signal 窗口为检测火焰信号强度视窗，current output 为火焰浓度（%），无须任何设置修改参数（该视窗数据为默认值）。

（5）点火正常，检查确认火焰检测器运行指示正常，备份组态参数。

7）质量控制点

（1）火焰检测器安装时务必检查确认传感器前方无阻挡。

（2）火焰检测器镜头清理干净。

（3）火焰检测器增益等组态参数设置合理。

7. 火焰检测器（一体式）

下面以 95DS 为例介绍一体化火焰检测器原理与停工检查检修过程。

1）技术准备

95 系列火焰检测器、传感器与变送器集成一体，但通过专用电缆供电并与 BMS 信号往来，基本的构成简图见图 3-30。

2）检修准备

（1）开具合格的仪表作业许可证，确认作业安全环境。

（2）佩戴合适劳保用品。

（3）选用合适的防爆工具。

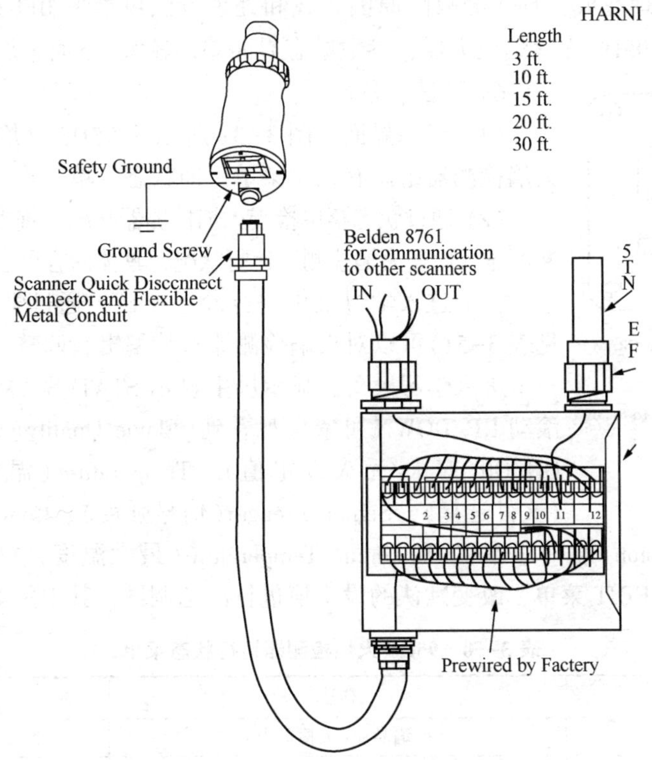

图 3-30 95DS 火焰检测器简图

3）检查检修

（1）传感器检查。

A. 传感器外观检查。

B. 检查传感器有无故障报警。

C. 传感器镜头清洁。

D. 传感器按照位置调整，确认在可照射范围。

（2）专用电缆。

A. 专用电缆检查及绝缘测试。

B. 传感器端接线端子紧固检查。

C. 现场控制盘内接线端子紧固检查。

（3）接线箱。

A. 接线端子紧固检查，排除锈蚀、污染等接触隐患。

B. 24V DC 供电电压、线路检查。

C. 接线箱密封检查，确认满足防护和防爆要求。

4）回装

参考 BFI 火焰检测器安装注意事项。

5）故障处理

95DS 火焰检测器常见故障为检测不到火焰或火焰不稳定，多数情况由镜头变脏导致或信号增益设置不合理造成，具体的故障原因查找和处理方法可参考 BFI 火焰检测器相关介绍。需要注意的是 95DS 无火焰放大器，参数组态界面差别较大(下面重点介绍)。

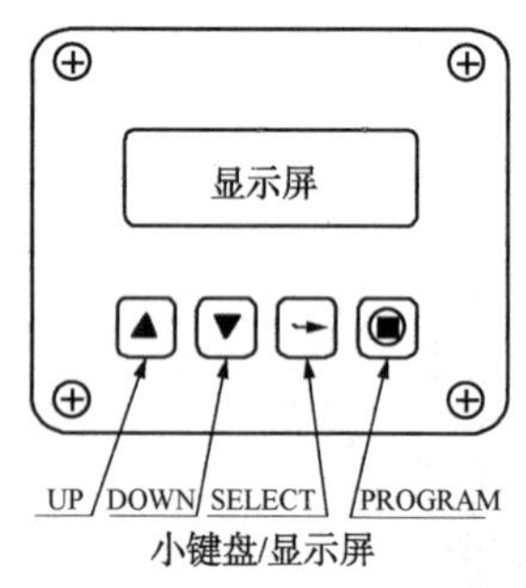

图 3-31 95DS 火焰检测器组态面板

6）调试、备份

(1) 组态界面。图 3-31 所示为 95DS 火焰检测器组态面板，火焰检测器组态有三个菜单，即状态菜单、学习菜单、编辑菜单。

(2) 通过状态菜单检查火焰检测器状况。进入状态菜单，按▲或▼可显示检查火焰检测器运行状况，具体内容可参见表 3-50。

(3) 进入学习菜单进行冷态调试。通过学习菜单(菜单内容见表 3-51)可以对火焰检测器参数编辑、调整。

进入学习菜单，显示屏上显示 STATUS MENU(状态菜单)，滚动 UP/DOWN 可依次观看到[Flame Quality(火焰品质)、Flame ON/Off(有火/无火设定值)、Temperature(温度)、File Selected(文件选择)、Signal Strength(信号强度)、Comm Address(通信地址)、Software Revision(软件版本)、Maximum Temperature(最大温度)、Password(密码)]，输入 4 位密码进入 EDIT 菜单，改变默认的设定值进行冷态调试，其中关键的参数如下：

表 3-50 95DS 火焰检测器运行状态菜单

按▲显示	描述	可显示参数
FQ=0	火焰品质(火检输出)	0~100
FLAME OFF	火焰继电器状态	ON，OFF
T=46℃	火检当前温度	+32~212℉(0~100℃)
File A	火检运行文件	A、B、C、D
i0 u0	IR 信号强度	0~999
SOFTWARE REVISION	火检软件版本	
MAX 46℃	火检温度，最大储存值	-40~185℉(-40~85℃)
PASSWORD	进入 EDIT，Auto Tune 菜单必须输入密码 0205	0000~9999

表 3-51 95DS 火焰检测器学习菜单

状态菜单显示	说明	显示值范围
FQ 0	火焰品质输出量	0~100
FLAM OFF	火焰继电器得失电状态	ON，OFF
T=46C	当前探头显示摄氏温度	0~100℃(+32~212℉)
File A	当前运行存储文件 A	A、B、C、D
i 0 u 0	信号强度，由传感器检测	0~999
FIREYE INSIGHT 95XXXX VX. X	显示软件版本	
MAX XXX℃(XXX℉)	探头记录下来的最高温度	-40~85℃
PASSWORD	进入编辑菜单需输入密码	0000~9999

A. 火焰继电器。当信号强度达到或超过已设定的火焰“ON”的门槛值时，继电器得电(常开触点闭合)。当信号强度等于或低于已设定的 OFF 门槛值时，继电器失电(闭合触点打开)。当供电中断或检测到内部故障时，继电器触点回路也会打开。

B. 故障继电器。当检测器正常供电(24V DC)和检测器内部自检回路时，故障继电器的电。如果检测器有电压干扰或检测到内部故障时，常开触点(故障继电器)串联上火焰继电器触点(内部)，常闭触点用于报警指示。

(4) 在线自整定. 火焰检测器投用后，可以先自动学习、调节和整定组态参数，自整定的步骤见表 3-52。

表 3-52 95DS 火焰检测器自学习参数设定

显示	按"SELECT"键显示	按"PROGRAM"键显示
Aim Scanner	I0 U0(可能值 0-60)	
Learn On	Run Flame at Lowest setting and press PROGRAM(在最低设置运行火焰并按 PROGRAM 键)	WAIT128-0(在 20s 内降至 0，显示"有火学习完毕")
Learn Off(有火学习完毕后显示)	Turn Flame OFF and press PROGRAM(转至无火学习并按 PROGRAM 键)	WAIT128-0(在 20s 内降至 0，显示"无火学习完毕")
--Exit--	Auto Tune(返回到状态回路)	

(5) 通过编辑菜单在线调整优化参数。火焰检测器在线自整定后，往往达不到最佳指示效果，通常需要通过编辑菜单进一步优化组态参数。编辑菜单的进入与设置步骤参见表 3-53。

表 3-53 95DS 火焰检测器编辑菜单及参数设定

按▲显示	按 SELECT 键显示并设置如下	可选值(按 UP/DOWN)
File Select	FILE A	"S2"模式：A，B，C，D
Temperature Scale	Scale℃	℃、℉
Comm address	COMM 0(按要求设置通信地址)	0~127
Remote File Select	RFS KEY	"S2"模式：KEY、LINE、COMM
File Copy	A->	
Language	English	English
IR Band	i23/0(红外频率选择/信号强度)	"S2"模式：23、31、39、46、54、62、70、78、85、93、101、109、117、125、132、140、148、156、164、171、179Hz
IR Gain	iG31/0(红外增益选择/信号强度)	1~31
IR Range	IRR HIGH	HIGH、LOW
UR Band	U70/0(紫外频率选择/信号强度)	"S2"模式：23、31、39、46、54、62、70、78、85、93、101、109、117、125、132、140、148、156、164、171、179Hz
UR Gain	uG1/0(紫外增益选择/信号强度)	1~31
UR Range	IRR HIGH	HIGH、LOW
On Threshold	ONT40	5~100

续表

按▲显示	按 SELECT 键显示并设置如下	可选值(按 UP/DOWN)
Off Threshold	OFFT20	0~95
FFRT	FFRT3	1s、2s、3s、4s、5s、6s
OTD	OTD2	1s、2s、3s、4s、5s、6s
--EXIT--	Edit(返回状态菜单回路)	

（6）组态参数备份。组态参数设置完成，观察一段时候后火焰检测器一直运行稳定，则将关键的组态参数查看记录备份。表 3-54 为 95DS 火焰检测器组态参数备份示例。

表 3-54　95DS 火焰检测器组态参数备份记录表

	BS-20302	BS-10301	BS-20302	BS-10301
SENSORS	IR+UV	IR+UV	IR+UV	IR+UV
IR BAND	62	54	54	54
IR GAIN	30	24	24	24
IR RANGE	H	H	H	H
UV BAND	70	46	46	46
UV GAIN	30	24	24	24
UV RANGE	H	H	H	H
ON THRESHOLD	40	40	40	40
OFF THRESHOLD	20	20	20	20
FFRT	2	1	1	1
OTR	1	1	1	1
口令	205	205	205	205
备份时间				

7）质量控制点

（1）火焰检测器安装时务必检查确认传感器前方无阻挡；

（2）火焰检测器镜头清理干净；

（3）组态参数在线优化。

8. 接近开关

常用的接近开关，原理上主要有磁感应、光电感应、电磁感应等几种。因磁感应接近开关受温度、环境磁场等干扰影响大、稳定性差，现在已经很少应用。光电感应接近开关主要在类似包装码垛生产线上应用且以日常维护为主，下面以常用的光电感应接近开关为例，介绍接近开关的标准化检修。

1）检修准备

A. 开具检修作业票，如果涉及高空作业，需办理相关作业手续，佩戴好安全带并确认脚手架按规范搭建等现场作业环境。

B. 确认现场仪表停电具备检修作业条件。

C. 佩戴合适劳保用品，至少准备好如下清单工器具：万用表、兆欧表、记号笔、螺丝刀、活扳手、锯条、电工胶布、不锈钢扎带。

2）外观及线路检查

A. 检查确认接近开关外观有无损坏或异常。

B. 用记号笔标记接近开关的安装位置。

C. 检查接线盒密封及格兰密封。

D. 检查接线端子、接线鼻子有无松动、锈蚀。

E. 检查线路绝缘是否良好，用500V兆欧表检查芯线对地绝缘电阻，应大于20MΩ。

3）拆除

A. 根据需要拆除的现场接近开关位号查找相应端子，确认接近开关已经断电。

B. 拆卸接近开关固定螺丝。

C. 拆除接线，并做好标记，对信号线用绝缘胶带进行包扎，防止接地引起短路。

D. 标记接近开关的位号、安装位置，并用塞尺测量探头距被面的距离，做好记录。

E. 用专用箱收集接近开关，放在指定位置，并做好保护。

4）测试校验

A. 接近开关探头的有效检测距离约为2.5mm。在有效检测范围内，将金属物体靠近探头，用万用表测量其NO/NC触点，触点能够正常翻转。

B. 接近开关探头的回差为5mm。当金属物体远离探头时，超过探头回差时，探头触点能够正常复位。

C. 按照最新版SH/T 3543《石油化工建设工程项目施工过程技术文件规定》中的规定要求和格式记录校验数据。

5）回装

A. 确认接近开关测试、校验合格；

B. 将接近开关放置在拆除前标记的初始位置；

C. 接近开关内部的紧固部件不能任意旋紧或旋松；

D. 测量接近开关安装距离大约为1mm，拧紧丝扣将接近开关固定；

E. 接近开关接线，打开接线盒，接好电源、信号线，密封好接线盒；

F. 安装完毕，在现场允许的情况下，接近开关送电，准备回路试验检查。

6）回路试验

确认控制系统可以送电后，用起子等铁制物品靠近接近开关，在控制系统里查看对应的安全栅、PLC模块、上位机显示接近开关信号是否正确、灵敏。按照控制系统回路试验档案按规范逐一回路试验，并做好回路试验记录。

7）质量控制点

(1) 接近开关安装位置与间隙的确定；

(2) 格兰及接近开关外壳防水密封检查处理。

9. 外贴式液位开关

外贴式液位开关，通常指应用于储罐液位报警的超声波外贴式液位开关。

外贴式液位开关受储罐介质温度、介质波动等影响较大，同时受安装质量影响较大误报率高，原则上可以改为音叉开关或浮球开关的应该利用停工检修机会进行改造。下面以CTA系列外贴式液位开关为例介绍停工检修实施过程。

1）技术准备

CTA-AS10 外贴式超声液位开关利用超声波原理，通过超声波传感器检测罐内液位是否到达所设定的报警位置。超声波传感器的功能是在把电信号转换成声频信号发射到介质内的同时又能吸收声频信号将其转换为电信号传送回来。逆压电效应将高频电振动转换成高频机械振动，从而产生超声波，可作为发射探头；而利用正压电效应，将超声振动波转换成电信号，可用作接收探头。现场控制器产生高频信号并激励超声波传感器产生一定强度的超声波，传输到罐壁内；这时如果罐壁内有液位，超声波将透射入液体，反之，超声波就会沿罐壁内传输。利用以上的原理，现场控制器即能判定液位是否到达。

2）检修准备

（1）开具合格的仪表作业许可证，确认作业安全环境。

（2）佩戴合适劳保用品。

（3）选用合适的防爆工具。

3）检查检修

（1）超声波液位开关外观检查及清洁。

A. 检查表体、探头防腐情况，探头安装是否牢固，与管壁接触是否良好。

B. 检查配管是否完好，探头和控制器之间电缆是否有应力。

（2）检查超声波液位开关显示状态。

A. 运行灯指示是否正常。

B. 报警灯是否报警。

C. 校验灯是否正常。

（3）开盖检查接线及密封。

A. 检查格兰密封是否紧固完好。

B. 检查控制器接线并紧固。

C. 检查控制器表盖密封是否完好。

（4）重要参数备份。

A. 通过手操器查看相应的参数并记录。

B. 波形是否正常(空罐时波形一般应大于 15，满罐时波形应大于 10)。

C. 具体的参数备份项详见表 3-55。

表 3-55　超声波液位开关参数备份记录

序号	单元	仪表位号	出厂编号	仪表地址	采样频率	采样延时	仪表模式	报警方式	罐壁厚度	备份人员	备份时间	备注

（5）探头更换。

A. 确认备件的型号、规格和原探头一致。

B. 拆除探头与控制器的接线以及旧探头。

C. 将原位置打磨光滑，达到安装要求。

D. 用符合要求胶水安装新探头，达到安装要求(无缝隙、无气泡，与罐壁充分接触)。

E. 做好防腐。

F. 恢复接线并检测探头电阻是否正常。

G. 通电测试。

(6) 超声波液位开关控制器更换。

A. 确认备件的型号、规格和原来的一致。

B. 断电后拆除接线、拆除控制器。

C. 安装控制器，恢复接线。

D. 通电并恢复原参数设置。

E. 进行校验测试。

(7) 超声波液位开关校验。

A. 确定当前罐内液位状态。

B. 校验高报开关，确认当前是否报警；将高报仪表的报警方式设置为低报方式，检查翻转后状态是否正常，并观察与 DCS 报警状态是否一致；恢复原高报设置，并检查确认。

C. 校验低报开关，确认当前是否报警；将低报仪表的报警方式设置为高报方式，检查翻转后状态是否正常，并观察与 DCS 报警状态是否一致；恢复原低报设置，并检查确认。

D. 记录并填写校验记录。

(8) 常见故障及处理。多数情况下，外贴式超声波液位开关常见故障可通过变送器的指示灯观察到。对于判断的故障需要进一步通过使用手操器，读出参数，以便准确判断故障原因。

通过波形脉宽可判断探头的好坏，如用手操器测到波形脉宽在控管时不小于 15，满灌时不小于 10，可通过改变频率或增大增益，适当增加波形脉宽使变送器达到正常工作状态；如测不到波形脉宽或波形脉宽太小，则传感器故障，需检查传感器。

如变送器出现误报警，即在变送器指示正常、检查工艺状况正常、波形参数也基本正常的情况下出现报警，这时可进入参数设置，改变采集延时，通过适当调整检测波形脉宽来消除报警；如调整后仍无法消除报警，则需要检查变送器的报警输出部分。

如变送器出现运行灯和校验灯同时闪亮，则可能原因有：超声波传感器安装时防腐处理不好，运行一段时间后传感器周围有腐蚀，有间隙；更换变送器电路板。

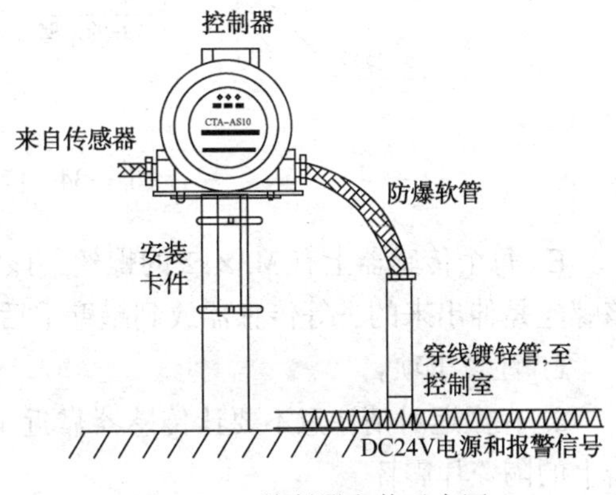

图 3-32 控制器安装示意图

4) 安装

(1) 控制器安装。控制器的安装见图 3-32 所示。

(2) 传感器安装。

A. 复查安装传感器的位置，基本的位置图如图 3-33 所示。在标示点处打磨出直径不小于 120mm 的圆形平面，将表面油漆打磨干净，其表面平整、无油污、无细小颗粒。

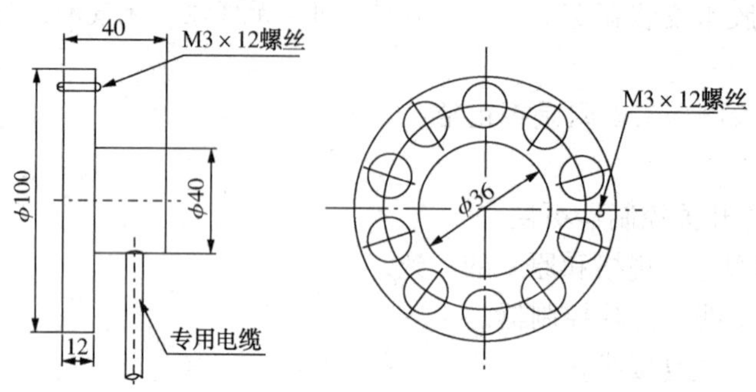

图 3-33　传感器安装示意图

B. 用丙酮仔细对处理好的罐壁表面以及传感器粘接表面进行脱脂处理。

C. 用于常温罐时把专用黏合剂(AB 双分子胶)的两组分(1∶1)，按要求充分混合调匀后，均匀地涂抹在传感器与罐壁的接触面上[高温罐时用高温胶(1∶12)混合调匀]。

D. 先让传感器的一个边缘靠在打磨好罐壁的边缘上，然后轻轻放下，以免将传感器的陶瓷片震坏，用手压紧传感器，使胶与接触面充分黏合，如图 3-34 所示。

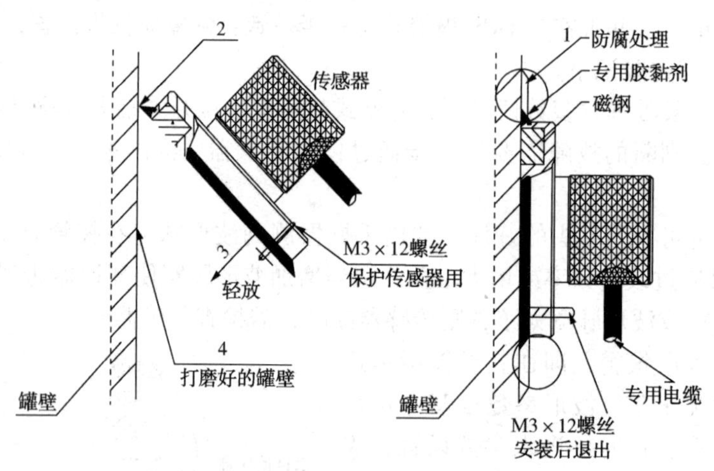

图 3-34　传感器与罐壁位置图

E. 每个传感器上有 M3×12 的螺丝，该螺丝是保护传感器陶瓷面用的。在粘贴传感器时该螺丝是伸出来的，等传感器放到罐壁上后在将该螺丝拧出来。

F. 注意事项：

a. 在搬运时请注意不要让传感器靠近金属的物体，以免由于传感器自身的吸力将传感器上的陶瓷片震坏。

b. 传感器安装完后，对打磨过的地方和暴露在外面的黏合剂部分进行防腐处理(两层)。

c. 罐壁做防腐处理时，不要将传感器取下，该处直接做防腐，除非该传感器已经损坏。

d. 传感器安装结束后，对罐壁磨过的地方、暴露在外的黏合剂部分进行防腐处理。

e. 无论是球罐还是立罐，在选择传感器安装位置时，都要确保传感器安装位置的正对方向，罐内无任何管线，否则会影响超声波液位开关的正常运行，图 3-35 为示例参考。

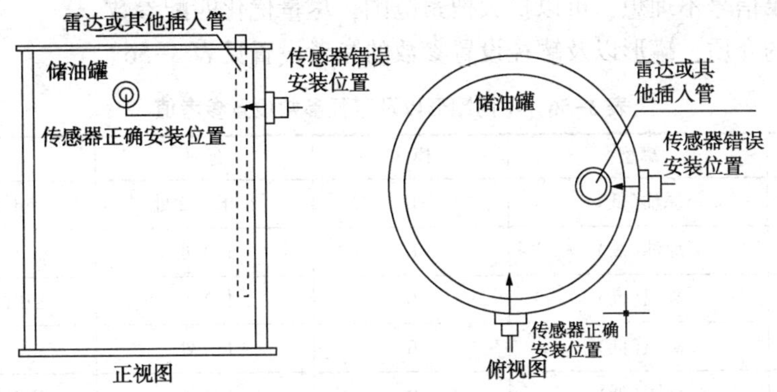

图 3-35 感器安装位置的选择

（3）控制器接线。

A. 留好传感器电缆到液位开关控制器的长度，将传感器电缆通过管送入控制器内。

B. 传感器电缆的红线为发+、屏蔽层为发-，白线接收；如果是同轴电缆则轴心线为发+，屏蔽层为发-。

C. 控制室过来的四芯屏蔽电缆通过防爆软管和配管被送入液位开关控制器内，将各芯标识为报警输出、故障输出、电源 DC24V+、电源地(0V)并接入液位开关控制器内的对应端子上。要求接线可靠，不能有短路，如图 3-36 所示。

D. 接线完毕后检查各接线是否正确、牢靠以及有无短路。

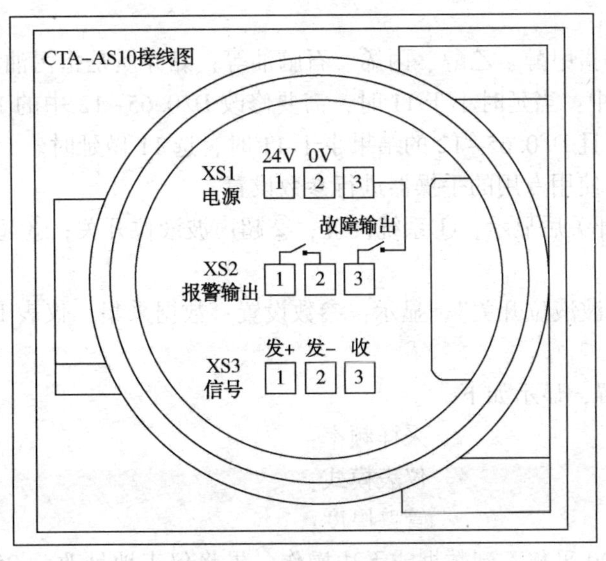

图 3-36 控制器接线示意图

5）通电

通电检查确认液位开关正常、运行灯闪烁。

6）参数设置

（1）参数设定的依据与参考。根据探头型号，标识为“##—##—###—2—##”可设置采样延时为 280，标识为“##—##—###—6—##”设置采样延时为 600，然后在此参数附近寻找最佳波形。如果信号不理想，可以扩大搜索范围，尽量优化匹配参数。

根据不同的介质、罐形以及罐径设置参数的参考设置见表3-56。

表3-56　不同罐形以及罐径参数设置参考值

序号	罐型	模式	延时	备注
1	原油(低)	B	小于1/2处	空时最大在200内
2	原油(高)	B	1/3处	
3	高温(高)	B	1/2处	空时最大在200内
4	高温(低)	B	1/3处	
5	球罐(低)	B	1/2处	空时最大在200内
6	球罐(高)	A	D/0.4~12	
7	成品油 D≤20	A	D/0.65~12	
8	成品油 D>20(低)	B	1/2处	空时最大在200内
9	成品油 D>20(高)	A	1/3处	开始先用B模式
10	立罐 D<20(轻介质)	A	D/0.65~12	注(6)
11	立罐(黏介质)	B	1/2处	

原油立罐、仪表模式设置为B；高温立罐、仪表模式设置为B；成品油立罐、仪表模式设置为A；其他轻介质立罐、仪表模式设置为A；其他黏介质立罐、仪表模式设置为B。

说明：轻介质是指甲醇、乙醇、丙烯、石脑油等；黏介质是指污油和其他黏稠还需要加温的原料。表3-56中：当延时小于11时，需要修改D/0.65~12中的12为4；当D/0.65~4的结果大于11，而且D/0.65~12的结果小于11时，选11做延时。

(2) 参数设置。使用专用的手操器进行参数设置。

A. 打开手操器开关后显示：①系统设置；②超声波液位开关；③超声波自动切水。

B. 选择②。

C. 点击“②超声波液位开关”，显示：参数设置；数据采集；仪表ID；历史数据；历史数据2。

D. 选择参数设置，显示如下。

仪表地址：020　　　　采样频率：

采样延时：　　　　　　仪表模式：

报警方式：　　　　　　管壁厚度：

如果仪表地址020采集不到数据或无法操作，先将仪表地址改为255即可。255为该产品的通用地址，输入地址后点击“写数据”即可。采样频率实际是采样延时，采样延时实际是采样频率，只是概念表达方式不同。仪表模式；①代表回波模式；②代表吸收模式(原油、高温立罐为B)。报警方式；高位报警为0，低位报警为1。

E. 如改变采样频率，点光标移动键“<，>”选择采样频率，用数字键输入所需的频率值，点“写数据”，保存。

F. 如改变采样延时，同上操作。

G. 点返回到菜单。显示：参数设置；数据采集；仪表 ID；历史数据；历史数据 2。

(3) 变送器数据采集检查。参数设置完成后，可进入菜单，查看变送器的数据采集情况(波形)情况。在主菜单中，选择“数据采集”。

A. 点击“读数据”，这时变送器指示灯校验亮一下，4s 后显示采集波形。

正常情况下，空罐(即检测点处没有介质时)的波形脉宽应不小于 40，有液位(即检测点处有介质)时波形脉宽应不小于 20；如波形脉宽小于 15 或大于 140，则可返回到参数设置，通过调整采样频率和调节变送器增益，以便调整到理想波形脉宽。注意：在灌有液位时，延时时间应大于脉宽(低报)；在灌上面是空时，延时时间应小于脉宽(高报)。

B. 保存测得数据：进入“数据采集”后，点读数据后测得波形，可以点击“写 FLASH”，将测得的数据保存在手操器中。

7) 校验

参数设置完成后，需要进一步检查测试液位开关运行情况。

(1) 变送器波形检查调整。图 3-37 为一个空罐情况下 B 模式的波形，先求幅度的 70% 的时间，波形幅度在 200 左右，200×70% = 140，140 点对应 X 轴在 138 处。这时如果是高位，延时设在 138/3 = 46；这时如果是低位，延时设在 138/2 = 69。实际的波形有很多干扰，需要对波形图的波形包络，对现场数据要实际分析。对图 3-37 的波形，如果在有液位的情况，波形会衰减很多，低位正常可以衰减到 50 左右，高位可以衰减到 30 左右。

图 3-38 为一个 A 模式的波形，进一步检查确认最好有如下三个现象：回波在 120 附近；回波幅度有明显限幅；如果有干扰波，或多个回波，需要把主回波调整到最明显，其他回波越小越好；如果是球罐，需要把干扰的回波通过调延时，让干扰的波移出采样区。

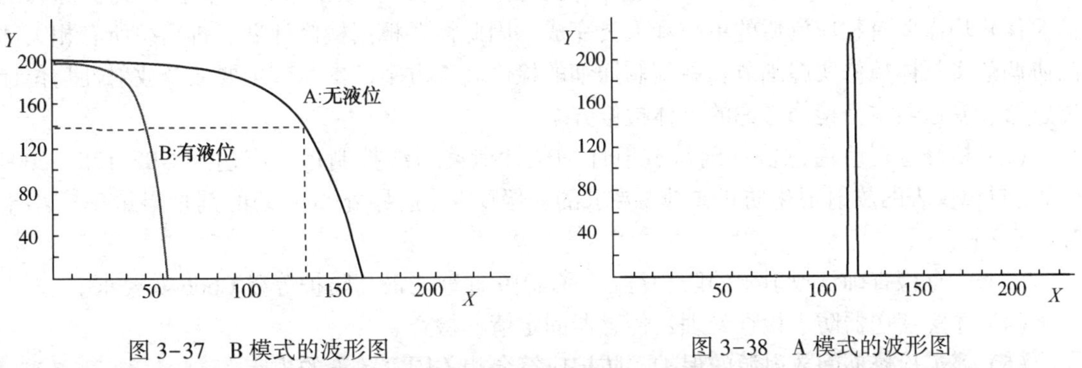

图 3-37 B 模式的波形图

图 3-38 A 模式的波形图

(2) 变送器状态检查。通过变送器指示灯检查变送器工作状态，具体如表 3-57 所示。

表 3-57 变送器指示灯状态一览表

状态	正常运行	液位报警	故障报警	校验
运行灯(绿)	闪烁	闪烁	闪烁	闪烁
报警灯(红)	灭	亮	灭	灭
校验灯(绿)	灭	灭	闪烁	闪烁

(3) 传感器好坏的判定。在仪表增益(B 模式下)和匹配设置正确的情况下，可以根据

图 3-37、图 3-38(X 为波形时间)判断变送器是否故障。

无液位时：如果 $X<(8+d\times1)$ 判断传感器坏；

有液位时：如果 $X<(6+d/2)$ 判断传感器坏；其中，d 是罐壁厚度。

例如 20mm 厚的罐壁、无液位，图 3-37、图 3-38 的 A、B 波形为正常波形。

8)质量控制点

(1) 超声波液位开关的规范安装；

(2) 参数设置正确、报警动作及时准确到位；

(3) 端子紧固、防水密封检查，状态指示检查。

10. 放射性物位计

放射性物位计是利用放射源产生的射线，穿过被测容器及容器中的介质，射线被不同高度的物料所吸收，通过检测被吸收而衰减的射线强度，从而测得相应的物位。放射性物位计具有非接触式测量的特点，常用于其他物位仪表难以应用甚至不能应用的场所，例如：高温、高压、真空、易燃、易爆、易结晶、高黏度、强腐蚀、无定形、极毒、轻质粉末等物质的物位，以及两相界面或者分层界面测量。

放射性物位计所采用的放射源一般为放射性同位素钴-60(^{60}Co)、铯-137(^{137}Cs)，又称为 γ 射线物位计；放射源采用镅-铍($^{241}Am-^{9}Be$)中子源的，称为中子物位计。由于中子物位计难以做到有效防护和^{60}Co辐射剂量过大，目前^{60}Co已经很少应用，所以仅以测量精度好且满足相关防护标准要求^{137}Csγ 射线物位计为例介绍停工检修相关工作。

放射性物位计与放射性物位开关在测量原理与检修过程上均相同，故以放射性物位计为例介绍。

1) 特殊说明

(1) 放射性物位计涉及安全、卫生等众多公众事项，从放射源停用、检查到拆除、运输、保管均需要有相应资质的单位和人员完成，因此需要根据检修计划安排组织所有相关部门协调落实具体检修实施细节，并编制详细的检修施工方案。本章节主要涉及放射性物位计传感器、变送器本身检修考虑的具体检修方案。

(2) 检修过程应注意检查确认放射性物位计泄漏射线控制量，应达到 GBZ 125—2009《含密封源仪表的放射卫生防护要求》要求的一级防护(边界外 5cm 处的剂量当量率应小于 2.5μSv/h)。

(3) 注意检查确认放射源的防护符合 ISO2019 标准之最高防护等级 C66646 要求。

(4) 注意变送器防水检查处理及传感器固定情况检查。

(5) 停工检修期间放射源的保护、防护应符合相关国家政策的规定。

(6) 原则上四类放射源以上在停工检修期间应该拆除、运输到具备相关资质的放射源仓库保管，放射源拆装需要由具备“辐射安全许可证”的专业单位完成，放射源的运输则需要具备“放射源运输许可证”资质。

(7) 放射性物位计的检修、防护、拆装、运输、保管均需多方协调。高效的内外组织协调是保证检修进度和放射性安全的关键。

(8) 相关人员及单位的专业资质提前检查审核。

2) 基本构成

下面以 Berthold ^{137}Cs 放射性物位计为例介绍其基本构成和测量原理。

如图 3-39 所示，放射性物位计主要由以下几部分构成。

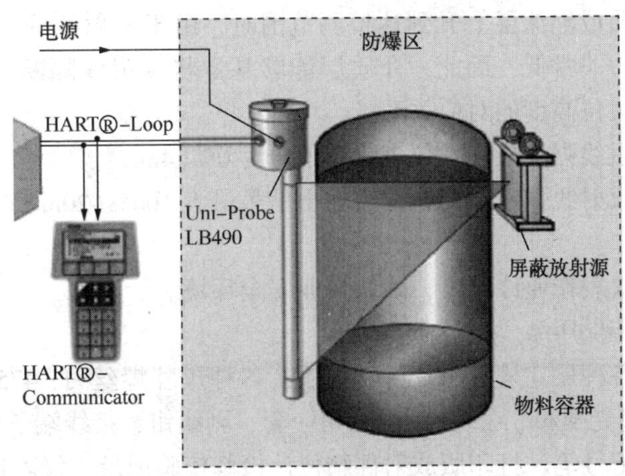

图 3-39 放射性物位计测量原理示意图

（1）放射源。放射源是一个采用铅罐封装的 Cs-137 棒形放射源。正常使用情况下，在距离射源(非窗口面)1m 以上即可达到安全防护要求，不会造成人员伤害；在关闭射源时，在射源周围 0.5m 以外都是安全区域。

（2）LB490 棒形探测管。棒形探测管，通常可分为一到三节，在需要检修时可以分段拆卸下来。探测管内部为光学敏感材质，拆卸时须轻拿轻放，防止损坏。

（3）变送器。变送器包括电源板、信号处理(CPU)板、光电倍增管(含高压电路板、检测信号板)等几部分，在进行故障分析时需要对不同部位故障进行分析区分。

（4）探测管与变送器间的连接部件。探测管与变送器间的连接如图 3-40 所示。

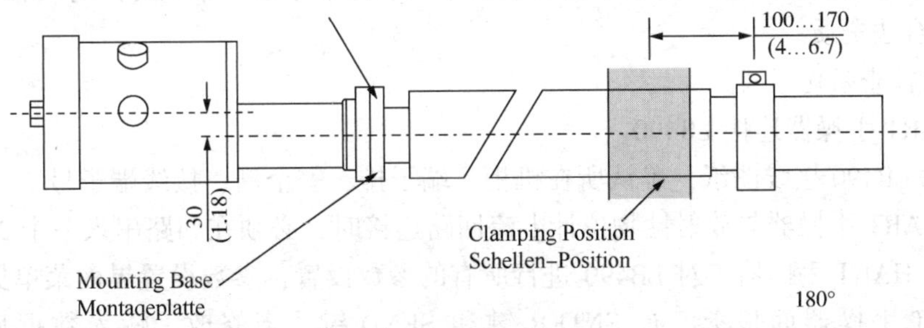

图 3-40 LB490 探测管及变送器的连接简图

3）测量原理

如图 3-39 所示，放射源发出的射线呈扇形投射到 LB490 检测接收管上。当料位没有达到检测点时，检测管全程都可以检测到射线，此时变送器中的接收计数率最大，输出料位信号为 0(4mA)；当料位上升到检测区域时，检测管检测到射线区域减小，变送器计数率也减小，输出对应的料位信号，直到满料位时，检测管检测到的射线量最小，变送器计数率最小，此时输出最高料位信号 100%(20mA)。

（1）在空塔罐的情况下，γ 射线通过设备、空气会产生一定的衰减，到达接收棒处，对接收棒的PVT晶体产生轰击效应，接收棒将计数率信号传输到变送器，变送器输出电流信号，作为料位信号。

（2）当塔罐内介质或泡沫层上升到达检测范围时，由于γ射线受介质中C原子撞击散射作用，射线穿透能力非常低，因此，介质层能够基本将γ射线隔断，形成了接收棒接收到的射线强度与检测料位高度的对应关系。

（3）无料时接收射线强度最强，仪表输出信号为0%(4mA)。

（4）满料位时接收射线强度最弱，仪表输出信号最大100%(20mA)。

4）检修准备

（1）开具合格的仪表作业许可证，确认作业安全环境。

（2）佩戴合适的劳保用品。

（3）检修工具：各种尺寸呆扳手及活动扳手；各种尺寸螺丝刀；475通信器、高精度万用表、587密封胶、遮光棉布、公/英制内六角一套、剥线钳、接线端子、压线钳。

（4）检修材料：记号笔、打印版放射性物位计检修校验记录、仪表参数备份记录表格。

5）放射源停用与防护

（1）具有相关资质的专业人员，现场关闭放射源。

（2）利用鉴定合格的便携式辐射剂量检测仪按规范检测记录放射源关闭后的辐射剂量，确认符合GBZ 125—2002《含密封源仪表的卫生防护标准》要求的一级防护(边界外5cm处的剂量当量率应小于2.5μSv/h)。

（3）按照相关制度、规范、规定要求，结合现场实际决定放射源停工检修期间防护保护方案。放射源关闭后的辐射剂量符合国标GBZ125—2002《含密封源仪表的卫生防护标准》要求的一级防护的前提下，可以现场采取防砸伤防意外损坏的保护措施，或者将放射源拆除运输至具备相关资质的辐射源库保管。

（4）放射源的拆除人员、拆除单位、运输车辆、运输单位、辐射源库等均需要相关有效期内的合格合法资质。

6）参数检查备份

（1）HART手操器连接LB490。

A. 查找LB490接线图纸，确认所在机柜、端子排、安全栅、接线端子号。

B. 将HART手操器与放射性物位计电流回路连接时，必须在回路串入一个250Ω电阻。

C. 通过HART手操器来对LB490进行所有的参数设置，参数设置界面菜单见附件1。

D. HART手操器面板上，有ENTER键和SEND键，当修改、输入数据后，需要按ENTER键来完成HART手操器内数据的输入(存入手操器内)。随后，屏幕上会出现SEND键，按SEND键将修改后的数据输入LB490。

（2）主要参数检查备份(参数备份示例见表3-58)。

表3-58 ×××(部门)×××(年)停工检修放射性物位计组态参数备份记录表

功能菜单	设备及仪表位号	LT-01101	LT-01201	LT-01401	LT-01501
Live Display (在线显示)	Level(料位)				
	Cps Average(平均计数率)				
	Temp(探头温度)				

续表

功能菜单	设备及仪表位号	LT-01101	LT-01201	LT-01401	LT-01501
View Parameter（参数查看）	Model（型号）	LB490	LB490	LB490	LB490
	Universal Rev（通用版本）	5	5	5	5
	Fld Dev Rev（现场设备版本）	3	3	3	3
	Software Rev（软件版本）	103	103	103	103
	Hardware Rev（硬件版本）	2	2	2	2
Configuration（组态）	Act. Date（日期）				
	Act. Time（时间）	9：30	14：30	10：30	10：00
	Message（信息）	LB490	LB490	LB490	LB490
	Isotope（同位素）	Cs-137	Cs-137	Cs-137	Cs-137
	Level Unit（物位单位）	%	%	%	%
	Temp Unit（温度单位）	degC	degC	degC	degC
	Error Handling（错误处理）	Continue	Continue	Continue	Continue
	Time Const（时间常数）	30s	30s	30s	30s
	Rapid Switch（快速开关）	No	No	No	No
	Interference Mode（干扰模式）	No Detection	No Detection	No Detection	No Detection
	sigma（Σ，δ）				
	Upper Limit Cps（上限计数率）	0	0	0	0
	Lower Limit Cps（下限计数率）	0	0	0	0
Calibration/IO（标定/输入输出）	Set Background（设置本底）	1000	1000	1000	1000
	No Cal. Points（标定点数）	2	2	2	2
	Adjust Lo. Cal. Pt（低点标定）	0%	0%	0%	0%
		10390	7891	8952	9888
	Adjust Up. Cal. Pt（高点标定）	100%	100%	100%	100%
		1283	1184	1107	1264
	Alarm Code（报警代码）	High	High	High	High
	Error Value（错误值）	22mA	22mA	22mA	22mA
	Relay（继电器 2）	Unused	Unused	Unused	Unused
		0	0	0	0
	Relay（继电器 3）	Unused	Unused	Unused	Unused
		0	0	0	0

续表

功能菜单	设备及仪表位号	LT-01101	LT-01201	LT-01401	LT-01501
Service（维护）	Probe No（探头编号）	0	0	0	0
	Code（代码）	37	37	37	37
	HV Setup（高电压设置）	0V	0V	0V	0V
	HV Default（高电压缺省值）	740V	950V	900V	900V
	HV Reading（高电压读数）	738V	953V	909V	902V
	HV Mode（高电压模式）	auto	auto	auto	auto
	Device ID（设备 ID）	2139	2138	2014	2141
	# of Probe（探头数目）	1	1	1	1
Change Password（修改密码）	Configuration（组态）	UNIPROBE	UNIPROBE	UNIPROBE	UNIPROBE
	Calibration（标定）	UNIPROBE	UNIPROBE	UNIPROBE	UNIPROBE
	Full Access（全权访问）	UNIPROBE	UNIPROBE	UNIPROBE	UNIPROBE

A. 软件版本号。

B. Live Display：测量结果实时显示。

C. View Parameter：查看参数设置，这些参数为只读。

D. Level：当前物位高度显示。

E. Cps av：显示平均计数率，单位为 Cps（每秒计数值），该平均计数率以时间常数为时间单位进行平均。根据该平均计数率，系统计算当前料位。

F. Cps：显示当前实时计数率。

G. Current：显示当前实时输出电流。

H. Time Const（时间常数）。

I. Rapid Swich（快速开关）。

J. Interference Mode（干扰模式）。

K. Set Background（设置本底）。

L. No Cal Points（校验点数）。

M. Adjust Lo . Cal. Pt（低点校验）。

N. Adjust Up . Cal. Pt（高点校验）。

O. Alarm Code（报警代码）。

P. Error Value（错误值）。

Q. HV Setup（高电压设置）。

R. HV Default（高电压缺省值）。

S. HV Reading（高电压读数）。

T. HV Mode（高电压模式）。

U. Device ID （高电压 ID）。

（3）如果组态参数丢失，可参照组态参数备份台账按如下步骤设置恢复。组态参数进入界面参考图 3-41。

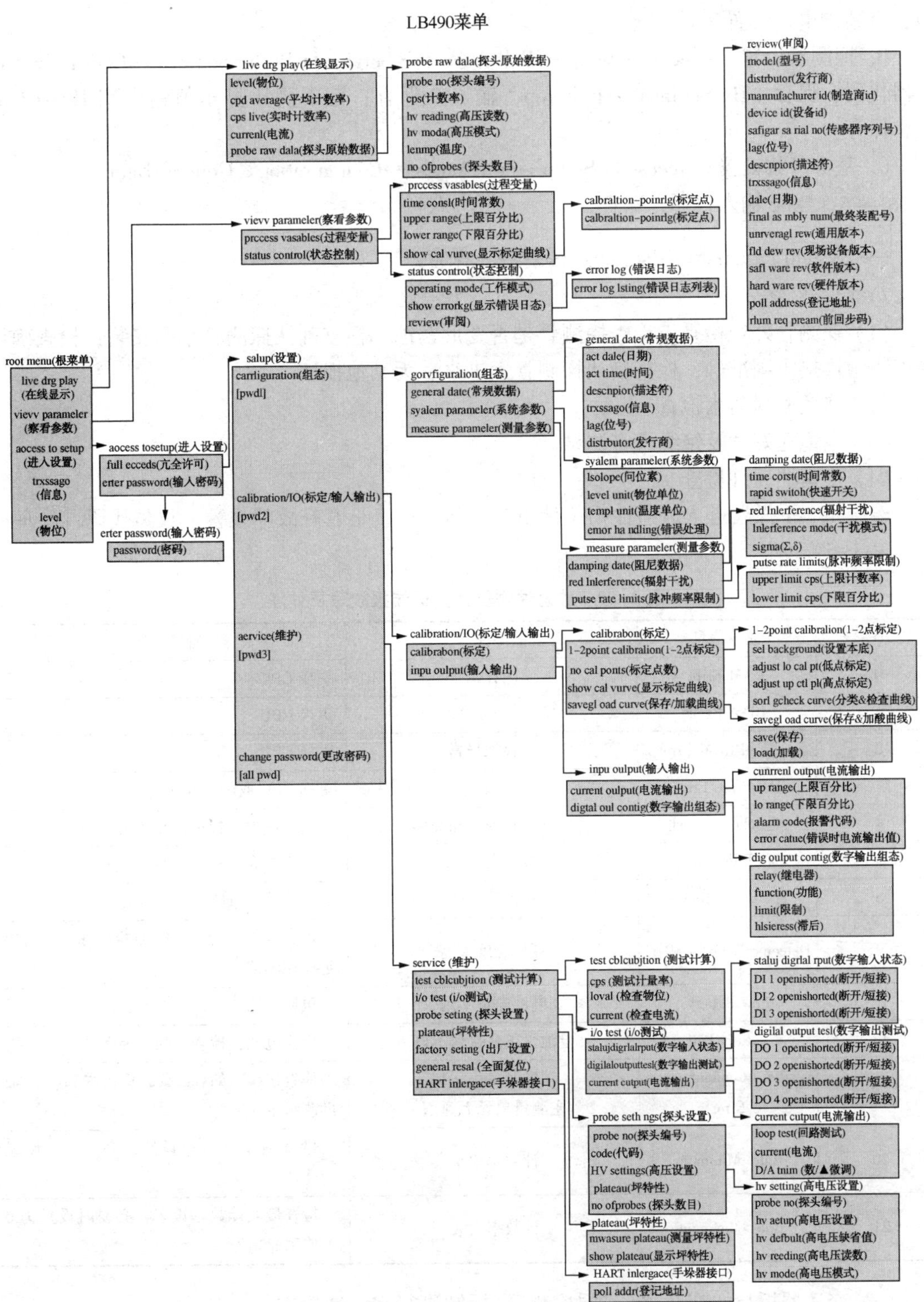

图 3-41 放射性物位计组态参数进入界面

A. 重置为标准值。Access to Setup→Full Access→Service→Facyory Settings→OK→关闭电源，重新加电。设置完毕。

B. 探测器设置。Access to Setup→ Full Access→ Service→ Probe Settings→ Code，输入探测器代码，保存。Hv Settings→Hv Setup，输入 0 保存；记下高压显示值输入到 Hv Default 中，保存。

C. 基本参数设置。Access to Setup→Full Access→Configuration。General Data

→Act.Date 输入日期，保存；

→System Parametre→Isotop 选择射源，保存。

7）检查检修

（1）探测管外观检查。检查探测管是否变形锈蚀；检查确认探测管牢固安装；检查确认多探测管连接牢固准确；检查确认探测管无进水、无其他损坏。

（2）格兰密封防水检查。

（3）电缆完好性及绝缘检查测试。

（4）变送器软件检查。

连接 475 手操器进入放射性物位计组态界面，检查是否有故障报警。故障代码及处理办法见表 3-59。

表 3-59　放射性物位计变送器报故障及处理

故障序号	故障信息	故障原因	排除方法
0	RAM Error	内存错误	更换 CPU
1	ROM Rrror	只读存储器错误	更换 CPU
2	EE-PROM Error	存取异常	更换 CPU
3	Hardware Error	硬件错误	更换 CPU 或(和)电源
4	Watchdog Reset	电磁干扰或电路故障	避免电磁干扰更换 CPU 或电源
5	No Pulse Rate	探测器故障	更换放大电路(或)探头电路
6	HV out of Range	探测器故障	更换放大电路(或)探头电路
9	Detector Temp. > 80°C	环境温度太高	增加水冷装置，若探测器损坏，则需要更换探测器
16	Low Battery	电池电量不足	更换电池
17	Battery Fail	电池没电或接触不好	更换电池，检查接触是否良好
19	Auxiliary Communication Error	辅助测量单元与主测量单元无通信	检查接线，如有必要，更换主和(或)辅助测量单元
20	Rate<Minimum	计数率太小	检查最小计数率设置，必要时，设置为 0
21	Rate>Maximum	计数率太大	检查最大计数率设置，必要时设置为 0 不使用此功能

（5）变送器拆检。变送器(连同检测管)拆卸进行完好性检查。

A. 禁止野蛮装拆，搬运和装拆过程中做到轻拿轻放，防止振动造成损坏光电检测管和光电倍增管。

B. 拆下后对光电检测管的连接端做好防护措施，防止灰尘污染光电检测管连接面。

C. 如果拆除检修更换光电检测管，拆下的光电检测管必须避光保存。

D. 放射性物位计在线下不允许通电检测光电倍增管，否则会造成光电倍增管损坏。

E. 电源板拆线的时候，一定要标记清楚，防止烧坏主板和电源板，变送器主板及电源板的外形图如图 3-42 所示。

F. 检查主板和电源板时，确认板子上是否有黑点跟烧焦的味道。

G. 确认电源板上的接线氧化情况，及时处理，如果氧化严重需要重新放线。

图 3-42 变送器及电源板外形图

8）故障处理

（1）参照表 3-58 故障代码及处理方法进行维修更换处理；

（2）电源板故障。通常变送器完全没有信号（失电），或者造成某部分供电失效，最常见的是由于仪表受潮等造成短路烧坏保险或烧坏电路元件，另外高压逆变部分容易受环境影响出现故障，但通常需要更换新的电源板。

（3）主板故障。信号处理板（又称 CPU 板、主板）故障时，表现为输出信号错误（无信号输出但非断线状态）或不稳定，此时使用 HART 手操器通常已经无法进行通信，因此只能通过信号情况进行初步判断，待确认故障后更换新的主板。

（4）光电倍增检测管和高压板故障。光电倍增检测管和高压板是最容易出现故障的部件，由于工作在高电压状态，容易受到环境影响出现元件损坏的情况，如潮湿造成短路、高温造成老化元件烧坏等；同时高电压是供光电检测管工作的，光电检测管的性能下降，也会影响到高压板，甚至烧坏高压板。因此，当出现故障信息 5、6、7 时，基本可以判断为高压板和（或）光电检测管故障。

在判别高压板或光电检测管故障时，可以进一步检查：首先，进入探测器设置界面（2.3.3.3），可以检查高压的电压值和设置参数，判断是否正常；其次，进入 Plateau（2.3.3.4）界面，可以通过测量坪曲线检查探头的性能（测量坪曲线时必须保持辐射场恒定，如 0%），坪的宽度大约为 200V，如果坪宽小于 50V，或高压每改变 100V，计数率变化小于 5%时，需要更换晶体-放大电路板。

另外，拆下光电检测管后，对光电检测管插脚的管脚进行测量，可以判断晶体-放大电路板的情况。晶体-放大电路板电压测量数据：光电检测管插脚编号 1～14，其中 1～2、2～3……8～9 的正常电压值为 30V DC 左右，1～14 的正常电压值为 100V DC 左右。

放射性物位计在线投用时不允许进行通电检测光电倍增管，否则会造成光电倍增管损坏。拆下后对光电检测管的连接端必须做好防护措施，防止灰尘污染光电检测管连接面；拆装过程对检测管的连接端做好防护措施，防止灰尘污染检测管的连接面；回装前需要对光电检测管的连接端面进行清洁，并涂抹适量硅油。

（5）典型故障处理示例。

［示例 A］工艺反映放射性物位计无显示，从机柜间检查电源正常，无返回信号，HART 通信器无法通信(找不到设备)。引起这种情况的可能有：无供电电源；电源板故障，造成仪表完全失电；CPU 板故障。

进一步检查，确认 DCS 显示信号为断线，即仪表处于失电状态，因此第三种可能性排除。先排除供电问题，因此，检查现场接线箱，发现现场接线箱内放射性物位计供电的电源线接线松脱，恢复接线后，仪表恢复正常。

［示例 B］工艺反映放射性物位计波动大，出现故障信息 5、6、7，检查高压板电压测量值也在波动，造成光电检测管的检测计数率波动(料位值与计数率数值成反比)，在将电源断电重新送电后，仪表恢复正常。

1 天后，放射性物位计再次出现报警，输出信号显示最大，报警信息一样，检查高压电压值已经低于 50V(正常 700V 以上)，计数率为 0，因此造成输出信号显示最大。

从故障情况基本可以判断是高压板或(和)光电检测管坏。拆下后检测更换光电检测管和高压晶体-放大电路板，回装后正常。

事后再次对高压板和光电检测管的检查测试，发现高压板线下测量电压基本正常，但带负荷使用时不正常，光电检测管损坏，因此可确定是光电检测管故障后引起高压板故障。

9）放射源回装

（1）由具备专业资质的单位、人员、车辆将拆除保管的放射源运回原安装位置。

（2）由具备专业资质的单位、人员进行放射源安装。

（3）现场检测记录放射源辐射剂量，确认符合 GB Z125 一级防护要求。

（4）放射源未拆除的，现场拆除临时保护设施，并进行辐射剂量检测。

10）上电

（1）确认接线正常，没有松脱。

（2）确认变送器的格兰密封完好，变送器密封可用 587 密封胶密封，防止进水、潮湿。

（3）打开放射源。

（4）确认机柜间接线正确，无松脱。

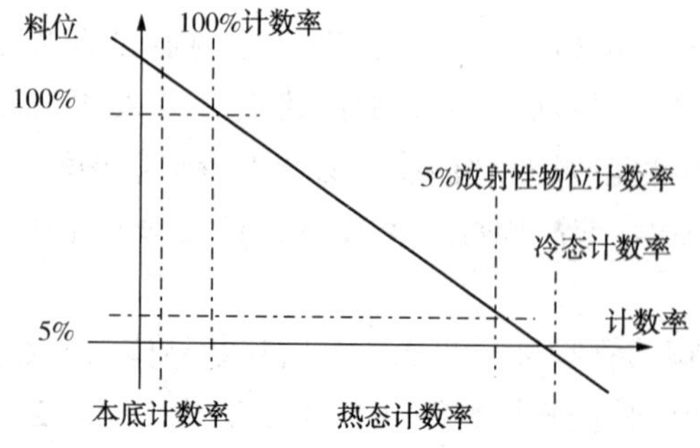

图 3-43　放射性物位计量程与计数率的关系

（5）机柜间上电。

（6）现场用 475 连接检查确认物位计无故障报警。

（7）用便携式辐射剂量检测仪检查背景辐射剂量，与放射性物位计检测的计数率对比，确认物位计工作正常。

（8）DCS 操作站检查确认物位计显示无异常。

11）现场校验

（1）背景辐射测量。背景辐射，即物位计所处地理环境的自然辐射，图 3-43 所示物位计的校验量程范围需要去掉背景辐射计量(又称本底辐射)。

安装完成后，在空罐、放射源关闭状态下，测量本底。

Access to Setup→Full Access→Calibration I/O

→No.of Cal.Point 输入2，保存；

→1-2Point Curve→Set Background→Read 确认，读出数据并保存为本底值。

（2）冷态零点计数率测量。冷态校验是指在塔罐吹扫之后，预热之前的空罐状态下进行零位校验。冷态校验数据和热态校验数据之间关系大约为：热态计数率=冷态计数率×74%。因此校验方法是，按照上述方法进入校验界面，输入的低位校验点物料高度必须经过计算，即冷态时计数率（校验时测得）为A，根据测量的冷态零点计数率计算出热态时计数率B1约为74%×A，并可以暂时设定为零点计数率。

（3）热态零点计数率测量。热态校验是指塔罐已经预热完成，进料稳定达到30min以上，各项工艺指标正常的情况下，进行热态零位计数率测量，并记录下热态零点计数率值B2。

（4）零点设定。将冷态校验零点计数率与热态校验零点计数率求和取平均值作为物位计零点计数率，即零点计数率=（B1+B2）/2。

按照上述测量本底方法，进入到1-2Point Curve→Adjust Lo. Cal. Pt，输入低位校验点的物料高度[在塔罐料位测量中，为了提高安全裕度，通常将热态无料位（即油气）状态下设为5%~8%]5%→确认→Read→输入0（自动）→确认→读入数据→Yes→OK确认。零位校验设置完成。

（5）量程校准。量程校准又称满罐校验，要求料位达到满罐或不能满罐是达到确定的料位高度，应该在料位稳定的情况下进行。

按照空罐零点校准方法，进入到1-2Point Curve→Adjust Up. Cal. Pt，输入高位校验点的物料高度（100%或某个确定高度），确认→Read→输入0（自动），确认→读入数据Yes→选择线性校验OK确认。满罐校验完成。

由于塔罐正常情况下无法达到满罐状态，或者保持某个固定料位，因此实际在进行放射性物位计校验时，只能通过计算的方法进行设定。

按照上述步骤，在计数率读入步骤选择手动，写入满量程对应计数率，确认，选择线性校验，OK确认。

实际校验中，为了提高放射性物位计测量的灵敏度，往往将满罐信号稍低的位置（90%）设置为满量程。

例如某个放射性物位计，本底计数率为500cps；冷态热态零点校准平均计数率为7000cps；5%物位的计数率为6675。根据上述数据计算出满量程及计数率应该是1150。（90%算满量程，650+500=1150）

（6）检查校验。

A. 校验完成后，在校验界面1-2Point Curve→Sort & Check Curve自动进行检查，如检查后仍出现校验界面，则校验无误，若有错误则出现错误信息显示。

B. 校验完后，及时更新物位计组态参数备份台账。

12）质量控制点

（1）放射性物位计组态参数检查备份。

（2）放射性物位计零点校准。

(3) 放射性物位计变送器、传感器及格兰防水密封检查处理。

四、执行器

执行器通常有调节阀、开关阀、自力阀、变频器、执行机构(长行程执行机构、电动执行机构等)等。因变频器由电气专业负责，执行机构本身也是控制阀的组成部分之一，所以自动化仪表专业所涉及的执行器主要为控制阀。

电磁阀、智能阀位定位器、阀位开关等控制阀附件因相对功能独立、作用重大而单独列出介绍。

1. 气动调节阀

气动调节阀，指各种类型的气动直行程调节阀、气动角行程调节阀、气动三通调节阀，基本特征为以仪表风动力、通过定位器或电气转换器进行调节阀门开度。

气动调节阀的停工检修，主要有在线检修和下线检修，检修深度划分与检修分级管理可参考表3-60。

表3-60　×××(部门)×××(年)停工检修放控制阀检修分级与检修深度划分

检修分级		小修	中修	大修		特殊阀门①	选项②
				Level 1	Level 2	Level 3	
检修内容	手轮更换	●		●	●	●	
	执行机构更换	●		●	●	●	
	执行机构解体维修	○③	○③	●	●	●	
	执行机构泄漏、耐压试验		●	●	●	●	
	更换填料(不解体)	◇④	◇④				
	更换填料(解体)			●	●	●	
	阀体更换	□⑤	□⑤				
	阀体拆修；清理；更换阀内件		●	●	●	●	
	阀内件修补研磨、阀体修补、机加工				●	●	●
	阀门泄漏、耐压试验		●	●	●	●	
	性能测试(提供能曲线)						●
	阀门动作：外观情况检查	●	●	●	●	●	
	附件调试或更换	●	●	●	●	●	
	外观除锈和防腐处理				●		●
	运输						●

注：①特殊阀门：高温高压阀门(温度≥350℃，压力≥900LB)、波纹管结构阀门；

②选项内容必须经业主认可；

③执行机构(薄膜执行机构膜头直径≥500mm，气缸执行机构总长≥1000mm)解体维修定义为中修；

④更换填料(不解体)需拆除执行机构的，执行机构(总长≥1000mm)定义为中修；

⑤阀体更换，阀体(通径≥200mm)。

1) 在线检修

气动调节阀在线检修，主要为类似更换填料的预防性维修和漏点处理等小型故障性维修。基本的维修工作类型有如下几种，具体以检修计划具体落实实施，同时可参考表3-61

跟踪监督记录调节阀在线检修情况。

表 3-61 ×××(部门)×××(年)停工检修调节阀在线检修跟踪表

序号	位号	检修计划号	阀体检查	执行机构检查	定位器检查	气路检查	上阀盖垫片	填料更换	过滤器减压阀	其他检修	作业人	作业时间	备注
1													
2													
3													
质量检查		现场工程师：							质量工程师：				

(1) 更换调节阀填料及上阀盖垫片。

(2) 调节阀风线整改(含漏点处理及配管整改)。

(3) 调节阀定位器重新安装、维修、更换。

(4) 空气过滤器减压阀维修、更换。

(5) 空气过滤器减压阀或定位器小风表更换。

(6) 定位器反馈杆支架更换。

(7) 锈蚀的仪表风线接头或风管更换。

(8) 检查调节阀有无连接泄漏。

2）下线检修

气动调节阀下线检修，基本的检修工序为：调节阀拆除下线→运输→维修→打压→调试→回装。

气动调节阀的下线检修，下线后通常需要送到专业的检修场地由专业的控制阀维修队伍完成。调节阀的交接、维修监督等可参考表 3-62 记录跟踪。

表 3-62 ×××(部门)×××(年)停工检修调节阀下线检修跟踪表

序号	位号	阀门外观	定位器	过滤减压阀	气控阀	其他附件	送修时间	接收人	返回时间	打压记录	校验记录	接收人	备注
1													
2													
3													

气动调节阀的下线检修主要为故障维修和隐蔽故障维修。普通气动调节阀的下线检修方案可参考附录Ⅱ-1“控制阀检修作业方案”实施执行和监督，特殊气动调节阀的检修可具体问题具体对待。

个别气动调节阀执行机构配带储气罐，在调节阀动作测试时应严格按规程和阀门技术规格书要求测试。

气动调节阀的下线检修，必然会遇到一些不可预知的损坏损伤或故障，对此需要的配件、备件首先应该考虑现场测绘机械加工，再参考第二章第四节“物资准备”相关内容解决。

2. 气动开关阀

气动开关阀，通常指配置气动执行机构且仅实现开关两位式动作的气动球阀、气动蝶阀、气动闸阀。

气动开关阀的检修深度划分与检修分级，可参考表 3-60。

1）在线检修

气动开关阀在线检修，以预防性维修和故障更换为主。基本的维修工作类型有如下几种，具体以检修计划具体落实实施，同时可参考表3-63跟踪监督记录气动开关阀在线检修情况。

表3-63　×××(部门)×××(年)停工检修开关阀在线检修跟踪表

序号	位号	检修计划号	阀体检查	执行机构检查	电磁阀检查	气路检查	过滤器减压阀	回讯开关检查	格兰密封检查	其他检修	作业人	作业时间	备注
1													
2													
质量检查	现场工程师：							质量工程师：					

（1）电磁阀重新安装、维修、更换。

（2）风线检查整改(含漏点处理及配管整改)。

（3）锈蚀的仪表风线接头或风管更换。

（4）空气过滤器减压阀维修、更换。

（5）空气过滤器减压阀或定位器小风表更换。

（6）阀位回讯开关密封及动作检查和问题处理。

（7）格兰密封检查处理。

（8）检查气动开关阀有无连接泄漏。

（9）气动开关阀动作时间检查测试。

2）下线检修

气动开关阀下线检修工序流程与气动调节阀基本相同。气动开关阀下线检修下交接、维修监督跟踪表，可参照气动调节阀跟踪记录表3-62编制执行。

普通气动开关阀的下线检修方案可参考附录Ⅱ-1“控制阀检修作业方案”实施执行和监督，特殊气动开关阀的检修可具体问题具体对待，但以下几点需要特别注意：

（1）气动开关阀在拆装、运输、检修过程中应注意对执行机构的保护。

（2）气动开关阀在打压过程中注意防止电磁阀进水。

（3）带储气罐的气动开关阀在动作测试时应严格按规程和阀门技术规格书要求测试。

（4）气动开关阀下线检修，应急备件配件、解决方案同气动调节阀。

3. 电动阀

电动执行机构，因配套方便、力矩大、体积小、故障率低、操作方便等优点而普遍应用，常用的一线品牌有ROTORK、LIMITORQUE、AUMA。

配备电动执行机构的开关类或调节类球阀、蝶阀、闸阀等统称电动阀。

电动阀阀体检修，同气动调节阀和气动开关阀阀体检修，具体的检修工序、流程、组织、跟踪等可参考相关内容类比执行。因此本部分仅介绍电动执行机构的停工检查、检修。

1）检修重点

（1）在线检修。电动执行机构常见的在线检查、检修项目如下：

A. 显示屏电池更换。

B. 开关初始位置检查、设定。

C. 电源板、主板等故障电路检查、更换。

D. 接线端子紧固、检查。

E. 格兰密封检查、处理。

F. 回讯不到位或回讯故障。

G. 液晶显示屏不显示或损坏更换。

H. 组态参数备份。

(2) 下线检修。如下故障或隐患通常需要将电动执行机构拆除、下线维修处理。

A. 计数齿轮损坏。

B. 电机损坏。

C. 供电回路异常、电机不动作。

D. 手轮漏油。

E. 齿轮箱损坏。

F. 手轮离合器磨损。

G. 轴套磨损。

下面仅以 ROTORK 电动执行机构为例介绍电动执行机构的安装、调试、检修、检查、参数备份等工作。

2）检修准备

(1) 开具合格的仪表作业相关许可证，确认作业安全环境。

(2) 佩戴合适的劳保用品。

(3) 选用合适的防爆工具：各种尺寸呆扳手、各种尺寸活头扳手、绝缘胶带、蓝牙遥控器、福禄克高精度万用表、一字十字螺丝刀各一套、内六角公制英制各一套。

(5) 检修材料准备。记号笔、打印版电动执行机构检修清单、参数备份表、防水标签纸等。

3）检查检修

(1) 外观检查。

A. 检查电动阀卫生并清洁。

B. 检查旋钮是否正常。

C. 检查电动阀螺栓是否完好紧固。

D. 检查铭牌标签是否清晰、是否跟台账备份一致。

E. 阀门是否能开关到位，手自动切换是否正常。

F. 电缆格兰头、密封圈防水密封检查。

G. 检查电动阀手轮密封圈是否漏油。

(2) 液晶屏检查。电动执行机构液晶屏显示是否正常，显示屏是否有报警标志，状态指示灯是否正常；

A. 电动执行机构液晶屏的组成。电动执行机构液晶屏由以下部分组成：指示灯(红色、黄色、绿色指示不同阀位状态，通常红色表示打开，黄色表示在中间，绿色表示阀门关闭)；液晶显示屏(LCD)；红外线传感器；红外线信号确认指示灯(红色)。

动力电源接通，液晶显示屏的淡黄色背景灯亮，阀位指示灯点亮，显示屏显示阀门开度百分数或表示行程末端的符号。

B. 动力电源关闭时液晶显示屏阀位指示方式。动力电源关闭时的情况下，液晶显示器由电池供电，继续显示执行器的阀位，背景灯和阀位指示灯不亮。

C. 液晶显示屏的报警指示。显示屏的上半部分有四个图标，分别为阀门、控制系统、执行器和电池报警指示。每个图标都代表某个报警，所表示的阀门报警信息如下：

a. TORQUE TRIP CL——关阀方向运行时力矩跳断。

b. TORQUE TRIP OP——开阀方向运行时力矩跳断。

c. MOTOR STALLED——运行信号发出后电机未运行。

d. INTERLOCK ACTIVE——开阀或关阀联锁功能组态为开启，且收到联锁信号。

e. THERMOSTAT TRIP——电机温度保护开关因电机内部线圈过热而跳断，电动操作将被禁止；

f. PHASE LOST(仅限于三相电源)——执行器的380V交流电源接线端子的相电源丢失，电动操将被禁止。

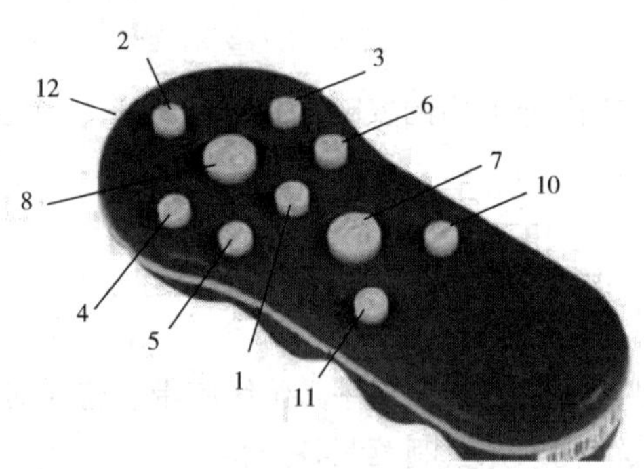

图 3-44　电动执行机构遥控器

g. 7. 24V LOST——24V 控制电源(4、5 端子) 跳断。

h. POS SENSOR FAIL——阀位传感系统。

(3) 参数检查。图 3-44 所示为电动执行机构的遥控器。

操作和常见面板报警信息和处理步骤如下：

遥控器按键有：1、2、3、4、5、6、8 键；

组态中同时按下 1、3 键，返回正常指示状态；

组态时电动头红色操作选择旋钮要转到选择。

就地控制或停止状态，修改完毕后转到遥控状态。

A. 参数检查。按照图 3-45 步骤进入参数检查菜单。

B. 参数设置。将红色旋钮选择至就地或停止位置，将设定器靠近执行器指示窗 0.75m 以内，通过按“⬇”键和“➡”键，可看到图 3-46 所示的功能与设定值。

按键名称	说明
1. ↓ 键*	显示向下一个功能
2. ↑ 键	显示向上一个功能
3. → 键*	显示向右一个功能
4. ← 键	显示向左一个功能
5. − 键	减少/改变所显示功能的值或选项
6. + 键	增加/改变所显示功能的值或选项
7. ↓ 键	启动下载/上传模式
8. 键	确认选择所显示的值或选项

* 同时按下这两个箭头键可返回执行器阀位指示状态

图 3-45　电动执行机构参数检查菜单

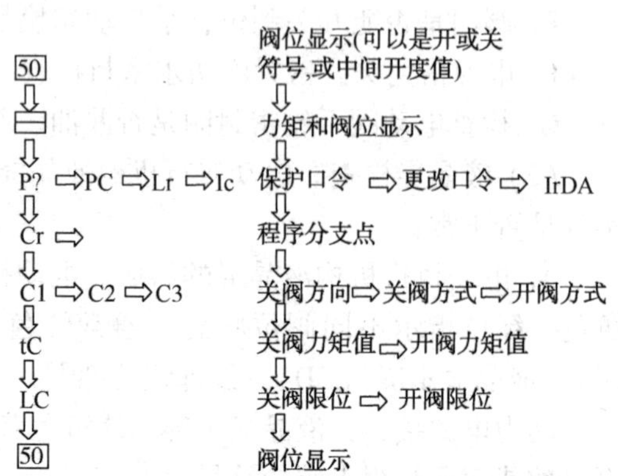

图 3-46　电动执行机构功能与设定值菜单

选择到希望的功能标识符，按“+”键或“-”键选择推荐值或希望方式。然后按“↵”键，所选项闪烁，说明选项被设定。按“⬇”键退出或设定其他功能。

示例：比如按图3-46描述的程序选择到“C2”，即关阀方式的选项，tC为力矩关方式，LC为限位关方式。用设定器上的“+”键或“-”键选择希望的关阀方式。本项中只有两个选项，即“力矩关”和“限位关”，执行器分别显示标识符如图3-47所示。选择所需要的方式后，按“↵”键。

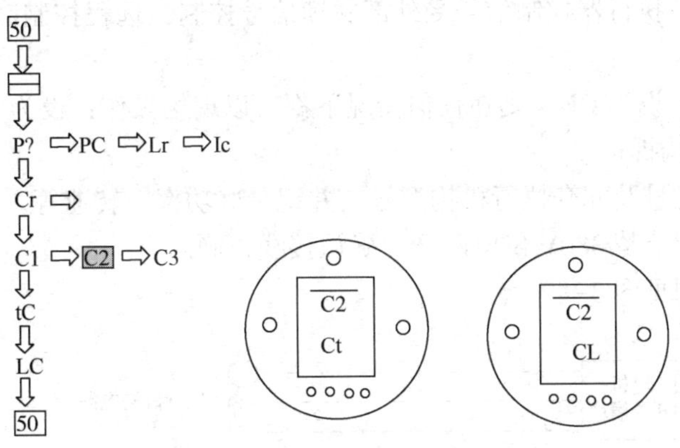

图3-47 执行器力矩关和限位关的显示状态

其他组态参数的设定，如图3-48所示的参数设定菜单总览。

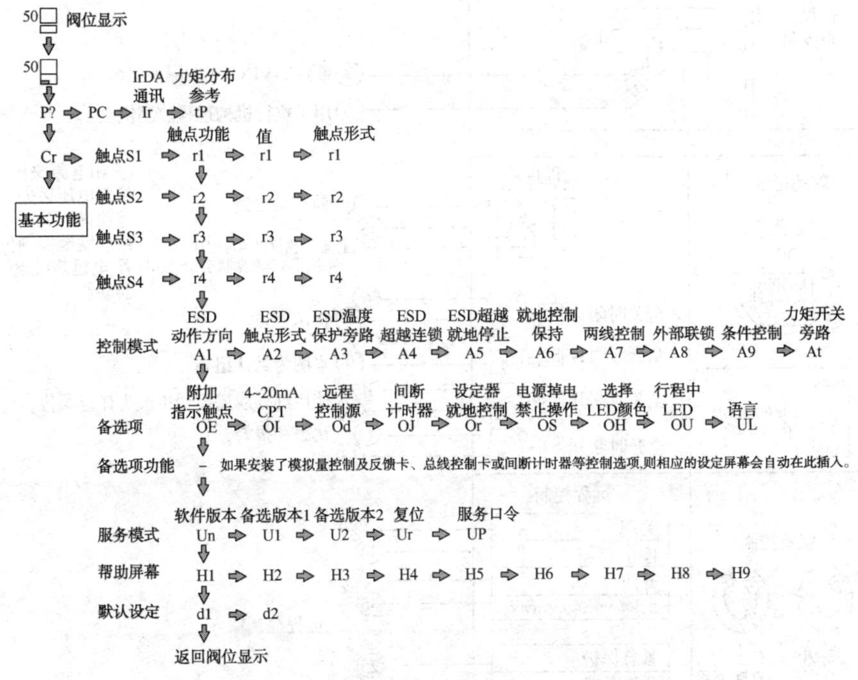

图3-48 电动执行机构参数设定菜单总览图

C. 控制方式说明

A1：ESD动作方向，指ESD控制信号动作方向。

A2：ESD 触点形式，指 ESD 控制的触点形式。

A3：ESD 温度保护旁路，指在 ESD 控制时温度联锁作用 OFF。

A4：ESD 超越联锁，指最高级别控制信号，此信号超越其他所有联锁信号，优先动作。

A5：ESD 超越就地停止，ESD 超越信号可就地停止。

A6：就地控制保持，指执行器接收控制信号后保持动作，直到阀门到位。

A7：两线控制。

A8：外部联锁，执行器控制信号受外部联锁信号控制，远程控制时设为 ON，就地操作时设为 OFF。

A9：条件控制，设为 ON，则在任何情况下都可以现场操作；设为 OFF，则视 A8 而定。

4）电动执行机构拆检

记录电动阀的位号及配套执行机构型号，并记录好功率、转速等。打开电动执行机构接线盒之前一定要确定清楚 380V 供电断开，确认接线正确。

（1）接线原理图见图 3-49。

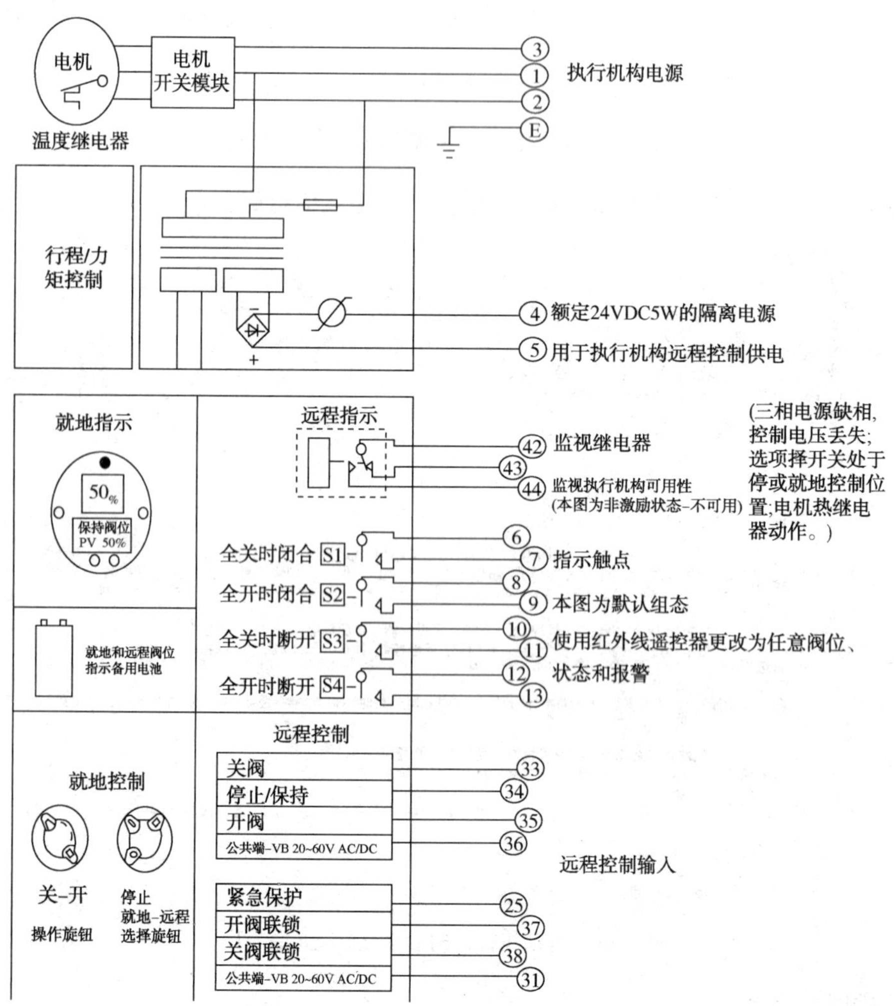

图 3-49 通用型电动执行机构接线图

（2）接线端子盘说明见图 3-50。

①②③ 380V供电电源

Ⓔ 接地线

④ 内部24V直流电源(-)

⑤ 内部24V直流电源(+)

⑥⑦ S1继电器触点,默认设置为全关时闭合

⑧⑨ S2继电器触点,默认设置为全开时闭合

⑩⑪ S3继电器触点,默认设置为全关时断开

⑫⑬ S4继电器触点,默认设置为全开时断开

S5 ⑭⑮⑯ 默认设置为关阀限位指示

S6 ⑰⑱⑲ 默认设置为开阀限位指示

S7 ⑳㉑㉔ 默认设置为行程中力矩跳断

S8 ㉚㊻㊼ 默认设置为选择远程控制

㉒ 阀位电流输出CPT(+)

㉓ 阀位电流输出CPT(-)

㉔ 阀门力矩信号输出(+)

㉕ 紧急保护ESD信号

㉖ 模拟量信号输入(+)

㉗ 模拟量信号输入(-)

㉘

㉙

㉚ 阀门力矩信号输出(-)

㉛ ESD、开、关联锁功能24VDC公共端-Ve

㉜

㉝ 远程关阀

㉞ 远程选择开关、点动/自保持及停止控制端

㉟ 远程开阀

㊱ 远程开、关、自保持、停止功能24VDC公共端-Ve

㊲ 开阀联锁

㊳ 关阀联锁

㊴ 比例控制,自动控制端

㊵

㊶ 手动/自动24VDC公共端-Ve

㊷㊸㊹ 监视继电器

㊺

㊻

㊼

图 3-50 电动执行机构外部接线盘说明

（3）控制接线方式原理见图 3-51。

（4）电动执行机构基本结构图见图 3-52。

（5）根据接线图（见图 3-50）对接线盘接线进行检查。

A. 打开电动阀门接线盒之前一定要确定清楚 380V 供电断开。

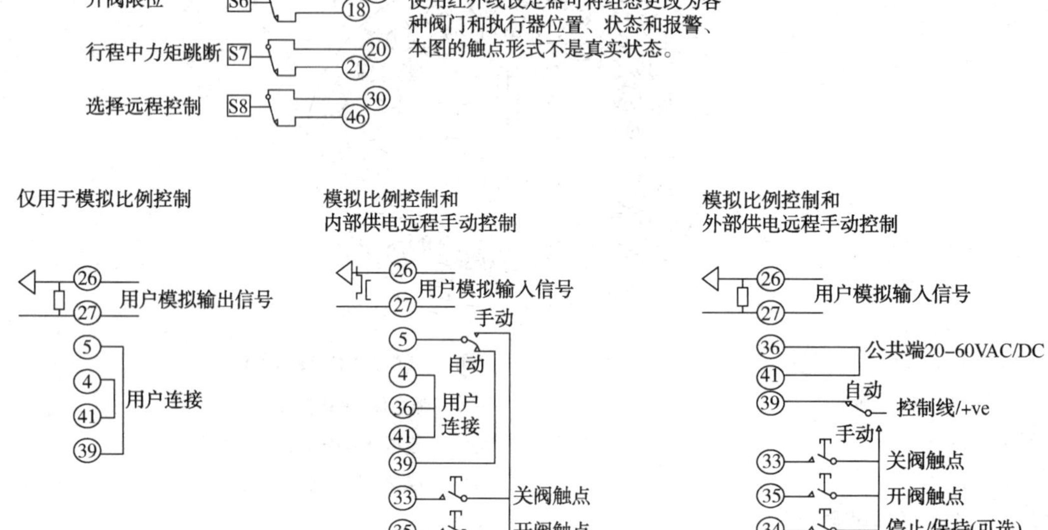

图 3-51　电动执行机构控制接线方式原理图

图 3-52　电动执行机构基本结构图

B. 在仪表机柜间断开需要检查的电动阀线路刀闸，防止短路。

C. 接线盒的密封比较好，必须缓慢地拆开接线盒盖，防止破坏接线盒密封。

D. 确认接线盒内是否进水。

E. 确认电气供电线无松动，三相电接线正确。

F. 确认仪表接线无松动，接线端子使用的是圆形端子，防止因为振动松脱。

G. 检查仪表电缆表皮无破损，断线。

H. 检查接线是否正确按端子号接线，端子号牌看不清时及时更换。

I. 拆仪表信号线时，再次确认回路已断开。

J. 检查线路屏蔽接地是否良好。

K. 检查线路绝缘是否良好，用 500V 兆欧表检查芯线间、芯线对地绝缘电阻∞，测量线路绝缘时禁止用手碰铜线且脱开负载，并确认电阻有没顺时变化。

L. 检查接线盘端子是否绝缘良好，阻值是不是∞。

(6)主板电源板接线检查。

A. 缓慢地拆开主板保护外壳，由于主板的接线比较细，有些比较短，容易被扯断，尤其是液晶屏的线。

B. 液晶显示屏显示不清不全时，更换显示屏时，注意排线的方向，防止蛮力接线。

C. 检查主板接线时，看接线有无松动，或者由于震动导致接线脱落，确认接线都正常，才开始检查电源板。

D. 由于电源板在主板下面，检查电源板时要先拆主板，拆主板线时一定要慢，主板接线都是对应针脚插座，容易掰坏导致无法回装。

E. 检查主板上四个触点继电器，阻值通断是否正常，阻值一般在 0.4Ω 左右。

F. 检查电源板时联系电气专业，确认电气接线正确不松动和电源板上的交流接触器能够正常切换、不卡涩。

(7) 电动阀电机检查。

A. 联系电气专业拆开电机保护盖，确认电机是否进水，有无锈蚀。

B. 检查电机绝缘，以及电机的电阻。

C. 检查计数齿轮有无磨损，计数板接线有无松脱、有无断线。

D. 电机更换一定要确认型号一致，防止过流过载。

(8) 电动阀手轮及手轮离合器检查。

A. 电动手轮容易漏润滑油，会导致电机转动齿轮磨损，应及时更换密封圈，并且做静压试漏。

B. 拆开手轮离合器，检查内部是否有磨损，如有较大磨损，会导致手动、自动无法切换。

(9) 轴套与齿轮箱检查。检查电动阀的轴套和齿轮箱时，需要联系动设备专业检修人员配合。

A. 检查轴套是否与阀杆匹配，轴套能否顺利从上转到下，防止蛮力操作，损坏铜套。

B. 轴套的螺纹有无损坏。

C. 齿轮箱型号是否跟电动阀型号匹配。

D. 齿轮箱转动时有无异响。

E. 齿轮箱固定螺丝是否紧固，防止震动松脱。

5）回装

(1) 确认电动阀的安装位置、型号。

(2) 确认所有的接线都正确并按要求紧固接好。

(3) 确认所有的螺丝都紧固。

(4) 盖接线盒跟主板的盖子时，同样需要小心谨慎，防止压到接线，导致线路故障。

(5) 电缆进线格兰做好防护，防止水汽、雨水渗入接线盒。

6）调试

(1) 联系电气专业送上 380V 的电。

(2) 确认电源指示灯亮且正常。

(3) 确认面板液晶显示正常无报警且显示齐全，如有报警及时检查处理。

(4) 确认机柜间的保险未烧坏或断路。

(5) 参考前文参数设置方法进行组态设置。

(6) 组态设置完成后，联系工艺人员，进行调试。

A. 把电动阀选择就地操作。

B. 把组态中的外部联锁 A8 设置为 OF，实现就地操作。

C. 把开关阀形式设置为力矩开关模式，该模式下在阀门开关到位后重新设开关限位。

D. 开限位设到手轮开不动后，往回转一圈，作为全开限位，防止开过位置损坏阀门。

E. 关限位设到手轮关不动后，往回转半圈作为全关限位，防止关过位置和阀门漏量。

F. 开关限位设好后，把阀门开关形式设置为开关模式，确认阀门能够顺利的开关到位，同时联系工艺确认阀门的回讯是否正常，阀位是否真实到位。

G. 如果回讯正常且阀位正确，说明就地操作正常。

H. 如果回讯异常，重新检查组态限位是否正确及整个回讯回路是否有异常，重新校线，在线拆接线盒时，同样断开 380V 的动力电源，并把电动阀选择到停止位“STOP”。

I. 在就地操作过程中，监控阀门的开关力矩确认阀门开关过程的状态。

J. 就地操作正常后，联系工艺进行远程操作。

K. 确认电动阀的位号及位置。

L. 此时需要把电动阀选择到远程操作。

M. 把组态中的外部联锁 A8 设置为 ON，实现远程操作。

N. 电动阀门动作之前确认动作条件满足。

O. 远程动作过程中确认阀门的状态及力矩是否正常，是否能达到开关限位。

P. 多次来回开关，确认电动阀使用正常。

7) 常见故障及处理方法

(1) 检查思路。电动执行机构故障问题排查处理思路如图 3-53 所示。

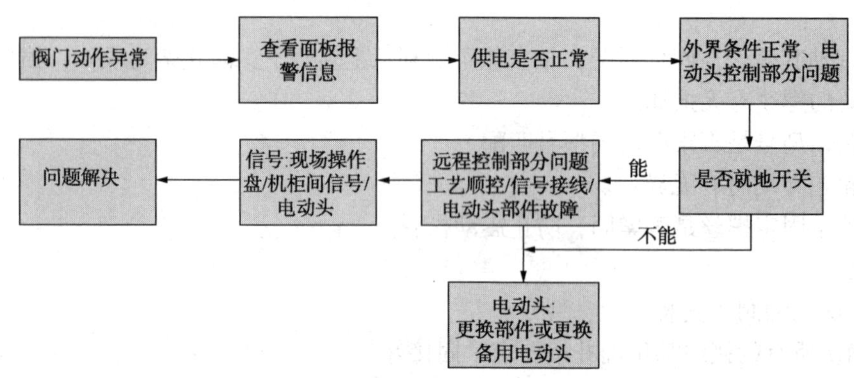

图 3-53 电动阀及电动执行机构故障排查思路

(2) 故障处理的基本步骤。检修时按照图 3-53 检查思路表进行，按先易后难、先检查线路后检查仪表部件进行，线路检查从接触不良、断路、短路、松脱等四个方面进行。

接触不良——仪表插件板、接线端子的表面氧化、松动以及导线的似断非断状态，都有可能造成接触不良。

断路——因仪表引线一般较细，在拉线或操作过程中稍有相碰，都可能造成断路，保险丝的烧毁、电气元件内部断路也是一个方面。

短路——导线裸露部分相碰，线缆绝缘破坏接地、晶体管、电容击穿是常见短路现象。

松脱——主要是机械部分，诸如齿轮、接线端子、排线、螺钉等。

(3) 故障报警及快速处理。

A. TORQUE TRIP CL——关阀方向运行时力矩跳断。

处理方法：提高关阀力矩设置值。

按遥控器键方法：按 1、1、8 屏幕出现 Cr，再按 1、1 出现 tc，按 6 增加关阀力矩值，最高加到 99，一般在原来数值上加 10。再按 8 键确认，最后同时按 1、3 键返回。

B. TORQUE TRIPOP——开阀方向运行时力矩跳断。

处理方法：提高开阀力矩设置值。

按遥控器键方法：按 1、1、8 屏幕出现 Cr，再按 1、1 出现 tc，按 3，出现 to，按 6 增加开阀力矩值最高加到 99，一般在原值加 10，再按 8 键确认，最后同时按 1、3 键返回。

C. MOTOR STALLED——运行信号发出后电机未运行。

处理方法：联系电气人员处理。

D. INTERLOCK ACTIVE——开阀或关阀联锁功能组态为开启，且收到联锁信号。

处理方法：解除 A8 联锁。

按遥控器键方法：按 1、1、8 屏幕出现 C，再按 3 出现 r1，再按 1、1、1、1 出现 A1，再按 4、4、4 出现 A8 on，再按 6，改成 A8 OF，再按 8 键确认，最后同时按 1、3 键返回。

E. THERMOSTAT TRIP——电机温度保护开关因电机内部线圈过热而跳断，操作将被禁止。

处理方法：联系电气人员处理；电机冷却后，温度保护开关自动复位后才可恢复操作，根据执行器的性能检查其行条件(运行时间、力矩设定、环境温度)。

F. PHASE LOST（限于三相电源）——380 交流电源接线端子相电源丢失，操作将被禁止。

处理方法：联系电气人员处理，一般上紧电源端子可以恢复。

G. 24V LOST——24V 控制电源(4、5 端子）跳断。

处理方法：检查远程控制接线；一般与 5/33/35/37/38 端子连接，信号线接地，接地解除后，电源可由自恢复保险保护，逐个拆除 5/37/38/33/34 端子，再用就地开关操作。

H. POS SENSOR FAIL——检查阀位传感系统，摇几圈手轮后一般能恢复。

(4) 阀位设置不成功。阀位设置不成功，需要重设默认设定选项[d2]，在显示[d2]时，按“ ”键。恢复工厂设定的限位(执行器位置显示为 50%)，然后重新开关阀门设置开关限位，可参考图 3-54。

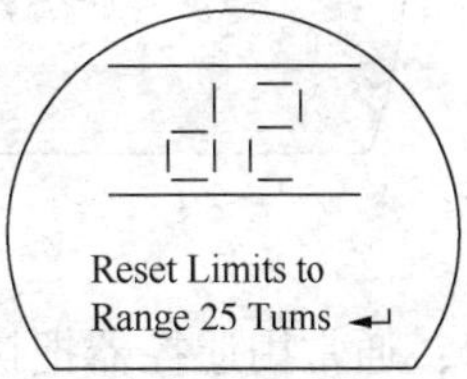

d2

Reset Limits to
Range 25 Turns ↵

[d2]的显示

图 3-54 阀位设置界面

(5) 常见故障处理示例，参见图 3-55 所示。

8）组态参数备份

电动执行机构参数备份有两种方式，一种是通过软件备份，另一种是手抄执行机构内部组态参数并记录。如果通过软件备份，需要专用工具(如 PDA 等)安装好 ROTORK 的 Insight 软件，才能对现场的电动执行机构进行备

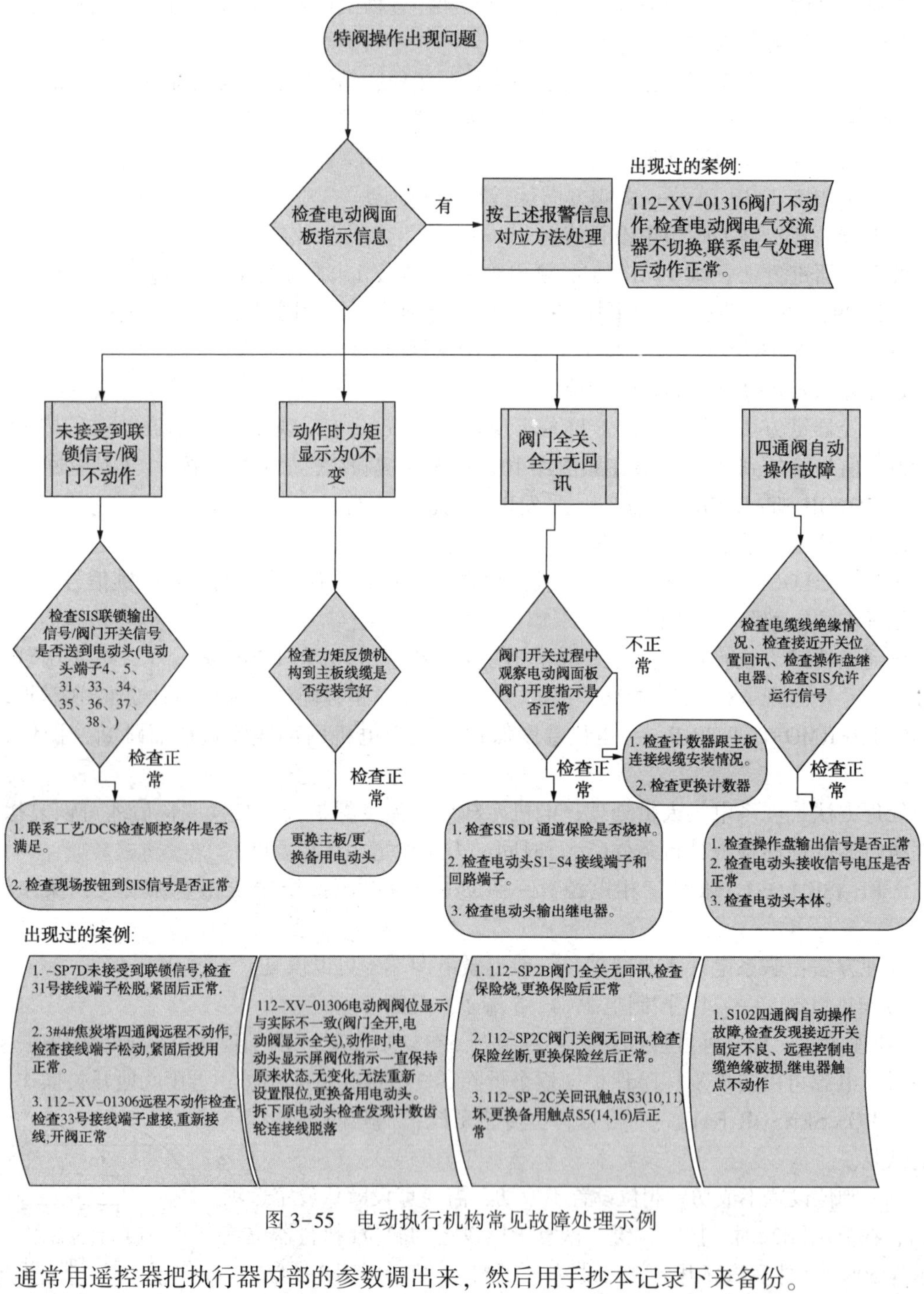

特阀操作出现问题

检查电动阀面板指示信息

有

按上述报警信息对应方法处理

出现过的案例:

112-XV-01316阀门不动作,检查电动阀电气交流器不切换,联系电气处理后动作正常。

未接受到联锁信号/阀门不动作

检查SIS联锁输出信号/阀门开关信号是否送到电动头(电动头端子4、5、31、33、34、35、36、37、38、)

检查正常

1. 联系工艺/DCS检查顺控条件是否满足。

2. 检查现场按钮到SIS信号是否正常

动作时力矩显示为0不变

检查力矩反馈机构到主板线缆是否安装完好

检查正常

更换主板/更换备用电动头

阀门全关、全开无回讯

阀门开关过程中观察电动阀面板阀门开度指示是否正常

不正常

1. 检查计数器跟主板连接线缆安装情况。

2. 检查更换计数器

检查正常

1. 检查SIS DI 通道保险是否烧掉。

2. 检查电动头S1-S4 接线端子和回路端子。

3. 检查电动头输出继电器。

四通阀自动操作故障

检查电缆线绝缘情况、检查接近开关位置回讯、检查操作盘继电器、检查SIS允许运行信号

检查正常

1. 检查操作盘输出信号是否正常

2. 检查电动头接收信号电压是否正常

3. 检查电动头本体。

出现过的案例:

1. -SP7D未接受到联锁信号,检查31号接线端子松脱,紧固后正常.

2. 3#4#焦炭塔四通阀远程不动作,检查接线端子松动,紧固后投用正常。

3. 112-XV-01306远程不动作检查,检查33号接线端子虚接,重新接线,开阀正常

112-XV-01306电动阀阀位显示与实际不一致(阀门全开,电动阀显示全关),动作时,电动头显示屏阀位指示一直保持原来状态,无变化,无法重新设置限位,更换备用电动头。拆下原电动头检查发现计数齿轮连接线脱落

1. 112-SP2B阀门全关无回讯,检查保险烧,更换保险后正常

2. 112-SP2C阀门关阀无回讯,检查保险丝断,更换保险丝后正常。

3. 112-SP-2C关回讯触点S3(10,11)坏,更换备用触点S5(14,16)后正常

1. S102四通阀自动操作故障,检查发现接近开关固定不良、远程控制电缆绝缘破损,继电器触点不动作

图 3-55 电动执行机构常见故障处理示例

份;通常用遥控器把执行器内部的参数调出来,然后用手抄本记录下来备份。

电动执行机构组态参数因阀门类型和控制需求不同而差别较大,主要有以下几种类型:普通开关电动阀、带模拟量控制的电动阀、带联锁的电动阀、带力矩反馈的电动阀、四通阀等特阀、罐区 MCU 通信电动执行机构等。

原则上分单元按位号全部参数备份,尤其是关阀方向、关阀方式、开阀方式、开力矩、关力矩、触点形式、ESD 等重要参数的非默认的组态参数务必仔细读取、记录、备份。表 3-64

为以四通阀配套电动执行机构为例的组态参数备份记录格式及示例参数，其他电动执行机构参数备份可以参照执行。

表 3-64 四通阀电动执行机构参数设置示例

简称	C1	C2	C3	TC	TO	A4	A5	A6
功能说明	关阀方向 C 顺时针，A 逆时针	关阀方式 CL 限位关，Ct 力矩关	开阀方式：OL 限位关，Ot 力矩关	关阀力矩	开阀力矩	ESD 超越联锁	ESD 超越就地停止	就地控制保持
选项	Clockwiss	Close on Limit	Open on Limit	Close Torque	Open Torque	OF 不超越	OF 不超越	[on] 自保持
	Anticlockwise	Close on Torque	Open on Torque			ON 超越	ON 超越	OF 点动、步进
设定	C	CT	OT	75-85	75	OFF	OF	OF
简称	A8	A9	AT	OI	OD	OR	OS	r5 值
功能说明	联锁	条件控制	力矩开关旁路	备选 CPT [OI] 4 ~ 20mA 阀位指示	远程控制源	遥控器就地控制	电源失电后禁止操作	指示 S5 Function
选项	ON 投用	ON 投用，远程和联锁一起投用	力矩开关在开阀时从全关限位至 5% 及从全开限位至 95% 范围旁路	[HI] 反馈 Close = 4mAOpen = 20mA	[r E]硬接线	[on] 就地控制	[on] 可启用此保护功能	OP 全开限位，CL 全关限位
	[OF] 即不使用	[OF] 即不使用	OF 力矩开关在运行到非阀座时不旁路	LO 相反	[oP]网络控制	[OF] 不能遥控控制	[OF] 可以操作	tO 开阀方向力矩跳 tC 关阀向力矩跳
设定	OF	OF	OF	HI	RE	OF	OF	CL

9）质量控制点

（1）接线检查紧固、接线端子及线鼻子正确使用。

（2）组态参数检查备份。

（3）阀位设置。

（4）防水密封检查。

4. 自力阀

自力式调节阀，简称自力阀，是指依靠流经阀内介质自身的压力作为能源驱动阀门自动工作，不需要外接电源和二次仪表的控制阀。自力式调节阀利用阀输出端的反馈信号(压力、压差)通过信号管传递到执行机构驱动阀瓣改变阀门的开度，达到调节压力的目的。

自力阀，从取压方式上有直接作用式(内取压)和间接作用式(外取压)两种。直接作用式又称为弹簧负载式，其结构内有弹性元，如弹簧、波纹管、波纹管式的温包等，利用弹性力与反馈信号平衡的原理，间接作用于自力阀，增加了一个指挥器(先导阀)。它起到对反馈信号的放大作用然后通过执行机构，驱动主阀阀瓣运动达到改变阀开度的目的。

就应用场合而言，用于储罐密封保护的氮封阀的重要程度、控制要求、故障率均较高，自力阀的停工检修以氮封自力阀为重点介绍。

石化企业中存放各种石化产品的储罐众多，为防止石化产品与空气中氧气接触反应，常采用罐顶充氮气法，使之与外界隔绝。氮封阀的作用就是要当储罐液面下降压力降低时，向罐内补充氮气，当储罐液面上升压力增加时，停止补充氮气，同时被压缩的氮气从呼吸阀适量排出，从而始终保持罐内的氮气压力微量正压(压力一般为400~1000Pa)。只有这样才能做到既隔绝空气，又保证储罐不变形。

当氮封阀关闭时，主阀的活塞是在一个密封室内，当储罐压力等于或大于设定压力时，膜片就被向上顶起。气导阀在弹簧的作用下向上移动，把气导阀上的密封圈紧紧地压在阀座上，关闭了控制气进口，同时特殊阀芯室的压力增加并接近氮气总管的压力，此压力通过内部通道，从特殊阀芯室传到主阀阀芯室。主阀的活塞受到氮气总管压力的作用，由于主阀阀芯上、下所受气体压力平衡，所以主阀阀芯在自重和弹簧的作用下将阀门紧密关死。

氮封阀打开。储罐压力稍微低于设定压力，膜片因为感应压力下降而向下移动，推动气导阀打开。氮气经气导阀的出口进入储罐，使储罐内的压力增加，同时气导阀的特殊阀芯室的压力下降，氮气通过内部通道从特殊阀芯室进入主阀阀芯室。主阀阀芯的活塞面积大于主阀阀座孔面积，并受到弹簧的弹力和主阀的重量，所以当储罐压力稍微低于设定点时，特殊阀芯室和主阀阀芯室的压力降低很小，主阀保持关闭，氮气从气导阀进入储罐。

1）检修准备

(1) 开具合格的仪表作业许可证，确认作业安全环境。

(2) 佩戴合适劳保用品，选用合适的工器具。

(3) 在线检修需确认有效隔离。

(4) 下线检修需确认各种记录措施(相机、各种记录卡)完备。

2）检查检修

(1) 在线检查检修。

A. 外观检查，确认自力阀完好无泄漏。

B. 卡套接头、膜头等气密性试漏检查处理。

C. 过程连接法兰、垫片外观及泄漏检查处理。

(2) 在线定压调试。

A. 按照自力阀规格书设定压力，进行现场压力调整设定，并进行调压范围测试验证。

B. 阀前调压。利用设备内本身的压力，拧动调压螺丝，观察阀前的压力表的压力值，如压力低，拧松调压螺丝，在自力阀调压范围内调节至所要求的压力为止；如压力高，拧紧调压螺丝，在自力阀调压范围内调节至所要求的压力为止。注意调压时要缓慢，不能太快。

C. 阀后调压。利用自力阀阀后压力调节，具体方法与阀前调压相同。

(3) 下线检修。

A. 自力阀下线，各法兰面位置做好标识；拆法兰螺栓，保护设备本体及附件完好。

B. 清洗。滞留在阀体腔和引压管内的工艺介质，若介质具有腐蚀性，在进入解体工序前必须以水洗或蒸汽吹扫的方法，将自力阀被工艺介质浸渍的部件清洗干净。

C. 零部件检修。生锈或脏污的零部件要以合适的手段去锈和清洗，保护好阀杆、阀芯和阀座密封面。

D. 重点检查部位：阀体、阀座、阀芯等阀内组件的检查，查看是否受介质的腐蚀；填料函处的腐蚀；阀盖法兰密封面的腐蚀程度；执行机构中膜片和 O 形密封圈老化、裂损程度；根据零部件损伤程度，决定采用更换或修复处理；每次检修不论损伤与否，必须更新的零件有密封填料、法兰垫圈、O 形密封圈；检查发现有损伤而又不能保证下一运行周期工作的零件应予以更换的有膜片、O 形圈、弹簧等。

E. 打压测试。使用专用设备进行压力和泄漏等级测试，不能按照常规气动调节阀压力测试的方法测试。

F. 线下定压。参照自力阀在线定压调试。

3）回装

（1）确认管道吹扫试压完成，且目前无工艺介质。

（2）确认工艺介质流向。

（3）选择材料、压力等级、尺寸合适的未曾使用的法兰垫片。

（4）按照对角均衡受力的办法紧固法兰螺栓。

（5）外取压式自力阀检查取压管线完好干净，将引压管连接好。

（6）按照气路图检查确认氮封自力阀气入口与气导阀出口安装正确。

（7）检查确认储罐顶氮封自力阀，用干净氮气引入自力阀膜盒内。

4）常见故障及处理

（1）自力阀不动作。自力阀不动作，多为阀芯卡塞导致，如果管道吹扫过程没有拆除自力阀，那么管道内的焊渣、铁锈、杂物等被吹扫积聚自力阀内，将导致卡死。

（2）氮封阀一直补气。一般为导压管被杂质堵塞导致，氮封阀无法收到反馈信号，造成氮气不停地向罐内补充；检查气导阀下面小弹簧的弹力，若弹力减小，也会使氮封阀不停地补气；进一步确认是否为氮封阀阀内件故障或定压调试问题。

5）质量控制点

（1）工艺吹扫过程中涉及的自力阀先拆除。

（2）自力阀下线检修后的打压测试。

（3）自力阀回装流向及气路确认。

5. 雨淋阀

雨淋阀是应用于消防自动喷淋系统的一种自力式控制阀，主要有阀体、压力开关、电磁阀、其他附件等部分组成。

在设定情况下，上游压力通过引压管作用于主阀上层控制腔，并由手动复位开关和常闭电磁阀保持上腔水压。上层控制腔压力把主阀密封盘压在阀座上，使雨淋阀紧闭并保持下游管道干燥；在起火或测试情况下，雨淋阀接到电控信号，常闭电磁阀通电开启（或开启手动排放装置），将水压从上层控制腔室排出。雨淋阀一旦开启以后，手动复位开关立即关闭，切断通过引压管作用于主阀上层控制腔室的上游压力，主阀打开，水流进系统管道和警报装置。主阀一旦开启后，即便关闭电磁阀，由于手动复位开关关闭，上游压力无法通过引压管、手动复位开关进入上腔，主阀将始终处于开启状态，直至手动关闭复位开关，才可关闭雨淋阀。

雨淋阀，通常在正常生产时需要定期测试、校验或维修，停工检修同样需要例行检查检修，下面以大禹雨淋阀为例介绍停工检修内容及实施。

1）技术准备

雨淋阀的基本构成如图 3-56 所示，基本的动作原理如下。

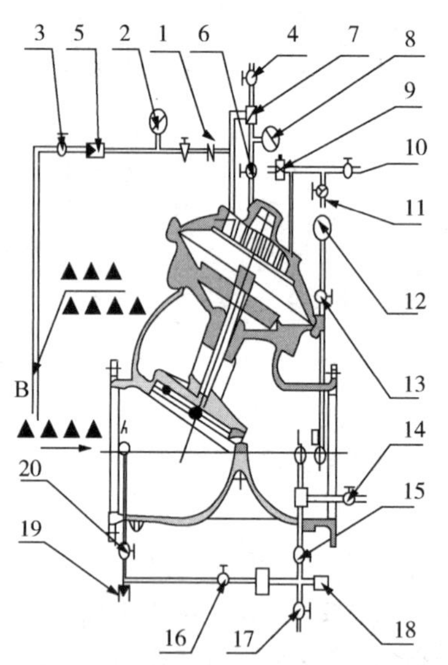

编号	名称	编号	名称
1	节流阀	12	出口压力表
2	进口压力表	13	球阀
3	球阀	14	滴水球阀
4	球阀	15	球阀
5	过滤器	16	球阀
6	球阀	17	泄放闸阀
7	防复位控制器	18	压力开关
8	控制腔压力表	19	过滤器
9	电磁阀	20	球阀
10	紧急远程球阀		
11	紧急手动球阀		

图 3-56　雨淋阀构成原理图

（1）伺服状态。处于伺服状态时，球阀 4 开启，电磁阀 9、紧急手动球阀 11 和紧急远程球阀 10 均关闭，防复位控制器 7 自动开启，球阀 14、16、19 开启，球阀 20 关闭，闸阀 17 关闭，滴水球阀 14 处于工作状态，球阀 3、6、13 开启，压力表 2 和压力表 8 有相同压力，压力表 3-2 无压力显示，压力开关 18 无水压。在伺服状态下，可以在不开其电磁阀 9、手动球阀 11 和远程球阀 10 的情况下，检验报警装置压力开关 19。方法是关闭球阀 16，开启球阀 20。结束检验后关闭球阀 20，开启球阀 16。

（2）工作状态。如果出现火情，当突然出现以下情况之一或多种情况时，雨淋阀报警阀由伺服状态过渡到工作状态：①电磁阀开启；②手动球阀 11 开启；③远程球阀 10 开启。由于控制腔压力开始被释放，雨淋报警阀开始打开，并且当控制腔压力降到一定程度时，防复位控制器 7 自动关闭(即使误动作使球阀 10、11 以及电磁阀 9 关闭，因防复位器 7 一直处于关闭状态，阀前压力不能通过防复器到达控制腔使雨淋报警阀关闭)。压力表 8 显示为 0，压力表 12 压力指示升高，显示阀的出口压力。出口端水经过球阀 16、过滤器 20，使压力开关 21 给出压力信号。灭火工作结束后，可关闭电磁阀 9、手动球阀 11 和远程球阀 10，同时按下防复位器的手柄。等到压力表 8 压力上升稳定在与压力表 2 相同压力时，放开手柄，此时防复位器 7 开启。关闭球阀 16，开启球阀 15，泄放系统中的余水后，再关闭闸阀 17，开启球阀 16。雨淋报警阀回复到伺服状态。

2）检修准备

（1）开具合格的仪表作业许可证，确认作业安全环境。

（2）佩戴合适劳保用品。

（3）选用合适的防爆工具。

（4）雨淋阀停用及隔离。

A. 关闭雨淋阀的前后截止阀，打开排污阀阀门及管线泄压。

B. 打开雨淋阀放空球阀、阀体前后泄压球阀，雨淋阀膜头泄压、阀体前后腔室泄压。

C. 确认雨淋阀各压力表指示为零。

3）检查检修

（1）接线密封检查。

A. 检查格兰密封是否紧固完好。

B. 检查接线并紧固。

C. 检查接线盒是否进水或有水汽。

D. 检查压力开关表盖密封是否完好。

（2）压力开关校验。

A. 关闭引压一次阀，泄压。

B. 压力开关停电拆线。

C. 拆下压力开关，送到指定地点校验。

D. 校验合格后回装，若不合格，则更换校验合格的压力开关安装。

E. 打开一次阀，检查有无泄漏。

F. 接线，做好密封防护。

G. 上电测试当前状态。

（3）电磁阀清洗。

A. 关闭引压一次阀，泄压。

B. 电磁阀停电拆线。

C. 拆下电磁阀，清理清洗。

D. 清洗合格后回装，若不合格更换新的电磁阀。

E. 打开一次阀，检查有无泄漏。

F. 接线，做好密封防护。

G. 上电测试工作状态。

（4）校验。

A. 现场打开膜头，放空球阀使阀门打开。

B. 关闭放空球阀，按下防复位器，阀门关闭。

C. 按照表 3-65 的校验表格做好校验记录（注：阀门打开动作时间是指从手动操作开阀开始到阀后放空阀喷出水为止的时间；阀门关闭动作时间是指从按下防复位器开始到阀后放空阀停止喷出水为止的时间）。

表 3-65　雨淋阀校验记录

单元号		仪表位号			
雨淋阀型号		制造厂		出厂编号	
公称通径		公称压力			

续表

<table>
<tr><td>单元号</td><td></td><td>仪表位号</td><td colspan="3"></td></tr>
<tr><td>电磁阀型号</td><td></td><td>制造厂</td><td></td><td>出厂编号</td><td></td></tr>
<tr><td>压力开关型号</td><td></td><td>制造厂</td><td></td><td rowspan="2">出厂编号</td><td rowspan="2"></td></tr>
<tr><td>压力开关上
行程动作值/MPa</td><td></td><td>压力开关下
行程动作值/MPa</td><td></td></tr>
<tr><td colspan="2" rowspan="2">记 录 参 数</td><td colspan="2">现场单校</td><td colspan="2">DCS 回路试验</td></tr>
<tr><td>手动开阀
打开放空阀</td><td>手动关阀
按下防复位器</td><td>DCS 开阀</td><td>DCS 复位
现场按下防复位器</td></tr>
<tr><td colspan="2">阀门是否打开/关闭</td><td></td><td></td><td></td><td></td></tr>
<tr><td colspan="2">阀门打开动作时间/s</td><td></td><td></td><td></td><td></td></tr>
<tr><td colspan="2">阀门关闭动作时间/s</td><td></td><td></td><td></td><td></td></tr>
<tr><td colspan="2">回讯压力开关(闭合/断开)</td><td></td><td></td><td></td><td></td></tr>
<tr><td colspan="2">进口压力表指示值/MPa</td><td></td><td></td><td></td><td></td></tr>
<tr><td colspan="2">控制腔压力表指示值/MPa</td><td></td><td></td><td></td><td></td></tr>
<tr><td colspan="2">出口压力表指示值/MPa</td><td></td><td></td><td></td><td></td></tr>
<tr><td>质量评定</td><td colspan="5"></td></tr>
<tr><td colspan="2">校验人：</td><td colspan="2">质量验收人：</td><td colspan="2">校验时间：</td></tr>
</table>

（5）回路试验。

A. 通过室内 DCS 打开电磁阀使阀门，检查 DCS 回讯状态。

B. 通过室内 DCS 关闭电磁阀并现场按下防复位器，使阀门关闭，检查 DCS 回讯状态。

C. 按照标准化检修回路试验相关内容要求完成和记录回路试验过程。

4）投用

雨淋阀检查检修完成，按照如下步骤投用、操作、测试。

（1）检查确认雨淋阀伺服状态良好，相关阀门位置见图 3-57、图 3-58。

图 3-57　雨淋阀配套的 A、B、C 阀

图 3-58　雨淋阀复位控制器

A. 确认电磁阀关闭，无消防水排出。

B. 确认中控室显示阀门打开。

C. 确认防复位控制器处于开启状态，复位控制器位置见图 3-57。

D. 确认快闭手动球阀关闭。

E. 确认紧急手动球阀关闭。

F. 确认球阀 A 关闭，球阀 B 开启，球阀 C 关闭，压力开关投用。

G. 确认滴水球阀不滴水，滴水球阀位置见图 3-58。

(2) 开启雨淋阀，相关阀门见图 3-58、图 3-59。

A. 中控室开启雨淋阀。

B. 确认电磁阀打开。

C. 如电磁阀未打开，现场打开紧急手动球阀。

D. 防复位控制器自动关闭。

E. 压力开关状态改变，确认中控室显示阀门打开。

F. 现场确认阀门打开。

(3) 关闭雨淋阀，相关阀门见图 3-58～图 3-60。

A. 中控室关闭雨淋阀。

B. 确认电磁阀关闭和紧急手动球阀关闭。

C. 按下防复位控制器的球形手柄，确认阀门关闭后，松开防复位控制器的球形手柄，防复位控制器处于开启位置。

D. 关闭球阀 B，开启球阀 C，排净阀后管内余水。

E. 确认滴水球阀不滴水，滴水球阀的位置见图 3-60。

F. 关闭球阀 C。

G. 确认球阀 A 关闭，球阀 B 开启，球阀 C 关闭，压力开关投用。

H. 雨淋阀恢复伺服状态。

图 3-59 雨淋阀配套电磁阀

图 3-60 雨淋阀配套滴水球阀

5) 质量控制点

(1) 引压管线、管路各部件密封良好无泄漏。

(2) 电磁阀、过滤器清洗干净。

(3) 压力开关校验合格。

6. 减温减压器

减温减压器，用于调节控制蒸汽温度和压力，分一体化减温减压器和分体式减温减压器，如果只需要减温不需要减压，则选用减温器即可。减温器的工作原理与减温减压器相同，所以归为一种类型介绍。

分体式减温减压器主要由调节阀和混合管(或称减温减压器)组成，调节阀检修可参考气动调节阀部分相关内容，因此下面仅以SPX的一体化减温减压器为例介绍减温减压器的停工检修。

1）技术准备

DSCV-SA一体式减温减压器(结构简图见图3-61)，是一种蒸汽进口侧进、蒸汽出口垂直向下的角式设计。DSCV-SA采用两级蒸汽辅助雾化设计，通过引入蒸汽进入冷却水喷嘴，实现冷却水的初级蒸汽雾化。然后将初步雾化的冷却水喷入减温减压器下游完成二级雾化，并可以达到非常高的调节比，即使小流量蒸汽也有很好的减温效果，不会产生分体式喷嘴减温器在低蒸汽流量下可能产生的“滴水”现象(流速过低无法带动水滴在流道内悬浮)。

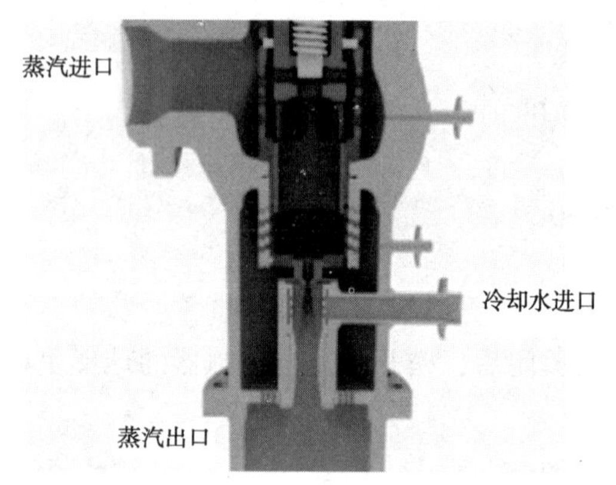

图3-61　DSCV-SA减温减压器剖面结构图

减温减压器的阀盖连接形式在ANSI 900#及以下为螺栓连接，1500#及以上直至4500#为压力自密封设计；根据需减温的蒸汽两侧压降、特定噪音水平要求，阀门内可以安装单级、多级阀芯。

阀门关闭状态，主阀塞直接作用在阀座上，级联的先导阀处在关闭状态。此时所有的进口压力作用在阀塞上上部。进口压力将帮助执行机构提供足够的关闭推力。

执行机构的初步动作会打开先导阀，使得全部的进口压力P1同时作用在主阀塞的上部和下部。这样就平衡了主阀塞上下部分的压力，仅需一个较小的执行机构推力就可以打开主阀塞；执行机构会进一步打开介质的流道面积，这时先导阀塞始终是贴在其上部阀帽上的。蒸汽流入阀笼内部后紧接着会进入初级蒸汽雾化区域。当阀笼上的小孔随着主阀塞移动而一个个打开时，蒸汽流入DSCV的中部区域，同时这里的蒸汽被减压。当蒸汽通过扩散板离开中部压力区，压力会进一步降低，同时流速会增加。先前已经加热雾化的水就在这个区域内注入。这些经过预热的雾状小水滴在紊流的状态下会迅速地被蒸汽吸收。

2）检修准备

(1) 开具合格的仪表作业许可证，确认作业安全环境。

(2) 佩戴合适劳保用品。

(3) 减温减压器结构图等资料准备齐全。

(4) 包括减温减压器喷嘴拆除专用工具在内的工器具准备齐全。

3）检修

(1) 确认阀门已从工艺系统隔离出来，如隔离截止阀有泄漏，应加装盲板隔离，待阀内介质降温、泄压后，方可开始阀门下线检修。

(2) 对减温减压器的阀门定位器、过滤减压阀等附件的信号接口、介质流向做标记。

(3) 用数码相机对阀门整体、阀门所带的重要附件、阀门故障点、标牌、重要连接位置从多个角度进行拍照，并把图片编号妥善保存。

(4) 对控制阀分别断电、断气，检查阀的故障状态，做好记录。

(5) 从机柜间或现场接线箱端子出线端拆除到阀门的控制信号线，电缆头用绝缘胶布包好，并确认控制线路断开。

(6) 关闭气源球阀，拆除气源风线，待执行机构内的仪表风完全泄掉后，视情况拆除阀门定位器、过滤减压阀等附件，各接口可靠封堵。

(7) 执行机构与减温减压器拆除分离。

(8) 分离执行机构与阀体，气开式控制阀需加入适当的气压信号打开阀门，使阀芯与阀座脱离接触后，再旋转阀杆或松开连接头，使之与执行机构的推杆分离。

(9) 使用专用工具按照图纸资料将减温减压器解体。

(10) 用刷子清除阀门外部污垢。

(11) 在阀体及阀盖上打上记号，防止装配时错位。

(12) 卸下填料压盖螺母，退出填料压盖。

(13) 卸下阀盖螺母，取下上阀盖，清除填料。

(14) 旋出阀杆，清除填料盒中的填料。

(15) 卸下螺纹套筒及相关阀内件，用煤油洗净，用棉纱擦干，卸下的螺栓等零件也应清理干净并妥善保管。

(16) 清理上阀盖结合面。

(17) 检查阀体和阀盖表面有无裂纹、砂眼等缺陷，阀体与阀盖结合面是否平整，凹口和凸口有无损伤，其径向间隙是否满足要求。

(18) 阀杆弯曲度不应超过 0.1~0.25mm，椭圆度不应超过 0.02~0.05mm，表面锈蚀和磨损深度不应超过 0.1~0.2mm，阀杆螺纹完好。

(19) 检查阀芯、阀座、套筒等部件是否有损伤，密封面深度小于 0.4mm 的微小缺陷可用研磨方法消除。

(20) 填料压盖、填料盒与阀杆间隙适当，一般为 0.1~0.2mm。

(21) 减温减压器执行机构部分检修参照本节气动调节阀检修相关内容。

(22) 下线解体检修应更新密封填料、法兰垫圈、O 形密封圈。

(23) 在检修后重新装配的全过程中，要特别重视各零件相互间的对中性。

4) 安装

(1) 吊装设备就位，按技术要求吊装阀门。

(2) 检查确认蒸汽、冷却水的流向，确保减温减压器按标识流向安装。

(3) 两端面垫片换新，按照对角均衡受力的办法螺栓紧固。

(4) 回装阀门定位器、过滤减压阀、风线管等附件，正确接好各信号线，确保牢固，格兰密封良好，设备接线盒盖完好并紧固。

(5) 通入仪表风，调整过滤减压阀到合适的风压；恢复断开的接线端子，通电。

(6) 泄漏检查，在控制阀开、关两种状态下，用肥皂水检验气源密封点，无气泡冒出。

5) 校验检查

减温减压器安装完成后，需要进行现场校验和在 DCS 给定信号回路试验，具体操作步骤可参照本节气动调节阀检修相关内容。

6）质量控制点

（1）减温减压器下线拆除过程在阀体、管道上做好流向标记。

（2）减温减压器解体之前务必熟悉其结构图纸。

（3）使用专用工具拆除减温减压器喷嘴等关键部件。

（4）减温减压器回装前务必反复确认蒸汽、冷却水的流向。

7. 特殊控制阀

类似延迟焦化装置的塔底阀和四通阀、加氢裂化装置的紧急放空阀、PX 装置的高精度调节阀、催化裂化装置电液滑阀等都有比较特殊的控制阀。特殊控制阀的停工检修通常需要根据阀的实际情况特别编制检修作业指导书或检修方案。下面以四通阀为例介绍特殊控制的停工检修组织实施。

1）检修准备

（1）熟悉四通阀相关图纸资料。

（2）熟悉四通阀专用的检测标准：API 598 Modify。

（3）准备如下备品备件：密封件(柔性石墨环、石墨盘根、缠绕垫片)2 套；轴承 2 套；蒸汽吹扫管及其吹扫法兰 5 套；加强筋 10 组；高强螺栓 8 套。

（4）工器具准备。

A. 一组好的套筒和套筒扳手/开口扳手，钮矩扳手以及一组带有清洁工具的 Allen 扳手。慢速(10~12r/min)车床和刀具。

B. 4 个盲板法兰，3 个出口，1 个入口。出口法兰中心带有 1/4″NPT.（美国标准锥管螺纹)管螺纹的孔，入口法兰的中心有 3/4″管螺纹的孔(给阀门注水)，3 个 1/4″的丝堵(为了在修理后进行阀体和阀座的水力试验时使用)。

C. 4 个垫圈，用于上述法兰包括紧固件。

D. 8 个盲板法兰，用于蒸汽吹扫，包括垫圈和紧固件(6 个 3/4″，CL600 的用于波纹管 OD 和 ID 的吹扫，1″、CL600 的用于阀体的吹扫，3/4″，CL600 的用于套环的吹扫)。

E. 2 个高压橡胶管，1 个用于连接波纹管 OD 和 ID 使压力平衡(仅对 1 个波纹管)，1 个向阀体内注水(需要两个阀门加装在波纹管的跨接管上，以便水力试验时打开或关闭)。

F. 二硫化钼喷雾型金属破裂润滑剂 GN(Molybdenum disulfide metal break lubricant GN)，油脂或 WD 40 细腻。

G. 两个清洁的尼龙吊带，用于吊装操作。

H. 50~200ftlb(英尺磅)，500~2500ftlb ，3/4″、1″ 的扭矩扳手套筒组从 1″到 3″，Allen 扳手从 1/2″到 3/4″用于紧固阀体/阀帽、填料法兰和托架紧固件。

I. 渗透剂、轻机油、永不磨损螺纹油、油脂等。

J. 洗涤剂(煤油)及清洗破布，用于清洗研磨混合物及内部零件。

K. 高架的起重机或其他提升工具。

L. 软金属刮刀(scraper)。

M. 180~220 和 400~600 粗沙碳化硼碳化物研磨膏。

N. 粗沙金刚砂碳化物砂纸。

O. 水压测试设备。

P. 其他测试设备：外径千分尺和 0~6″及 6~12″卡钳，用于尺寸检查；量具(包括：游标卡尺、游标浓度尺、内径百分表、外径千分尺等)。

2)外观检查

(1)检查四通阀卫生并清洁。

(2)检查四通阀各附件是否完好。

(3)检查四通阀铭牌标签是否清晰,位置标识是否清楚。

(4)检查阀体防腐及静密封点密封情况。

(5)检查密封蒸汽情况。

(6)检查电动执行机构状态指示灯是否正常,显示屏是否有报警。

3)电动执行机构检查检修

(1)组态参数备份。

(2)拆线及附件拆除。

(3)电动执行机构拆除下线。

(4)电动执行机构检修。

(5)电动执行机构单试[检修后单独连接动力电源(380V AC)试运转及参数检查]。

详细的电动执行机构检查检修,可参考前面电动阀检修相关内容。

4)四通阀下线

(1)确认电动执行机构及四通阀所有附件拆除。

(2)拆除工器具、吊车等准备齐全到位。

(3)拆除吹扫蒸汽法兰及管线。

(4)拆除四通阀阀体过程连接法兰。

(5)清理四通阀内焦粉杂质。

(6)对四通阀法兰做好保护。

(7)吊装、装车、运输至检修工地或工厂。

5)阀体解体

(1)确认排空并冲洗掉阀门内部所有杂质或液体。

(2)在清洁的环境下进行解体工作,并将拆卸下来的零件存放于室内。

(3)将阀门的入口作为支点,竖立起阀门。

(4)相对于阀体、接口和阀支架,标出执行器的方向。卸掉执行器上的8个螺栓,注意不要丢掉螺栓上的8个耐热垫片;然后,从连接阀杆中吊出执行器。

(5)标出阀支架和阀体盖,卸掉阀支架上的4个不锈钢带帽螺栓,即可取下阀支架。

(6)标出连接套与阀杆之间的方向,并卸掉连接套。

(7)标出阀顶盖与阀体之间的方向,以及阀顶盖与3个插入式阀套之间的方向。虽然插入式阀套可以互换,但在重新组装时最好按原位恢复。

(8)卸掉盘根压盖;如果更换新的盘根,用盘根拉出器卸掉盘根。注意不要刮伤阀杆。如果不需更换盘根。仔细清洗阀杆,以便从阀杆中拉出盘根时,不损坏盘根。阀杆应无任何刮伤;使用细砂纸清除掉那些用溶剂不能清除的物质,并磨光任何刮痕。

(9)使用吊耳螺栓,将阀顶盖吊下来。

(10)将阀球的重量集中于起吊工具上,在阀杆中心有一螺孔,可安装一个吊耳螺栓。

(11)卸掉插入式阀套上的固定螺钉。将阀套慢慢地滑出约50.8mm(2in)。在阀套快滑出时，用手掌托住阀套，防止其脱离阀球后掉在地上。如果阀套被干燥的固体粘住而不能抽出，可使用法兰上的2个顶丝孔，拧入顶丝，将其顶出来。要均匀地拧各个顶丝。将阀套顶出2英寸后，即可在顶丝上以2英寸的检修绑上吊绳，用于承载阀套的重量。这也是平衡点，可方便地接住阀套的重量。

（12）如有必要，清洗吹扫腔内部，阀套的衬里也可拆卸；如果被粘住，就用一个冲子，顶在衬里外端上的凹口中，将衬里敲出来。注意不许敲打波纹管的端部，否则将损坏波纹管的各表面(这些表面为抛光面)。

6）阀体维修清洗

主要的检修项目如下：

（1）清理，检测各零部件。

（2）配制缺损、损坏零部件。

（3）配研球体和阀座密封面并进行密封试验。

（4）检测、矫正、配研各型波纹管。

（5）检测、校正、配研各型导流筒。

（6）清理检测阀杆表面并对其表面进行研磨。

（7）清理检查蒸汽吹扫管，保证其畅通。

（8）更换密封件。

（9）基本的清洗清理步骤及注意事项如下。

A. 清洗波纹管时，注意不要损坏各端面，并且只能放在木板或纸板上。如果要使用刮刀才能清除掉结块物料，那么不许刮波纹管的各端面；阀套的内表面也可用刮刀清理物料，但与波纹管端面接触的斜面除外，不能受到任何损伤。

B. 可以用软金属(如黄铜、紫铜)刮刀，清除掉阀球上的结垢物料，但不能使用钢制刮刀。细砂布也可用来清理阀球的表面。

C. 可以用软金属(如黄铜、紫铜)刮刀，清除掉阀座上的结垢物料，但与波纹管端面接触的斜面除外，这也是一个抛光面。在刮球面时，使用刮刀的刃面，而不许使用刀尖。阀体和阀顶盖上的所有表面都可以用刮刀清理，但在盘根和O形环的连接槽面、缠绕垫片的接触面上刮物料时，必须小心，以防在这些密封面上制造出新的泄漏通道。

D. 如果波纹管的端面有很浅的刮痕，也可在其表面进行非常轻微的抛光。与波纹管端面接触的其他配合面一样，两个部件之间的接触力不应大于波纹管的重量。不许用力压紧这些接触面，否则，将导致刮伤和擦伤。

E. 如果阀球和阀座表面上有导致泄漏的刮痕，用600#料抛光。在盘根区域中的阀杆应无任何刮痕。如有必要，使用细砂纸磨掉刮痕。磨完之后，再用布或软皮抛光，以防砂纸磨过的表面黏着石墨盘根。

F. 检查各键是否能在键槽内自由滑动，但过盈配合可使其不能自由运动。

G. 在阀球表面、波纹管各端面和与波纹管端面接触的各表面上，稍微涂上一层硫酸钼。在使用的螺纹上，稍微涂上一层抗黏着、耐高温的润滑剂。

7）组装

（1）将阀的入口作为支座，立起阀门。通过在阀杆中心的螺孔上安装一个吊耳螺栓，将经过润滑的阀球吊入阀体，达到正确的高度，即阀球上的孔位于出口孔之一的中心±1/16″。

(2) 将插入式阀套装入其法兰上，将波纹管装入阀套上。将衬里装入波纹管的内侧，并通过凹口，将其一直向下推到位，完全沉入孔中。

(3) 将阀座安装于波纹管上。

(4) 将上述预装好的组件吊入垂直竖立的阀套口内某一点处，同时从法兰端口，将手伸进去，托住抵在波纹管上的阀座。该组件的起重方法是：将吊耳螺栓拧入顶部的顶丝孔内，再用吊绳勾住吊耳螺栓头，与解体时的步骤相同。该组件在此位置上会自动平衡，很方便地即可滑入到位，将阀套的缠绕垫片装入阀套的筒体端，再将其滑到法兰表面内侧。

(5) 转动阀球，使其开口对准正在托着阀座的手，以便留出手的活动空间，以防压着手，直到阀座碰到阀球时为止。

(6) 将阀套、波纹管、衬里和阀座滑入阀体内，直到滑到位不能动为止。在此位置上，法兰的内表面距阀体面约有 0. 06in 的距离，用垫片保留住此间隙，套上阀体的两个固定螺丝，将阀套保持在位，但不许拧紧这些固定螺丝。

(7) 按上述步骤安装其余的两个阀套，并都留有 0. 06in 的间隙，套上所有的内六角固定螺丝。

(8) 逐步拧紧(每次拧半圈)所有 3 个阀套上的内六角固定螺钉，将阀套安装就位，可以通过观察 0. 06in 的间隙降低的均匀性，来检查拧紧过程的均匀性，当缠绕垫片被压紧时，此间隙应为 0. 02in；如果在此步骤中使用新的阀套垫片，而只用内六角固定螺丝，不能将槽中的垫片从其初始的 0. 125in 厚压紧至最终的 0. 100in。必须使用管线连接用的螺栓和螺帽，即用盲板法兰压住垫片，套上螺栓来压紧垫片，这样可保证垫片均匀受力。在拧紧的过程中，为确保波纹管正确对中以及安装到位，将手伸入阀套衬里，来摇动位于阀座处的内端。所有的法兰拧紧后，就需拧紧内六角螺栓。卸掉法兰，一次卸一个，拧紧内六角螺栓，以便使垫片均匀地压紧。

(9) 卸掉起吊工具。

(10) 将推力垫片置于阀球的顶部。注意：垫片的一面是光滑的，另一面是粗糙的，粗糙的一面向上，光滑的一面朝向阀球。

(11) 将顶盖缠绕垫片置于其安装槽内。

(12) 按解体时所做的标记，将顶盖装到阀体上，吹扫接管将处于正确的位置上。

(13) 装上螺帽，均匀拧紧，以便均匀地压紧垫片，拧紧后，顶盖的下侧应与阀体的上侧硬接触，不留任何间隙。

(14) 装上盘根，安装次序为：先装一个编织型盘根，然后一个模压盘根，接着为一个液封环，再装 4 个模压盘根，最后一个为编织型盘根。通过使用压盖端，将各盘根一次装到位。注意：各盘根的接缝应交错叠放。

(15) 在装完 4 个模压盘根之后，就应拧紧压盖，彻底挤压盘根，并为最后一个盘根压出安装空间。

(16) 安装最后一个盘根时，测量并确认是否有足够的安装空间，如果没有，再次挤压其他各个盘根。装好最后一个盘根后，不要拧紧压盖。

(17) 按解体时所做的标记，将连接件装回原位，确保各个键可其键槽内自由滑动，不要强行将连接件装上去。

(18) 按原位将阀支座装好。轻轻敲击位于连接件以上的支座各个侧面，将其安装到位。

使用不锈钢螺栓将支架和顶盖固定，但螺栓此时还不用拧紧。

(19) 在电动执行机构安装螺栓孔上放上不锈钢垫片。

(20) 按拆卸时的位置，将电动执行机构装到连接件上，确保键的抛光凸台位于外侧的顶部，使其通过执行器孔的顶部，装上所有的螺栓并拧紧。

(21) 准确地将电动执行机构支架拧紧于顶盖上。

8) 阀体测试

(1) 四通阀壳体水压测试。

A. 使用螺栓和垫片将四个盲板法兰拧到四通阀的四个口，需将所有的螺栓全部拧紧，并确保连接部分是清洁的。拧紧程度与管道连接时相同，因为插件支持螺栓不能承压，当阀门在冲压状态时，三个出口的盲板法兰螺栓必须保持全部拧紧状态。

B. 在吹扫蒸汽的法兰上安装盲板法兰，从三个阀体工艺管道出口中选取一个，在该出口的玻纹管内外(两个)蒸气吹扫法兰之间安装高压跨线以连通。

C. 将阀体(阀杆)处于垂直的位置，这样一来阀体吹扫蒸汽口处于最高位置，以便于在冲水的过程中有效的将空气排出。

D. 旋转阀球，使球的出口位于阀体工艺管道的两个出口之间且背对于有跨线的阀体工艺管道出口，目前球所处的位置加上跨线将保证阀腔内任何位置的压力均平衡，如不按上述方法做，当检测压力升高时将会破坏玻纹管。

E. 将进水管连接于任一个玻纹管外吹扫蒸汽口，将阀体内充满水，从所有的蒸汽吹扫口将空气排空，通过松开蒸汽吹扫口的盲板法兰以让水流出来排除空气，对于跨线端，当水流出松开端后赶紧拧紧松开的盲板法兰以让充满跨线。然后，当所有的空气都排出且水已从最高点流出后，再将所有法兰全部拧紧，注意在水压升高前，须将所有空气全部排空。

F. 将水压升高到2250psi($157kg/cm^2$)，并保压5min，阀体将无泄漏。盘根处允许泄漏，但当压力降至最高$100kg/cm^2$时，盘根将无泄漏。

(2) 四通阀阀座泄漏测试

A. 通过壳体测试后才可进行此测试。

B. 当阀门在冲压状态时，因为插件支持螺栓不能承压，三个出 口的盲板法兰螺栓必须保持全部拧紧状态。

C. 通过阀体蒸汽吹扫口或任一个玻纹管外吹扫口将水通入阀体内，将空气排空，并将所有的法兰拧紧。

D. 将阀杆处于垂直位置，将球的出口正对于任一个阀体出口，在这一出口位置时，则其他两个阀座将被检测，测试压力和允许最大泄漏量为。

低压——36psi($2.52kg/cm^2$)；允许最大泄漏量：0.9mL；

操作压力——72psi($5.04kg/cm^2$)；允许最大泄漏量：0.9mL；

高压——216psi($15.12kg/cm^2$)；允许最大泄漏量：0.9mL。

E. 在三个压力下每次测一次阀座的泄漏，泄漏量的测定是通过将被测阀座的玻纹管内吹扫法兰打开，用量杯测量。

F. 开启法兰，在壳体测试时存与球面与盲板法兰之间的水将先流出，将水全部放净后，再按以上压力分别升压，再通过量杯测试泄漏量，每次的测试时间分别为1min。

G. 对照 API 598 Modify 标准确认泄漏量合格。

H. 卸压，拆除测试配件设备。

9）四通阀校验

（1）四通阀回装。

（2）四通阀附件回装。

（3）吹扫蒸汽管线连接。

（4）电动执行机构接线。

（5）确认四通阀组态参数与备份参数一致。

（6）将电动执行机构就地远程旋钮置于就地位置。

（7）手动开关四通阀，使四通阀位于中间位。

（8）将电动执行机构就地远程旋钮置于停止位。

（9）用遥控器进入电动执行机构组态设定菜单，选择 d2（显示阀位）。

（10）将电动执行机构就地远程旋钮置于就地位置，就地开关阀门置于塔 A 位置，用遥控器将该位置设置为全开位；将就地开关阀门置于塔 B 位置，用遥控器将该位置设置为全关位。

（11）就地开关四通阀，确认四通阀动作是否正常，并做好校验记录。

10）四通阀回路试验

（1）确认四通阀电动执行机构远程/就地切换开关打到“REMOTE”位置。

（2）DCS 控制阀门开、关，看四通阀动作是否正常。

（3）按照装置回路试验档案进行回路试验并做好回路试验记录。

（4）具体回路试验规范及要求可参考本章第三节“回路试验”部分内容。

11）质量控制点

（1）电动执行机构组态参数检查备份。

（2）四通阀清理。

（3）阀体解体。

（4）四通阀组装。

（5）阀体测试。

8. 阀门定位器（喷嘴挡板式）

作为调节阀的信号控制执行中心，电气转换器、阀门定位器是调节阀的核心配件。由于智能仪表的广泛成熟应用，电气转换器已经基本被淘汰，阀门定位器也基本全部选用智能阀门定位器。

智能阀门定位器采用了集成数字电路控制元件与技术，但从原理上分基本有喷嘴挡板式和压电阀式两大类。压电阀原理智能阀门定位器，对仪表风的含尘量要求相对较低但会因阀位不稳定而经常排气，稳定性相对偏差。喷嘴挡板原理智能阀门定位器，控制及反馈精确精准，但对仪表风的含尘量含水量要求相对较高，耗气量也相对较大。下面以 FISHER 阀门定位器为例介绍其停工检修及校验维护工作。

1）技术准备

FISHER 阀门定位器现在统一为 6200 系列，模块化设计、直行程角行程通用，阀位反馈部分由原来的电位计原理改为霍尔感应非接触式位置检测变送（基本工作原理见图 3-62），其他在安装、自整定、校验、参数设定等方面均与传统的 DVC6000 系列相同。同时由于

DVC6000系列还有较多的使用，所以下面以DVC6000系列中较为常用的6010、6030为例介绍停工检修相关工作。

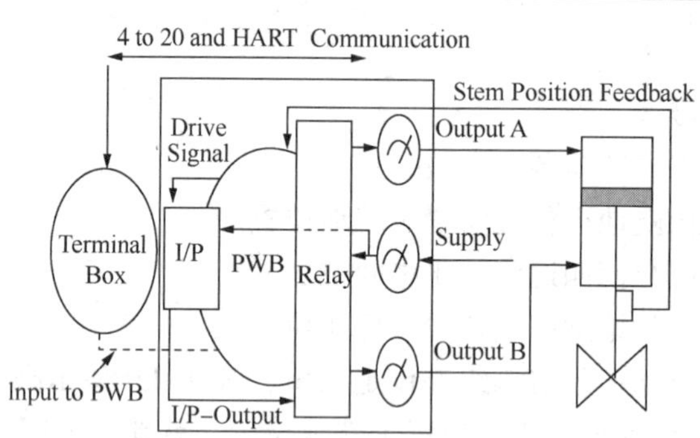

图3-62　DVC6200定位器工作原理简图

1—端子盒接收信号并传送到主板(PWB)；2—PWB比较控制信号与行程传感器来的反馈信号-计算误差；3—PWB调整传送到I/P电流信号，称作驱动信号；4—I/P移动挡板与喷嘴间隙建立调节后输出压力给放大器；5—调节后压力作用在放大器臂上打开和关闭供气阀；6—放大器输出到执行器；7—阀位由霍尔效应传感器测量；8—阀位传送到PWB；9—重复过程直到误差消除建立稳态

(1) DVC6000系列型号。

A. DVC6010型：用于直行程控制阀，阀杆行程为最大0~102mm(4in)，最小0~9.5mm(3/8in)。

B. DVC6020型：用于旋转式及长行程直行程控制阀，阀杆行程为最大0~606mm(4~24in)，转动角度为最小0~50°，最大0~90°。

C. DVC6030型：用于旋转式控制阀，转动角度为最小0~50°，最大0~90°。

D. DVC6040辐射场合使用。

E. DVC6015分体式设计，特殊场合使用。

(2) 构成。DVC6000系列定位器构成分解图见图3-63，基本工作原理与图3-62所示的DVC6200系列基本相同。

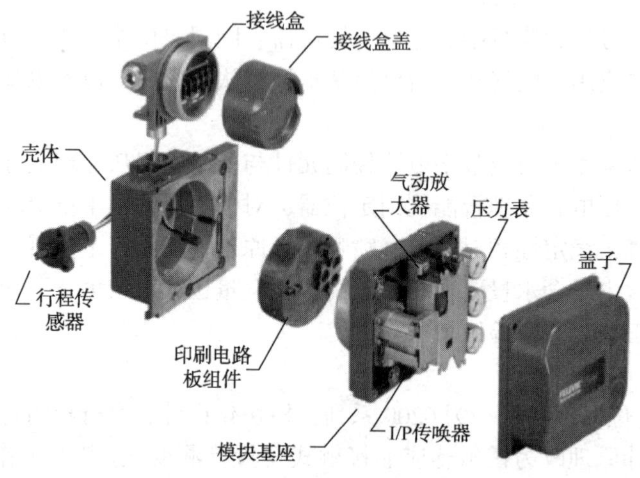

图3-63　DVC6000系列定位器分解图

2）检修准备

（1）开具合格的仪表检修作业许可证，确认维修的阀门已从工艺系统中隔离出来。

（2）佩戴合适劳保用品。

（3）检修工具齐全。各种尺寸呆扳手，各种尺寸活动扳手，万用表，375 或 475HART 通信设备，或运行 ValveLink 软件并通过 HART 调制解调器进行通信的个人电脑。

3）安装

（1）DVC6010 直行程阀门定位器的安装。

A. 定位器安装到定位器支架前，一定要将定位销装好，并确认阀门处于初始状态（故障状态），以保证定位器的零点与阀门的机械零点相对应。执行机构为反作用时（气开式 FC），定位销安装在标记为“A”的定位孔中；行机构为正作用时（气关式 FO），定位销安装在标记为“B”的定位孔中。

B. 将定位器按照调节阀原固定位置固定好后，安装定位器反馈杆。此时将阀门的开度调到 50%的位置，然后连接定位器反馈杆和阀门反馈杆，此时，定位器反馈杆应该处于水平位置。

C. 反馈杆连接位置，必须动作灵活，但相互之间又必须接触紧密、牢固，不能存在间隙或松动，否则会造成调节回差。

D. 检查定位器的气源管线，根据调节阀的正反作用方式，确认气路连接正确。

E. 定位器的气源压力，必须与调节阀的压力要求相适应。尤其是双作用定位器，多数用于大口径、气缸式的阀门上，这些阀门对气源压力的要求各不相同，因此，在安装时需要仔细核对阀门对气源压力的要求，确认适当的定位器气源压力。

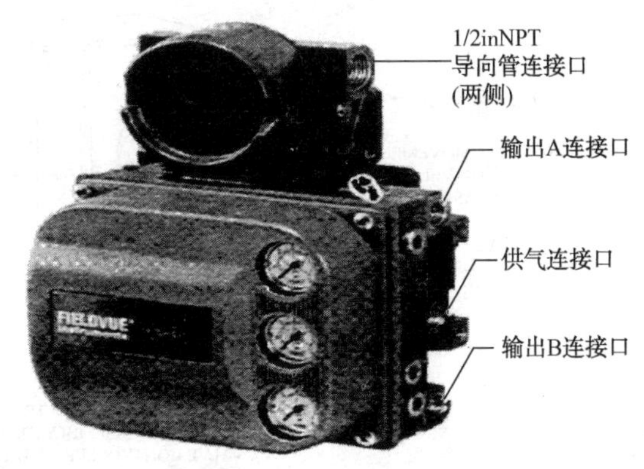

图 3-64 DVC6030 外形图

（2）DVC6030 角行程阀门定位器的安装。DVC6030 角行程阀门定位器外形图见图 3-64。

A. 释放阀门内的过程介质，关闭至执行机构的所有压力管线，释放执行机构压力。

B. 如果定位器输出口 A 压力增加使得行程指示器组件顺时针方向旋转（从定位器背面看），则将行程指示销定位在 10∶30 的位置（见图 3-65）。

C. 如果定位器输出口 A 压力增加使得行程指示器组件逆时针旋转（从定位器背面看），则将行程指示销定位在 7∶30 的位置（见图 3-66）。

D. 气路检查等其他要求参考 DVC6010 安装步骤介绍。

4）校验

确认定位器支架、反馈杆、仪表风线和电缆接线安装完成，连接 475 HART 通信器进行调试：连接到接线盒里的 LOOP（回路）+和 LOOP（回路）-接线端子或 TALK（通信）+和 TALK（通信）-接线柱上，即可与 DVC6000 系列通信。

（1）Configuration Protection（组态保护）。为了设置和校验仪表，必须通过 HART 通信器把保护设定为 None(无)。DVC6000 在出厂时组态保护都设定为 None(无)。如果保护不在 None(无)状态，要改变保护，需要跳线跨接接线盒的辅助端子，可以按以下步骤取消保护：

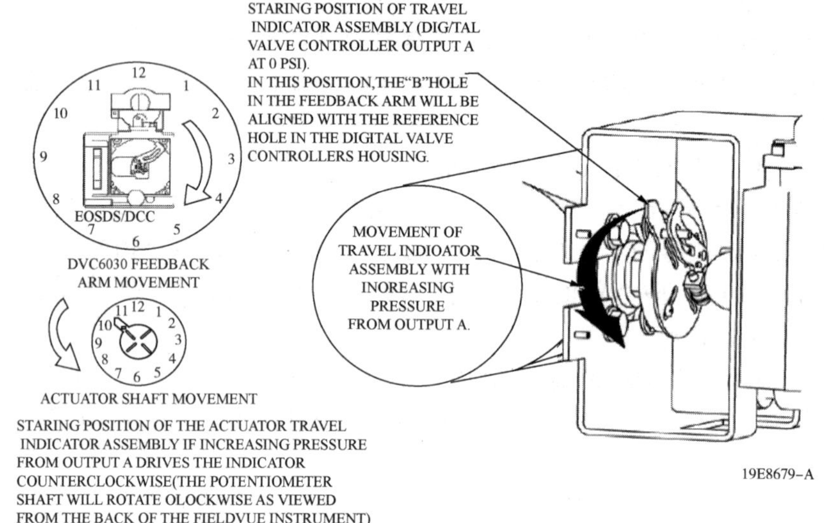

图 3-65　DVC6030 行程指示销 10：30 位置定位图

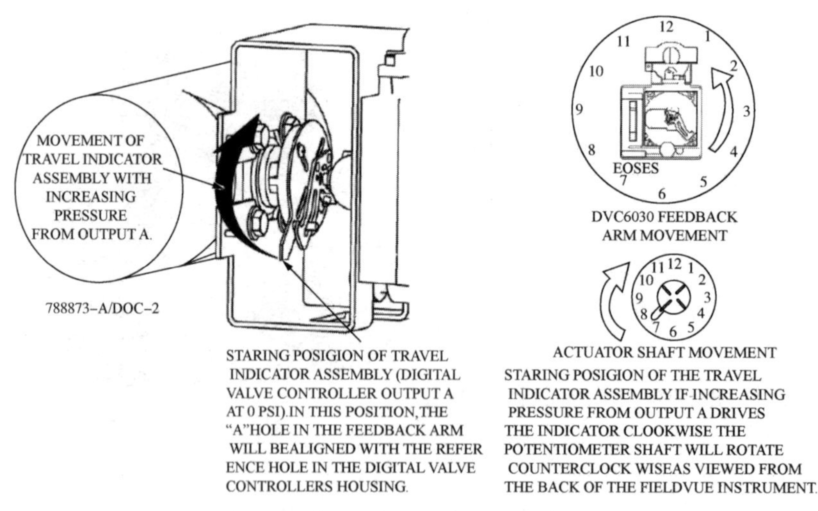

图 3-66　DVC6030 行程指示销 7：30 位置定位图

A. 把 4~20mA 信号源连接到定位器上。

B. 把 HART 通信器连接到定位器上并把它开启。

C. 按 HART 通信器上的热键，并选择 Protection(保护)。

D. 从 Protection(保护)菜单里选择 None(无)。当 HART 通信器有提示时，临时把跳线跨接到定位器接线盒内的辅助端子 AUX+和 AUX-上。

E. 如果 Aux Terminal Mode(辅助端子模式)已设定为 Auto Travel Calibration(自动行程校验)，应确保跳线仍然跨接在辅助端子上，直到 HART 通信器提示用户将其取走，但移走跳线太快会使得定位器进行自动行程校验。

(2) Instrument Mode(仪表模式)。为了设定和校验仪表，Instrument Mode(仪表模式)必须选择 Out Of Service(非投用状态)，当调试完成后，Instrument Mode(仪表模式)必须改回 In Service(投用状态)。

(3) Control Mode(控制模式)。控制模式选择输入信号为：analog(模拟信号)。

(4) 压力单位换算。参考的转换公式为：100kPa≈1bar；100kPa≈14. 511psi

(5) Tuning Set(整定参数值)。整定参数中有 11 组整定参数可供选择。整定参数 C 提供最慢的响应，而 M 提供最快的响应。整定参数设置可以参考表 3-66 推荐的整定参数，也可以选用 User Adjusted(用户调整)或 Expert(专家整定)，自行设置整定参数。定位器预选整定参数的增益值见表 3-66。

表 3-66 DVC6000 系列定位器默认整定参数的增益值

整定参数	比例增益	速度增益	小回路反馈增益
C	4. 4	3. 0	35
D	4. 8	3. 0	35
E	5. 5	3. 0	35
F	6. 2	3. 1	35
G	7. 2	3. 6	34
H	8. 4	4. 2	31
I	9. 7	4. 8	27
J	11. 3	5. 6	23
K	13. 1	6. 0	18
L	15. 5	6. 0	12
M	18	6. 0	12

(6) 根据控制阀配置执行机构型号设置整定参数。表 3-67 为示例的 FISHER 执行机构容积及推荐整定参数值，具体的整定参数可根据不同的控制阀及执行机构技术参数进行设置。

表 3-67 FISHER 执行机构容积及推荐整定参数

容积/L	行程/mm								整定参数
	11	16	19	29	38	51	76	102	
30	0. 378	0. 54	0. 64						H
34、40	0. 534	0. 763			1. 85				K
45、50						3. 82			L
46、60、76						5. 53			M
70、87								15	M
80							14. 5		M
100(657)								27. 33	M
100(667)								29. 5	M

(7) Relay Adjustment(放大器的调整)。校验之前先检查气动放大器的调整。检查气动放大器的调整可选择 Relay Adjustment(放大器的调整),然后按照 HART 通信器显示的提示操做。

A. 单作用执行机构。单作用执行机构用数字式阀门控制器,须确保调整圆盘紧靠在梁上,对于单作用反作用式数字式阀门控制器,气动放大器已在工厂调整好,无须重调。

B. 双作用执行机构。双作用执行机构,阀门开度靠近行程中点位置才能正确调整放大器。选 Relay Adjustment(放大器的调整)时,HART 通信器会自动地将阀门定位。旋转气动放大器旋转盘,直到 HART 通信器上显示的输出压力位于 60%~80%(50%~70%)的气源压力处。放大器的调整非常敏感,再次调整前应该让压力读数稳定下来(稳定过程最多 30s,较大的执行机构需要更多的时间)。

注意把 A 型放大器从单动作装换成双动作装需要将调整盘向"+"方向(增加输出压力)旋转好几圈。最初几圈不会产生任何输出压力变化,当接近正确位置时只需要一点点旋转,输出 A 和 B 的压力就会开始快速改变。观察输出压力表确定正在接近正确位置,避免过分旋转调整盘。如果没有压力表,可以聆听放大器排气声音改变,感觉正在接近正确位置。

(8) Auto Calibrate Travel(自动校验行程)。Feedback Connection(反馈连接)分 SStem-Standard(直通式-标准型)、Rotary-All(旋转式-全部)、SS-Roller(直通式-滚轮型)3 种。对于 SStem-Standard Feedback Connection(直通式-标准型反馈连接)的阀门初次校验行程推荐选择 Manual(手动)调整。

A. 选择交叉点调整方法:推荐使用 Manual(手动)调整。如果选择 Manual(手动),用户会被要求选择一个信号调整源:Analog(模拟)或 Digital(数字)。

B. 选用 Analog(模拟)作为交叉点调整源,HART 通信器会提示用户以下信息:"Adjust the current source until the feedback arm is at thecrossover point. Then press ok. (调整 4~20mA 电流源,直到反馈臂与执行机构成 90°,按 OK)"。

C. 自动校验的其余部分是自动进行的。当 Calibrate(校验)菜单出现时校验就完成。

D. 恢复到 In Service(投用状态),并检验行程是否正确地跟随电流源的变化。

(9) 完成设置和自动校验后,阀门不稳定或不灵敏,可以从 Auto Setup(自动设置)菜单里选择 Stabilize/Optimize(稳定/优化)来改善阀门性能。

(10) 行程传感器的调整。行程传感器通常已经在制造厂调整过,一般不需要调整。如行程传感器被更换或被旋转过后,则需要调整行程传感器,具体步骤如下:

A. 卸掉气源并从执行机构上卸下定位器。

B. 通过定位销插入反馈臂上标记为 A 的孔来定位反馈臂与壳体间的位置,把定位销全部旋进壳体上的螺丝孔中。

C. 松开使反馈臂紧固到行程传感器转轴上的螺丝,定位反馈臂,以使其表面与行程传感器转轴末端齐平。

D. 连接电流源到仪表的 LOOP+和 LOOP-端子,设定电流源为 4~20mA 的任何值,连接 HART 通信器到 TALK 端子。

E. 在开始行程传感器调整之前,把仪表模式设置为 Out Of Service,Protection(保护)为

None。

F. 从 Calibrate(校验)菜单，选择 Tvl Senser Adjust(行程传感器)，依照 HART 通信器显示的提示的提示把行程传感器计数调整到对应的数值。

G. 定位器行程传感器计数数值参考值如下：

DVC6010：600±150；DVC6020：1950±150；DVC6030：600±150。

H. 观察阀行程传感器计数的同时，旋紧把反馈臂紧固到行程传感器转轴上的螺丝。必须确保行程传感器计数保持在允许范围之内。

I. 从定位器上卸下 HART 通信器和电流源。

J. 取走定位销，并放回定位器壳体内。

K. 把 DVC6000 系列阀门控制器安装到执行机构上。

(11) 定位器自整定。自整定菜单：Configure/Setup→Calibrate/Setup→Travel Calibration→Auto Tvl Calib，自整定完成将仪表模式(Instrument Mode)改为投用状态(In Service)校验结束。

(12) 用信号发送器现场给定 4～20mA 信号进行控制阀单校，确认定位器安装校验良好。

5) 检查检修

(1) 仪表风系统检查。

A. 通过排放检查确认仪表风含尘量满足要求。

B. 检查清理过滤器减压阀滤芯或滤网，确认仪表风不带水。

C. 气源球阀至定位器气路连接良好、无漏点。

(2) 定位器及附件外观检查。

A. 定位器外观良好，无损伤、无漏点。

B. 定位器压力表指示正常，如果故障需按检修计划更换。

C. 定位器外壳及接线盒密封良好，内部端子接线紧固、无锈蚀。

D. 定位器液晶显示屏指示正常。

(3) 故障处理。

A. 如果校验后发现阀门动作太慢或超调过大，可用 Performance Tuner(性能优化整定)，获得比较优化的整定参数，使得阀门取得很好的控制性能，优化前将仪表模式(Instrument Mode)处于非投用状态(Out of Service)，优化完成后改为 In Service 状态。

用 475 进入菜单 Configure/Setup→Basic Setup→Performance Tuner，根据执行机构实际配置，决定是否要选择 Quick Release Valve(快排阀)或 Volume Booster(增压器)。接下来定位器会自动寻找一组针对该阀门的优化整定参数。一般来说，性能优化整定需要 3～5min 可以完成，对于较大的执行机构，优化整定所需时间会更长，优化完成后 475 会出现优化推荐的参数，点击 OK 后再重新自整定。

B. 在自整定完成后，若发现阀门运行仍然不稳定或有振荡，可运行 Stabilize/Optimize(稳定/优化)来改善阀门运行状况。优化前将仪表模式(Instrument Mode)处于非投用状态(Out of Service)，优化完成后再改为 In Service 状态。

用 475 进入 Configure/Setup→Basic Setup→Stabilize/Optimize，若阀门动作不稳定，选择

Decrease Response 以稳定运行，若阀门响应很慢，则选择 Increase Response。

若选择 Decrease Response 或 Increase Response 阀门出现超调，可选择 Increase Damping（增加阻尼）来减小超调，也可选择 Decrease Damping（减少阻尼）来增加超调。修改完成后重新进行自整定。

C. 其他故障。其他定位器参数优化故障，可以类似地连接 475 检查判断处理。如果参数设置优化均正确，则进一步从定位器的安装或现场气路、信号回路系统查找排查处理。

6）质量控制点

（1）定位器的安装（尤其是初始定位）。

（2）定位器现场自整定。

（3）气路连接、线路绝缘和接线检查。

（4）格兰及定位器壳体防水密封检查。

9. 阀门定位器（压电阀式）

西门子 SIPART PS2 系列智能阀门定位器为压电阀原理定位器的典型代表，安装、调试简单，对仪表风的要求相对较低；直行程和角行程均可使用，只需配置不同安装配件即可。

1）检修准备

（1）开具合格的仪表检修作业票，确认作业安全环境，确认维修的阀门已有效隔离。

（2）佩戴合适劳保用品。

（3）检修工具齐全。

2）安装

（1）确认调节阀定位器安装位置。

（2）安装加紧组件。

（3）通过六角螺钉拧紧加紧组件。

（4）安装“安装固定板”。

（5）安装定位器反馈杆。

（6）安装定位器。

调整 NAMUR 杆上的行程刻度与调节阀的行程对应（对应关系见表 3-68），推动杆上驱动销钉的位置，到达额定冲程的位置或更高的一个刻度位置后，用螺帽拧紧驱动销钉。

表 3-68　杠杆比率开关与调节阀的行程对应关系

行　　程	杆	比率开关位置
5~20mm	短	33°（及以下）
25~35mm	短	90°（及以上）
40~130mm	长	90°（及以上）

A. 检查确认定位器、反馈杆、阀杆三部分形成负反馈。检查检验确认的方法为：手动转动反馈杆，若阀杆的动作方向与反馈杆的动作方向相反，则说明形成闭环负反馈。此时，将调节阀阀位调至 50%并使反馈杆处于水平位置，然后将反馈杆和阀杆固定，则定位器工作在最佳线性段，安装完成。

B. 安装定位器输入输出气路管线。

C. 连接定位器信号线。

3）定位器初始化

根据不同的应用场合，定位器装配后必须与执行机构相适应(初始化)。初始化可用以下三种方式进行，但通常均采用自动初始化方式。

(1) 自动初始化。自动初始化，通常称做自整定，即按下自整定按钮，定位器自行调整设定定位器顺序测定作用方向，行程或转角、执行器的行程时间，并分配执行器动态工况时的控制参数。

(2) 手动初始化。执行机构的行程或转角可用手动调整，其余参数同自动初始化一样自动测定。

(3) 复制初始化数据(定位器置换)。因 PS2 定位器标配 HART 功能，其初始化数据可以从被置换定位器读出并传送到置换定位器。初始化前，对定位器设置很少参数。其余参数为缺省值，具体方法如下：

A. 从被置换定位器到置换定位器的数据传输需要通过 HART 通信接口完成。

B. 从被置换的定位器中，通过 HART 通信器和存贮器中读出装置参数和初始化数据。

C. 固定执行器在通常开度。

D. 从被置换的定位器的显示中读出当前位置值并记录。

E. 拆下定位器，安装定位器杆臂到置换装置上，安装置换定位器的附件，送置传送速率选择开关与故障装置相同的位置。读出装置数据和来自 PDM 或 Handheld 的初始化数据。

F. 如果显示的当前值与从故障定位器记录的值不一样，用磨擦夹紧装置调出正确值。

G. 定位器置换完成，但与正常初始化的定位器相比，精度和动态特性有限，特别是硬件停的位置和相应工作数据会显出偏差，因此最好找机会重新进行自动初始化。

4）直行程定位器自整定

(1) 初始化(自整定)准备。

A. 定位器送电、接通气源。

B. 现在定位器处于“P manua1”方式。在显示屏上一行显示当前电位计的百分比值(P)，例如“P 37.5”，显示屏下行“NOINI”在闪烁。

C. 通过 △和 ▽键移动执行机构达到开关的极限位置，来检查机械装置是否可在全部调整范围内自由移动。

D. 移动执行器，使阀杆达到水平位置，显示屏将显示一个介于 P48.0 到 P52.0 之间的值；如果不是，调整磨擦夹紧单元，直到杆水平并显示“P50.0”时。

(2) 自动初始化。正确移动执行机构，离开中心位置，开始初始化。

A. 下按方式键 5s 以上，进入组态方式，显示。

B. 通过短按方式键，切换到第二参数，显示33°或90°，注意这一参数必须与杠杆比率开关的设定值相匹配(33°或90°)。

C. 用方式键 切换到下面显示，如果初始化完成后，计算的阀门行程量需要用mm表示，这一步必须设置，为此需要在显示屏上选择与刻度杆上驱动钉设定值相同的值。

D. 用方式键 切换到如下显示。

E. 下按△键超过5s，初始化开始，显示如下。

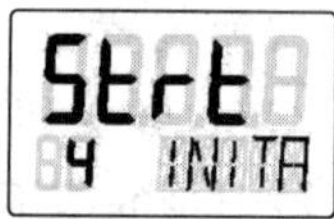

F. 初始化进行时，“RUN1”至“RUN5”一个接一个地出现于显示屏下行，初始化过程依据执行机构不同，最多可持续15min。

G. 有下列显示时，初始化完成。

H. 采用短促下压方式按键 后，出现显示。

通过下按方式键超过5s，退出组态方式。约5s后，软件版本显示，在松开方式键时，定位器已经处于手动方式。

5）角行程定位器自整定

(1) 初始化准备。

A. 调整定位器切换杠杆比率开关为90°(通常对角行程执行机构调整角度)。

B. 给定位器提供气源。

C. 连接适当的电流或电压源。

D. 定位器现处于“P manual”方式。显示屏上行，显示当前电位计(P)的百分比值，例如："P37.5"，下行"NOINI"在闪烁。

E. 用△和▽键调整执行机构到开关极限位置，自由移动至全部设定范围。

（2）自动初始化。通过正确调整角度，移动执行机构离开中心位置，开始自动初始化。

A. 下按方式键 超过5s，进入组态方式，显示：

B. 用▽键调整到"turn"，显示：

C. 用短按方式键切换到第二参数。第二参数自动设在90°，显示：

D. 用方式键 切换到显示：

E. 下按△键超过5s，初始化开始。

初始化进行时，"RUN1"至"RUN5"顺序出现在显示器下行，执行机构不同，初始化最多可持续15min。

F. 下列显示出现时，初始化完成：

G. 上行值是执行机构旋转的全部角度值（如93.5°），短按方式键 后显示：

H. 下按方式键 超过5s，退出组态方式。大约5s后显示软件版本。松开方式键，定位器重新处于手动方式。

6）检查检修

（1）仪表风系统检查。

A. 通过排放检查确认仪表风不含尘、不带水。

B. 检查清理过滤器减压阀的滤芯或滤网。

C. 气源球阀至定位器气路连接良好、无漏点。

（2）定位器及附件外观检查。

A. 定位器外观良好，无损伤、无漏点。

B. 定位器压力表指示正常，如果故障需按检修计划更换。

C. 定位器外壳及接线盒密封良好，内部端子接线紧固、无锈蚀。

D. 定位器液晶显示屏指示正常。

（3）故障处理。

A. 定位器振荡。可能与定位器的死区设置过小有关，虽然定位器死区越小调节精度越精确，但会造成压电阀、反馈杆等动作部件动作过于频繁而喘振。但修改定位器死区后需要重新自整定。

另外，定位器振荡可能与定位器气路管线或调节阀执行机构漏气有关。

B. 初始化过程中常见故障。自动初始化过程中，常见的故障及处理见表3-69。

表3-69　PS2定位器初始化过程中常见故障及处理

故障描述	原　因	处理办法
SIPART PS2 停在 RUN1	初始化从最后停止开始 最大反应时间1min，无等待 网络压力没连上或太低	最多1min，需要等待时间 不要从最终停时开始初始化 确认网络压力
SIPART PS2 停在 RUN2	传送速率选择器 检查设置与真实冲程不相符 杆上冲程设定不正确 压电阀没有切换	检查杆的冲程设置
SIPART PS2 停在 RUN3	执行机构定位时间太长	完全打开限流器或调整压力PZ(1)到允许最高值
SIPART PS2 停在 RUN5，没达到FINISH(等待时间>5min)	定位器、执行机构、配件装配原因	直行程执行机构： 检查耦合轮双头螺栓安装； 角行程执行机构： 检查杆在定位器轴上的安装； 校正执行器与配件间的其他安装

C. 外部原因故障。因仪表风粉尘含量高、安装问题等正常的故障及处理见表3-70。

表3-70　PS2定位器外部原因故障及处理

故障描述	原　因	处理办法
PS2显示屏上CPU测试闪烁(每2s)；压电阀不切换	支管中有水(由湿压缩空气产生)	可用干空气分步操作校正
执行机构在自动或手动方式不能移动或只在一个方向移动	支管含水	

续表

故障描述	原　因	处理办法
压电阀不切换[手动方式按压(+)(-)键时无轻微咔哒声]	盖板与阀支管间螺钉不紧或卡住	拧紧螺钉或将卡住处放松
	阀支管脏(充满颗粒)	(过滤器可置换或可清洗)
	强振动连续受力的磨损产生沉积物	阀支管接点弹簧背面有空隙时，用乙醇清洗接点表面

D. 压电阀故障。各种原因造成的压电阀故障及处理见表 3-71。

表 3-71　PS2 定位器压电阀故障及处理

故障描述	原　因	处理办法
执行器不能移动	压缩空气<1. 4bar	调整进口压缩空气>1. 4bar
压电阀不能切换[虽然在用手动方式按(+)(-)键时可听到柔软的咔哒声]	限制器向下关闭(螺钉在右端停止)	打开限制器螺钉转向左端
	阀支管脏	用带过滤器的新装置
一个压电阀经常在固定的自动方式(固定设定点)和手动方式	定位器，执行机构气路系统泄漏，在 RUN3 开始检验(初始化)	整修执行机构和气源管漏点； 如果执行机构和气源管未受损，返厂维修或更换新装置
	阀支路脏(见上述点)	整修执行机构和气源管漏点； 如果执行机构和气源管未受损，返厂维修或更换新装置

E. 自动、手动切换过程故障。定位器手动方式和自动方式切换过程常见故障及处理，见表 3-72。

表 3-72　PS2 定位器自动、手动切换过程故障故障及处理

故障描述	原　因	处理办法
两个压电阀经常交替切换在固定的自动方式(固定设定点)，执行机构绕中心点摆动	配件填料盒上的静态磨擦力或执行机构太高	减少静态磨擦力或 PS2 的死区(参数 dEbA)，直到摆动停止
	执行机构、定位器、配件的操作	直行程执行器： 检查耦合轮柱、螺钉的安装； 角行程执行器： 检查杆在定位器轴上的安装； 校正执行器与配件间其他安装
	执行机构太快	通过限制器螺钉增加定位器时间 如需要快的定位器时间，则增加死区(参数 dEbA)直到摆动停止
SIPART PS2 不能驱动阀升到终端位置(20mA 时)	供压太低 调节器负载太低或系统输出太低；需要可提供的负载	增加供压 介质负载改变 选择 3/4 线制操作

F. 其他故障。其他类似零点漂移等常见故障及处理见表 3-73。

表 3-73　PS2 定位器其他故障及处理

故障描述	原　因	处理办法
零点偶然漂移(>3%)	通过碰撞和冲击发生这样高的加速度，磨擦夹紧单元位移(例如蒸汽喷射在蒸汽管线上)	断掉这种情况 定位器重新初始化 安装加固的磨擦夹紧单元

续表

故障描述	原　因	处理办法
功能全部断掉：无显示	不合适的电源供应	检查供电
	经过振动有非常高的连续的压力时，会发生： 电气端子螺钉脱落 电气端子/电气模块被震脱落	上紧螺钉，用(密封胶) 返厂维修 防护：SIPART PS2 安装在橡胶材料上

7）质量控制点

（1）定位器的安装。

（2）定位器现场自动初始化。

（3）气路连接、线路绝缘和接线检查。

（4）格兰及定位器壳体防水密封检查。

10. 电磁阀

电磁阀是利用电磁力的作用推动阀芯换位，以实现气流或液流换向的阀类。通常是由电磁控制部分和换向部分(主阀)两部分组成。按照电磁阀控制部分对换向阀推动方式的不同，可分为直动式电磁阀和先导式电磁阀；按使用的电压分，可分为交流、直流两类；按润滑方式，可分为油雾润滑和不需油润滑等；按电控线圈的数量，可分为单电控电磁阀和双电控电磁阀；按照电磁阀介质接口和流路，可分为二位直通、二位三通及二位五通电磁阀等。与控制阀配套使用的电磁阀，最常用的为二位三通电磁阀和二位五通电磁阀。

作为控制阀的重要附件，电磁阀直接关系到控制阀的紧急开关，应该作为停工检修的重点工作安排。

1）检修准备

（1）开具合格的仪表作业许可证，确认作业安全环境。

（2）佩戴合适劳保用品。

（3）检修工具齐全。

2）检查检修

（1）外观及格兰密封检查，排除进水隐患。

（2）电磁阀供气质量检查确认，确保气源符合指标要求。

（3）气路管线、接头试漏密封及完好性检查。

（4）检查电磁阀排气口是否进水、进尘。

（5）电缆外观检查及绝缘测试。

（6）供电电压检测检查。

（7）电磁阀开盖密封检查及老化密封圈更换处理。

（8）电磁阀开盖接线端子紧固性及除锈检查处理。

（9）电磁阀开盖线圈电阻及性能测试检查处理。

（10）电磁阀通电测试，线圈温度无异常。

3）故障处理

电磁阀检修后应送电测试并处理各种故障隐患。

（1）通电后产生噪声。通电后产生噪声，一般为内部进入杂质，导致电磁阀的铁芯不能正常吸合(由于电磁阀长期使用后颗粒较小的杂质可能堆积在电磁阀内部而导致)，清除杂质后即可继续使用。下面以二位五通电磁阀为例介绍清理杂质的步骤：

A. 断电后将电磁阀解体。

B. 清除阀芯(滑动铁芯)上部平面上的杂质，如有凹凸不平的地方，使用砂纸打磨。

C. 用仪表风清理吹扫电磁阀内部气路。

D. 回装阀芯。

除此之外，通电后产生噪声的原因还可能有：电源电压交、直流错误，电磁阀安装方向反、电磁阀弹簧松动或变形。

（2）通电不动作。

A. 无电源电压、电源电压压降过大、供电电压不正确。

B. 电磁阀线圈坏——线圈电阻短路或断路。

C. 杂质卡死或堵塞。

D. 气体流量过小。

E. 电磁阀密封件损坏。

（3）内漏。

A. 杂质卡死或堵塞。

B. 电磁阀进口风压过小或过大。

C. 电磁阀进出装反。

D. 电磁阀密封件损坏。

（4）外漏。

A. 密封件老化。

B. 阀体损坏。

（5）温度异常。

A. 电磁阀线圈故障。

B. 电源电压异常。

C. 电磁阀负载发生异常。

（6）误动作。

A. 电磁阀接线头松动或脱落。

B. 电磁阀线圈断。

C. 电源中断或电压过低。

D. 气源中断。

E. 电磁阀内部弹性元件失效。

4）质量控制点

（1）电磁阀格兰密封检查。

（2）电磁阀阀盖密封圈密封检查。

（3）电磁阀气路清理。

（4）电磁阀线圈测试。

11. 阀位开关

与控制阀配套使用的阀位开关，通常有外置式限位开关和一体式阀位开关。

外置式限位开关的开关阀通常配置机械式全开、全关位置开关，常用型号为霍尼韦尔的LSXA3K-1A。机械式阀位开关性能稳定，常见故障多为接线端子锈蚀，基本为格兰及阀位开关自身不密封进水造成，检查、检修、处理相对简单，就不再专门介绍。

一般防喘振控制阀还配置光电感应式阀位开关。该类型开关应用量少、故障率低，因此也不专门介绍。下面仅就开关阀一体化安装的阀位开关做简单介绍，其他类型阀位开关的停工检修可以参考执行。

1）检修准备

（1）开具检修作业票，并确认现场作业环境安全。

（2）确认现场仪表(控制阀及阀位开关)停电，具备检修作业条件。

（3）佩戴合适劳保用品，准备好所需防爆工器具。

2）外观及线路检查

（1）检查确认阀位开关外观有无损坏或异常。

（2）检查接线盒密封及格兰密封情况。

（3）检查接线端子、接线鼻子有无松动锈蚀或水渍，并紧固或更换。

（4）检查线路绝缘是否良好，用500V兆欧表检查芯间、芯线对地绝缘电阻大于20MΩ。

3）检查测试

控制阀阀位开关，关键部件为控制阀连接件和触点开关；与控制阀的连接件(通常称为连接轴)通常状况良好，停工检修时只做外观检查即可，作为检测部件核心的触点开关是检查检修的重点。对于控制阀阀位开关的停工检修，一般不需要将阀位开关整体拆下检修，只需要将阀位开关外壳打开检查测试触点开关(或称微动开关)状况即可。

阀位开关配置的触点开关，通常有三种，一种为机械式干接点位置开关，另一种为电磁感应式接近开关，部分控制阀阀位开关内配置磁感应式接近开关。

（1）根据需拆除的阀位开关对应的控制阀位号查找相应端子，确认阀位开关已经断电。

（2）光电感应接近开关探头的有效检测距离为1~2.5mm；在有效检测范围内，将金属物体靠近探头，用万用表测量其NO/NC触点，触点能够正常翻转。

（3）磁感应式接近开关在距离感应探头1.5mm左右的位置处使用铁片遮挡探头，检测对应接近开关NO/NC触点有无变化。

（4）如果内部触点开关为机械式干接点位置开关，可以手动拨动位置开关触碰臂，检测对应NO/NC触点输出有无变化。

（5）按照最新版SH/T 3543《石油化工建设工程项目施工过程技术文件规定》中的规定要求和格式记录校验数据。

4）故障维修更换

（1）现场检查测试控制阀阀位开关内部触点开关故障损坏的，相应更换备用触点开关。

（2）阀位开关晃动或不到位，应调整、固定或更换阀位开关连接轴。

（3）外壳损坏无法修复的阀位开关，需要整体更换。

（4）进线口格兰或格兰密封圈老化的，根据情况更换。

（5）故障处理完毕，在现场允许的情况下，阀位开关回路送电回路试验检查。

5）质量控制点

（1）阀位开关内部触点开关及接线端子的检查测试。

（2）格兰及阀位开关外壳防水密封检查处理。

五、辅助系统

1. 仪表风系统

仪表风系统是控制阀、反吹风仪表（利用氮气做反吹风的除外）的动力源泉，尤其是仪表风系统带水、杂质含量高等隐患对现场仪表影响较大，甚至存在联锁停车事故威胁；其他类似正压通风的保护用风则要求仪表风压力平稳。因此，应当重视仪表风系统的检查、检修，下面就仪表风系统基本的系统化检查、检修要点做简要说明。

1）仪表风质量检查

（1）露点。仪表风不能带水，仪表风在操作压力下的露点温度，应比装置所在地的历史上年极端温度至少低10℃。停工检修时，从装置仪表风罐出口和装置仪表风管线末端分别取样化验仪表风露点；在控制阀单校前分别从装置仪表风罐处排凝、装置仪表风管线末端排放，确保仪表风干净和不带水。

（2）含尘。装置仪表风管线末端出口处含尘颗粒直径应小于3μm，含尘量应小于1mg/m^3；装置仪表风管线末端排放一段时间后，用干净的白纸或白布检验仪表风的含尘量。

（3）油分含量。查看空压机出口仪表风化验分析报告，油分含量应小于10mg/m^3（8ppm）。

（4）污染物。通过装置仪表风管线末端及关键用风点排放和分析检测，确定仪表风中不含有易燃、易爆、有毒、有害及腐蚀性气体（或蒸气）。

（5）压力。进装置仪表风压力通常为0.7MPa（G），检查确认装置仪表风罐入口压力不低于0.6MPa（G），装置仪表风管线末端压力不低于0.4MPa（G）。

2）供风系统检查

（1）仪表风系统隐患排查。

A. 装置仪表风罐入口是否有过滤器，过滤器是否清理干净。

B. 装置仪表风罐出口单向阀是否设置，是否运行正常。

C. 装置仪表风罐是否有低点排凝。

D. 装置仪表风管线末端是否有排放阀和排放点。

E. 仪表风管线布置是否合理、规范。

F. 是否存在多用风点集中控制隐患。

（2）仪表风管线隐患排查。

A. 仪表风主管线、分支管线连接是否合理，是否存在漏点。

B. 所有仪表风管线螺纹连接或卡套连接点用肥皂水试漏。

C. 检查仪表风管线是否存在腐蚀、变形等异常。

（3）气源球阀隐患排查。

A. 检查气源球阀开关是否正常。

B. 检查气源球阀手柄是否存在误动作隐患。

C. 检查气源球阀是否内漏。

(4) 空气过滤器减压阀隐患排查。

A. 检查过滤器减压阀是否完好。

B. 检查过滤器减压阀调节是否正常。

C. 检查过滤器减压阀是否有漏点。

D. 检查过滤器减压阀是否清洁，是否需要清理或更换滤芯(或滤网)。

E. 检查是否使用了带玻璃杯的过滤器减压阀。

3) 仪表风使用点检查

(1) 控制阀。主要的用风点有阀门定位器、电磁阀、气动执行机构等，按照控制阀类型及对仪表风压力、含尘颗粒的不同要求抽样检查确认，一般在控制阀单校时再逐台检查确认仪表风压力是否合适以及是否存在漏点。

(2) 气动执行机构带储气罐。气动执行机构带储气罐属于压力容器，应配有安全阀、压力表，储气罐入口带单向阀。停工检修可按照储气罐台账逐一按检查：安全阀、压力表等配件是否齐全、合格、完好，仪表风气路及储气罐是否存在漏点，储气罐入口过滤器减压阀是否清洁完好。

(3) 反吹风仪表。地下污油罐液位测量、催化两器反吹风仪表等反吹类仪表风应用，应根据具体情况检查仪表风是否干净、稳定、无漏点。

(4) 正压防爆。正压通风防爆控制柜用仪表风，重点检查仪表风压力稳定、无漏点。

(5) 吹扫用风。个别工艺、设备需要的吹扫用仪表风，重点检查仪表风管路是否畅通，压力是否合适。

(6) 气动仪表。基本已经取消了气动仪表，但类似汽轮机氮气调节器等极个别地方可能还有气动仪表，原则上检修时取消气动仪表并实施更新改造。

4) 检修、改造

(1) 系统隐患改造。仪表风系统全面排查发现的隐患或设计、施工缺陷等问题，可参考附录Ⅱ-4“仪表风系统改造施工方案”进行检修改造。

(2) 提高维护效率的改进。如装置末端或集中用风点增加仪表风排凝点、提高仪表风罐入口过滤器目数等。

(3) 故障维修更换。过滤器减压阀、压力表、气源球阀、卡套接头损坏或故障，可针对性维修更换。

(4) 低、老、坏隐患处理。仪表风管线固定不牢固、锈蚀、变形，压力表进水等低标准、老化、损坏问题处理。

(5) 安全隐患处理。过滤器减压阀如果使用玻璃杯，长期使用可能会玻璃老化突然开裂造成阀门误动作甚至事故，需更换为金属杯，类似的安全隐患应该按位号逐一全面排查处理。

(6) 仪表风管线吹扫。原则上，首先在装置末端排放点排放吹扫；其次，在各用风点前气源球阀处排放吹扫。可以做专门的仪表风吹扫方案，或通过控制阀检修跟踪表的形式吹扫、记录、跟踪。

2. 保温伴热

保温伴热指现场仪表及管线的伴热、绝热保温、绝热保冷。

通过现场仪表及测量管线保温伴热，可以保证在最低环境温度时，现场仪表及测量管路内的工艺介质不致于产生冻结、冷凝、结晶、析出、汽化等现象，进而保证现场仪表及附属设备处于技术条件所规定的允许工作范围之内。

停工检修期间主要有保温伴热检查、拆除、修复等工作，通常保温相关工作由专门的防腐保温队伍完成，但需要仪表专业现场交底；伴热相关检修工作，通常由仪表专业交底设备专业完成。

1）类别

(1) 绝热：为减少设备和管线内介质热量或冷量损失，防止人体烫伤、冻伤，在其外壁设置绝热层，以减少热传导的措施，是保温和保冷的统称。

(2) 保温：为减少设备管线及附件向周围环境散发热量，对其外表面采取的包覆措施，尤其注意对热介质(蒸汽、热油等)管路绝热保温。

(3) 保冷：为减少周围环境中的热量传入低温设备和管线内部，防止低温设备和管线外壁凝露，对其外表面所采取的包覆措施。在装置正式投产之前，需重点检查确认对冷介质(氨水等)管路绝热保冷。

(4) 蒸汽伴热：通常采用低压蒸汽进行的管道、设备伴热，目前应用最多最广。

(5) 热水伴热：一般在无蒸汽伴热且介质较轻或凝固点低、易汽化等不适用蒸汽伴热的场合应用。

(6) 电伴热：利用电伴热带或其他电加热设施来补充被伴热物体在使用过程中所散失的热量，以维持介质温度在某一范围内。电伴热效果好但能耗高，很少采用，但一般大型机组配套润滑油站和部分分析仪表通常采用电伴热。

(7) 自伴热：仪表测量管路随工艺管道或设备一并保温伴热，相对较少。

(8) 仪表保温箱：当环境温度下仪表不能正常工作时，应设置仪表保温箱。仪表保温箱可采用热水伴热、蒸汽伴热或电伴热，一般以蒸汽伴热为主。由于保温伴热效率提高和其他隔离处理措施的改进，现在通常较少设计使用仪表保温箱，但催化油浆、PX、苯等介质测量仪表还有使用。

2）保温伴热对象

(1) 对压力及差压变送器，当被测介质的凝固点高于环境温度或其黏度较大时，必须采用隔离液。若隔离液为甘油水溶液或乙二醇水溶液，则由测量点至隔离器之间的测量管路及隔离器要保温伴热或自伴热。如果所在地的最低环境温度大于0℃，那么由测量点至变送器全部管路不需保温伴热。在蒸汽压力、流量测量中，一般测压点或孔板至隔离器或平衡器之间只需保温。

(2) 外浮筒、外浮球液位计，测量易冻、易凝介质时需保温伴热，其他介质根据环境温度、最低操作温度及凝固点等条件来决定是否需要保温或保温伴热。

(3) 玻璃板或玻璃管液位计测量凝点高于环境温度的介质时，需保温伴热。

(4) 对于液化气的压力、差压、流量、液位测量管路，在受阳光辐射或附近有其他辐射热源会引起气化时需保温。

(5) 伴热用供气管和冷凝冷却回水管及其管件、阀件均需保温。

(6) 凡直接安装在工艺管道上的仪表(例如转子流量计、调节阀等)均随工艺管路要求进行保温伴热。

(7) 差压、压力(除压力表外)若采用打冲洗油的安装管路方案时，一般仍需按灌隔离液方案进行保温伴热。

（8）在环境温度下有冻凝可能的在线分析取样管需保温伴热。

3）保温检查、拆除、修复

（1）需下线检修的设备、仪表涉及的保温拆除和检修后恢复。

（2）不合理的保温(包括绝热保温和绝热保冷)拆除，例如经常发现常温的汽油、新鲜水等介质测量仪表引压管路被保温，如果长时间没有拆除就会造成引压管严重腐蚀，因此停工检修期间应该对照“保温伴热对象”原则，分单元及工艺介质按位号逐一检查处理。

（3）对损坏、不完好或应该保温而未保温的仪表及测量管路修复。

4）伴热检查、停用、改造、检修

（1）停用或拆除依据“保温伴热对象”原则不需要伴热的伴热管线。

（2）改造伴热效果差、伴热管路设计不合理的伴热管线。例如，高温渣油楔式流量计伴热管线往往因距离流量计管道较远或未对引压管伴热管线保温而经常造成凝结，停工检修期间应该进行缠绕式伴热改造并做好管路保温。

（3）检修处理伴热管路漏点及疏水器配置不合理或故障。

（4）测试、检查电伴热效果，根据具体情况升级改造或维修处理。

3. 隔离液冲洗油系统

隔离是采用隔离液、隔离膜片使被测介质与仪表部件不直接接触，以保护仪表和实现测量的一种方式。被测对象为黏稠性介质，含固体物介质，有毒介质或环境温度下可能汽化、冷凝、聚合、结晶、沉淀的介质，腐蚀性介质时，或者高温介质(蒸汽等)而且需要采用接触式测量方式时，仪表均应采用隔离方式。隔离方式分为吹气法和隔离液法两种。吹气法参考附录Ⅰ-22“差压液位计检修作业指导书”。隔离液法有带冲洗油和隔离液罐两种方式，对于北方气温较低的大部分地区，隔离液系统还起到关键的防冻凝作用。

隔离液选用要求：与被测物质不发生化学反应；与被测物质不相互混合和溶解；与被测物质的密度相差尽可能大，分层明显；在工作环境温度变化时，挥发和蒸发小，不黏稠，不凝结；对仪表和测量管道无腐蚀。一般在地区极限低温0℃以下的地区选择50%的乙二醇溶液，在地区极限低温0℃以上的地区一般选用新鲜水。

冲洗油，一般用于高温蜡油、渣油、重油等黏稠介质工况。因介质易凝结，造成测量不准，为防止隔离液汽化造成不必要的事故，通常选用柴油作为冲洗油冲洗隔离，利用冲洗油的压力和冲洗对凝结油品的溶解性能来实现正常测量。

隔离液、冲洗油系统主要有三种：人工手动向隔离液容器(又称平衡容器、封包)，内加装隔离液；人工通过冲洗油管线阀门系统进行冲洗；通过自动冲洗油、隔离液系统自动冲灌隔离液、冲洗油。

1）检修准备

（1）开具合格的仪表作业许可证，确认作业环境安全。

（2）佩戴合适劳保用品。

（3）检修工具：各种尺寸呆扳手，各种尺寸活动扳手。

（4）检修材料：记号笔，打印版检修跟踪表。

2）检查检修

（1）管线吹扫。带隔离液、冲洗油的差压及压力仪表吹扫，仪表引压线部分吹扫与普通差压及压力仪表相同，只是需要增加对仪表隔离液、冲洗油管线的吹扫；仪表隔离液、冲洗油管线的吹扫必须在工艺确认隔离液、冲洗油已经退回隔离液、冲洗油罐，并且隔离液、冲洗油总管线已经吹扫完成后才能进行。隔离液、冲洗油线的吹扫要求打开隔离液、冲洗油三阀组，吹扫方法与引压线吹扫方法相同，也需要从仪表放空阀、排污阀处排放，确认吹扫合格后关闭隔离液、冲洗油总阀及三阀组。

（2）检查隔离液、冲洗油罐有无异物，隔离液、冲洗油液位是否正常。

（3）外观检查。隔离液、冲洗油系统有无泄漏、连接件是否紧固，泵、电机外壳有无脱漆、破损等情况。隔离液、冲洗油压力表装配是否牢固，不得有影响测量性能的锈蚀、裂纹、孔洞等缺陷，指针应紧靠在零位限止钉上，发现问题及时处理。

（4）运行检查。启动隔离液、冲洗油泵，检查泵能否启动、运行声音是否正常，有无异常振动，隔离液、冲洗油压力是否符合要求，隔离液、冲洗油管线、阀门及接头有无泄漏，发现问题及时处理。

（5）调压。通过安装在泵出口管线上的调压阀设定和恒定系统压力。首先关闭出口阀，将调压阀压力调至最低，然后开泵慢慢调整调压阀，观察系统出口压力，直至调整到所需压力为止。

3）打隔离液

（1）冲洗引压管。

A. 停表：关闭正负一次阀，关正负二次阀（原放空阀、排污阀、三阀组处于关闭状态）。

B. 排污、冲洗。

a）打开隔离液二次总阀，再开隔离液正二次阀，打开正上放空阀，待放空口有干净隔离液流出后，关死上放空阀。

b）打开正排污阀，待排放口有干净隔离液流出后，关死正排污阀。

c）拧松变送器正压堵头，打开正压二次阀，待堵头处有干净隔离液流出后，拧紧正压堵头，关死正压二次阀。

d）用同样方法，需对负引压系统进行排污、冲洗操作。

e）排污时必须接桶，注意附近高温设备和管线，严防瞬间冲出和严禁随地排放。

f）做完上述工作后关闭三阀组。

C. 打开正负放空阀、排污阀、二次阀，排空引压管及表头冲洗，然后关闭相关阀门。

（2）打隔离液。

A. 启动隔离液泵，确认正负放空阀、三阀组、正负排污阀打开，拧松正负排污堵头。

B. 按照上面冲洗引压管步骤打隔离液。

（3）仪表回零检查。关死平衡阀，全开正负二次阀，打开正负放空阀，变送器应指示为零，否则校准零点。

（4）仪表启用。关死正负放空阀，打开正负一次阀，打开正二次阀，关闭平衡阀，打开负二次阀，隔离液系统阀组示例参考图3-67。

4）手动灌隔离液

人工手动向隔离液容器（又称平衡容器、封包）内加装隔离液的原理同上，没有配套隔离液系统的变送器。由于隔离液跑损引起指示不准，需重新灌隔离液。检查确认仪表一次阀

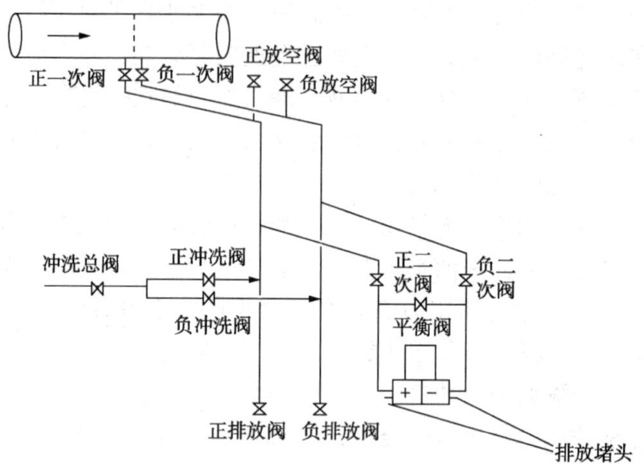

图 3-67　隔离液系统原理简图

必须能关死，否则不能灌隔离液，灌隔离液时要注意灌入的隔离液禁止携带气泡。

5）打冲洗油

（1）打冲洗油(以压力变送器为例)。

A. 关闭变送器二次阀，停表。

B. 开泵，观察系统出口压力到达 6.0MPa 可以进行作业。

C. 联系工艺人员关闭仪表一次阀，打开仪表排污阀，排出仪表引压管中杂质和污物。

D. 缓慢打开仪表冲洗油手阀，冲洗仪表引压管线。

E. 关闭仪表冲洗油手阀，关闭仪表排污阀，打开仪表放空阀。

F. 观察冲洗油压力表压力到达 6.0MPa，缓慢打开仪表冲洗油手阀。

G. 打开放空阀，观察放空阀有冲洗油流出，关闭仪表冲洗油手阀，重复操作两次，确保仪表引压管线充满冲洗油，无气泡。

H. 关闭仪表放空阀，联系工艺人员打开仪表一次阀。

（2）用冲洗油打通一次阀前后引压压管堵塞(冲表)(以压力变送器为例)。

A. 关闭变送器二次阀，停表。

B. 开泵，观察系统出口压力到达 6.0MPa 可以进行作业。

C. 观察冲洗油压力表压力到达 6.0MPa，缓慢打开仪表冲洗油手阀，直接向工艺管线或设备内冲洗，观察冲洗油压力表压力指示，低于 2.0MPa 时，关闭仪表冲洗油手阀，重复作业直至打通为止。

D. 冲洗时观察冲洗油压力表压力指示，如压力表指示迅速下降，可确认仪表测量管线畅通，然后再冲洗一次。

E. 关闭仪表冲洗油手阀，打开变送器二次阀，启表。

6）清场恢复

检修完毕后，清理打扫现场，将施工废料、垃圾等收集到指定位置。

4. 接地

接地系统涉及控制系统、现场仪表、电缆桥架等现场设备材料，主要有保护接地、工作接地、防静电接地、防雷接地。接地的好坏直接决定信号是否准确稳定和整个控制系统的稳定可靠运行，停工检修期间应重视接地系统的检查和问题整改。

1）分类与标准

（1）保护接地。保护接地也称为安全接地，是为人身安全和电气设备安全而设置的接地。仪表及控制系统的外露导电部分，正常时不带电，在故障、损坏或非正常情况时可能带危险电压，对这样的设备，均应实施保护接地。

需要进行保护接地的主要有：DCS、SIS、CCS、PLC、辅操台等控制系统机柜和操作站；供电电压高于36V的现场仪表(通常为220V AC供电的电磁流量计、质量流量计、超声波流量计、分析仪表、三线制接近开关、电接点压力表和380V AC供电的电动执行机构等)；现场接线箱、操作盘、控制盘；现场配电盘、配电柜；现场电缆桥架、接线盒、穿线管；汽轮机现场调速控制盘等其他各种自控辅助设备。

保护接地，不可采用浮空接地。从仪表或设备接地端子到接地极之间的导线与连接点的电阻总和，称为接地连接电阻。保护接地，接地连接电阻不大于1Ω。接地线的截面积根据不同接地场合和接地线长短确定，但最小截面积不能小于$1mm^2$。

（2）工作接地。工作接地是为电路正常工作而提供的一个基准电位。该基准电位可以设为电路系统中的某一点、某一段或某一块等。当该基准电位不与大地连接时，视为相对的零电位。这种相对的零电位会随着外界电磁场的变化而变化，从而导致电路系统工作不稳定。当该基准电位与大地连接时，基准电位视为大地的零电位，而不会随着外界电磁场的变化而变化。但是不正确的工作接地反而会增加干扰，比如共地线干扰、地环路干扰等。为防止各种电路在工作中产生互相干扰，使之能相互兼容地工作，根据电路的性质，将工作接地分为不同的种类，比如直流电源接地、信号接地、屏蔽接地、特殊仪表接地等。

工作接地，原则上应该采用浮空接地；工作接地，接地连接电阻不大于1Ω。工作接地，通常采用单端接地，但类似底盖机位置变送器等特殊仪表除外。

（3）防静电接地。防静电接地，属于保护接地的一种；控制系统防静电接地应与保护接地共用接地系统。

安装DCS、SIS、CCS、PLC等控制系统的控制室、机柜间、过程控制机房，应考虑防静电接地。这些室内的导静电地面、活动地板、工作台等也应进行防静电接地。

已经做了保护接地和工作接地的现场仪表、控制系统和设备，不必另做防静电接地。

电气保护接地线可用作静电接地线，不得使用电气供电系统中的中线作防静电接地。

（4）防雷接地。防雷接地，属于保护接地的一种。

现场仪表及控制系统的信号线路从室外进入机柜室内后，需要设置防雷接地连接的场合，应实施防雷接地连接；现场仪表及控制系统防雷接地应与电气专业防雷接地系统共用，但不得与独立避雷装置共用接地装置。

仪表电缆槽、仪表电缆保护管应在进入控制室处，与电气专业防雷接地排相连。

控制室内的仪表信号雷电浪涌保护器的接地线应接到工作接地汇总板，雷电浪涌保护器的接地汇流排应接到工作接地汇总板或总接地板；控制室内仪表供电的雷电浪涌保护器应与配电柜的保护接地汇总板或电气专业的防雷电感应的接地排相连。

仪表电缆保护管、仪表电缆铠装金属层应在需要进行防雷接地处，与电气专业防雷电感应的接地排相连；现场仪表的浪涌保护器应与电气专业的现场防雷电感应的接地排相连。

在雷击区室外架空敷设的不带屏蔽层的多芯电缆、备用芯应接入屏蔽接地；对屏蔽层已接地的屏蔽电缆或穿钢管敷设或在金属电缆槽中敷设的电缆，备用芯可不接地。

罐区等空旷地带，应特别注意严格执行防雷接地规范要求。

2）控制系统接地停工检修检查

控制系统接地，主要涉及工作接地、保护接地、屏蔽接地(工作接地的一种)。控制系统接地停工检查及问题处理，应以机柜间、控制室、现场控制柜为单位，按照接地标准规范要求系统组织检查整改，其中检查整改的关键点强调如下：

(1）工作接地与保护接地应分开，工作接地务必浮空。

(2）接地连接电阻不大于1Ω。

(3）常规的信号电缆屏蔽接地应为机柜间内单点接地。

(4）本特利框架仪表3500屏蔽接地应牢固、规范。

(5）24V直流电源的负端必须接到本机柜的工作接地汇流排，即浮空接地。

(6）机柜间工作接地与安全接地汇流排分开，并有明显规范标识。

(7）仪表信号公共点接地、DCS、SIS、PLC等非隔离输入信号接地，均应分别单独接到接地连接端子排或工作接地汇流排上。

3）现场仪表接地停工检修检查

现场仪表接地，主要涉及保护接地，停工检修现场仪表接地检查的重点，提示如下：

(1）供电电压高于36V的现场仪表按规范有良好的保护接地。

(2）保护接地电缆不可以串联、并联。

(3）保护接地电缆截面积符合规范要求。

(4）铠装电缆的钢铠应该两端接地。

(5）底盖机位置变送器等特殊仪表需要屏蔽电缆两端接地，做重点检查。

(6）重点检查机组轴系仪表现场屏蔽电缆是否完好。

4）其他接地停工检修检查

其他接地，主要涉及防雷接地，范围主要为电缆桥架、电缆保护管、接线箱、操作盘。

停工检修，其他部分接地的检查整改主要参照防雷接地标准要求，分装置、分区域、按路由及接线箱、操作盘编号逐点系统性排查测试整改，需特别强调的有如下几点：

(1）雷电浪涌保护器接地线截面积不能小于2.5mm^2。

(2）雷电浪涌保护器接地线应尽可能短，并且避免弯曲敷设。

(3）罐区等空旷地带的现场仪表，一般应带现场浪涌保护器。

第二节 控制系统检修

控制系统的检修主要有软件备份、硬件检查、点检、功能测试、问题处理、系统升级、系统防病毒处理等基本的标准化检修流程和作业步骤，但因控制系统配置及功能不同也存在一定差异。因此，根据结构、原理不同选取了具有代表性的主流控制系统为典型，从工作原理、标准化检修流程及作业步骤上具体介绍说明，其他类似控制系统可参照执行。

一、DCS

DCS 停工检修，分常规检修和技改项目两大类。涉及的工作主要为硬件检查、点检、功能测试及安装调试，以及软件组态、修改、备份、性能测试。技改项目很多软、硬件工作通常在停工检修前准备完成，主要工作内容与常规检修类似，故不再单独介绍。下面仅以 FOXBRO I/A Series DCS 为例介绍 DCS 停工检修的通用流程与实施方案，其他品牌或系列 DCS 的检修在原理及工作流程上基本类似。

1. 检修准备

（1）熟悉 DCS 工作原理及检修计划。

（2）备品备件准备，按照检修计划准备所需备件清单见表 3-74。

表 3-74　DCS 检修备件清单

序号	名　　称	规格/编号	单位	数量	备注
1	安全栅底板	CPM16-FBM214	块	1	
2	模拟量输入模块模块	FBM214	块	1	
3	AO 模块	FBM218	块	1	
4	散热风扇		个	2	

（3）检修工具准备，基本的检修工器具清单见表 3-75。

表 3-75　DCS 检修工器具清单

序号	名　　称	规格/编号	单位	数量	备注
1	万用表		块	1	
2	信号发生器		台	1	
2	平头螺丝刀		把	3	
3	十字头螺丝刀		把	3	
4	防静电袋		个	100	
5	防静电毛刷		把	5	
6	吸尘器		台	1	
7	防静电护腕		个	10	
8	人字梯		个	1	
9	供电插排		个	1	
10	吹风机		个	1	
11	75W 电烙铁		个	2	
12	扳手		个	1	
13	绝缘手套		个	1	
14	保险丝		个	1	
15	打印机		个	1	
16	标签纸		张	若干	

续表

序号	名　　称	规格/编号	单位	数量	备注
17	兆欧表		台	1	
18	测电笔		个	1	
19	六角长杆螺丝刀		个	2	
20	绝缘胶带		卷	10	
21	测试电缆		根	4	

2. 软件备份

(1) AWSR01 机器在线，UPLOAD 时不能重启 AWSR01。

(2) 备份如下系统软件及应用软件：DCS 系统软件备份；子图库备份；控制器程序备份；逻辑控制软件备份；流程图组态备份。

(3) DCS 控制逻辑程序及各工程师站、操作员站配置文件备份。

(4) 历史库站、OPC(Objecf Linking and Embedding for Process Control，简称 OPC，即过程控制通信规范)服务器组态文件备份。

(5) 交换机组态文件、故障诊断文件备份。

(6) 将上述备份内容刻录到光盘上，在移动硬盘另存一份。

(7) 退出组态软件 ICC，切换到初始化环境，离开时 WINDOWS 锁屏。

3. 硬件检查检修

1) 220V AC 回路停电检查

(1) 准备。

A. 停电所需手续齐全。

B. 与停电相关的所有子系统，经确认均已退出运行并允许该系统停电。

C. 确认备份工作已经结束、装置停运，正式交检修。

D. 所有需检查、处理和信息保存工作均已完成。

(2) 停电检查。

A. 按照控制系统的正常停电程序停运设备，关闭电源，拔下待检修设备电源插头：

a. 退出各操作员站运行的程序并关闭操作系统。

b. 关闭各操作员站主电源。

c. 关闭显示器、打印机等外设电源。

d. 关闭控制站的现场电源。

e. 关闭控制站的系统电源。

f. 关闭控制站的总电源开关。

B. 停电后验电挂“禁止合闸，有人工作”标示牌。

C. 220V AC 回路空开检查，核对空开标识是否与实际回路接线一致，回路端子紧固。

D. 检查完后，摘除“禁止合闸，有人工作”标示牌。

2) 操作站清扫检查

(1) 准备。

A. 佩戴合适劳保用品——工作鞋、保护手套、过滤口罩。

B. 按照关机步骤正常关闭计算机电源。

C. 确认操作站是否有机器名标签，如无标签，粘贴手写临时标签，避免机器混乱。

D. 断电前确认操作站光缆标签是否齐备，检查确认服务代码和快速服务号。

E. 断电时一人在工作台处拔除操作站供电电缆和光缆，一人在网络柜确认网口是否与标签一致，拔出的光缆头用塑料袋临时保护，计算机上光缆接头用保护头封住。

F. 光缆或设备标签缺少或错误的，重新打印补充或更换。

G. 打开机箱确认内存条容量及数量，并在光缆确认表中填写以上检查记录。

(2)工程师站、操作员站、历史站、OPC 服务器主机硬件及外设检查清扫。

A. 计算机设备外观应完好，无缺件、锈蚀、变形和明显的损伤。

B. 打开主机箱外壳，检查线路板无明显损伤和烧焦痕迹，线路板上各元器件无脱焊。

C. 内部连接线应无断线，各部件设备、板卡及连接件应安装牢固无松动，螺钉齐全。

D. 戴好防静电接地腕带，并尽可能不触及电路部分，拆卸的设备应放在防静电板上。

E. 吹扫用的压缩空气须干燥无水、无油污，压力宜控制在 0. 05MPa 左右。

F. 清扫机壳内、外部件及散热风扇，散热风扇转动灵活，有问题的风扇进行更换。

G. 装好机箱外壳。

H. 用专用清洗液清洁显示屏，检修后外观应清洁无灰、无污渍。

I. 仔细擦拭滑轮、光电鼠标反光板，清洁后应无灰、无污物。

J. 清除键盘内部异物，重点检修已有缺陷记录的按键。

(3) 屏幕、键盘清扫。

A. 干抹布清除浮灰，均匀喷洒屏幕清洁剂，用干抹布清除残余污渍。

B. 防静电毛刷清扫键盘浮灰，用键盘清洁胶清除残留污渍。

(4) 清扫完成后，恢复安装并通电。

A. 恢复光缆连接：按照光缆标签将 A、B 光缆分别插入光纤网卡。

B. 一人在网络柜观察交换机指示灯，一人恢复机器电源，开机。

C. 确认机器正常进入 IA(嵌入式操作系统)，操作环境正确，显示正常。

(5) 故障报修。部分机器停送电可能出现硬件故障，故障机器粘贴临时标签，标签上标明机器名称、故障现象、故障时间、处理人等信息，统一打戴尔或惠普客服电话报修，维修完成后按照第(4)步恢复设备。

3) 控制柜清扫

(1) 系统停电。

A. 检查控制系统各部分设备及软件的运行状态，并记录。

B. 配电柜盘面电压表、电流表读数，各交流、直流空开的投用/停用位置，并记录。

C. 核对所有需拆除设备的标识及物理位置，如果不一致、不清晰或不完整，要补充完整，并确保这些标识在拆除、除尘、回装等过程中不会脱落。

D. 确保机柜内电源已经切断，包括两路 UPS 电源及风扇照明电源。

(2) 控制柜清扫。

A. 对需清扫的模块的机柜和插槽编号、跳线设置做详细、准确的记录。

B. 检查模块外观应无明显损伤和烧焦痕迹，插针无弯曲、断裂；模块上各部件安装牢固；熔丝完好，型号和容量准确无误；所有模块标识正确清晰；检查风扇电源线无损坏，风扇转动灵活，无卡涩。

C. 小心地拆下过滤网，并把拆下的过滤网清洗、晾干。

D. 机架和接线盒清扫，应清洁无灰、无污渍。

E. 借助人字梯清扫机柜顶部，禁止攀登机柜，防止发生安全事故或损坏盘柜外表面。

F. 整理接线槽盒接线，排线绑扎整齐牢固，电缆和接线头标志齐全、准确、字迹清晰。

G. 裸露线查明原因后予以恢复，经确认无用的裸线应包扎后放入接线槽中。

(3) 电源柜清扫。确认各闸刀(或空气开关)已经分闸且进线无电，再用干毛刷擦拭。

(4) 地面清扫。

A. 地板下清扫，地板的起放须注意安全，同时尽量保全地板边沿不受损坏。放地板时要先看下面支撑柱及固定连接是否稳定，放下后使其接靠紧密；注意地板下特殊电缆的保护，不要用力拉拽下面的电缆。

B. 地板表面清扫，可用稍湿的拖布和一些表面清洗剂擦拭干净。

(5) 系统恢复。拆除部件按照标识恢复，过滤网清洗并晾干后，装入机柜的过滤网口。

4) 接线端子检查、紧固

(1) 准备。

A. 机柜按照停电要求已经关闭两路电源。

B. 连接 DCS 模块与现场设备的端子已经断开。

(2) 端子检查、紧固。

A. 检查端子有无松动、变形，确认端子与电缆接触良好。

B. 检查电源保险丝容量、普通保险端子保险丝容量是否合理。

(3) 端子检查标签粘贴。以上检查紧固工作不同人员检查 2 遍，并签名(姓名/日期)贴在机柜内侧，第一遍蓝色标签，第二遍红色标签，统一粘贴于门锁平行位置。

4. 通电点检

1) 通电准备

(1) 检查以下项目已正常投用。

A. 室内照明、空调系统、接地系统、消防系统投用。

B. 机柜间、操作室环境，专用电缆、接地系统、电源及硬件连接正常。

C. 检查电气/仪表专业接口继电器柜接线连接正常。

D. 检查现场仪表端子柜接线正常。

(2) 检查 DCS 配电盘并确认下列内容。

A. 确认配电盘内空气开关置于“OFF” 状态；确认空气开关铭牌、位号。

B. 确认全部机柜、操作站内的电源开关置于“OFF”状态。

C. 分别将配电盘内空气开关置于“ON”状态，确认相应设备电源开关为“ON”状态。

D. 在每一路电源开关送电前，用万用表测量该路电源电压是否满足要求。

2) 系统启动

A. 所有相关的 DCS 硬件电源开关置于“ON”状态。

B. 从工程师站下装系统软件、应用软件及数据库。

C. 启动操作站，确认系统正常。

D. 为各台设备下载安装系统软件及数据库文件，启动局域控制网络上的全部节点，并确认系统状态显示正常。

3）系统检查

（1）DCS 启动后，应用列表命令显示、确认硬盘子目录所有文件。

（2）在系统状态显示画面上，确认各局域控制网络上的节点显示正确。

（3）在组显示或细目显示画面上，确认备控制站显示正确。

（4）确认操作站图形显示、组显示、趋势显示、细目显示、报警总貌显示。

（5）按打印键，确认能打印一屏画面。

（6）分别切换冗余电源，确认系统运行正常。

4）点检测试原则

（1）模拟量控制点(FBM216、FBM218)100%通道测试。

（2）模拟量测量点(FBM211)100%通道测试。

（3）模拟量测量点(FBM214)2 点/卡抽查测试。

（4）数字量控制点(FBM242)4 点/卡抽查测试。

（5）数字量测量点(FBM217)8 点/卡抽查测试。

5）点检准备

（1）在保证上述要求的前提下，选取已经接线、组态的点进行测试。

（2）备份工作已经结束。

（3）连接 DCS 模块与现场设备的端子已经断开。

6）FBM 模块检查升级

（1）FBM 标记检查，确认 FBM 所贴标识与系统组态一致。

（2）FBM 固件版本升级，根据 IPS(入侵防御系统)官方补丁对 FBM 进行升级，消除低版本模块隐患。

（3）FBM 状态检查，包括 SMDH(系统管理显示处理程序)中的显示状态、指示灯等。

（4）冗余 FBM 的自动、手动切换功能检测。

（5）FBM 安装检查。

（6）终端电阻、通信电缆检查。

（7）I/O 电缆检查。

（8）FBM 精度及回路试验(模拟量控制点 100%，FBM211 100%，其余通道抽检)。

A. 通过使用标准模拟信号源对模拟回路进行测试。测试用 5 点法(0%、25%、50%、75%、100%)，测试可从中间端子排输入信号，可将回路中安全栅、端子板等设备一并检查，保证整个回路正常。

B. 通过系统输出方式对模拟量输出信号进行测试，使用标准信号检查仪在中间端子排处检查信号。

C. 通过使用短接片对数字量输入信号进行测试，用通断法信号从中间端子排开始测试。

D. 通过系统输出方式对数字量输出进行测试，有源输出测试输出电压，无源输出测试回路电阻。

E. 通信卡根据需要进行配置检查、备份；对于精度偏差大的通道，单独从 FBM 模块加信号，分析是安全栅的精度问题还是 FBM 模块的精度问题，如果安全栅有问题更换安全栅，如果是模块有问题用备用更换；如果是备用通道，直接在 FBM 通道加信号进行测试。

7）模拟量输入点测试

按照5点/通道测试原则进行通道测试，即0%、25%、50%、75%、100%，测试步骤如下：

（1）断开被测点接线，按FBM的接线要求，接入信号发生器的输出端。

（2）从点检画面中查看被测通道对应的转换数据。

（3）依次送入量程的0%、25%、50%、75%、100%对应的信号，读取被测通道对应的转换数据，填好点检记录表。

（4）如果某一FBM的某一通道出现故障，更换到备用通道，并修改CIO（寄存器）组态，或更换FBM，并做好记录。

（5）拆除信号发生器接线，恢复点检测试前的状态。

8）模拟量输出点测试

按照5点/通道测试原则进行通道测试，即0%、25%、50%、75%、100%，校验步骤如下：

（1）FBM模块输出侧接信号隔离器ICC241的通道，测试前一定要先接250Ω负载。

（2）断开被测点的两个接线端子，将电流表串接入回路。

（3）将AOUT/ROUT模块切换至手动状态，分别输出0%、25%、50%、75%、100%，从电流表上读取对应数据，填好点检记录表。

（4）如果某一FBM的某一通道出现故障，则更换到备用通道，并修改CIO组态，或更换FBM，并做好记录。

（5）拆除电流表接线，恢复点检测试前的状态。

9）数字量输入点测试

使用通断测试法进行通道测试：

（1）确认FBM217模块通道指示灯不亮后，断开被测点接线，按FBM的接线要求，接入短接开关或短接线。

（2）从点检画面中查看被测通道对应的数据。

（3）依次送入0、1（接通、断开）信号，读取被测通道对应数据，填好点检记录表。

（4）如果某一FBM的某一通道出现故障，则更换到备用通道，并修改CIO组态，或更换FBM，并做好记录。

（5）拆除信号发生器接线，恢复点检测试前的状态。

10）数字量输出点测试

通过测量电压或电阻进行通道测试：

（1）断开被测点的两个接线端子，按FBM的接线要求，将万用表接入回路。

（2）将COUT或COUTR模块切换至手动状态，分别输出0、1。

（3）从万用表上读取对应数据，有源输出模块测量有无电压值，无源输出模块测量有无电阻值，填好点检记录表。

（4）如果某一FBM的某一通道出现故障，则更换到备用通道，并修改CIO组态，或更换FBM，并做好记录。

（5）拆除万用表接线，恢复点检测试前的状态。

（6）关闭ICC、SMDH等相关软件。

（7）退回到初始化界面，并锁定 WINDOWS 屏。

5. 功能测试

1）历史库站功能测试与更新

（1）准备。

A. 确认备份工作已经结束。

B. 历史库站操作系统和 IA 软件已经安装，并检查完成。

（2）历史库站更换。

A. 在用历史库站按照操作步骤正常关机。

B. 新操作站接通电源，再次检查系统时间，确认正确后关机，接上光纤联网。

C. 历史库站处理器及相应的接口组件的状态指示检查。

D. 历史库站硬盘空间检查，垃圾文件清理。

E. 历史库站冗余网络切换测试。

F. 历史库站 Reboot、Shutdown 功能检查测试。

G. 历史库站网络访问功能检查测试。

H. 历史库站系统监控 SMDH 功能检查测试。

I. 历史库站系统监控记录检查测试。

J. 历史库站权限设置、操作行为记录检查测试。

K. 历史库站 Foxselect 功能测试。

L. 历史库站 RDEL 运行确认、IA 软件补丁检查，根据 IPS 官方最新补丁更新。

M. 在线拷贝最新流程图，数据显示正常，操作正常。

N. 历史记录数据软件确认运行，历史趋势显示正常，信息数据显示记录。

（3）结束。退回到初始化界面，并锁定 WINDOWS 屏。

2）控制器功能测试

（1）进入“系统管理”画面，对控制器做离线自诊断。

（2）通过“系统管理”画面，分别对主、副或同时对容错控制器对做重新启动，分别按主、副控制器上的按钮，进行重新启动控制器。

（3）通过“系统管理”画面，分别将当前工作的现场总线切至“A bus”或者“B bus”，现场数据采集工作仍正常。

（4）分别断开现场总线“A”或者现场总线“B”，现场数据采集工作应仍正常，断开时系统应有相应报警动作。

（5）控制器负荷统计，控制器负荷应在 60% 以下，如果负荷较重应提整改方案降低系统负荷。

（6）退回到初始化界面，并锁定 WINDOWS 屏。

（7）确认控制器指示灯状态都正常。

3）交换机功能测试

（1）交换机标记检查，确认交换机所贴标识与系统组态一致。

（2）确认全网络同一型号交换机固件版本一致。

（3）检查 SMDH 和 Netsight 中网络连接。

（4）检查 N1 交换机的 LDP 功能。

(5) 检查交换机的冗余电源、冗余端口。

(6) 导出组态信息、故障信息。

(7) 主副交换机恢复到测试前状态。

(8) 工作状态指示灯正常。

6. 问题处理

硬件故障通常有两种情况：一是由软件运行死锁造成，通过再启动即可恢复；二是由硬件故障引起，因模块被整体密封，系统维护人员无法维修，只能通过更换后送修处理。

1) 工作站软件重装

工作站软件无法恢复或更换工作站(或新硬盘)时，需要重装软件，具体步骤为：

(1) 插入 V8.2 的安装光盘，运行安装程序。

(2) 点击“下一步”，选择“Committed Configuration Files”。

(3) 点击“下一步”，选择“Yes”，系统会提示“Would you like to disable the I/A Series drivers and services now?”，选择”Yes”。

如果没有正确安装，或者安装过程中强制退出的话，可能会引起系统不断自动重启，则执行以下操作：

(1) 重启工作站，按 F8 进入“安全模式”。

(2) 控制面板中，点击“FOX IA”标识。

(3) 在重启对话框的开启选项中，先选择“IA Series Off ”，再选择“IA Series On”，最后选择 OK。

(4) 重启工作站，IA Series 软件即可正常启动。

注意系统重新开启后，必须先进行系统时间设置，以保证整个网络上各个站时间一致。

2) 控制器故障与处理

(1) 一台控制处理器出现故障。

故障现象：容错的控制器中其中一台红绿指示灯同时亮或红绿灯均灭，另一台工作正常。

故障处理：重新启动故障控制器。

A. 进入 Sys_ Mgmt，选择该控制器站，从 EQUIP CHG 画面中，选择 REBOOT STATION 重新启动故障的控制器。

B. 若故障控制器重启不成功，可以按下故障控制器的复位键，观察是否恢复正常。

C. 若上述方法不行，可以采取拔插冷启动处理，注意不要将正常运行的控制器卸下。

D. 如果故障的控制器仍不能正常启动工作，则 立即更换故障的控制器。

(2) 容错两台控制器同时故障。

故障现象：容错的两台控制器红绿指示灯都同时亮或都只有红灯亮，该控制器下控制的工艺数据变浅蓝；容错控制器同时故障，FBM 输出钳位，生产装置无法调节控制。

故障处理：为尽快恢复控制器的控制功能，应立即按下故障容错控制器的复位键，如果不行，应拔插控制器，重新启动。如果拔插处理后故障容错控制器仍不能正常工作，立即更换两台控制器。

3) 某一功能或某一回路不能正常运行

故障现象：某一回路中的某一功能块或某一控制回路不能正常运行；在正常控制过程

中，有时会出现一个回路中的某一功能块或某一控制回路不能正常运行(特别是 PID、PIDE 等控制功能块)，此时会影响控制回路的正常控制。

故障处理：

(1) 将回路切至手动状态，调出该回路 AOUT 功能块供工艺人员进行手动操作。

(2) 进入 CIO 组态，查看该功能块参数是否正确，如果正确，关闭功能块参数查看，回到 CIO 组态功能块列表画面。

(3) 选中该功能块，选择 DELETE，出现提示框，选择 DELETE&UNDELETE，恢复该功能块，消除该功能块不正常运行状态。

4) 现场总线组件(FBM)故障

故障现象：某一现场总线组件(FBM)状态指示灯红绿灯均亮或只有红灯亮；组件出现红灯亮、绿灯闪烁时，说明在 Startup 诊断中检测到 RAM 或 ROM 方面故障，根据绿灯闪烁频率可确定具体故障；现场总线组件(FBM)故障或离线，该 FBM 所控制的回路无法控制。

故障处理：

(1) 进入 Sys_ Mgmt，在相应 CP PIO 总线图上选择该 FBM，选中 EQUIP CHG，进入 FBM 设备操作画面。FBM 标识号若显示为蓝色或红色，表示模块离线，需做相应处理。通常，若 FBM 标识号显示为蓝色，执行 GO ON-LINE；若 FBM 标识显示为红色，则选择 DOWNLOAD。

(2) 若 FBM 仍不能恢复，则更换故障 FBM，通知工艺人员采取相应处理措施。

5) 模拟量现场总线组件(FBM)某一信号通道出现故障

故障现象：某一模拟量组件出现通道坏报警，或工艺人员提出某一检测信号不准。

故障处理：

(1) 通知工艺人员将该回路切换至手动状态，进行手动操作，检查现场仪表状态，若无故障，则检查模拟量现场总线组件(FBM)。

(2) 断开该通道接线端子，用标准仪器检测此通道转换精度。若此通道故障，则改接至备用通道的端子上，同时修改相应的 CIO 组态(条件允许更换该 FBM 组件)。

6) 开关量现场总线组件(FBM)某一信号通道故障

故障现象：开关量组件某一通道坏报警，或工艺人员提出某一开关信号状态与现场设备状态不符。来自现场的开关量信号故障或通道故障。

故障处理：

(1) 检查确认现场开关信号是否与显示状态相符。若状态相符，则判断为来自现场的开关量信号故障；若状态不符，执行下一步处理。

(2) 将此通道改接至备用通道的端子上，同时修改相应的 CIO 组态及梯形逻辑组态(条件允许更换该 FBM 组件)。

7) 电源组件的故障与处理

故障现象：电源组件状态指示灯红绿灯均亮或只有红灯亮。

故障处理：立即将故障电源组件拔出，更换新的电源组件。

8) 系统病毒检测与防病毒处理

7. 质量控制点

(1) DCS 控制柜对地电阻测量。

(2) DCS 控制柜通道保险检查更换。

(3) DCS 功能测试与系统升级。

(4) 端子、网络、专用线缆标识清楚、紧固。

二、SIS

生产主装置通常需要按照安全等级评估结果配置安全仪表系统(SIS)，应用较普遍的SIS厂家有TRICON、HIMA、Honeywell。硬件结构上SIS均为控制站、工程师站、操作站、SOE站、辅操台等组成的监控网络，下面以TRICON的TS-3000为例介绍SIS停工检修作业组织实施。因停工检修期间很少进行SIS改造或者技改项目也较少涉及SIS，少量涉及SIS的技改项目基本按设计图纸施工组态即可，就不再专门介绍。

1. 检修准备

(1) 熟悉检修计划。

(2) 开具检修作业票，确认作业安全环境。

(3) 劳保用品穿戴齐全。

(4) 按如下清单准备工器具：毛刷、专用清洁剂、风扇专用润滑油、保险丝、绝缘胶带、防静电腕带、标准电阻箱、数字万用表、信号发生器、专用螺丝刀、改锥、标签纸、兆欧表、测电笔、人字梯。

2. 软件备份

1) 固件升级

停工检修期间，应根据SIS厂家官方消息和补丁资料，对需要固件版本升级的模块进行固件升级，消除低版本模块隐患。

2) 软件备份

(1) 确认装置停工、SIS停用且系统状态正常。

(2) 对TRICON系统配置组态数据和控制程序(包括SOE配置文件)进行备份。

(3) 对SOE(Sequence of Event，简称SOE，即顺序事件记录)系统的记录数据进行备份。

(4) 对INTOUCH操作站组态数据进行备份。

(5) 将上述备份内容备份至两个移动硬盘，确认备份工作完成。

(6) 做好软件备份档案记录。

3. 硬件检查检修

1) 系统停电

(1) 停电准备。

A. 停电所需手续及作业票齐全。

B. 与停电相关的所有子系统，经确认均已退出运行并允许该系统停电。

C. 备份工作已经结束，装置停运，正式交检修。

D. 所有需检查、处理和信息保存工作均已结束。

(2) 220V AC停电检查。系统停电应按照控制系统的正常停电程序停运设备，关闭电源，拔下待检修设备电源插头，不得随意直接关闭电源，具体按如下步骤进行：

A. 将系统柜主机架上的钥匙开关切至STOP位置，或者在工程师站的TriStation1131系统中进入在线控制界面，按下STOP按钮，控制程序停止运行。

B. 将系统柜中的电源开关按由分到总顺序关断。

C. 到工程师站，将运行的 TriStation1131 系统和 SOE 系统程序关闭，关闭计算机。

D. 到机柜间电源柜中关断与 TRICON 系统相应的电源开关。

E. 停电后验电挂“禁止合闸，有人工作”标示牌。

F. 220V AC 回路空开检查，核对空开标识是否与实际回路接线一致，回路端子紧固。

G. 检查完后，摘除“禁止合闸，有人工作”标示牌。

2）控制柜及配件外观检查

（1）SIS 系统配置检查。

A. 按照系统工程图及配置清单核对每个机架每个模块的位置。

B. 所有 TRICON 模块型号与 TRICON 系统配置清单相符。

（2）机柜外观检查。

A. 按照系统工程图提供的型号和厂家检查所有安装组件。

B. 检查机柜，确保所有配件安装、接线和标识正确。

C. 机柜附件的型号、制造厂和数量与机柜材料清单相符。

（3）系统电缆、配线、线号和电缆槽盒检查。

A. 随机检查系统电缆号打印是否清晰、正确。

B. 按照端子列表检查配线，验证所有芯线外径及颜色正确。

3）供电及接地检查

（1）确保所有隔离开关和回路断路器关闭，引入电源与设备隔离。

（2）检查所有安全地连接，用万用表检查配件到机柜安全地端子排连接是否正确。

（3）检查验证引入电源满足规范要求。

4）控制柜清扫

（1）确认系统停电。

A. 检查配电柜盘面电压表、电流表读数，各交流、直流空开的投用/停用位置并记录。

B. 核对所有需拆除配件的标识及物理位置，如果不一致、不清晰或不完整，要补充完整，并确保这些标识在拆除、除尘、回装等过程中不会脱落。

C. 确认机柜内电源已经切断，包括两路 UPS 电源及风扇照明电源。

（2）戴好防静电接地腕带，并尽可能不触及电路部分，拆卸的设备应放在防静电板上。

（3）控制柜清扫，每个需清扫模块的机柜和插槽编号、跳线设置做好详细、准确记录。

A. 检查模块外观应无明显损伤和烧焦痕迹，插件无锈蚀，插针无弯曲、断裂；模块上的各部件应安装牢固；熔丝完好，型号和容量准确无误；所有模块标识正确清晰；检查风扇电源线无损坏，风扇转动灵活，无卡涩。

B. 小心地拆下过滤网，并把拆下的过滤网清洗、晾干。

C. 机架和接线盒清扫，应清洁无灰、无污渍。

D. 机柜顶部清扫，禁止攀登机柜，防止发生安全事故或损坏盘柜外表面。

E. 接线盒接线整理排线绑扎整齐牢固，电缆和接线头标志应齐全、准确，字迹清晰。

F. 裸露线查明原因后予以恢复，经确认无用的裸线应包扎后放入接线槽中。

（4）电源柜清扫。确认各闸刀(或空气开关)已经分闸且进线无电，再用干毛刷擦拭。

（5）地面清扫。

A. 放地板时要先看下面支撑柱及固定连接是否稳定，注意保护地板下电缆，不要用力拉拽下面的电缆。

B. 地板表面清扫，可用稍湿的拖布和一些表面清洗剂擦拭干净。

(6) 系统恢复。

拆除设备按照标识恢复，过滤网清洗并晾干后，装入机柜的过滤网口。

5) 操作站清扫

(1) 按照关机步骤正常关闭计算机电源。

(2) 拔除操作站供电电缆和光缆，并将光缆头包好，封住计算机上光缆接头。

(3) 工程师站、操作员站等主机硬件及外设检查清扫步骤如下：

A. 打开主机箱外壳，检查线路板无明显损伤和烧焦痕迹，线路板上各元器件无脱焊。

B. 内部连接线应无断线，各部件设备、板卡及连接件应安装牢固无松动，螺钉齐全。

C. 戴好防静电接地腕带，并尽可能不触及电路部分，拆卸的设备应放在防静电板上。

D. 吹扫用的压缩空气须干燥无水、无油污，压力宜控制在 0.05MPa 左右。

E. 清扫机壳内、外部件及散热风扇，散热风扇转动灵活，对有问题的风扇进行更换。

F. 装好机箱外壳。

G. 用专用清洗液清洁显示屏，检修后外观应清洁无灰、无污渍。

H. 清洁鼠标，仔细擦拭滑轮、光电鼠标反光板，清洁后应无灰、无污物。

I. 清除键盘内部异物，重点检修已有缺陷记录的按键。

J. 清扫完成后，上电检查，确保操作站能正常工作。

K. 故障的机器及时报修。

6) 端子检查紧固

(1) 确认机柜按照停电要求已经关闭两路电源。

(2) 确认连接 SIS 模块与现场设备间已经断开。

(3) 端子检查、紧固，步骤如下：

A. 检查端子有无松动、接触是否良好。

B. 检查电源保险丝容量、普通保险端子保险丝容量是否合理。

C. 端子检查紧固工作应不同人次检查 2 遍，并签名(姓名/日期)贴在机柜内测。

4. 通电点检

1) 系统柜

(1) 确认所有回路断路器关闭。

(2) 检查每个 TRICON 机架回路断路器上的供电电压。

(3) 将回路断路器分别打到 ON，给每个 TRICON 机架的上部电源供电。

(4) 查看安装的每个模块完成通电自检测后是否显示“PASS”。

(5) 检查上部电源单元给机架供电，测量 TRICON 的供电电压，以验证其正确性。

(6) 对每个机架的下部电源重复上面的步骤。

(7) 查看 Tricon MP 和 I/O 模块处于运行状态，LED 指示灯是否显示正常。

(8) 关掉每个机架的上部电源。

(9) 观察在关掉机架的上部电源后，没有模块故障。

(10) 打开每个机架的上部电源。

(11) 关掉每个机架的下部电源。

(12) 观察在关掉机架的下部电源后，没有模块故障。

(13) 打开每个机架的下部电源。

(14) 查看 Tricon MP 和 I/O 模块处于运行状态，LED 指示灯是否显示正常。

(15) 通过回路断路器分别启动每个机架的电扇，确认风扇能工作且旋转方向正确。

(16) 当回路断路器分别打开时，确认每个 TRICON 机架都能成功地通电。

(17) 确认每个 TRICON 机架在只有一个电源模块供电的情况下可正常工作。

2) 端子柜

(1) 确保所有的回路断路器关闭。

(2) 验证电源端的输入电压为 230V AC。

(3) 打开 24V DC 供电单元。

(4) 打开每个底板各自的回路断路器。

(5) 验证每个底板电源端子的电压为 24V DC，对所有其他的底板重复该步骤。

(6) 检查确认每一路输入电源正常，继电器“ON”。

(7) 再次检查确认所有底板由各自的回路断路器正确供电。

3) 通电检查

(1) 全面检查系统供电情况，确认系统指示、运行正常。

(2) 全面检查保险，确认保险丝端子无熔断现象，供电正常。

4) 点检测试原则

模块 3700、3503E、3604E、3805E 已经接线，组态的模块通道 100%点检测试。

5) 点检准备

(1) 确认备份工作已经结束、装置停运，正式交检修。

(2) 确认有关的生产过程已全部退出运行，或已做好相关的隔离措施。

(3) 所有需检查、处理和信息保存工作均已结束。

(4) 断开现场端子，避免后续测试对现场设备影响。

6) 处理器功能测试

(1) 标记检查，确认 SIS 模块所贴标识与系统组态一致。

(2) 插入或者拔出互为热备的两个物理槽位中的任意一个模块，观察热备模块的切换过程(SIS 多为单模块，可利用备件进行测试)。

(3) 模块安装检查，预制电缆、通信电缆、I/O 电缆检查。

7) 模块精度及测试原则

A. 对输入/输出模块的 A/D、D/A 转换精度进行检查和必要调整。

B. 对参与控制和联锁的模块，要逐点进行精度测试。

C. 使用标准模拟信号源对模拟回路进行测试；测试用 5 点法(0%，25%，50%，75%，100%)，测试可从中间端子排输入信号，并将回路中安全栅等一并检查，保证整个回路正常。

D. 使用短接片对数字量输入信号进行测试，测试用通断法，信号从中间端子排测试。

E. 通过系统输出方式对模拟量输出信号进行测试，用标准信号在中间端子排处检查信号。

F. 通过系统输出方式对数字量输出进行测试，有源输出测试输出电压，无源输出测试回路电阻。

G. 测试过程中，分别按模块信号类型填写测试记录表，具体见附录Ⅲ-4“I/O 模块点检测试记录表”（AI 模块 3700 测试记录、DI 模块 3503E 测试记录、DO 模块 3604E 测试记录、AO 模块 3805 测试记录）。

8）模拟量输入点测试

按 5 点/测试原则进行通道测试，即 0%、25%、50%、75%、100%，校验步骤如下：

（1）断开被测点接线，按模块的接线要求，接入信号发生器的输出端。

（2）从 TRICON 程序中查看被测通道对应的转换数据。

（3）依次送入量程的 0%、25%、50%、75%、100%对应的信号，读取被测通道对应的转换数据，并按照附录Ⅲ-4“I/O 模块点检测试记录表”格式填好点检记录表。

（4）如果某模块的某通道出现故障，做好标记，更换备用通道，修改 TRICON 组态，做好记录。

（5）拆除信号发生器接线，恢复点检测试前的状态。

9）数字量输入点测试

使用通断测试法进行通道测试：

（1）确认 TRICON 模块通道指示灯不亮后，断开被测点接线，按模块的接线要求，接入短接开关或短接线。

（2）从 TRICON 程序中查看被测通道对应的数据。

（3）依次送入 0、1（接通、断开）信号，读取被测通道对应的数据，并按照附录Ⅲ-4“I/O 模块点检测试记录表”格式填好点检记录表。

（4）如果某一模块的某一通道出现故障，做好标记更换备用通道，并修改 TRICON 组态，做好记录。

（5）拆除信号发生器接线，恢复点检测试前的状态。

10）数字量输出点测试

通过测量电压或电阻进行通道测试：

（1）断开被测点的两个接线端子，按模块的接线要求，将万用表接入回路。

（2）将 TRICON 程序中对应的输出点强制改变输出值 0 或 1。

（3）从万用表上读取对应数据，有源输出模块测量有无电压值，无源输出模块测量有无电阻值，填入校验记录。

（4）如果某一模块的某一通道出现故障，做好标记，更换备用通道，并修改 TRICON 组态，做好记录。

（5）拆除万用表接线，恢复点检测试前接线状态，并将程测试点恢复到测试前的状态。

11）模拟量输出点测试

（1）断开被测点接线。

（2）从 TRICON 程序中查看被测通道对应的转换数据。

（3）依次从 1131 组态界面强制输出量程的 0%、25%、50%、75%、100%对应信号，读取被测通道对应转换数据，并按照附录Ⅲ-4“I/O 模块点检测试记录表”填好点检记录表。

（4）如果某一模块的某一通道出现故障，做好标记更换备用通道，并修改 TRICON 组态，做好记录。

(5) 拆除信号发生器接线，恢复点检测试前的状态。

12) 关闭 TRICON 相关软件

13) 锁定 WINDOWS 屏

5. 功能测试

1) 电源供电模块检查

(1) 检查电源模块，在正常情况下，两个冗余电源模块均分机架的电力负载。

(2) 检查系统柜各模块，系统硬件运行状况可由模块的指示灯或工作站上的在线诊断界面进行检查，若有故障，应更换。

(3) 检查脉冲输入模块，把其端子板上没有使用的正(+)负(-)终端短接起来。

(4) 检查机柜中各类的连接线是否良好。

(5) 查机柜中端子无松动，端子与电缆接触良好。

2) 电源供电模块测试

(1) 关掉所有机架上部电源。

(2) 查看所有其他模块工作是否正常。

(3) 电源供电模块上的 LED 指示灯。

(4) 上部电源模块→“FAIL” & “ALARM”。

(5) 下部电源模块→“PASS”&“ALARM”。

(6) 打开所有机架上部电源。

(7) 关掉所有机架下部电源。

(8) 查看所有其他模块工作是否正常，电源供电模块上的 LED 指示灯，上部电源模块→“PASS” &“ALARM”，下部电源模块→“FAIL” & “ALARM”。

(9) 打开所有机架上部电源。

(10) 查看 TriStation 能否读出所有钥匙开关的位置(在诊断面板下)——PROGRAM(1)、RUN(2)、REMOTE(3)、RUN(2)、PROGRAM(1)和 STOP(0)。

(11) 将钥匙开关拨回到 PROGRAM 模式，且 TriStation 能读出钥匙的正确位置状态。

(12) 确认电源模块状态返回正常状态。

(13) 当上部电源或下部电源被切断时，所有模块仍能正常工作。

3) 备用电池检查更换

(1) 备用电池检查测试。

A. 下班时按照下列步骤关掉系统电源。

B. 关掉电源柜 CB 提供给机架 PS1 的电源。

C. 关掉 PS1 的隔离器。

D. 关掉 CB 提供给机架 PS2 的电源。

E. 关掉 PS2 的隔离器。

F. 第二天打开电源。

G. 查看所有的模块在几分钟后“Pass”和“Active”LED 灯亮。

H. 连接 TriStation 到 TRICON。

I. 电源故障时 TriStation 能够连接到 TRICON，重新通电后应用程序运行状态正常。

J. 如果出现异常或故障，需要更换备用电池。

（2）备用电池的更换。备用电池的存储寿命为5年，当累计断电6个月或按照5年周期对其进行更换，备用电池必须使用厂家推荐的型号。

4）主处理器热备测试

热备测试，即带有应用程序的主处理器单模式或双模式运行、切换、测试、检查。

热备切换测试的目的是：在各种测试模式下，验证所有模块没有故障且正常运行，且EICM/NCM与TriStation和DCS通信正常。热备切换测试的步骤如下：

（1）从系统中移走MP-A，只安装MP-B和MP-C，验证系统在双模式下运行。

（2）从系统中移走MP-B，只安装MP-C，验证系统在单模式下运行。

（3）重新安装MP-B并等它变为“Active”，然后，从系统中移走MP-C，只安装MP-B，验证系统在单模式下运行。

（4）重新安装MP-A并等它变为“Active”，然后，从系统中移走MP-C，只安装MP-A，验证系统在单模式下运行。

（5）重新安装MP-B并等它变为“Active”，然后，从系统中移走MP-C，只安装MP-A和MP-C，验证系统在双模式下运行。

（6）重新安装MP-C并等它变为“Active”，然后，从系统中移走MP-B，只安装MP-A和MP-B，验证系统在双模式下运行。

（7）重新安装MP-B并等所有MP变为“Active”。

（8）检查确认系统在单模式或双模式操作时，均没有模块故障且运行正常。

5）在线更换I/O模块

（1）每种类型的模块，任意选择一个热备插槽安装一个备用模块。

（2）观察备用模块上的“ACTIVE”和“PASS” LED灯。

（3）取下没有在线工作的模块。

（4）从TriStation控制面板监视器或模块LED灯上，观察模块被更换时输入或输出的状态是否一致。

（5）确定没有瞬间的逻辑或组态丢失发生。

（6）检查确认当取下非工作状态的模块时，对于输入和输出状态没有任何影响。

6）工程师站测试更新

（1）工程师站软硬件检查。

A. 检查确认组态软件（1131、INTOUCH及通信软件）软件授权、版本，确认是否在有效期内。

B. 检查确认操作系统是否需要升级。

C. 检查测试系统监控软件是否运行正常。

（2）工程师站检查更新。

A. 在用工程师站按照操作步骤正常关机。

B. 工程师站接通电源，再次检查系统时间，确认正确后，关机，接上网线联网。

C. 工程师站处理器及相应的接口组件的状态指示检查。

D. 工程师站硬盘空间检查，垃圾文件清理。

E. 工程师站冗余网络切换测试。

F. 工程师站网络访问功能检查测试。

G. 工程师站系统监控功能检查测试。

H. 工程师站 SOE 功能检查测试。

I. 工程师站时钟同步测试。

J. 在线拷贝最新程序，联网数据显示正常，操作正常。

(3) 工程师站组态程序备份

7) 系统停车测试

(1) 系统停车测试准备。

A. 通过 TriStation 控制面板中"Enable All Disabled Points"解除所有强制点。

B. 删除所有创建的临时变量，测试/试车时要用的变量除外。

C. 禁止的输出表决诊断，现在重新设定为允许。

(2) 系统停电。

A. 关掉 CB 提供给机架 PS1 的电源。

B. 关掉 PS1 的隔离器。

C. 关掉 CB 提供给机架 PS2 的电源。

D. 关掉 PS2 的隔离器。

E. 关掉 CB 提供给 ETP 的 PS1 的电源。

F. 关掉 PS1 的隔离器。

G. 关掉 CB 提供给 ETP 的 PS2 的电源。

H. 关掉 PS2 的隔离器。

(3) 测试检查。

A. 如果使用了带有保持的点，验证其是否为希望的状态。

B. 在测试期间，将发生改变的计时器、计数器、设定点恢复到原始值。

C. 检查和确保所有在测试期间被松开的模块、连接器或任何机械按钮恢复正常。

8) 逻辑测试

A. 下装装置的应用程序，用 TriStation 软件进行测试。

B. 按照功能逻辑图设置所有输入为正常状态。

C. 按照逻辑图模拟输入，观察输出，用 Triconex I/O 模拟测试台模拟输入和输出。

D. 在模拟测试台、SIS 和 SOE 上观察数字输出的结果和输出，作为结果的输出必须与设计功能逻辑图相符。

E. 检查确认系统逻辑与装置的功能逻辑图相符。

F. 检查确认 SIS 和 SOE 显示与 SIS 别名映射地址表相对应。

6. 问题处理

1) 1131 组态完善

(1) 根据生产期使用情况，对存在链接错误的控制点进行地址更改。

(2) 对相关的报警联锁点、模拟量中间点进行 SOE 报警信息检查，没有报警注释或者没有 SOE 报警记录事件的补充完善。

(3) 对需要修改的 1131 程序进行正确的修改后下装。

(4) 对最新的程序文件进行备份保存。

2）INTOUCH 组态优化

（1）根据操作和工艺管理需要，对监控画面进行必要的修改完善。

（2）检查相关组态错误的画面与链接。

（3）根据检修计划及生产操作需求，增加或完善优化操作监控功能。

3）在线诊断

通过 SIS 诊断软件检测检查 SIS 硬件情况，发现问题及时处理，具体参照 CCS 相关内容介绍。

4）系统病毒检测与防病毒处理

7. 质量控制点

（1）100%点检测试，尤其注意附带继电器、安全栅、端子板测试。

（2）接线端子检查、继电器检查测试。

（3）系统固件升级检查。

（4）I/O 模块在线更换测试。

（5）工程师站、操作站操作系统应用期限检查与升级。

三、CCS

CCS 机组控制系统的安全性、重要性等级均与 SIS 相同，硬件系统也较多选用 TRICON 的 TS-3000 系列。因此 CCS 的停工检修基本与 SIS 类似，但与 CCS 之间存在信号往来的控制系统或二次仪表较多，例如机组轴系仪表二次监视表 3500、203（超速保护系统）、MCC（Motor Control Center）、DCS、SIS 等。下面就 CCS 停工检修的工作流程做简要介绍，并重点介绍与 SIS 的不同之处，未做说明部分均可参照 SIS 检修执行。

1. 检修准备

基本的人员、工器具、技术方案准备与 SIS 检修相同，CCS 检修技术准备需要更充分和全面，尤其需要补充准备熟悉如下技术资料或检修作业方案：机组防喘振控制方案，汽轮机调速及超速保护控制，3500 系统检查调试方案，CCS 回路试验档案，CCS 联锁试验档案。

2. 软件备份

CCS 停工检修，需要备份如下软件或文件：

（1）1131 组态程序。

（2）SOE 组态文件。

（3）DDE 参数设置。

（4）CCS 网络配置及地址。

（5）CCS 硬件在线监控系统组态配置。

（6）INTOUCH 组态程序。

（7）INTOUCH 历史趋势记录。

（8）3500 组态程序。

（9）振动、位移等轴系仪表系列号。

（10）203 参数设置。

（11）交换机组态参数。

（12）TS-3000 Firmware 固件版本。

具体的软件备份要求与方法可以参考相关产品技术资料及 SIS 停工检修相关内容执行。

3. 硬件检查检修

具体可参考 SIS 停工检修相关内容，需要特别提醒的是：应重点关注安全栅、3500 接线及接地的检查确认。

4. 通电点检

与 SIS 不同的是，CCS 通常还配置脉冲模块、温度模块，同样需要点检测试，另外，注意 3500、203 等其他系统状态检查。

5. 功能测试

CCS 功能测试包括硬件功能测试、软件功能测试、通信功能测试、系统故障(包括供电、模块等硬件故障)功能测试等，相关检修要点可参考 SIS 相关内容。下面重点介绍 CCS 的在线诊断功能检查测试。

1）电源模块诊断

电源模块面板上有 5 个 LED 状态指示灯，不仅反映本模块的状态，还反映本机架的状态情况，具体可参考表 3-76 电源模块状态指示灯一览表。

表 3-76 电源模块状态指示灯一览表

PASS（绿色）	FAULT（红色）	ALARM（红色）	BAT LOW（黄色）	TEMP（黄色）	说明及措施
ON	OFF	OFF	OFF	OFF	模块工作正常，不需要采取措施
ON	OFF	ON	OFF	ON	模块工作正常但工作温度对于 TRICON 系统来说太高（大于 60℃）。改正环境温度，否则 TRICON 系统会永久性失效
ON	OFF	ON	ON	OFF	模块正常工作，但备用电池功率不够，在停止供电时会导致 RAM 内的控制程序丢失，应更换备用电池
OFF	ON	ON	任意	任意	模块失效或供电停止。如果模块失效，应更换模块。若供电问题，应恢复供电
OFF	OFF	任意	任意	任意	指示灯或信号电路工作不正常，应更换模块
ON	OFF	ON	OFF	OFF	本模块工作正常，但机架或系统内存在故障模块，进一步检查机架和系统内其他模块的 PASS 和 FAULT 灯或通过 TriStation1131 程序的在线诊断界面确定故障模块，更换掉故障的模块

2）主机架诊断

主机架有一组用于系统报警的接线端子，可发出常开或常闭接点的机架报警信号，并同步反映到该机架电源模块 LED 指示灯上，主机架报警被触发的主要情况如下：

（1）系统的硬件与配置组态的数据不一致。

（2）DO 模块中有回路出错。

（3）主机架中有一个主处理器或 I/O 模块失效。

（4）扩展机架中的某一 I/O 模块与主处理器失去联系。

（5）主处理器发现有系统故障。

(6) 机架之间的 I/O 总线电缆安装不正确。

(7) 主机架电源失效。

(8) 工作温度大于 60℃或备用电池功率不够。

3) 扩展机架诊断

扩展机架也有系统报警接点输出，并同步反映到本机架的电源模块 LED 指示灯上，详见表 3-77 电源模块状态指示灯一览表。

表 3-77　主处理器模块状态指示灯一览表

PASS（绿色）	FAULT（红色）	ACTIVE（黄色）	MAINT1（红色）	MAINT2（红色）	说明及措施
ON	OFF	闪烁	任意	任意	模块工作正常。ACTIVE 灯在执行控制程序时，每扫描一次闪烁一次。不需要处理
ON	OFF	OFF	任意	任意	主处理器没有装载控制程序或控制程序已装入但未被启动。此种状态也存在于更换其中一个主处理器时，正在与其他主处理器同步过程中，如果在 6min 内 ACTIVE 内灯不点亮，该 CPU 故障应更换
OFF	ON	OFF	闪烁	OFF	主处理器在重新同步过程中，PASS 灯在 6min 后点亮，然后 ACTIVE 灯亮，否则模块有故障，应更换
OFF	ON	任意	ON	任意	模块已失效，更换新模块
OFF	OFF	任意	任意	任意	模块上的指示灯或信号电路误动作，更换新模块
ON	OFF	任意	OFF	ON	主处理器软件错误次数高，再出错就会使模块失效

扩展机架在下列情况时会触发报警：

(1) 扩展机架上有 I/O 模块失效。

(2) 扩展机架电源失效。

(3) 电源模块有一温度过高的警示(工作温度大于 60℃)。

4) 主处理器诊断

主机架上有三个各自独立工作的主处理器模块，瞬态性故障会被硬件“三取二”表决电路记录和掩蔽，持久性故障受到诊断后会发出警报，故障模块可在线热插拔更换或以容错状态继续工作，直到完成更换为止。主处理器有 5 个状态 LED 指示灯，具体见表 3-76 主处理器状态指示灯一览表，主处理器有如下诊断功能：

(1) 检验固定程序存储。

(2) 校验 RAM 的静态口。

(3) 试验所有的基本处理器指令和操作状态。

(4) 试验所有的基本浮点处理器指令。

(5) 检验与各个 I/O 通信处理器和通信支路共用的存储器接口。

(6) 检验 CPU 和各个 I/O 通信处理器和通信支路之间的交换信号与中断信号。

(7) 检查各个I/O通信器和通信支路微处理器、ROM、共用存储器的存取，以及RS-485收发信号的环回。

(8) 检验TriClock接口。

(9) 检验TriBus接口。

以上诊断信息通过每个主处理器底部的25针的RS232接口获取，加以分析从而可以判断主处理器的运行情况。

另外，主处理器还有4个黄色的通信状态LED指示灯：

(1) 当COM TX灯连续闪亮表示模块通过COMM总线发送数据。

(2) 当COM RX灯连续闪亮表示模块通过COMM总线接收数据。

(3) 当IOC TX灯连续闪亮表示模块通过I/O总线发送数据。

(4) 当IOC RX灯连续闪亮表示模块通过I/O总线接收数据。

5) 模拟输入模块诊断

3个LED指示灯：当PASS灯亮表示正常；FAULT灯亮说明模块有故障，应更换；ACTIVE灯亮表示模块正在执行控制程序。

6) 数字输入模块诊断

LED指示灯有：PASS灯、FAULT灯、ACTTVE灯和对应通道状态指示灯。当PASS灯亮表示正常；FAULT灯亮说明模块有故障，应更换模块；ACTTVE灯亮表示模块正在执行控制程序。当输入为高电平时对应通道状态指示灯亮，否则灯灭。

7) 数字输出模块诊断

它的LED指示灯有：PASS灯、FAULT灯、ACTIVE灯、LOAD/FUSE灯和对应通道指示灯。当输出为高电平时对应通道状态指示灯亮，否则灯灭。模块内部的电压反馈回路可检查输出电压是否符合要求，若不符合，则面板上的LOAD/FUSE指示灯亮。

8) 模拟输出模块诊断

它的LED指示灯有：PASS灯、FAULT灯、ACTIVE灯、LOAD灯、PWR1和PWR2指示灯。每个输出点的电源需要外部供给，如果回路电源存在，PWR1和PWR2指示灯亮，若检测到一个或几个输出点上有开环，则LOAD灯亮。

9) 脉冲输入模块诊断

它的LED指示灯有：PASS灯、FAULT灯、ACTIVE灯和对应通道状态指示灯。对应通道状态指示灯随每次脉冲闪亮一次，没有脉冲信号时灯灭。

10) 温度输入模块诊断

温度仪表输入模块，通常现场的热电偶、热电阻信号通过CCS的温度变送器或安全栅转换为4~20mA信号进AI模块，但传统的CCS仍配置有热电偶或热电阻处理模块。

温度仪表模块的LED指示灯有：PASS灯、FAULT灯、ACTIVE灯和CJ指示灯。当冷端传感器失效时，CJ指示灯亮，应更换模块。

11) 继电器输出模块诊断

它的LED指示灯有：PASS灯、FAULT灯、ACTIVE灯和对应通道状态指示灯。当输出为高电平时对应通道状态指示灯亮，否则灯灭。

12) 通信模块诊断

该通信模块没有热备用功能，但可以带电更换。它有3个LED状态指示灯：

(1) 当绿色的 PASS 灯亮表示模块工作正常。

(2) 当红色的 FAULT 灯亮表示模块有故障，应更换。

(3) 当黄色的 ACTIVE 灯亮表示模块正在执行控制程序。

此外，它的每个通信接口都有 2 个 LED 指示灯：TX 和 RX。当模块与外部设备通信时，它们连接闪亮，当通信被切断时，对应的指示灯会熄灭。

13) 网络通信模块诊断

该通信模块没有热备用功能，它可实现点对点(peer-to-peer)和以太网的通信功能。它有 3 个 LED 指示灯：当绿色的 Pass 灯亮表示模块工作正常；当红色的 FAULT 灯亮表示模块有故障，应更换；当黄色的 ACTIVE 灯亮表示模块正在执行控制程序。

此外，它的每个通信接口都有 2 个 LED 指示灯：TX 和 RX。当模块与外部设备通信时，它们连续闪亮，当通信被切断时，对应的指示灯会熄灭。

14) 接线端子板诊断

接线端子板作用是使 I/O 模块与现场隔离，其中的数字输入板和数字输出板的每个通道都使用熔丝组件，即一个保险管和一个 LED。当保险管内熔丝烧断时，对应的 LED 会亮。

15) 通过诊断软件诊断

打开 TriStation1131 程序，在“TRICON”下拉菜单中，点选“TRICON Diagnostic Panel”进入在线诊断界面，整个系统以目录嵌套形式列出各机架、槽路的从属关系。

(1) 机架的运行状态用两种颜色标识：绿色表示工作正常；红色表示该机架内有故障发生。模块的安装状态用四种颜色的标识：

A. 白色表示该逻辑槽路已被组态且对应的两个物理槽位都已插入模块。

B. 红色表示模块逻辑槽位已经组态过，但物理槽位中未插入模块。

C. 黄色表示模块逻辑槽位未组态过，但物理槽位中已插入了模块。

D. 蓝色表示模块逻辑槽位已经组态过，但两个物理槽位中只插入了一个模块。

(2) 模块的运行状态也用四种颜色的小方块标识在模块的上半部：

A. 绿色表示每个工作正常。

B. 红色表示模块有故障，需要更换。

C. 黄色表示模块正在执行控制程。

D. 灰色表示模块未执行控制程序但也未出错。

若出现故障，可根据显示目录路径快速定位其机架号、模块号和通道号，并显示故障信息。故障信息分为三类：现场出错、电源出错和表决出错。另外在 AC 电压数字输出模块上要禁用输出表决诊断(OVD)，否则会出现误报警现象。

6. 问题处理

1) 故障 I/O 模块及电源模块更换

参考 SIS 检修相关内容。

2) 故障主处理器在线更换

(1) 确认至少有一个主处理器上有 ACTIVE 灯在闪亮。

(2) 松开故障的主处理器上的紧固螺钉，将其拔出。

(3) 插入新的主处理器，安装到位，PASS 灯应该点亮并保持 1~6min。

(4) ACTIVE 灯同时亮起并以和其他主处理器上的 ACTIVE 灯一样的速率闪动 1~6min，

进入正常状态后将紧固螺钉拧紧。

3）故障通信模块在线更换

先将故障模块的通信电缆卸掉，把模块拔出，再将备用模块插入槽内，然后安装好通信电缆，其 PASS 灯应在 1min 之内点亮，ACTIVE 灯应在 1~2min 内亮起。

4）保险管熔丝烧断

当过流使保险管内熔丝烧断时，相应通道的 LED 会亮；用相同型号规格的保险管进行更换，但务必查出是外部信号短路还是 CCS 自身原因或保险自身寿命质量原因造成的烧断。

5）工程师站或操作站死机

工程师站或操作站死机后，可以重新启动计算机并运行 TriStation1131 程序；若有硬件损坏可更换；如果控制程序损坏，可以用备份磁盘恢复。

6）系统掉电

将 CCS 系统柜中的电源开关按由分到总到分顺序关断，待供电稳定后再将系统柜中的电源开关按由总到分顺序合上，观察系统柜各模块的启动情况，等到模块都启动完成后，可到工程师站在线诊断界面，进行进一步的检查。

7）回路试验

CCS 停工检修的重点工作还有回路试验、联锁试验，具体可参考本章第三节相关内容介绍。需要说明的是：CCS 回路试验和联锁试验与其他控制系统关联较多，最好列出所有涉及信号往来的仪表位号清单，并厘清 CCS 与其他控制系统（SIS、DCS、3500、MCC 等）之间的关系以便试验问题及时处理。通常信号往来的情况有如下几种：CCS 到 DCS（信号联系示例可参考表 3-78）；DCS 到 CCS，CCS 到 SIS，SIS 到 CCS，CCS 到 MCC，MCC 到 CCS。

表 3-78　CCS 到 DCS 信号联络表

序号	仪表位号	检测位置	量程	CCS		DCS		与其他系统联系	问题/备注
				柜号	接线端子	柜号	接线端子		
1	FT-10110	压缩机一段出口管线	0~40kPa	CCS112-02	X2. 1/18-19	MSH112-03	TB39/11-12	1 入 2 出去 DCS	MSH112-03，TB39，11，12
2	FT-10111		0~40kPa	CCS112-02	X2. 1/20-21	MSH112-03	TB40/15-16	1 入 2 出去 DCS	MSH112-03 TB40，15，16
3	PT-10111	二段出口	0~2500kPa	CCS112-02	X2. 1/30-31	MSH112-03	TB39/19-20	1 入 2 出去 DCS	BC112-03，R9，4+，4-
4	LISA-10303	级间分液罐液位	0~100%	CCS112-02	X2. 1/24-25	MSH112-03	TB42/9-10	1 入 2 出去 DCS	BC112-03，R9，5+，5-
5	LISA-10305	级间分液罐液位	0~100%	CCS112-02	X2. 1/26-27	MSH112-03	TB42/11-12	1 入 2 出去 DCS	BC112-03，R9，6+，6-
6	FT-12104		0~25kPa	CCS112-02	X2. 1/16-17	MSH112-03	TB39/13-14	1 入 2 出去 DCS	MSH112-03，TB39，13，14
7	PT-12112	蒸汽进汽轮机管线	0~6000kPa	CCS112-02	X2. 1/32-33	MSH112-03	TB39/9-10	1 入 2 出去 DCS	MSH112-03，TB39，9，10
8	PZT-10102			CCS112-02	X2. 1/34-35			1 入 2 出去 DCS	BC112-03，R9，7+，7-

续表

序号	仪表位号	检测位置	量程	CCS		DCS		与其他系统联系	问题/备注
				柜号	接线端子	柜号	接线端子		
9	SV-12402	汽轮机调速输出去 DCS		CCS112-02	X2. 1/45-46			去 DCS	BC112-03，R9，8+，8-
10	AL-DCS	公共报警去 DCS		CCS112-03	X3. 1/31-32			去 DCS	RY112-01，F5，14+，14-

8）优化升级

（1）CCS 的优化完善，主要为停工检修计划提报的软件组态优化修改完善和硬件系统升级改造，原则上所有变更、功能升级均需要按相关规定进行审批，具体可参考 SIS 相关内容。

（2）系统病毒检测与防病毒处理。

（3）停工检修期间，CCS 操作站通常会疏于监控，应注意操作站各操作权限账号及密码的管理，避免不必要的组态程序意外损坏、丢失或更改。

7. 质量控制点

（1）CCS 软件备份全面、完备。

（2）控制系统之间往来信号的回路试验与联锁试验。

（3）辅助操作台、现场控制盘与 CCS 的联锁试验。

四、小型 PLC

PLC 在成套设备中广泛应用，其中监控点数少、控制方案相对简单的小型设备或系统通常选用小型 PLC，或称模块化集成式 PLC。小型 PLC 的典型应用主要有 Allen Bradley 的 Micro Logix 1500 系列和西门子的 S7-200 系列。Micro Logix 1500 系列停工检修可以参照本章 ControlLogix 5000 系列 PLC 停工检修相关内容执行。下面以 S7-200 系列 PLC 为例介绍小型 PLC 的停工检修工作。

1. 检修准备

（1）S7-200 简介。SIMATIC S7-200 集成式一体化结构，硬件上主要有 CPU 模块、电源模块、I/O 模块、扩展模件构成，基本构成示意图见图 3-68，实际成套设备应用中通常还配置触摸屏作为现场监控和维护的界面媒介。目前主流的 CPU 模块为 CPU 22X 系列，共有 5 种不同结构配置的 CPU 单元：CPU 221、CPU 222、CPU 224、CPU224XP 和 CPU 226。除 CPU 221 之外，其他都可加扩展模件。

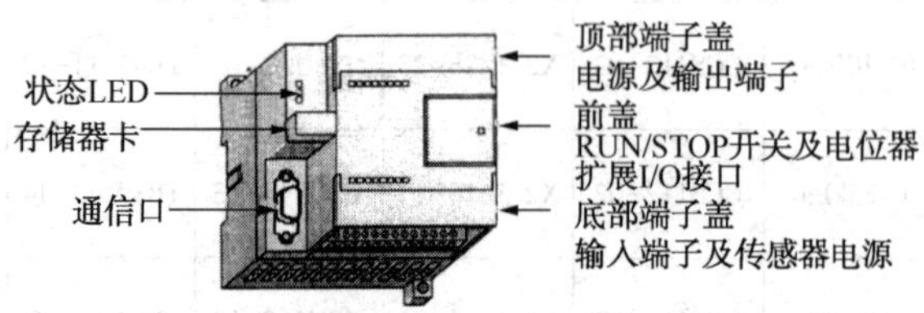

图 3-68　S7-200 外形简图

S7-200 的技术优势主要在如下隔离特性：

A. CPU 逻辑参考点与 DC 传感器提供的 M 点类似。

B. CPU 逻辑参考点与采用 DC 电源供电的 CPU 输入电源提供的 M 点类似。

C. CPU 通信端口与 CPU 逻辑口(DP 口除外)，具有同样的参考点。

D. 模拟输入及输出与 CPU 逻辑不隔离，模拟输入采用差动输入并提供低压公共模式的滤波电路。

E. 逻辑电路与地之间的隔离为 500V AC。

F. DC 数字输入和输出与 CPU 逻辑之间的隔离为 500V AC。

G. DC 数字 I/O 组的点之间隔离为 500V AC。

H. 继电器输出、AC 输出和输入与 CPU 逻辑之间的隔离为 1500V AC。

I. 继电器输出组的点之间隔离为 1500V AC。

J. AC 电源线和零线与地、CPU 逻辑以及所有的 I/O 之间的隔离为 1500V AC。

(2) 熟悉成套设备及 S7-200 相关检修计划。

(3) 开具检修作业票，确认作业安全环境。

(4) 劳保用品穿戴齐全。

(5) 备件准备，按照检修计划准备合适数量的如下备件：1A、2A 保险管，接线端子，DI 模件，DO 模件，继电器等配件。

(6) 按如下清单准备工器具：RJ45 网线，毛刷，专用清洁剂，风扇专用润滑油，保险丝，绝缘胶带，防静电腕带，标准电阻箱，数字万用表，信号发生器，专用螺丝刀，标签纸，兆欧表，测电笔。

2. 软件备份

PLC 检修前需要将原组态程序备份，如果 PLC 配套触摸屏，应首先先检查触摸屏外观及显示状况并备份组态程序。下面以 MT506 系列触摸屏为例介绍组态程序备份过程。

1) 触摸屏组态程序备份

(1) 硬件连接。按照图 3-69 示例将触摸屏、通信线、笔记本电脑连接好，准备备份。

(2) 组态软件。MT500 系列 EasyBuilder500 常用软件为：EasyManager、EasyBuilder500 和 PLCAddressView。Easy Manager 是整套 EasyBuilder500 系列软件的系统综合软件。Easybuilder 是组态软件，用来配置各种元件，一般简称 EB500。在 Easybuilder 中也可以下载在线(或离线)模拟，此时并不需要打开 EasyManager 窗口，但必须先设定好 EasyManager 上的相关参数(比如通信口、通信速率等)。

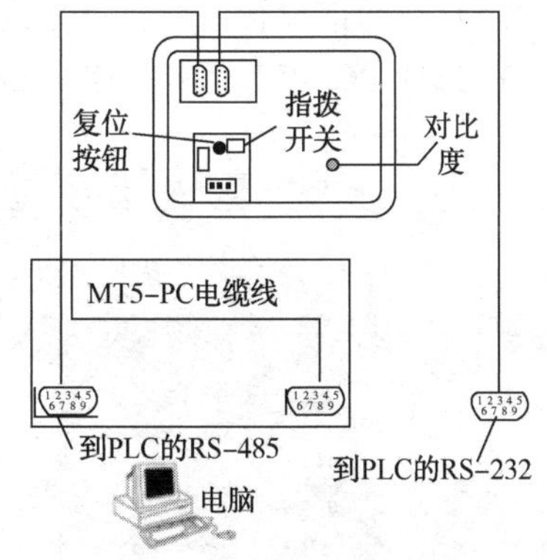

图 3-69 触摸屏组态备份硬件连接图

笔记本电脑安装完成 MT500 系列 EasyBuilder500 2.7.0 版本软件后，在[程序]中会显示出现 EasyBuilder 图标，点击进入组态软件。

选择菜单[开始]/[程序]/[EasyBuilder]/[EasyManager]，将弹出 EasyManager 的对话框窗口，在 EasyManager 上的通信参数是计算机和触摸屏之间的通信参数，具体定义如下：

通信口选择：选择计算机和触摸屏相连接的笔记本串口为 COM1 或 COM2(可选 COM1～

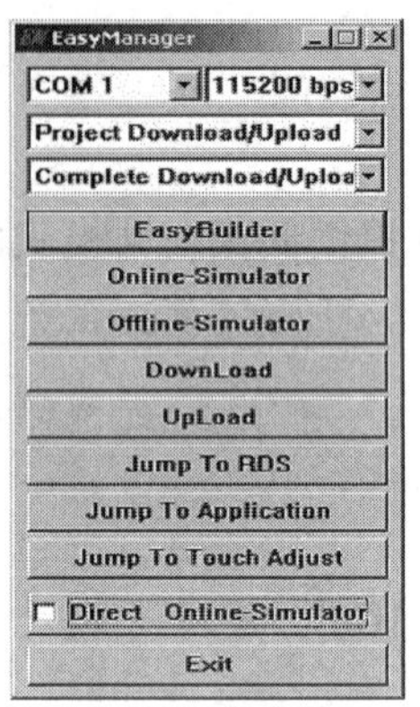

图 3-70 触摸屏组态程序上传界面

COM10)。

通信口速率选择：在下载/上传时决定笔记本和触摸屏之间的数据传输速率，建议选择 115200bps。

(3) 组态备份。笔记本电脑点击进入 EasyManager；从[开始]菜单选择[程序]/[EasyBuilder]/[EasyManager]，出现图 3-70 所示窗口。检查确认已经设置好各种参数，按下[UpLoad]上传组态程序。

2) PLC 组态程序备份

(1) PLC 通信连接。

A. 通过 PC/PPI 编程电缆与 S7-200PLC 连接。PC/PPI 编程电缆为 RS232 到 PPI 接口(RS485)的转换电缆，适用于 S7-200 系列 PLC，将 PC/PPI 电缆的 RS485 插头插入 S7-200PLC 编程口，RS232 插头插入笔记本 RS232 口。

B. 如图 3-71 所示选择 PLC 类型。

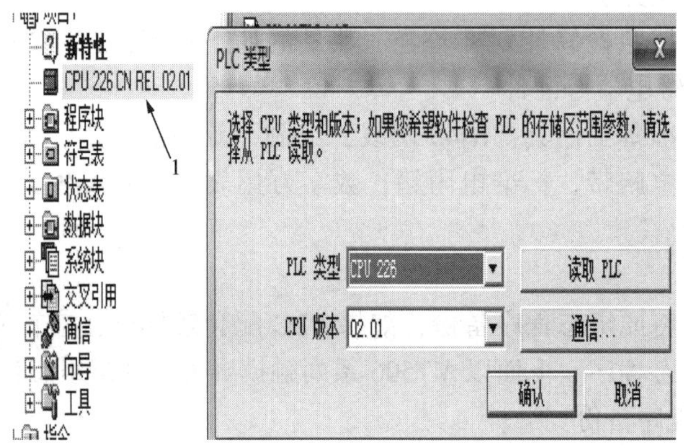

图 3-71 PLC 类型选择界面

C. 打开通信设置窗口，点击设置 PG/PC 接口，界面如图 3-72 所示。

D. 选择 PC/PPI 网卡，点击 properties 进行通信设置(见图 3-73)。

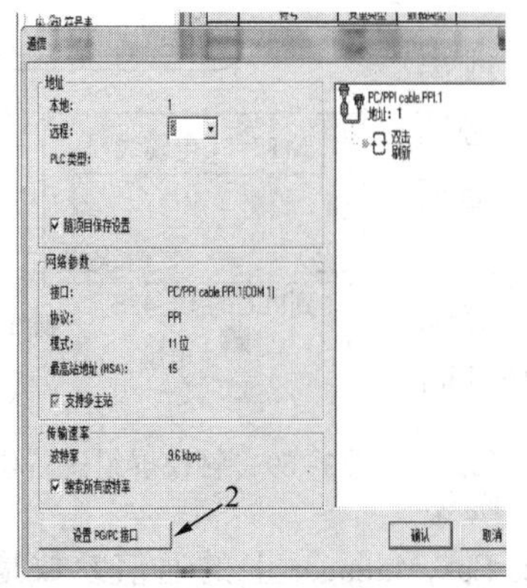

图 3-72 STEP 7 PG/PC 设置界面

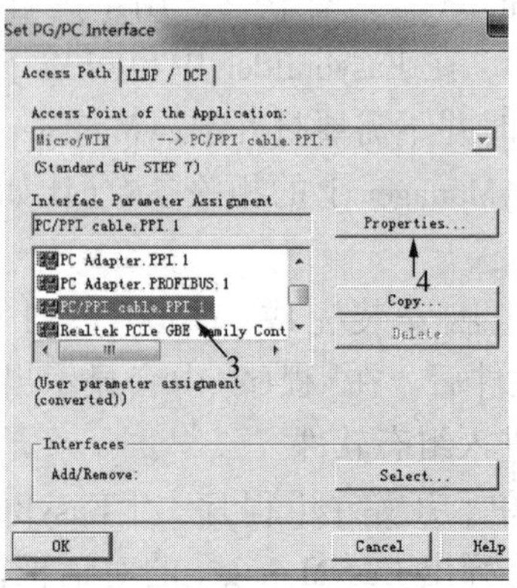

图 3-73 通信设置界面

E. 点击 local connection 进行本机的下载口为 com1 口，在 PPI 设置本机地址为 1，通信时间为 10s，界面见图 3-74。

F. 点击双击刷新，选择搜索到的 PLC，点击确定选择，界面见图 3-75。

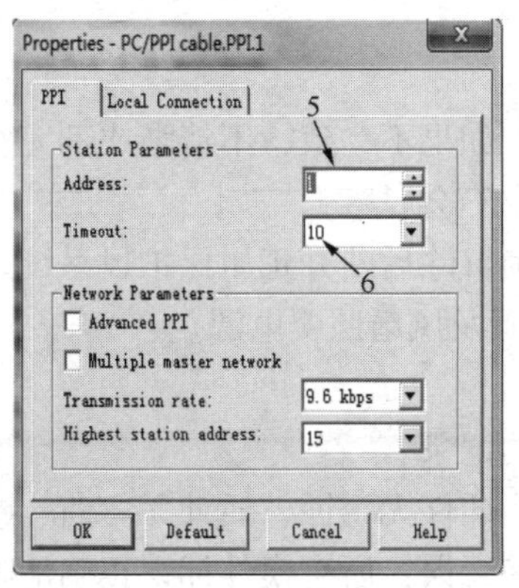

图 3-74　通信时间设置界面

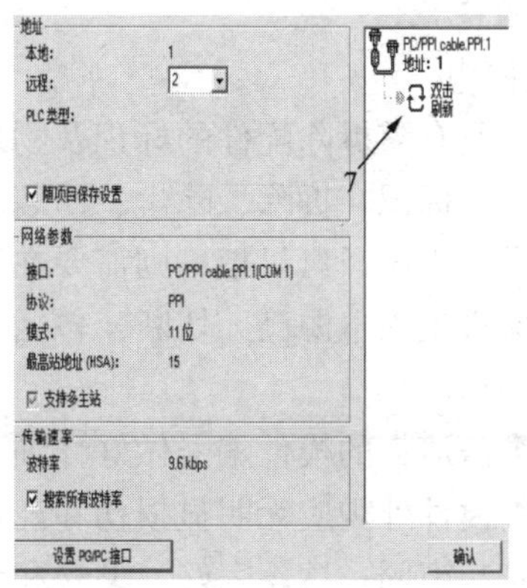

图 3-75　PLC 选择界面

G. 点击通信测试，要是出现以下的画面，表示通信已经连接，界面见图 3-76。

插接通信电缆时，注意对准插接口插入，不能插入时不能使劲用力插，应检查是否对准插孔；如果 PLC 通信连接出现问题，首先检查通信电缆，通信电缆插好无故障时，在"Set PG/PC Interface"对话框中，双击所选择的通信类型，依据现场实际情况进行参数设置。

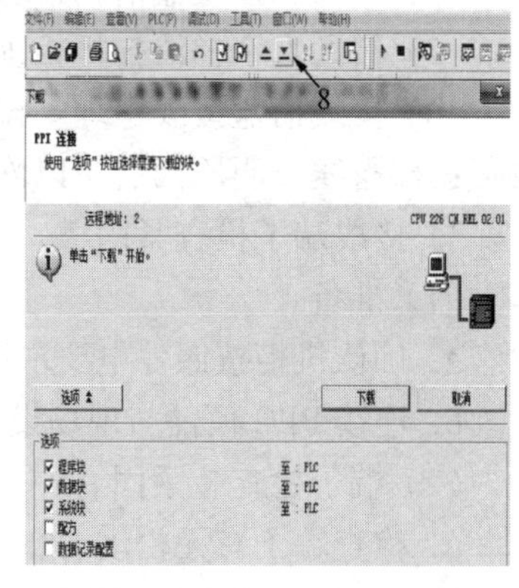

图 3-76　PLC 连接成功界面

(2) 组态程序备份。

A. 启动 STEP 7-Micro/WIN 程序，并打开或新建一个项目，用来保存从 PLC 上载的程序块。如果希望上载至一个空项目，选择"File(文件)>New(新建)"，或者点击工具栏上的"(新建)"按钮；如果希望上载至现有项目，选择 File(文件)>Open(打开)，或者点击工具栏上的"(打开)"按钮。

B. 选择"File(文件)>Upload…(上载)"，或使用"(上载)"工具条按钮，初始化上载程序。

C. 弹出对话框，如图 3-77 所示。请核实已选择您希望上载的块复选框，并取消选择您不希望上载的任何块，然后单击"确认"。

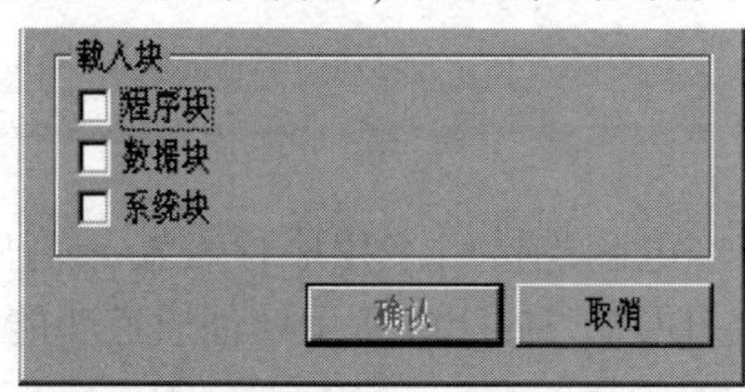

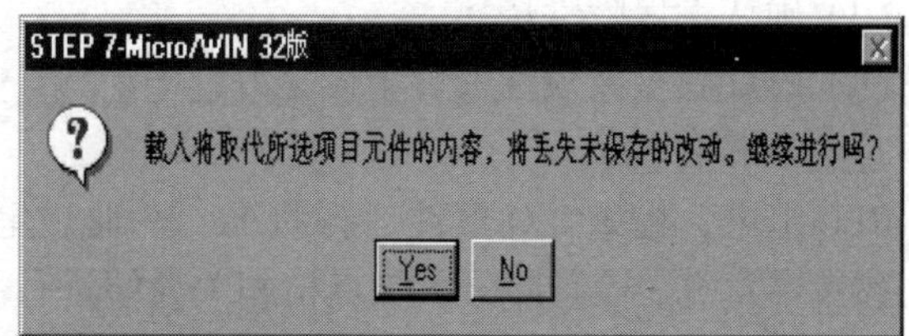

图 3-77　上载块复选框与确认对话框

D. 上载完成之后，点击“File(文件)>Save(保存)”，选择备份路径，输入备份名称加备份日期，最后单击“保存”按钮；在备份过程中，注意不要点击下载按钮，以免覆盖 PLC 中原有程序；保存备份文件时，注意在文件名后加上备份时的年月日，以便日后查找方便。

3. 硬件检查检修

1）系统停电

(1) 核对所有需拆除配件的标识及物理位置，如果不一致、不清晰或不完整；要补充完整，并确保这些标识在拆除、除尘、回装等过程中不会脱落。

(2) 如果是正压通风机柜，则需要在正压联锁解除后断开正压保护风系统。

(3) 确保机柜内电源已经切断，包括 UPS 电源及风扇照明电源。

2）PLC 柜清扫

(1) 每个需清扫的模件编号做好详细、准确的记录。

(2) 检查模件外观应无明显损伤和烧焦痕迹，插件无锈蚀，插针无弯曲、断裂；模件上的各部件应安装牢固；熔丝完好，型号和容量准确无误；所有模件标识正确清晰；检查风扇电源线无损坏，风扇转动灵活，无卡涩。

(3) 小心地拆下过滤网，并把拆下的过滤网清洗、晾干。

(4) 机架和接线盒清扫，应清洁无灰、无污渍。

(5) 借助人字梯清扫机柜顶部，禁止攀登机柜，防止发生安全事故或损坏盘柜外表面。

(6) 接线槽盒接线整理：排线绑扎应整齐牢固，电缆和接线头标志应齐全、准确、字迹清晰；裸露线查明原因后予以恢复，经确认无用的裸线应包扎后放入接线槽中。

3）接线端子检查紧固

(1) 准备。

A. 确认机柜按照停电要求已经关闭两路电源。

B. 连接 PLC 模件与现场设备的端子已经断开。

(2) 端子检查、紧固。

A. 检查端子有无松动、变形，确认端子与电缆接触良好。

B. 检查电源保险丝容量、普通保险端子保险丝容量是否合理。

C. 接地系统检查，接地电阻检测应低于 4Ω。

4. 通电点检

1）通电准备

PLC 通电前，重点检查确认一下内容：

(1) 供电电压正常、线路绝缘测试合格。

(2) PLC 柜环境，专用电缆、接地、电源及硬件连接正常。

(3) 确认无保险管烧坏。

(4) PLC 底板及模件安装牢固完好。

2）I/O 模件检查

PLC 上电，检查 I/O 模件运行状况，并通过笔记本电脑连接组态程序检查输入输出情况；参考本章 SIS 检修部分系统点检相关介绍进行 DI、DO 等 S7-200 所用模件通道功能测。

5. 功能测试

(1) 连接组态程序或通过触摸屏检查所有回路/人机界面参数及其他参数数据。

(2) 参考本章第三节校验检定“回路试验”相关要求进行回路试验。

(3) 参考本章第三节校验检定“联锁试验”相关要求进行联锁试验。

(4) 进行 PLC 与 DCS 间的通信调试。

(5) 检修图纸资料和记录及时整理归档。

6. 问题处理

S7-200 系统最常见的问题故障为保险管烧坏，其他常见故障及处理可参考表 3-79。

表 3-79 S7-200 PLC 常见故障及处理方法

故障问题	可能原因	解决方法
输出不工作	• 被控制的设备产生了损坏 • 程序错误 • 接线松动或不正确 • 输出过载 • 输出被强制	• 当接到感性负载时需接入抑制电路 • 修改程序 • 检查接线，如果不正确，要改正 • 检查输出的负载 • 检查 CPU 是否有被强制的 I/O
CPU SF(系统故障)灯亮	• 组态程序错误 0003 看门狗错误 0011 间接寻址 0012 非法的浮点数 • 电气干扰 0001 到 0009 • 元件损坏 0001 到 0010	• 对于编程错误，检查 FOR、NEXT、JMP、LBL 和比较指令的用法 • 对于电气干扰检查接线。控制盘良好接地和高电压与低电压不并行引线是很重要的；把 24V DC 传感器电源的 M 端子接地 • 查出原因后，更换元件
电源损坏	电源线引入过电压	把电源分析器连接到系统，检查过电压尖锋的幅值和持续时间。根据检查的结果给系统配置抑制设备
电子干扰问题	• 不合适的接地 • 在控制柜内交叉配线 • 对快速信号配置了输入滤波器	• 纠正不正确的接地系统 • 纠正控制盘良好接地和高电压与低电压不合理的布线。把 24V DC 传感器电源的 M 端子接地 • 增加系统数据块中的输入滤波器的延迟时间
当连接一个外部设备时通信网路损坏(计算机接口、PLC 的接口或 PC/PPI 电缆损坏)	如果所有的非隔离设备(例如 PLC、计算机和其他设备)连到一个网络，而该网络没有一个共同的参考点，通信电缆提供了一个不期望的电流通路。这些不期望的电流可以造成通信错误或损坏电路	• 检查通信网络 • 更换隔离型 PC/PPI 电缆 • 当连接没有共同电气参考点的机器时，使用隔型 RS-485 to RS-485 中继器
STEP7-Micro/WIN 32 通信问题		检查网络通信信息后处理
错误处理		检查错误代码信息后处理

7. 质量控制点

(1) PLC 供电线路及模件检查。

(2) PLC 接地系统检查测试。

(3) 触摸屏组态程序备份。

(4) PLC 组态程序备份。

五、中型 PLC

中型 PLC 通常为模块化机架结构，其中西门子 S7-300/400 系列应用较为广泛，偏大型化应用的西门子 S7-400 系列，可以实现电源模块冗余、CPU 冗余、通信冗余甚至可以 I/O 模块冗余，但配置的 I/O 模块与 S7-300 系列相同，组态软件也相同，因此以 S7-300 系列 PLC 为例介绍中型 PLC 的功能原理及检修工作。

1. 检修准备

（1）西门子 S7-300 简介。西门子 S7-300PLC 硬件上主要由 CPU 模块、网络模块、通信模块、电源模块、输入输出模块、交换机等部分组成。I/O 点数较多的控制系统通常还配置触摸屏或操作站作为监控和维护终端界面。

触摸屏一般配置专门的组态软件，停工检修期间的备份可参考 S7-200 部分相关内容执行。用台式电脑作操作站的通常配置 WinCC 上位机组态软件，PLC 组态软件均采用基于 SIMATIC 程序管理器的 STEP7 组态软件。SIMATIC 程序管理器采用了现代化的软件体系结构，对项目进行管理、处理、归档和建立文件，在软件开发方面，采用了面向对象的技术。在项目管理上，以系统硬件和工艺过程两个不同的视角，同时进行管理。这两个视角在程序管理器中分别称为标准分级(Standard Hierarchy)和工艺分级(Plant Hierarchy)。其中标准分级主要管理系统的硬件，如控制器、系统总线、I/O 系统等；工艺分级主要管理工艺过程，它将整个工厂按工艺过程的要求，分为各个子系统，然后将各子系统映射到控制器上。与传统 DCS 相比，STEP7 的组态直接面向工艺过程，在 SIMATIC 程序管理器下，有多种组态工具可以使用，无论采用何种组态工具，生成的组态数据都自动存到一个同一的数据库中，即组态工具“STEP7(SIMATICS7 系列 PLC 编程语言)和 WinCC(SIMATIC 视窗控制中心)”等均可以按照项目自动保存为一个组态文件。

（2）熟悉成套设备及 S7-300 相关检修计划和点检计划。

（3）开具检修作业票，确认作业安全环境。

（4）劳保用品穿戴齐全。

（5）备件准备，按照检修计划准备合适数量的如下备件：1A、2A 保险管，接线端子，DI 模块，DO 模块，电源模块，交换机，继电器、安全栅等配件。

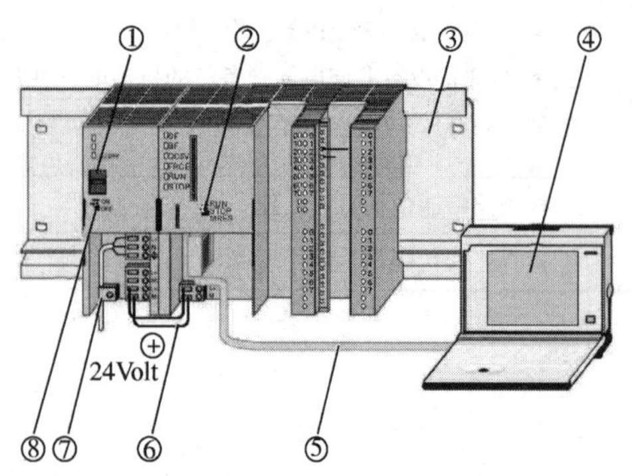

图 3-78　S7-300PLC 组态备份联机示意图

①—设置电源电压；②—模式选择器；③—固定导轨；④—安装了 STEP7 软件的编程设备；⑤—PG 电缆；⑥—连接电缆；⑦—张力消除夹；⑧—电源开/关

（6）按如下清单准备工器具：备份用光盘或 USB，RJ45 网线，毛刷，专用清洁剂，风扇专用润滑油，绝缘胶带，防静电腕带，标准电阻箱，数字万用表，信号发生器，专用螺丝刀，标签纸，兆欧表。

2. 软件备份

PLC 检修前需要将 PLC 联机备份组态程序，联机的基本配置图见图 3-78。

1）离线备份

（1）STEP 7 的备份。

A. 进入 Step7 Manager，在 File 下有一选项

Archive。

B. 选此选项进入 Step7 项目的压缩归档，指定要归档的项目(Project)及目标目录，压缩即可；注意归档时，不能打开所要归档的项目，恢复使用 re-archive。

(2) WinCC 的备份。

只要简单复制或压缩即可，复制前允许删除项目目录中的 * rt. db 文件——该文件为运行数据库文件。若为组态数据库文件 * . db 文件，切勿删除。

若以后要从备份中恢复系统，复制完相关项目文件后，从 Siemens/WinCC/Bin 下复制 Wincc. db 文件到项目目录下，并将其改名为 * . db。“ * ”指你的项目名称。

2) 在线备份

在线备份的具体步骤见表 3-80。

表 3-80 S7-300 在线组态备份作业步骤

序号	作业步骤	作业标准(图例/注解)	安全/注意事项
1	PLC 通信连接	常用的西门子 PLC 通信连接有以下几种： (1)PC/MPI 适配器通信电缆(如图 1 所示)。为 RS232 到 RS485 接口的转换电缆，适用于西门子 S7-300/400。连接方法如下： 图 1 USB/MPI 通信电缆 ①进入 STEP7 编程软件主界面(SIMATIC Manager)，点击“Options”菜单下的“Set PG/PC Interface…”选项进入 PG/PC 设置界面； ②双击“PC Adapter(MPI)”进入 PC Adapter(MPI)接口参数设置对话框(如图 2 所示)； 图 2 接口参数设置对话框	①在插接通信电缆时，注意对准插接口插入，在不能插入时，不能使劲用力插，应检查是否对准插孔； ②如果 PLC 通信连接出现问题时，首先检查通信电缆，通信电缆插好无故障时，再在“Set PG/PC Interface”对话框中，双击所选择的通信类型，依据现场实际情况进行参数设置； ③如果 PC/MPI 适配器有驱动程序，首先安装其驱动程序

续表

序号	作业步骤	作业标准(图例/注解)	安全/注意事项
1	PLC 通信连接	③单击“Local Connection”选项设置接口参数，正确选择连接电脑的接口(COM 口或 USB 口)，选择通信的波特率； ④单击“MPI”选项设置适配器 MPI 接口参数，由于适配器的 MPI 口的波特率固定为 187. 5kbps，所以这里只能设置成 187. 5kbps。完成以上设置后即可与 PLC 联机通信了 (2) 西门子 PG 连接到 PLC。西门子 PG 带有 1 根通信电缆，连接方法如下： ①将电缆的一端接至 PLC 的 MPI 接口上，另一端接至 PG 的 MPI 接口上； ②进入 STEP7 编程软件主界面(SIMATIC Manager)，点击“Options”菜单下的“Set PG/PC Interface…”选项进入 PG/PC 设置界面； ③选择“PC Adapter(MPI)”项，单击 OK，完成通信连接	①在插接通信电缆时，注意对准插接口插入，在不能插入时，不能使劲用力插，应检查是否对准插孔； ②如果 PLC 通信连接出现问题时，首先检查通信电缆，通信电缆插好无故障时，再在“Set PG/PC Interface”对话框中，双击所选择的通信类型，依据现场实际情况进行参数设置； ③如果 PC/MPI 适配器有驱动程序，首先安装其驱动程序
2	S7-300 程序备份	(1) 在 PLC 程序没有进行过备份的情况下，备份方法： ①启动 SIMATIC Manager 程序，选择“File(文件)>New(新建)”，或者点击工具栏上的“新建”按钮，来新建 1 个用于程序备份的项目； ②选择“PLC”菜单下的“Upload Station to PG…”选项，弹出对话框如图 3 所示；  机架号及插槽号 “View”按钮 图 3　选择地址对话框 1 ③根据实际情况来设置机架号及插槽号，然后点击“View”按钮，在下面的显示 窗口中应显示有 PLC 的 CPU 型号，如图 4 所示； PLC型号显示 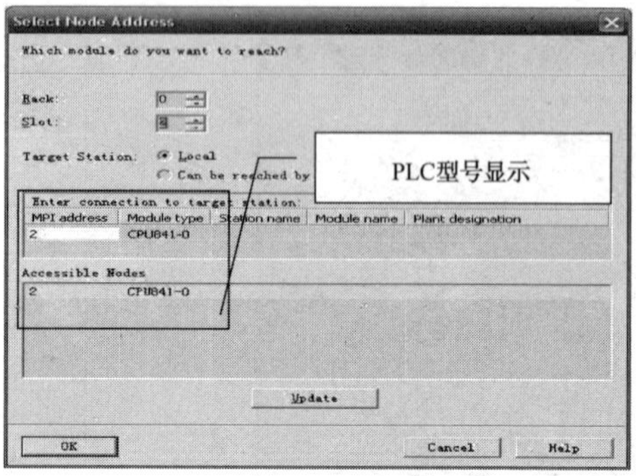 图 4　选择地址对话框 2	①首先建立 PLC 通信连接； ②在备份过程中，应注意，千万不要点击下载按钮，以免覆盖 PLC 中原有程序； ③在保存备份文件时，注意在文件名后加上备份时的年月日，以便日后查找方便

续表

序号	作业步骤	作业标准(图例/注解)	安全/注意事项
2	S7-300程序备份	④点击 OK 按钮，PLC 中的程序上载至计算机； ⑤上载完成之后，点击“File(文件)>Save As…(另保存)”，选择备份路径，输入备份名称加备份日期，最后单击“OK”按钮进行保存 (2) 在 PLC 程序有过备份，但之后有过修改的情况下，备份方法： ①启动 SIMATIC Manager 程序，打开需要进行备份的 PLC 程序； ②选择项目下 CPU 中的“Blocks”，然后单击工具栏中的“ (在线)”图标，如图 5 所示 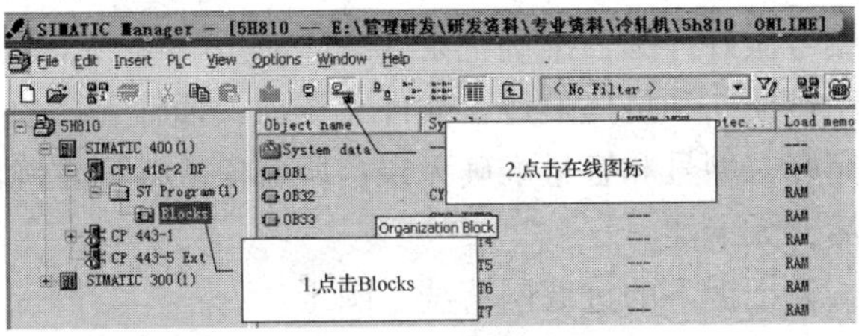 图 5　选择项目下 CPU 中的 Blocks ③用快捷键“Ctrl+A”全选所有在线程序块，然后用快捷键“Ctrl+C”或者单击工具栏上的“ (复制)”图标，将所有的程序块复制至计算机内存中； ④单击工具栏中的“ (离线)”图标，然后用快捷键“Ctrl+V”或者单击工具栏上的“ (粘贴)”图标，弹出图 6 所示对话框，点击“All”按钮，将所有的程序块粘贴至离线程序中； 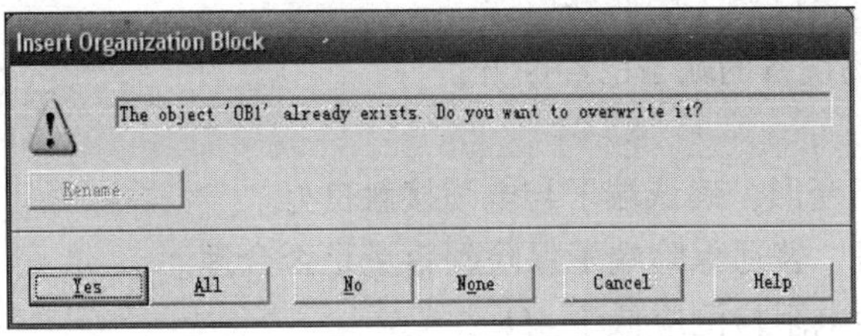 图 6　覆盖原有程序确认对话框 ⑤如果在项目中有两个及两个以上的 CPU 或者某些特殊功能模块具有单独存储程序功能时，如图 7 所示，则重复上述方法，将在线的程序块全部复制到离线的程序中； 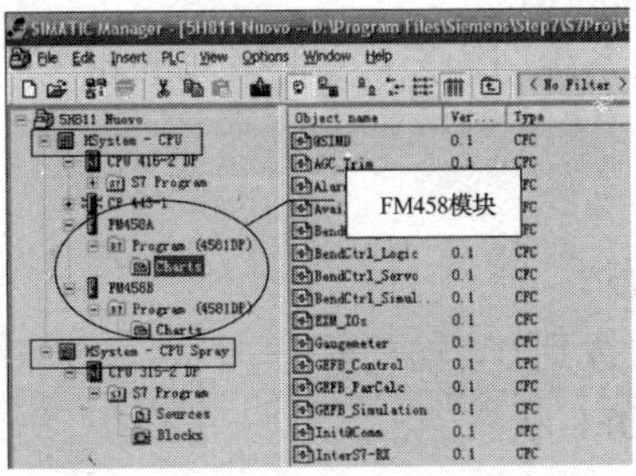 图 7　两个 CPU 及特殊功能模块 ⑥选择 File(文件)>Save As…(另保存)，选择备份路径，输入备份名称加备份日期，最后单击“OK”按钮进行保存	①首先建立 PLC 通信连接； ②在备份过程中，应注意，千万不要点击下载按钮，以免覆盖 PLC 中原有程序； ③在保存备份文件时，注意在文件名后加上备份时的年月日，以便日后查找方便

3. 硬件检查检修

1）系统停电

（1）核对所有需拆除配件的标识及物理位置，如果不一致、不清晰或不完整；要补充完整，并确保这些标识在拆除、除尘、回装等过程中不会脱落。

（2）如果是正压通风机柜，则需要在正压联锁解除后断开正压保护风系统。

（3）检查确认机柜内电源已经切断，包括 UPS 电源及风扇照明电源。

（4）按照先外围后 I/O 模块再机架的顺序停电。

2）PLC 柜清扫

（1）每个需清扫的模块编号做好详细、准确记录。

（2）检查模块外观应无明显损伤和烧焦痕迹，插件无锈蚀，插针无弯曲、断裂；模件上的各部件应安装牢固；熔丝完好，型号和容量准确无误；所有模块标识正确清晰；检查风扇电源线无损坏，风扇转动灵活，无卡涩。

（3）小心地拆下过滤网，并把拆下的过滤网清洗、晾干。

（4）机架和接线盒清扫，应清洁无灰、无污渍。

（5）机柜顶部清扫，禁止攀登机柜，防止发生安全事故或损坏盘柜外表面。

（6）接线槽盒接线整理：排线绑扎整齐牢固，电缆接线头标志齐全、准确、字迹清晰。

（7）裸露线查明原因后予以恢复，经确认无用的裸线应包扎后放入接线槽中。

3）接线端子检查紧固

（1）准备。

A. 确认机柜按照停电要求已经关闭两路电源。

B. 连接 PLC 模块与现场设备的端子已经断开。

（2）端子检查、紧固。

A. 检查端子有无松动、变形，确认端子与电缆接触良好。

B. 检查电源保险丝容量、普通保险端子保险丝容量是否合理。

C. 接地系统检查，接地电阻检测应低于 4Ω。

（3）电源、接地检查。

A. 检查测试确认 PLC 供电回路绝缘合格、电压稳定。

B. 检查测试供电模块、24V DC 供电及性能正常。

C. 供电回路接线端子及保险检查确认。

D. 具体可参考本章第一节“辅助系统”检修中关于接地的相关介绍。

4）故障模块更换

（1）电源模块拆除。

A. 将 CPU 的模式拨到 STOP 状态。

B. 将电源模块的 STANDBY 开关拨到 0V 输出状态。

C. 设置电源模块的切断开关在 OFF 状态。

D. 取下电源模块下面的盖板。

E. 断开电源模块的连接器。

F. 松开电源模块的安装螺丝。

G. 取下电源模块。

(2) 安装新的电源模块。

A. 检查电源模块上的电压选择开关。

B. 将相同型号电源模块插入机架内。

C. 旋紧电源模块的安装螺丝。

D. 检查电源模块的切断开关在 OFF 位置，并且 STANDBY 开关是在 0V 位置。

E. 接好电源模块的连接器。

F. 盖好电源模块的盖板。

G. 将电源切断开关置于 OFF 位置。

H. 将电源模块的 STANDYBY 开关置于 I 状态(输出正常电压)。

I. 将 CPU 模块的开关置于运行状态。

(3) CPU 模块更换。

A. 将 CPU 的模式开关置于 STOP 状态。

B. 将电源模块的 STANDBY 开关置于 0V 输出状态。

C. 取下 CPU 模块的盖板。

D. 断开 MPI 连接器。

E. 取出 CPU 的内存卡。

F. 松开 CPU 模块的安装螺丝。

G. 取下 CPU 模块。

H. 将相同型号的 CPU 模块插入机架内。

I. 用安装螺丝将 CPU 模块固定好。

J. 设置 CPU 模块的模式状态为 STOP 状态。

K. 插入内存卡。

L. 设置电源模块的 STANDBY 开关的输出为 I 状态(正常输出电压)。

M. 将组态数据下载到新的 CPU 模块上去。

N. 插入 MPI 连接器，设置网络。

O. 将 CPU 的模式开关置于 RUN 状态。

P. 盖好 CPU 模块的盖板。

(4) 数字量或者模拟量输入/输出模块更换。

A. 可以在 CPU 是 RUN 模式时取出模拟量或者数字量输入/输出模块，但必须在 STEP7 程序中采取适当的措施以保证系统的正确反应。

B. 松开前连接器的安装螺丝并取下它。

C. 松开数字量或者输出量输入/输出模块的安装螺丝。

D. 取下数字量或者输出量输入/输出模块。

E. 将相同型号的新模块插入适当的槽内并按下。

F. 旋紧两颗安装螺丝。

G. 如果此前有将 CPU 的模式拨到 STOP 状态，必须将其拨到 RUN 状态。

H. 安装完毕后，每一个可编程的模块将会被 CPU 模块重新初始化。

(5) 接口模块更换。

A. 设置 CPU 的模式开关在 STOP 状态。

B. 设置电源模块的 STANDBY 开关的输出为 OV(主机架和扩展机架)。

C. 取下盖板。

D. 断开连接电缆。

E. 如果有需要，断开终结器。

F. 松开接口模块的安装螺丝。

G. 取下接口模块。

H. 将相同型号的模块插入机架并按下。

I. 用安装螺丝规定好接口模块。

J. 接好连接电缆。

K. 盖好保护盖板。

L. 将扩展机架上的电源模块的 STANDBY 开关置于正常输出状态。

M. 将主机架上的电源模块的 STANDBY 开关置于正常输出状态。

N. 将 CPU 的模式开关置于 RUN 状态。

4. 通电点检

1）准备

A. 确认专用电缆、接地系统、电源及硬件连接正常。

B. 确认电气/仪表专业接口继电器接线连接正常。

C. 确认现场仪表接线正常。

D. 对于冗余电源，应分别切换，确认系统运行正常。

2）启用

(1) 通电。

A. 开启电源装置(包括投 UPS、SITOP 电源开关)。

B. 合上控制继电器电源的空气开关。

C. 合上所有 DC 回路的空气开关。

D. 合上所有 PLC 的 PS 电源开关。

E. 合上为 ET200 供电的空气开关。

(2) PLC 自检完毕后，S7-300 应处于以下状态：

A. DC 供电正常：绿灯。

B. 所有的 ET200 处在运行状态：绿灯。

(3) 启用 PLC。PLC 的启动和停止可以通过 CPU 的切换开关进行，CPU 上共有 4 个模式切换开关，分别为 RUN-P、RUN、STOP、MRES。其中 RUN-P 是一种可以在线下载的运行模式；RUN 状态时 CPU 运行，但不可以进行下载等任务；STOP 是一种停止状态；MRES 是将 CPU 进行清空的操作。所以要启动 PLC，在条件具备(软硬件都安装正确)时，将 CPU 的模式切换开关由 STOP 状态切换到 RUN 状态即可。

(4) 建立通信。通信模件切至 RUN 模式。

(5) 启动操作站或工程师站。

接通操作站或工程师站电源，开机进入 WinNT，进入 WinCC，激活 WinCC，使其进入 RUNTIME 模式。与 PLC 建立通信。

3）I/O 模块检查

PLC 上电检查 I/O 模块运行状况，并通过笔记本电脑连接组态程序检查输入输出情况。参考 SIS 点检相关介绍进行 DI、DO 等 S7-300/400 所用模块通道功能测试。

4）备品备件上机测试

对备品备件需进行上机测试，以检测备品备件的可靠性。

检查备品备件的生产日期，根据制造厂推荐的备件寿命周期确定备件的可备用时间及是否需要报废更新。

5）试验

（1）笔记本连接组态程序或通过触摸屏检查所有回路/人机界面参数及其他参数数据。

（2）参考本章第三节校验检定“回路试验”相关要求进行回路试验。

（3）参考本章第三节校验检定“联锁试验”相关要求进行联锁试验。

（4）进行 PLC 与 DCS 的通信调试。

5. 功能测试

1）组态程序在线

用鼠标选中 SIMATIC H1→CPU 317，在选中 PLC→module information，在弹出的对话框中选中 diagnose buff，从中可查询 CPU 的状态；当出错时则可查出出错点及原因，也可得到相应的解决方法。

上述 PLC 菜单中还可以诊断硬件，切换操作模式清除内存，监视或强制参数等。

2）CPU 诊断

对 CPU 的诊断主要分如下几个方面：

（1）总括（general），正常时显示 module available and ok。

（2）检查诊断缓冲区（diagnostic buffer），里面存放着一些错误信息。比如当 CPU 进入“停机”模式，可通过 diagnostic buffer 查看停机信息，例如显示“STOP because programming error OB not loaded”，则表示 CPU 查到一个因不存在的 OB 块而导致的编程错误。

（3）检查 CPU 内存使用情况：CPU 的内存分为 3 个方面，load memory ram，work memory code，work memory data。

（4）检查系统扫描周期：如果最大的循环时间接近系统所设的最大扫描时间，存在由于循环时间波动引起时间错误的危险，可以通过延长系统所设的最大扫描时间消除危险。

（5）错误代码。当 CPU 检查到程序处理过程中的错误（同步错误）和可编程控制器中的错误（异步错误）时，CPU 会调用适当的组织块（OB），调用情况见表 3-81。如果相应的 OB 不存在，则 CPU 会进入 STOP 模式。

表 3-81　CPU 检测到错误时所调用的组织块

错　误	错误 OB	错　误	错误 OB
时间错误	OB80	优先级错误	OB85
电源错误	OB81	机架故障或分布式 I/O 的站错误	OB86
诊断中断	OB82	通信错误	OB87
插入/移出模块中断	OB83	编程错误	OB121
CPU 硬件故障	OB84	I/O 访问错误	OB122

3）输入输出模块诊断

通过 Monitor/Modify 对输入/输出模块的数值查看模块工作状态、监控和修改。

4）网络诊断

可以诊断通信速率、通信口的使用情况、网络负荷等。

6. 问题处理

1）PS 故障灯亮

可能原因：接受的电压超限；短路；输出电压不稳定；模板损坏。

处理方法：根据上述可能原因排查，如需更换电源模块，先关闭故障模块的电源开关，更换模块，再恢复供电。

2）模块故障

模块故障报警，CPU 上内部故障灯亮，模块所在的 ET200 上的系统故障灯亮。模块的故障灯亮。

可能原因：模块损坏、掉电或检测到故障。

处理方法：更换模块(带电拔出模块，去除连线，更换新的模块)。如是 AI 模块，检查是否接入的信号线断线。

3）DP 网络故障

CPU 的 DP 总线故障红灯常亮或闪烁，相关 ET200 的 DP 故障灯亮，CPU 无法进入 RUN 模式。

可能原因：ET200 站间有终端电阻(位于总线连接头上)被接上；总线连接头上的终端电阻未接上；ET200 站地址被改动，与硬件组态不同。

处理方法：按上述可能原因进行排查，并做相应处理。

4）PLC 非正常停机

(1) PLC 处在 STOP 状态、红灯亮。

可能原因：相当数量的模块掉电，CPU 运行时间长期被硬件中断占用，超出 CPU 设定的 WatchDog(“看门狗”)时间。

处理方法：调整 CPU 的时间设定。

(2) PLC 处在 STOP 状态，所有灯在闪烁。

可能原因：有通信模块的接口松动。

处理方法：检查模块接口；重新启动 CPU，如不行，清内存并重新下载硬件、软件，并重新启动 CPU。

5）WinCC 及通信故障

(1) 在 WinCC 处于运行状态时，出现提示，告知无授权。

可能原因：有授权未安装(操作站需要如下授权：WinCC 授权、S7-5412 授权、Redconnect 的授权)。

处理方法：安装授权。

(2) WinCC 无法取到数据。

可能原因：通信中断；CP5412 损坏。

处理方法：检测 CP5412，在 set PG/Pcnterface 中的 CP 属性中测试 CP 工作状态。若 CP 完好，在 CP 诊断中检测网路状况。

（3）WinCC 运行出错。WinCC 无法打开项目文件。

可能原因：项目文件受损；Sybase 数据库受损；硬盘容量太小。

处理方法：用备份文件恢复；检查硬盘容量，删除临时文件；勿擅自对硬盘进行格式化、磁盘优化或磁盘整理工作，否则可能造成授权丢失。

（4）网络通信中断。

可能原因：PLC 上的 CP 切至 STOP 模式；PROFIBUS 电缆断线；PROFIBUS 电缆连接头的终端电阻被接上；相关 OLM 掉电；光缆断线。

处理方法：按上述可能原因进行排查，并做相应处理。

6）状态量信号与现场不符

可能原因：掉线；相关保险丝熔断。

处理方法：更换保险丝；检查线路的绝缘性。

7）DO 隔离继电器不动作

可能原因：DO 模块无输出，模块通道坏或模块电源不正常；继电器公用线电压不对或掉线；继电器坏。

处理方法：按上述可能原因排查，并做相应处理。

7. 质量控制点

（1）PLC 供电线路及模块检查。

（2）PLC 接地系统检查测试。

（3）组态程序备份。

（4）上电检查诊断。

六、大型 PLC

Allen Bradley 的 ControlLogix 系列 PLC 是中大型 PLC 的典型代表，不仅可以电源冗余、CPU 冗余、通信冗余，而且 I/O 冗余也有较成熟应用。下面以其典型的冗余系统为例介绍大型 PLC 停工检修工作。

1. 检修准备

（1）ControlLogix 5000 系列简介。从 CPU 控制器类型来分，ControlLogix 5000 系列可分为普通型（1756 ControlLogix）、安全性（1756 GuardLogix）、极端型（1756 ControlLogix-XT）。应用较多的为普通型。

① 典型的冗余系统。图 3-79 为典型的冗余系统构成简图。典型的模块型号为：1756-PA75 电源模块、1756-L62 CPU 处理器模块、1756-CNB Control Net 通信模块、1756-SRM 冗余模块、1756-IB32 数字量输入模块、1756-OB32 数字量输出模块、1756-IF16 模拟量输入模块、1756-OF8 模拟量输出模块、1756-ENBT 以太网通信模块、1756-MVI56MCM MODBUS 通信模块等。

② 模块功能及状态灯。

A. 1756-PB75 电源模块。为框架内的模块提供电源。接线方式为：“+”24V DC 正极，“-”0V DC 公共端，最后一个接地。模块上有电源开关，向上将开关拨到 ON 位置，则模块通电，电源指示灯 POWER 为绿色，则此模块当前工作正常。

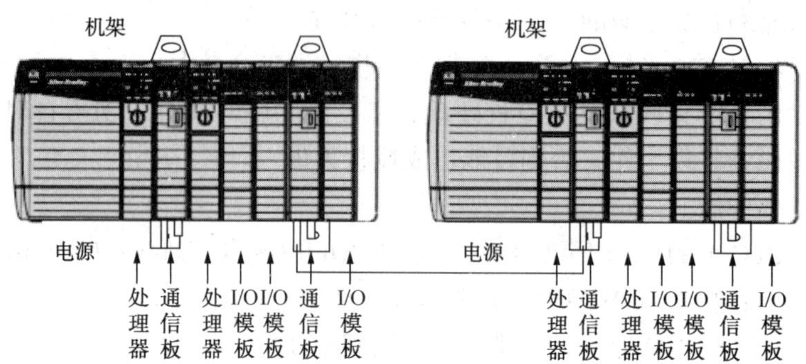

图 3-79　1756 ControlLogix

B. 1756-L62 CPU 处理器模块。此模块上有 6 个 LED 指示灯和一个钥匙开关。钥匙开关有 3 个状态：中间为远程编程状态，左边为本地运行状态，右边为编程状态。当 CPU 模块 RUN 指示灯不亮时，将钥匙开关拨到左边，可以激活该处理器运行状态。

a. OK：模块状态指示灯，具体的内容含义见表 3-82。

表 3-82　CPU OK 指示灯状态含义

指示灯状态	模板状态	描　述
绿	控制器 OK，其固件更新完成	不做进一步的要求，但固件的版本必须与 RSLogix 5000 软件一致
红闪烁	控制器 OK，但其固件需要更新	可恢复故障
常红	控制器的内存板与固件的版本不兼容	更新固件
熄灭	断电	未接通电源

b. RUN 指示灯，具体的内容含义见表 3-83。

表 3-83　CPU RUN 指示灯状态含义

指示灯状态	模板状态	描　述
熄灭	非运行	1. 没有任务在运行 2. 控制器处于编程或测试方式
绿	运行	1. 控制器处于运行状态 2. 有一个或多个任务在运行

c. I/O 指示灯，具体的内容含义见表 3-84。

表 3-84　CPU I/O 指示灯状态含义

指示灯状态	模板状态	描　述
熄灭	断电或非运行	没有组态的 I/O 或通信
绿闪烁	I/O 模板未调度	有一个或多个设备未响应
绿	正常工作	与所有组态的设备通信
红闪烁	故障	没有与任何设备通信，控制器故障

d. RS232 指示灯，具体的内容含义见表 3-85。

表 3-85 CPU RS232 指示灯状态含义

指示灯状态	模板状态	描 述
熄灭	未激活	未激活 RS232 通道
绿	正常	正在接收或传送数据

e. BAT 指示灯，具体的内容含义见表 3-86。

表 3-86 CPU BAT 指示灯状态含义

指示灯状态	模板状态	描 述
熄灭	正常	电池可以支持内存
红	异常	1. 电池不能支持内存 2. 没有电池 3. 需更换电池

C. 1756-RM 模块。此模块为冗余模块，通过一根光缆互相连接并保持通信。正常工作情况下，模块 LED 指示灯区域会显示 PRIM 和 SYNC。其中，PRIM 表示此框架为运行模式，SYNC 表示此框架为热备模式，具体各种指示灯的含义如下。

a. 状态指示灯 OK，具体的内容含义见表 3-87。

表 3-87 1757-SRM 状态指示灯 OK 表示的意义

指示灯状态	情况说明	指示灯状态	情况说明
熄灭	1757-SRM 板未上电	红闪烁	1757-SRM 板更新 NVS 1757-SRM 板不存在主要故障 1757-SRM 板配置不正确
红	上电自检 1757-SRM 板存在主要故障	绿	1757-SRM 板 OK
		绿闪烁	1757-SRM 板 OK，但与其他模板未通信

b. 内部通信指示灯 COM，具体的内容含义见表 3-88。

表 3-88 1756-RM 内部通信指示灯 COM 表示的意义

指示灯状态	情况说明	指示灯状态	情况说明
熄灭	未通电，未激活 1756-RM 板内部通信	红	主要通信故障
红<1 秒	上电后 1756-RM 板与部件通信	绿闪烁	激活通信(250 毫秒/每次采样)

c. 机架状态指示灯，具体内容含义见表 3-89。

表 3-89 1756-RM 机架状态指示灯表示的意义

指示灯状态	情况说明	指示灯状态	情况说明
熄灭	未通电，1756-RM 板处于从状态或故障状态	绿	1756-RM 机架处于主机状态
绿<1 秒	1756-RM 板部件上电，确定主机状态		

d. 顺序显示代码的具体内容含义见表 3-90。

表 3-90　1756-RM 显示符号代码表示的意义

显　示	1756-RM 状态
□□□□	开始测试 4 个符号的显示状态
TXXX	1757-SRM 板开始自检
????	初始状态解析
DISQ	从机架不匹配
SYNC	从机架同步成功
PRIM	主机架
BOOT	启动模式：等待进一步指令
ERAS	启动模式：清除固件
PROG	启动模式：加载新固件
EXX	主要故障状态
MESSAGE	故障 ID 代码将替代移动的信息串

e. 1756-RM 故障类型说明见表 3-91。

表 3-91　1756-RM 故障类型说明

故障类型	描　述
次要可修复的	故障不影响热备操作，并提供一套可修复的机制 1756-RM 板可自行修复一些次要可修复的故障
次要不可修复的	故障不影响热备操作；无自修复的机制
主要可修复的	这类错误将影响热备操作，尽管可能不会立即产生。例如，如果故障发生在从 1756-RM 板上，除非主 1756-RM 板故障，否则不会影响到逻辑控制
主要不可修复的	这类故障是关键的，热备系统将中止；热备切换可能发生；无修复机制可利用；模板需要更换

f. 1756-RM 4 字符的故障缩写代表的故障类型及处理办法见表 3-92。

表 3-92　1756-RM 4 字符故障缩写代表的意义

1 字	2 字	3 字	4 字	故障描述	处理办法
COMM	RSRC	ERR		通信源错误	重新设置 RM
OS	ERR			操作系统错误	更换 RM 板
COMM	RSRC	ERR	PRT1	背板端口 1 通信源错误	重新设置 RM 板，检查机架
COMM	RSRC	ERR	PRT2	背板端口 2 通信源错误	重新设置 RM 板，检查电缆
WDOG	ERR			看门狗超时	重新设置 RM 板
HDW	ERR			硬件故障	更换 RM 板
FMWR	ERR			固件故障	更新固件
CFG	LOG	ERR		配置日志错误	无
DUAL	RM			复制 RM，这个 RM 不受控制	移走 RM
RM	PWR	DOWN		RM 供电不足，模板检测到一个直流供电故障情况	检查机架上的其他模板

续表

1字	2字	3字	4字	故障描述	处理办法
COMM	ERR	PRT1		端口1背板通信错误	检查/替换机架
COMM	ERR	PRT2		端口2内部RM通信连接错误	检查/替换RM电缆
COMM	ERR			一般通信错误	无
EVNT	LOG	ERR		事件日志错误	无
WDOG	FAIL			状态检查导致看门狗任务故障	更换RM

D. 1756-IB32/OB32/IF16/OF8 I/O 模块状。I/O 模块状态指示灯的具体含义见表 3-93。

表 3-93 I/O 模块状态指示灯含义

灯	状态	含义
OK	绿常亮	正常
	绿闪烁	自诊断通过，但是未广播输入输出
	红闪烁	与CPU通信超时
	红常亮	模块故障(不可恢复)
IO STATUS	黄常亮	输入输出激活

E. 1756-MVI56MCM MODBUS 通信模块。1756-MVI56MCM 显示模块运行状态指示灯含义见表 3-94。

表 3-94 1756-MVI56MCM 模块指示灯

LED灯	颜色	状态	指示
P1	绿色	亮	数据正通过配置/调试断口与远程终端传输
		不亮	端口中没有数据传输
P2	绿色	亮	数据正通过此断口与MODBUS网络传输
		不亮	端口中没有数据传输
P3	绿色	亮	数据正通过此断口与MODBUS网络传输
		不亮	端口中没有数据传输
APP	桔色	亮	模块工作正常
		不亮	MVI56-MCM 模块程序发现一个 MODBUS 通信端口的通信错误
BP ACT	桔色	亮	此模块正在执行写操作
		不亮	此模块正在执行读操作。通常情况下此LED灯应该快速闪烁
ACT/FLT	红色/绿色	不亮	模块没有被供电或者没有正确插入机架中
		绿色	模块运行正常
		红色	模块检测到一个错误或者正在被配置。如果红色灯显示超过10s，则模块中程序可能已经中断。重新插入模块重启模块程序
BAT	红色	不亮	电池电压正常
		亮	电池电压低

F. 1756-ENBT 以太网模块。

a. NET(网络)状态指示灯的具体含义见表 3-95。

表 3-95 1756-ENBT 以太网模块 NET(网络)状态指示灯意义

指示灯状态	模板状态	描述
熄灭	断电，无 IP 地址	模板断电或没有 IP 地址；检查槽架的电源及模板是否完全插入到槽架的背板中；确信模板已被配置上
绿闪烁	无通信连接	模板获得 IP 地址，但未获得通信连接
绿	CIP 连接	模板获得 IP 地址，至少获得一个通信连接
红闪烁	连接超时	对模板的一个或多个连接超时
红	IP 地址重复	模板检测到其 IP 地址已经在用，分配一个唯一的 IP 地址给该模板

b. LINK 状态指示灯代表的意义见表 3-96。

表 3-96 1756-ENBT 以太网模块 LINK 状态指示灯意义

指示灯状态	模板状态	描述
熄灭	无数据传输	模板未处于通信状态
绿	准备	模板准备通信
绿闪烁	数据传输过程中	模板正在网络上通信

c. OK 状态指示灯代表的意义见表 3-97。

表 3-97 1756-ENBT 以太网模块 OK 状态指示灯

指示灯状态	模板状态	描述
熄灭	断电	模板无 24V DC 电源。检查槽架的电源，以及模板是否完全插入到槽架的背板中
绿闪烁	待用	模板没有配制
绿	工作中	模板正常工作
红闪烁	次要故障	检测到一个可修复故障，可能是模板配制原因造成的
红	主要故障	检测到一个不可修复故障，模板需重新上电。如果仍未清除故障，更换模板
红、绿交替闪烁	自检	模板执行上电自检

(2) 熟悉成套设备及 ControlLogix PLC 相关检修计划和点检计划。

(3) 开具检修作业票，劳保用品穿戴齐全，确认作业安全环境。

(4) 备件准备，按照检修计划准备合适数量的如下备件：1A、2A 保险管，接线端子，DI 模块，DO 模块，电源模块等配件。

(5) 按如下清单准备工器具：备份用光盘或 USB，RJ45 网线，毛刷，专用清洁剂，风扇专用润滑油，短接线，绝缘胶带，防静电腕带，万用表，信号发生器，专用螺丝刀，标签纸，兆欧表。

2. 软件备份

PLC 检修前需要将 PLC 联机备份组态程序，ControlLogix 系列 PLC 配置的触摸屏或操作站的组态程序备份可以根据配置的具体型号及相应操作手册进行。下面仅介绍 PLC 下位机组态程序备份过程。

(1) 接好网线，打开 RSLogix 5000 软件，从主 CPU 上传(UPLOAD)备件程序。

(2) 打开 RSLogix 5000 软件，点击任务栏 Communication 按钮，再选择 Who Active 选项，显示界面见图 3-80。

(3) 按照如下顺序进入，RSLogix 5000→COMMUNICATIONS→WHOACTIVE→AB_ ETH-1，Ethernet→192.168.0.1，1756-ENBT/A→Backplane，1756-A17/A→1756-CNBR/E→ControlNet，节点 5(示例)→Backplane，1756-A4/A→单击选中 1756-L62 LOGIX5562→UPLOAD→输入文件名，选择存储地点，组态程序在线及上传界面见图 3-81。

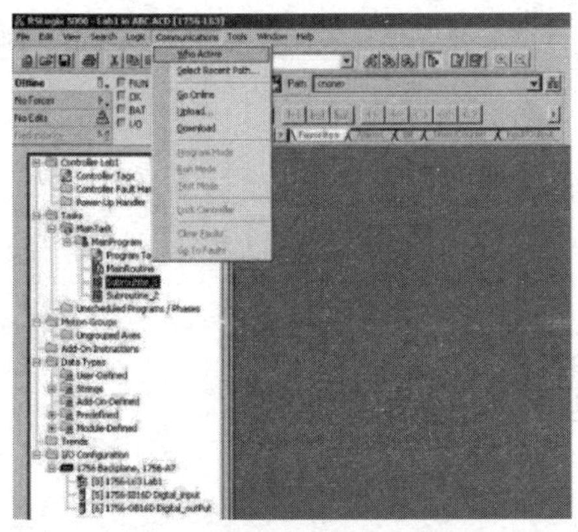

图 3-80 RSLogix 5000 软件连接界面

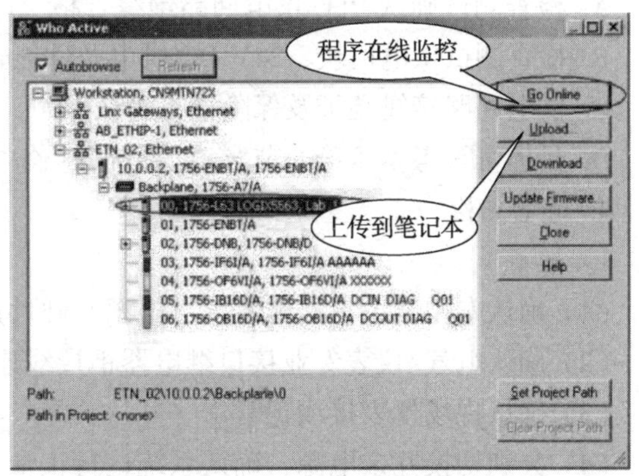

图 3-81 RSLogix 5000 程序在线界面

3. 硬件检查检修

1) 系统停电

(1) 核对所有需拆除配件的标识及物理位置，如果不一致、不清晰或不完整；要补充完整，并确保这些标识在拆除、除尘、回装等过程中不会脱落。

(2) 如果是正压通风机柜，则需要在正压联锁解除后断开正压保护风系统。

(3) 检查确认机柜内电源已经切断，包括 UPS 电源及风扇照明电源。

(4) 按照先外围后 I/O 模块再机架的顺序停电。

2) PLC 柜清扫

(1) 每个需清扫的模块编号、跳线设置做好详细、准确的记录。

(2) 检查模块外观应无明显损伤和烧焦痕迹，插件无锈蚀，插针无弯曲、断裂；模块上各部件安装牢固；熔丝完好，型号和容量准确无误；所有模块标识正确清晰；检查风扇电源线无损坏，风扇转动灵活无卡涩。

(3) 小心地拆下过滤网，并把拆下的过滤网清洗、晾干。

(4) 机架和接线盒清扫，应清洁无灰、无污渍。

(5) 机柜顶部清扫，禁止攀登机柜，防止发生安全事故或损坏盘柜外表面。

(6) 接线槽盒接线整理：排线绑扎应整齐牢固，电缆和接线头标志应齐全、准确、字迹清晰，裸露线查明原因后予以恢复，经确认无用的裸线应包扎后放入接线槽中。

3）接线端子检查紧固

（1）准备。

A. 确认机柜按照停电要求已经关闭两路电源。

B. 连接 PLC 模块与现场设备的端子已经断开。

（2）端子检查、紧固。

A. 检查端子无松动，端子与电缆接触良好。

B. 检查电源保险丝容量、普通保险端子保险丝容量是否合理。

C. 接地系统检查，接地电阻检测应低于 4Ω。

（3）电源、接地检查。

A. 检查测试确认 PLC 供电回路绝缘合格、电压稳定。

B. 检查测试供电模块、24V DC 供电及性能正常。

C. 供电回路接线端子及保险检查确认。

D. 具体可参考本章第一节“辅助系统”检修中关于接地的相关介绍。

4. 通电点检

1）准备

（1）确认专用电缆、接地系统、电源及硬件连接正常。

（2）确认电气/仪表专业接口继电器柜接线连接正常。

（3）确认现场仪表接线正常。

（4）分别切换冗余电源，确认系统运行正常。

2）启用

（1）通电。

A. 开启电源装置(包括投 UPS、开关电源开关)。

B. 合上控制继电器电源的空气开关。

C. 合上所有 DC 回路的空气开关。

D. 合上所有 PLC CPU 的 PS 电源开关。

E. 合上为 I/O 框架供电的空气开关。

（2）PLC 状态检查。当 PLC 自检完毕后，对照上述 PLC 状态灯检查。

（3）PLC 启用。

A. 将处于 Master 状态的子站的钥匙开关从 PROG 切至 RUN 模式。

B. 数秒钟后将处于 Slave 的子站从 PROG 切至 RUN 模式。

C. 2 个 CPU 的 RUN 指示灯为绿灯，表示启动成功。

3）I/O 模块测试

PLC 通电，检查 I/O 模块运行状况，笔记本电脑连接组态程序检查输入输出情况。

参考 SIS 点检介绍进行 DI、DO、AI、AO 等 ControlLogix 系列 PLC 所用模块点检测试。

4）备品备件上机测试

对备品备件需进行上机测试，以检测备品备件的可靠性。

检查备品备件的生产日期，根据制造厂推荐的备件寿命周期确定备件的可备用时间及是否需要报废更新。

5）检查测试

（1）笔记本连接组态程序或通过触摸屏检查所有回路/人机界面参数及其他参数数据。

（2）参考本章第三节校验检定“回路试验”相关要求进行回路试验。

（3）参考本章第三节校验检定“联锁试验”相关要求进行联锁试验。

（4）进行 PLC 与 DCS 的通信调试。

5. 升级调试

1）Firmware 固态版本刷新

（1）通过 IE 浏览器或者通过 RSLinx 查看模块的 Firmware 版本号信息。

（2）在计算机上安装 Firmware 软件（包含相应版本的 Firmware），从官网下载需要版本 CPU 或所需模块固件，官网地址 https：//compatibility. rockwellautomation. com；下载安装包，解压安装到笔记本电脑。

（3）点击“开始”按钮→Programs→Flash Programming Tools→Control Flash 按钮启动 Firmware 刷新软件。

（4）点击弹出的 Control Flash 软件中的 Next 按钮。

（5）在弹出的类型选择窗口中，选择需要刷新 Firmware 的硬件类型（如 1756-ENBT 工业以太网模块、1756-L62 CPU 模块等），然后点击 Next，显示界面如图 3-82 所示。

（6）在弹出的设备对话框中，点击相应 IP 地址所对应的网卡模块，显示界面见图 3-83。需要注意的是：机架上的网卡模块刷新 Firmware 时，需要点击连接路径里机架上方 IP 地址所对应的网卡模块，如果点击机架里的 IP 对应的网卡模块是不能正常刷新 Firmware 的，刷新过程中会报错。

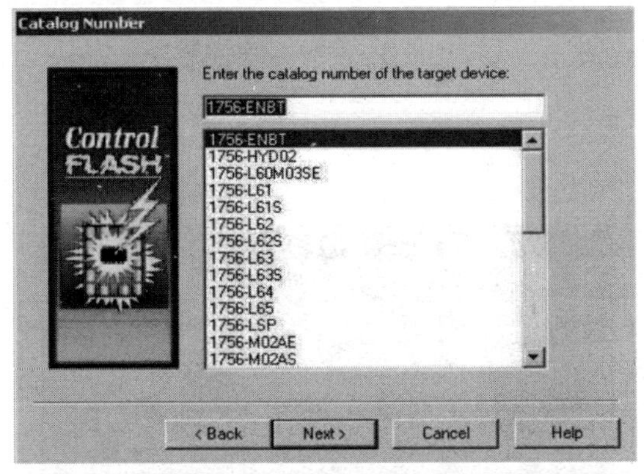

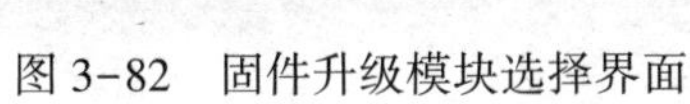
图 3-82 固件升级模块选择界面

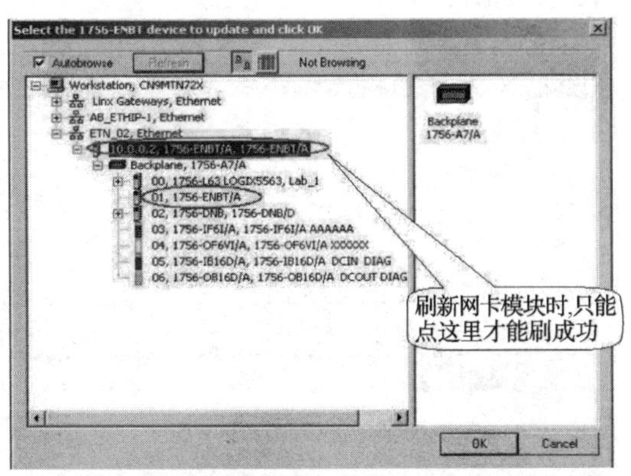

图 3-83 网络模块固件版本刷新界面

（7）在弹出的窗口中选择需要刷新的 Firmware 文件的版本号，显示界面见图 3-84。注意核对 IE 浏览器和对比使用手册里相应硬件的 Firmware 文件版本号。如果新更换数字量 I/O、模拟量 AI/AO 模块的 Firmware 文件版本号高于当前硬件的 Firmware 文件版本号，则可以直接将输入、输出模块插上底板直接使用（数字量/模拟量模块）。不能将输入、输出模块（数字量/模拟量模块）的 Firmware 文件版本号从高版本向下刷至低版本，这样会造成输入、输出模块（数字量/模拟量模块）损坏而报废。而如果更换 CPU、EtherNet、DevicesNet 模块，CPU 的 Firmware 版本号必须和手册对应，如果发现新的 CPU 模块的 Firmware 版本号高于或者低于手册要求，则需要将 CPU 的 Firmware 文件向下或者向上刷至与手册一致。注意 CPU 模块在刷新时必须将 PLC 钥匙开关设至 Stop 状态(Program 位置)。

(8) 再点击 Next 按钮后，完成所有刷新 Firmware 的配置后，对比当前版本号、新版本号、Firmware 的类型等内容后，点击 Finish 按钮执行 Firmware 刷新任务。

(9) Firmware 刷新时，系统会提醒是否决定刷新，显示界面见图 3-85，需要点击 Yes 按钮。

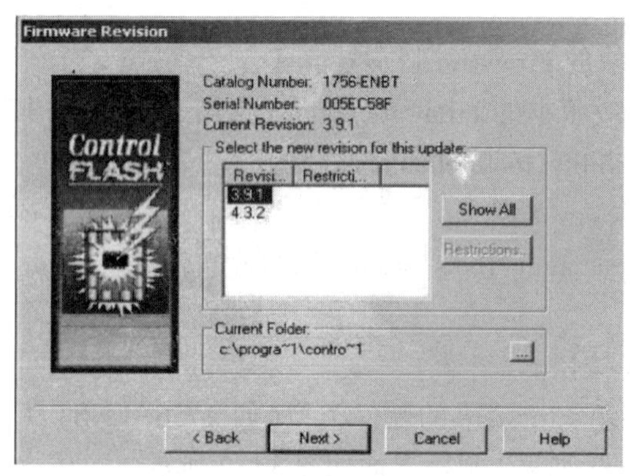

图 3-84　Firmware 文件版本号显示界面　　　　图 3-85　确认 Firmware 版本是否刷新

(10) 刷新过程和完成会有弹出窗口提示，显示界面见图 3-86。

(11) 最后完成刷新后可以在 IE 浏览器或 RSLinx 里查看 Firmware 刷新后的版本号，显示界面见图 3-87。

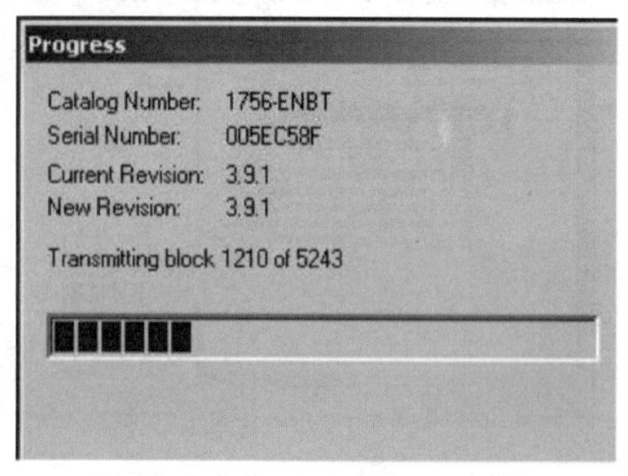

图 3-86　Firmware 版本刷新过程界面　　　　图 3-87　Firmware 刷新成功显示界面

2) 组态修改

根据停工检修计划，将需要修改完善的组态进行修改调整。组态程序的修改通过先离线完成后再联机下载，但较小的改动可以在线修改，基本的操作步骤如下：

(1) Online 程序，点击任务栏上的 Start Pending Rung Edits 按钮，启动在线修改功能。

(2) 当进入在线修改状态后，在所需修改的语句上方会形成一句一模一样的语句，并在最左侧形成 i 和 r 标识供在线修改使用。

（3）点击任务栏里 Cancel Pending Rung Edits 按钮，可以取消在线修改状态。

（4）在线修改完成后，点击 Finalize All Edits in Program 按钮来确认在线修改程序运行。

（5）点击系统弹出的确认窗口中的 Yes 按钮，显示界面见图 3-88，完成在线修改。

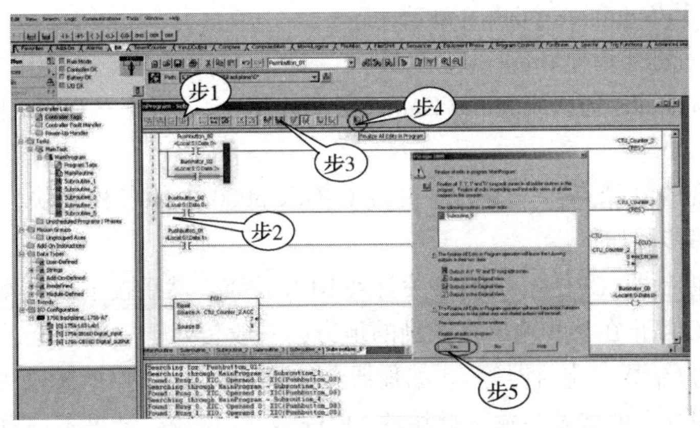

图 3-88 在线程序修改显示界面

3）程序优化调试

修改后的组态程序，需要进行在线调试。ControlLogix 系列 PLC 的在线强制调试功能可按照如下步骤进行。在线强制显示界面见图 3-89。

（1）Online 程序，在需要强制的输入输出 I/O 元件上点击右键，悬着 Foce on 选项。

（2）在程序里强制了元件后，元件处显示黑色的 On 或者 Off 指示，还需要在 Force 菜单中选择 I/O Force，再点击 Enable All I/O Force 按钮，则所有强制元件处于强制状态。

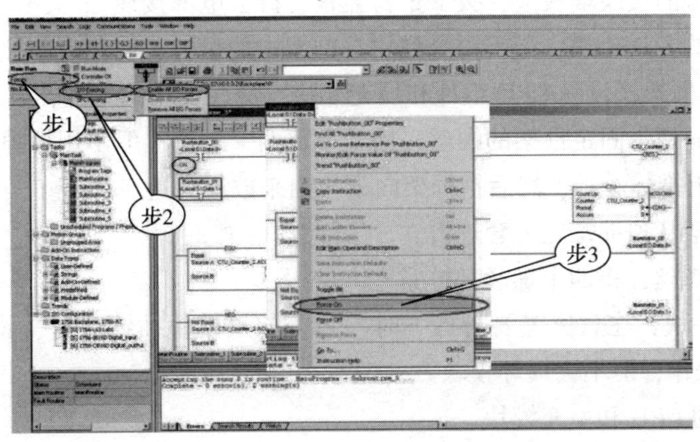

图 3-89 RSLogix 5000 在线强制界面

（3）内部变量的强制，需要在内部变量元件上点击右键，选择 Toggle Bit 选项。即点一次 Toggle Bit 强制内部元件 On，再点一次 Toggle Bit 强制内部元件 Off。

6. 问题处理

1）故障原因查找

PLC 由控制器模块、I/O 模块、通信模块、网络模块、接口模块五大模块组成，而控制器模块是整个 PLC 系统的核心，故障现象一般会通过控制器反映出来。

(1) 根据控制器面板指示查看故障(详细可参见上文各模块功能及状态灯含义描述)。

(2) 利用编程软件 Rslogix5000 查看故障。

A. 将光标置于 Controller quick start 之上。

B. 点击鼠标右键并选择 Properties(属性)。

C. 选择 Major Faults 选项或 Minor Faults(次要故障)选项可查看当前故障信息。

2) 故障处理

通常根据发现的故障点，一步一步更换 LOGIX 5000 中的各种模块，直到故障全部排除，一般查找故障步骤如下：

连接 PLC 主控制器(CPU)，并将开关打到 RUN 位置，然后按下列步骤进行：

(1) 如果 PLC 停止在某些输出被激励的地方，一般是处于中间状态，则查找引起下一步操作发生的信号(输入、定时器等)。编程器会显示那个信号的 ON/OFF 状态。

(2) 将程序里显示的状态与输入模块的 LED 指示作比较，结果不一致，则更换输入模块；如扩展框架上有多个模块要更换，在更换之前应先检查 I/O 扩展电缆和它的连接情况。

(3) 如果输入状态与输入模块的 LED 灯指示一致，就要比较一下发光二极管与输入装置(按钮、限位开关等)的状态。如二者不同，测量一下输入模块，如发现现场问题，需要更换现场仪表、现场接线或电源，否则更换输入模块。

3) 故障组件更换

(1)更换框架。

A. 切断 AC 电源。

B. 从框架右端的接线端板上，拔下塑料盖板，拆去电源接线。

C. 拔掉所有的 I/O 模块，记下每个模块在框架中的位置，以便重新插上时不会出错。

D. 如果 CPU 框架，拔除 CPU 组件和填充模块，放在安全的地方，以正确回装。

E. 卸去底部的两个固定框架的螺丝，松开上部两个螺丝，但不用拆掉。

F. 将框架向上推移一下，然后把框架向下拉出来放在旁边。

G. 将新的框架从顶部螺丝上套进去。

H. 装上底部螺丝，将四个螺丝都拧紧。

I. 插入 I/O 模块，注意位置要与拆下时一致，如果模块插错位置，将会引起控制系统危险的或错误的操作，但不会损坏模块。

J. 插入卸下的 CPU 和填充模块。

K. 在框架右边的接线端上重新接好电源接线，再盖上电源接线端的塑料盖。

L. 检查一下电源接线是否正确，然后再通上电源。检查整个控制系统的工作状态，确保所有的 I/O 模块位置正确，程序没有变化。

(2) 更换 CPU 模块。

A. 切断电源。

B. 向中间挤压 CPU 模块面板的上下紧固扣，使它们脱出卡口。

C. 把模块从槽中垂直拔出。

D. 如果 CPU 上装着 EPROM 存储器，把 EPROM 拔下，装在新的 CPU 上。

E. 将印刷线路板对准底部导槽，将新的 CPU 模块插入底部导槽。

F. 轻微地晃动 CPU 模块，使 CPU 模块对准顶部导槽。

G. 把 CPU 模块插进框架，直到两个弹性锁扣扣进卡口。

H. 在对系统编程初始化后，把备份的程序重新装入，检查一下整个系统状态。

(3) I/O 模块更换。

A. 切断框架和 I/O 电源。

B. 卸下 I/O 模块接线端上塑料盖。

C. 拆去 I/O 接线端的现场接线或卸下可拆卸式接线插座。

D. 向中间挤压 I/O 模块的上下弹性锁扣，使它们脱出卡口。

E. 垂直向上拔出 I/O 模块。

F. 把新 I/O 模块插如对应的位置。

4) 其他故障处理

(1) 外部故障，状态量信号与现场不符。可能原因：掉线，相关保险丝熔断。处理方法：更换保险丝，检查线路的绝缘性。

(2) DO 隔离继电器不动作。可能原因：DO 模件无输出，模件通道坏或模件电源不正常；继电器公用线电压不对或掉线；继电器损坏。处理方法：按上述可能原因排查，并做相应处理。

7. 质量控制点

(1) PLC 供电线路及模块检查。

(2) PLC 接地系统检查测试。

(3) 硬件 Firmware 固态版本刷新。

七、BMS

随着装置自动化水平的提高，BMS 已成为石化企业焚烧炉控制的标准配置。BMS 主要由点火枪、火焰检测器、点火控制盘组成。BMS 不仅是焚烧炉点火顺序控制的核心，还需要与装置 SIS、DCS 信号往来，是装置自动监控的重点，也是停工检修的重点。下面以硫黄回收装置制硫炉杜克点火控制系统为例介绍 BMS 标准化检修。

1. 检修准备

1) 技术准备

图 3-90 为 BMS 的基本构成和工作原理图。

(1) 点火控制盘。BMS 自动点火是一个点火和电离结合的系统，点火变压器和电离继电器都安装在点火控制盘内。

(2) 点火枪。点火枪内部的点火电极，为点火和电离火焰的基本部件，可以用于点火枪(对于硫黄火嘴，当监测到主火焰时最好将点火枪火焰熄灭)或作为长明灯(点火枪火焰一直点燃)。点火枪配有一个用于螺栓连接的法兰或一个六角螺母。点火枪结构示意图见图 3-91。

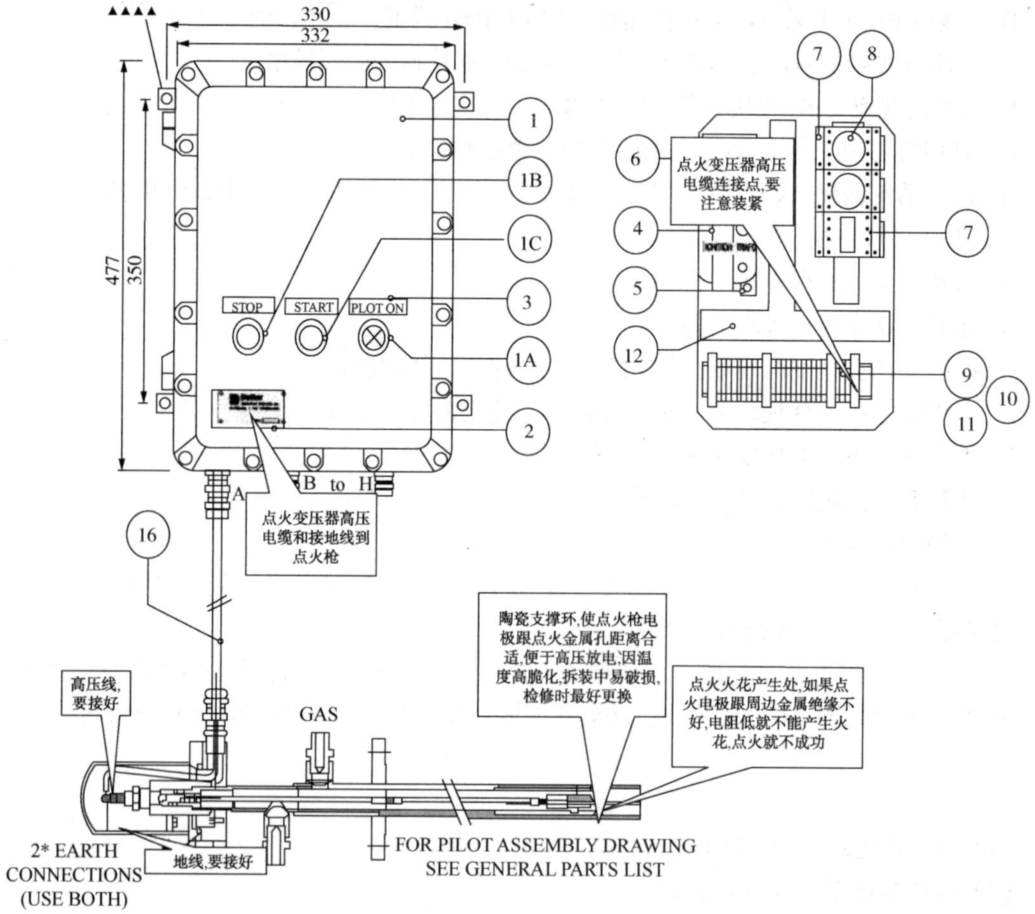

330
332
477
350
1
1B
1C
STOP
START
PLOT ON
3
1A
2
A
B to H
点火变压器高压电缆和接地线到点火枪
16
7
8
6
点火变压器高压电缆连接点,要注意装紧
4
5
12
9
10
11
陶瓷支撑环,使点火枪电极跟点火金属孔距离合适,便于高压放电,因温度高脆化,拆装中易破损,检修时最好更换
点火火花产生处,如果点火电极跟周边金属绝缘不好,电阻低就不能产生火花,点火就不成功
高压线,要接好
GAS
2* EARTH CONNECTIONS (USE BOTH)
地线,要接好
FOR PILOT ASSEMBLY DRAWING SEE GENERAL PARTS LIST

图 3-90　BMS 系统配置简图

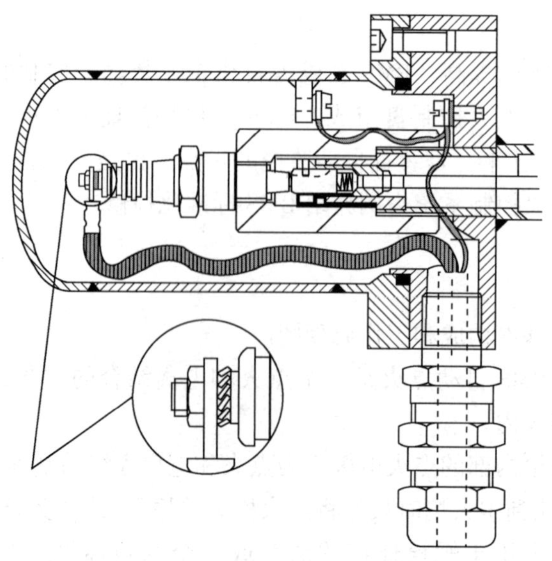

图 3-91　点火枪结构示意图

点火电缆连接到插入点火枪帽中的火花塞上，由一个带有 4mm 小孔的环形线鼻实现连接，并由一个齿形环和 M4 的螺帽紧固详(详见图 3-92)。

点火电缆的外壳被连接到点火枪主体中的接地螺栓上。点火枪帽中的接地片也和接地螺栓相连接。

(3) 自动点火原理。图 3-92 所示为组合点火/电离棒点火枪的电气原理图。

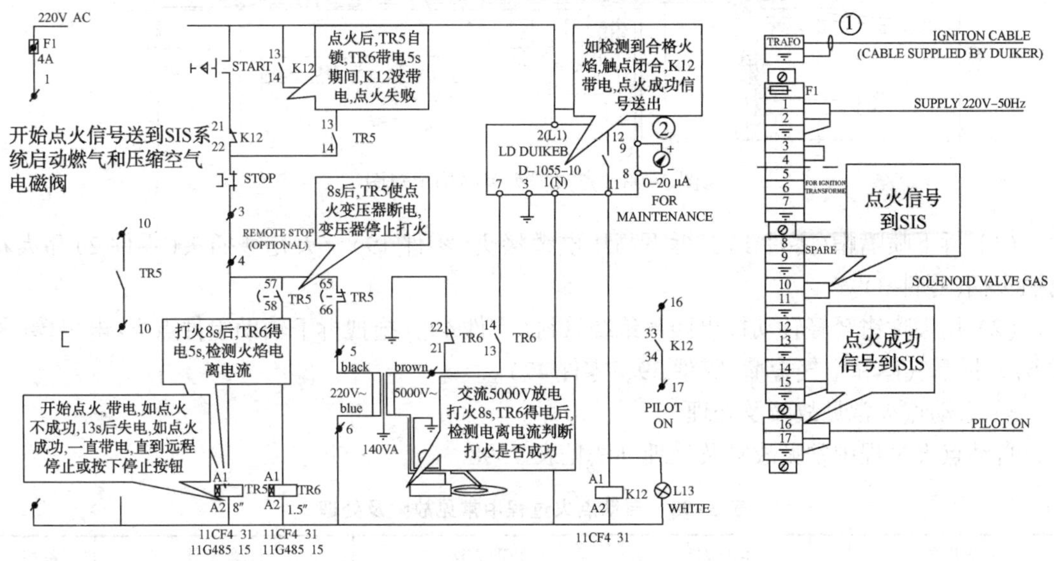

图 3-92 点火控制器电气原理图

当启动按钮被按下，TR5 将被激活并且自锁启动按钮。同时，点火器火嘴燃料气和压缩空气的电磁阀会打开，点火变压器(型号 Duiker ZEI 20/5，占空系数为 33%，一秒钟带电，两秒钟停)被激活；8s 后，TR5 使点火变压器断电，并激活 TR6；TR6 触点将点火变压器的二级线圈从点火切换到电离检测。

TR6 作用时间(5s)到了以后，如探测到电离信号。K12 带电，点火成功信号被送到 SIS 顺控逻辑执行燃烧炉顺控。如果没监测到电离信号，TR6 将会停止自锁开始按钮 START 触点，TR5 失电，关闭燃料气和压缩空气的电磁阀；点火枪可以由停止按钮 STOP 熄灭。

2) 检修准备

(1) 开具合格的仪表作业许可证，确认作业安全环境。

(2) 佩戴合适劳保用品。

(3) 选用合适的防爆工具。

2. 检查检修

1) 注意事项

(1) 在打开设备前，卸压、吹扫和冷却；拆卸燃烧器和视境等之前，关闭管嘴球阀。

(2) 点火枪内有陶瓷部件，必须小心处理。

(3) 通入点火枪的空气应该清洁、干燥、不含油；如果空气管嘴淤塞可用仪表风吹扫贯通。

2) 点火枪拆卸

参照点火枪结构示意图(见图 3-93)，工艺允许的情况下，松开安装法兰(零件 54)螺栓；从主火嘴上拆下点火枪后，可以按下述方法进一步拆卸。

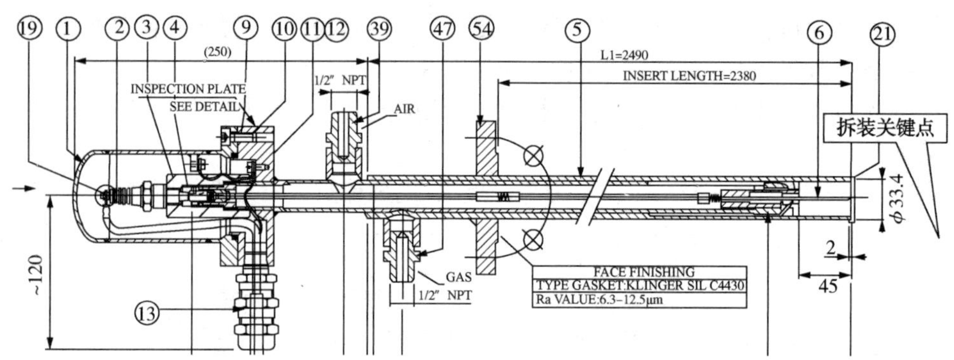

图 3-93　点火器火嘴结构示意图

(1) 拆下喷嘴帽(零件 1)，拆下高压电缆接头(零件 19)、火花塞插头(零件 2)和火花塞插头柄(零件 3)。

(2) 用尖嘴钳轻轻转动拔出四氟绝缘管衬(零件 4)，拖拽拆下辅助组件点火/电离棒(零件 6)，拆下气体和空气管嘴(零件 39、零件 47)。

3) 自动点火常见故障及处理

自动点火过程中常见故障及处理办法见表 3-98。

表 3-98　自动点火过程中常见故障及处理

故障现象	产生原因	处理方法	注意事项	备注
点火程序不能启动(燃料气阀和压缩空气阀门不动作)	工艺条件不满足	满足工艺条件		联系操作员处理
气体混合物不能点燃(阀门有动作 15s 后关闭)	燃烧器火嘴管线堵	疏通吹扫管线	最好下线处理	
	燃料气和空气压力设定不满足要求	调节压力设定满足要求	压力不能高于 1bar	
没有点火火花	接线问题导致没有点火火花	检查接线，点火变压器高压线圈电缆连接		
	点火变压器故障	检查更换点火变压器	二级线圈电阻 16~20kΩ	停电处理
	高压电缆损伤导致绝缘下降	检查电缆外皮，用绝缘胶布处理或更换电缆		停电处理
	点火电极绝缘陶瓷环损坏绝缘下降	检查更换绝缘陶瓷环		下线处理
	点火电极放电处陶瓷环安装不合适导致绝缘不好	检查更换绝缘陶瓷环，转动点火电极，尾部放电电极应在中间位置，不能碰到金属环或距离太近	如点火电极有弯曲，要修正	下线处理
有点火火焰，电离检测没检测到点火成功信号	火焰形状不好	调整燃料气、空气压力		
	线路接触不好导致信号检测不到	根据图纸检查线路		
	火焰检测器故障	更换火焰检测器		

4）火焰检测器检修

（1）火焰检测器应清洁、干燥、完整，接线柱和调整螺丝无锈蚀，导线绝缘良好。

（2）检查接线端子是否有松动或生锈，测温元件是否断线。

（3）检查信号电缆对地绝缘是否良好。

（4）检查接线口密封性是否良好。

（5）检查火焰检测器仪表相应端子连接是否正确。

（6）检查电源电压是否稳定。

（7）清洁镜头，旋开取出镜头，用净化风吹扫镜头，并用擦镜纸擦拭干净后再装上，具体可参考本章第一节“三、特殊仪表”中“6. 火焰检测器（分体式）”相关内容。

3. 回装调试

1）点火枪回装

点火枪现场安装。参照点火枪现场实物图（见图 3-94）组织点火枪的现场安装调试。

图 3-94　点火枪现场实物图

A. 清理吹扫燃气和空气管道，并清理气体和空气的过滤器。

B. 检查点火/电离棒陶瓷绝缘环并测试绝缘电阻，有损坏的及时更换。

C. 检查测试点火枪电缆对接绝缘。

D. 检查测试点火电极对点火枪壳体绝缘。

E. 安装前确认喷嘴、燃烧器和火焰监测器等位置，确保点火枪安装在对应的管嘴上。

F. 按照上文点火枪拆卸相反的步骤安装。

G. 安装过程注意避免点火枪末端损坏。

2）气密检查

安装完成后，包括空气、气体（燃料气和酸性气）和吹扫气管线在内，所有连接在进料管线到火嘴之间接口都应该检查其紧固气密程度。如果各部件未正确安装或紧固，存在气体泄漏的隐患或危险。

3）点火调试

（1）压力设定。参考点火枪相关工艺流程图（见图 3-95），检查调节点火枪正确的燃料气和压缩空气压力。燃料气和压缩空气的压力设定十分关键，需要根据厂家推荐值现场设置调整，通常燃料气和压缩空气的压力设定为 1.0bar（100kPa）。

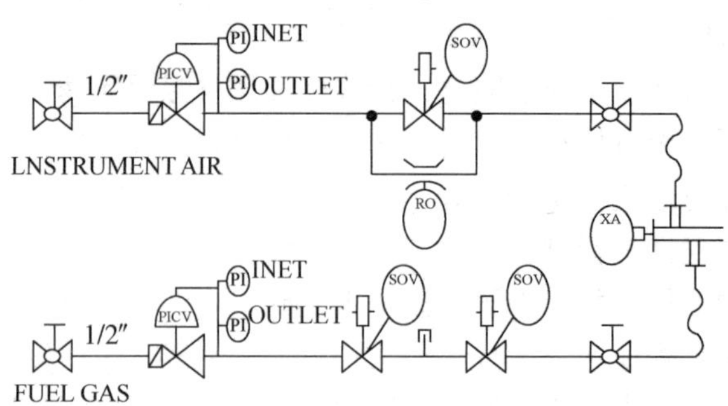

图 3-95　点火枪工艺流程图

注：PICV—压力指示控制阀；PI—压力指示；RO—限流孔板；SOV—电磁阀；XA—电离信号(火嘴火焰点燃)。

(2) 吹扫。点火枪总是需要用仪表风贯通吹扫；主火嘴的一个管嘴上安装着点火枪，应该用 10~15Nm^3/h 的气量持续吹扫。燃烧器吹扫不充分可能会导致点火枪损坏，因此应保证足够的吹扫时间和吹扫效果。

(3) 点火。点火控制盘按下“点火”按钮，具备以下条件则点火成功，火焰检测器检测到火焰：

A. 点火枪管路没有堵塞，燃气和压缩空气压力合适、流量比合适。

B. 高压放电系统绝缘良好，高压放电能在尾部点火处放电成功。

4. 质量控制点

(1) 点火枪的绝缘测试检查。

(2) 点火电缆的绝缘测试检查。

(3) 点火枪内芯与枪体绝缘良好。

(4) 吹扫干净彻底，炉膛吹扫氮气不带水。

(5) 点火枪相关工艺阀门开关正确、可严格关闭。

(6) 燃料气、压缩空气压力的配比合适。

(7) 燃料气氢气的含量不可过高。

八、附件设备

1. 电源

控制系统通常配置冗余 24V DC 直流电源，由于电容等元器件寿命限制，装置开工后的第三次大修一般需要重点检查更换 24V DC 直流电源。

1) 检查测试

停工后重点对直流电源进行如下检查、测试：

(1) 直流电源有无报警指示。

(2) 直流电压 24V DC 输出是否稳定。

(3) 直流电压 24V DC 输出范围是否在理论可调范围(一般为 22.8~29V DC)。

(4) 用示波器测试输出电压是否平稳。

(5) 220V AC 交流输入是否稳定。

(6) 接线是否牢固。

(7) 冗余切换是否符合技术要求。

2）检修处理

（1）有故障报警指示的参照直流电源产品使用手册说明对照故障代码对应处理。

（2）检查、测试不合格而又无法现场维修处理的建议更换。

（3）接近寿命周期的直流电源20%更换。

3）外部故障处理

直流电源自身故障导致回路故障或供电丢失的危害有目共睹，外部故障、隐患对直流电源和控制系统的威胁同样不可小觑。常见的故障、隐患如下：

（1）220V AC 交流输入线路虚接或短路。

（2）直流电源输出供电回路故障。

（3）直流电源输出供电回路短路或接地。

为排除外部信号短路或接地对直流电源甚至控制系统供电造成的重大影响，停工检修检时应该全面检查回路供电情况。下面以具体实例说明外部回路检查及隐患处理。

自行检查某 DCS 配置的 24V DC 电源工作情况，发现 24V DC 供电异常。

A. 供电检查。发现 DCS-136-MAR-03 柜内 24V DC 直流电压供电端子悬浮对地电压丢失，用万用表检查测量正压对地 0.68V DC，负压对地为-24V DC。初步判断供电模块仪表线路存在接地现象。

B. 问题处理。发现 DBT51-1+、TPD301 FIELD SUPPLY、DI 卡端子接线端子板内一仪表存在对地现象，现场检查发现 136-HZOS-30302 开关阀回迅开关电缆线破损导致对地，具体见图 3-96。

图 3-96 回迅开关电缆线破损导致对地

2. 安全栅

安全栅停工检修，主要通过 DCS、SIS、PLC、CCS 等控制系统检修点检过程中检查判断，即控制系统通道测试回路把安全栅包含在内一起测试，相关内容可参考前面介绍。

另外还应对安全栅接线是否牢固做全面检查，并特别注意插接的接线端子是否有松动。

3. 继电器

控制系统配件中，继电器相对应用广、故障率高而且影响较大，下面就石化企业常用的继电器类型及停工检查、检修做简要介绍。

1）继电器

继电器，是指当输入量（或激励量）满足某些规定的条件时能在一个或多个电器输出电路中产生跃变的一种器件。

2）类型

按继电器的工作原理或结构特征分类如下。

（1）电磁继电器。利用输入电路内在电磁铁铁芯与衔铁间产生的吸力作用而工作的一种电气继电器。

A. 直流电磁继电器：输入电路中的控制电流为直流的电磁继电器。

B. 交流电磁继电器：输入电路中的控制电流为交流的电磁继电器。

C. 磁保持继电器：利用永久磁铁或具有很高剩磁特性的铁芯，是电磁继电器的衔铁在其线圈断点后仍能保持在线圈通电时的位置上的继电器。

（2）时间继电器。当加上或除去输入信号时，输出部分需延时或限时到规定的时间才闭合或断开其被控线路的继电器。

（3）固体继电器。指电子元件履行其功能而无机械运动构件的，输入和输出隔离的一种继电器。

3）常用继电器

控制系统常用的继电器，一般为电磁式继电器，常用有如下几种：

（1）24V DC 继电器，最常见的信号隔离继电器。

（2）220V DC 大功率继电器，一般用于高压电机往来信号的隔离。

（3）220V AC 交流继电器，220V AC 供电仪表控制回路。

（4）5V DC 继电器，底盖机油站等特殊油路控制。

4）电磁继电器的主要技术指标

（1）额定工作电压，是指继电器正常工作时线圈所需要的电压。根据继电器的型号不同，可以是交流电压，也可以是直流电压。

（2）直流电阻，是指继电器中线圈的直流电阻，可以通过万用表测量。

（3）吸合电流，是指继电器能够产生吸合动作的最小电流。在正常使用时，给定的电流必须略大于吸合电流，这样继电器才能稳定地工作。线圈所加的工作电压，一般不要超过额定工作电压的 1.5 倍，否则会产生较大的电流而把线圈烧毁。

（4）释放电流，是指继电器产生释放动作的最大电流。当继电器吸合状态的电流减小到一定程度时，继电器就会恢复到未通电的释放状态，这时的电流远远小于吸合电流。

（5）触点切换电压和电流，是指继电器允许加载的电压和电流。它决定了继电器能控制电压和电流的大小，使用时不能超过此值，否则很容易损坏继电器的触点。

5）继电器检查测试

继电器停工检修期间的检查、测试及问题处理的关键点如下。

（1）触点阻抗测试。用万用表的电阻档，测量常闭触点与动点电阻，其阻值应为 0；而常开触点与动点的阻值就为无穷大，由此可以区别出哪个是常闭触点，哪个是常开触点。

如果常闭触点闭合电阻不为 0，则说明触点锈蚀老化，需要更换继电器。

（2）吸合电流、吸合电压测试。利用调稳压电源和电流表，给继电器输入一组电压，在供电回路中串入电流表进行监测。慢慢调高电源电压，听到继电器吸合声时，记下该吸合电压和吸合电流。为求准确，可以多试几次而求平均值。

记录触点动作时间，如果过慢则说明衔铁、触点簧片等老化、性能降低，需要更换。

（3）释放电压、释放电流测试。如上条所述连接测试，当继电器发生吸合后，再逐渐降低供电电压，当听到继电器再次发生释放声音时，记下此时的电压和电流，也可多试几次而取平均的释放电压和释放电流。一般情况下，继电器的释放电压为吸合电压的 10%～50%，如果释放电压太小（小于 1/10 的吸合电压），则继电器已经不能正常使用，需要更换。

（4）线圈电阻测试。测量继电器线圈的阻值，看是否开路或阻值波动。

(5) 底座检查。检查排查底座是否有接触不良隐患。

(6) 接线检查。检查确认接线紧固。

4. 辅助操作台

辅助操作台(简称辅操台)，主要有急停按钮、报警指示灯、选择开关。停工检修期间主要检查测试按钮、指示灯、开关的接线、性能是否完好，并在控制回路试验、联锁试验过程重点测试试验，相关内容可参考本章第三节的相关内容。

5. 接线箱操作盘

接线箱、操作盘、控制盘等现场防爆盘柜的停工检修检查，应该分单元列编号逐一检查处理，参考格式及检查的主要内容可参考第二章“表 2-2×××(部门)×××(装置或单元)现场接线箱防雨隐患检查表”格式组织检查处理。与检修准备时现场检查不同的是停工检修期间可以充分检查接线箱接线情况，具体的停工检查内容如下。

1) 防雨检查

防雨检查，主要检查接线箱、操作盘内是否有积水或冷凝水汽。解决处理办法主要有：清理积水、冷凝水，更换箱门密封圈，清理或更换呼吸阀，增加防雨罩，放置干燥剂，更换格兰或更换格兰密封圈。

2) 接线端子检查

主要检查接线是否紧固、端子是否锈蚀、接线标识是否清晰正确。

3) 接地检查

主要检查箱体是否规范接地、箱内是否规范接地。

4) 其他检查

主要检查外观是否锈蚀、变形严重，堵头是否密封或缺失。

第三节 检定校验

停工检修期间的检定、校验是标准化检修的重要一步和检修质量控制的关键一环，主要涉及现场仪表校验、回路试验和联锁顺序控制试验。

现场仪表校验，是对现场仪表的本体功能测试检查、校准、试验，通常也称作单校。常规仪表、分析仪表、特殊仪表、执行器等现场仪表的校验，可以参考前面标准化检修相关内容及相关标准规范执行，但计量器具的校验，除去单校外，还需按规定进行强制检定。

一、强制检定

1. 强制检定的范围

1) 强制检定

强制检定是指由县级以上人民政府质量技术监督部门指定的法定计量检定机构或授权的计量检定机构对强制检定的计量器具实行的定点、定期检定。强制检定通常简称强检。

非强制检定是指由使用单位自行进行的定期检定或者本单位不能检定的，送有权对社会开展量值传递工作的其他计量检定机构进行的检定。

2）强制检定的范围

社会公用计量标准、部门和企事业单位使用的最高计量标准，以及用于贸易结算、安全防护、医疗卫生、环境监测方面的计量器具属于强制检定。

3）强制检定计量器具的界定

工作计量器具同时具备两个条件才属于强制检定：一是用于贸易结算、安全防护、医疗卫生、环境监测四个方面，二是已列入强制检定的工作计量器具目录。仅用于上述四方面没有列入强检目录或虽列入强检目录但不用于上述四方面均不属于强制检定。工作计量器具目录，以国家部委最新发布的《中华人民共和国强制检定的工作计量器具明细目录》为准。

4）强制检定计量器具的检定

使用计量器具的单位，首先要对使用的计量器具是否属于强制检定进行严格准确的界定。对确属强制检定的计量器具要进行登记造册，报当地县（市）级人民政府质量技术监督行政部门备案并向其指定的计量检定机构申请周期检定。当地不能检定的，向上一级人民政府质量技术监督部门指定的计量检定机构申请周期检定。未按照规定申请检定或检定不合格的，不得使用。

强制检定计量器具的检定周期，由执行强制检定的计量检定机构依据计量检定规程确定。

2. 强制检定的类型

1）强制检定的仪表

按照国家制度和相关管理规定要求，石化企业通常在贸易结算、安全防护、环境监测三个方面涉及强制检定。常见的仪表类型如下：

（1）压力表。

（2）温度计。

（3）可燃气体报警仪、有毒气体报警仪。

（4）用于贸易结算的流量计通常为质量流量计，部分为涡轮流量计、涡街流量计等其他流量计。

（5）汽车衡器等装车计量仪表。

2）污染源自动监测设备比对监测

污染源自动监测设备是污染物治理设施的一部分，保证自动监测设备处于正常运行状态是企业应承担的法律责任，是企业实现污染物达标排放进行监测的有效措施和手段。企业必须承担相应要求，建立管理制度和技术要求，将其纳入企业管理体系。

石化企业通常涉及固定污染物烟气监测设备（CEMS）、水污染源自动监测设备两种类型的比对监测。

3. 强制检定流程

（1）提报强制检定计划。首先，根据相关制度及生产装置实际确定需要强制检定的仪表位号清单。其次，提报年度计量器具检定计划，检定计划示例表格见附录Ⅲ-2“强制检定计量器具检定计划”。汽车衡器等特殊计量仪表一般单独报备不在通常的检定计划内。

（2）计量器具备案、申请检定。按照计量器具检定计划及计量器具检定机构规定要求，填写强制检定计量器具备案、申请检定申报表，格式可参考附录Ⅲ-3“强制检定计量器具备案、申请检定申报表”。

(3) 按计划拆除送检。按照检定计划时间安排，拆除需强制检定的计量仪表，同时在同一位置按照检定合格且在检定合格有效期内备用计量仪表。将拆除的需强制检定计量仪表保护后送至相关质量计量监督检测单位。

(4) 质量计量监督检测单位检定。质量计量监督检测单位按规程检定，检定合格的计量仪表出具检定证书或校准证书，并在计量仪表上粘贴检定合格证。检定不合格的计量仪表，提供相同技术规格的计量仪表再次送检。

(5) 检定合格计量仪表回装。检定合格的计量仪表取回妥善保管，下次送检前作为备用计量仪表回装。

4. 温度压力仪表强制检定

停工检修期间，需要强制检定的压力表、温度计、热电偶、热电阻通常列为 A 类仪表，并参照本节强制检定计划及执行流程相关介绍执行。检定仪表的交接、跟踪可参考表 3-99 记录组织，同时特别说明以下几点：

(1) 强制检定的温度、压力表需要与常规检修校验的温度、压力仪表分开管理。

(2) 强制检定的温度、压力表的检定周期一般为半年，可根据具体执行制度执行。

(3) 为加快检修进度，通常可以在停工检修期间不需要强制检定的温度、压力表的检定，但具体要根据检修计划时间安排与温度压力仪表的检定有效期统一考虑安排。

表 3-99　×××(部门)×××(年)停工检修计量器具(温度压力仪表)强检台账

序号	仪器名称	设备位号	型号	量程	检定范围	出厂编号	厂家	送检日期	要求返回日期	备注

5. 贸易结算仪表强制检定

用于贸易结算的计量仪表，主要有质量流量计等流量仪表、汽车衡、电子秤等高精度计量仪表或计量系统，强制检定的周期通常为半年、一年不等。

1) 流量仪表

用于贸易结算的流量仪表，通常为质量流量计，个别场合使用涡街流量计、超声波流量计、涡轮流量计等其他符合贸易结算标准要求的流量仪表。

流量仪表为管道式流量计，生产期间校验难度大。停工检修期间，用于贸易结算的流量仪表都应该按规定进行强制检定。具体的检定计划提报、流量计拆除、送检、回装等组织实施，可参考前面相关介绍以及附录 I 对应类型流量仪表检修作业指导书中的相关内容。

2) 汽车衡

停工检修期间，汽车衡的检查、检修可参考本章第一节特殊仪表检修部分介绍。通常汽车衡相对独立布置于生产装置，在完成检修计划要求的汽车衡检查检修后，一般应该联系质量技术监督部门进行强制检定。

汽车衡现场强制检定基本工作流程可类比参考前面相关介绍，强检结束后应依据汽车衡技术指标分析检定(示例可参考图 3-97)结果，做预防性维修参考。

检定结果

原始记录号 JQC201300144 号　　第2页,共2页

测试项目		测试结果		
1、外观检查:		符合要求		
2、偏载误差:		位置	实测误差(e)	允许误差±e
1 6	试验载荷: 11000 kg	1	0.4	1.0
2 7		2	0.1	1.0
3 8		3	0.0	1.0
4 9		4	-0.2	1.0
5 10		5	0.2	1.0
位置		6	0.2	1.0
		7	0.3	1.0
		8	0.3	1.0
		9	0.1	1.0
		10	-0.2	1.0
3、重复性误差:	试验载荷: 50000 kg	实测误差(e)		允许误差±e
		0.4		1.5
4、示值误差:				
	试验载荷: kg	实测误差(e)		允许误差±e
	200	0.0		0.5
	400	0.2		0.5
	10000	0.3		0.5
	40000	0.1		1.0
	50000	0.3		1.5
	10000	0.3		1.5
注: 实际分度值: d= 20 kg 检定分度值: e= 20 kg				

说明:

1、测量数据的扩展不确定度为 U=8 kg(k=2)

2、本次检定所用的标准器具:

标准名称	编号	证书号/有效期	计量特性
标准砝码	L62	2014.02	M_t级

3、检定地点、环境条件:

地点 委托方现场 温度 0~40℃ 相对湿度 ≤85%

4、本所所出具的数据均可溯源至保存在中国计量科学研究院的国家计量基准和国际单位制(SI)。

注: 1.本证书检定结果只与受检定仪器有关。

2.未经本所书面批准,不得部分复制此证书。

图 3-97　SCS-100T 汽车衡强制检定检定结果

3）电子秤

电子秤通常用于硫黄回收和聚丙烯装置包装码垛生产线，一般情况下停工检修期间包装码垛生产线也会随主生产装置停工检修。因此，通常需要按照强制检定计划执行流程组织完成电子秤检定工作。类似汽车衡的强制检定，检定结束后需要分析检定结果（检定结果示例图 3-98），进而做好预防性维修计划准备或提报。

6. 污染源自动监测设备比对监测

污染源自动监测设备比对监测，通常在正常生产过程及检修完成开工正常后进行，和强检一样属于国家政策强制执行的项目。下面就比对监测的项目及基本要求做简要介绍。

1）固定污染物烟气监测设备（CEMS）比对监测

（1）比对监测项目。烟气温度、烟气流速、氧量和污染物实测浓度（颗粒物、SO_2、NO_x）。

（2）核查参数。过量空气系数、烟气流量、污染物折算浓度、污染物排放速率。

（3）比对频次。

检定结果

原始记录号 JHS201206001　　　　第2页,共2页

测试项目		测试结果		
1.外观检查:		符合要求		
2.偏载误差:		位置	实测误差(e)	允许误差$\pm e$
1 2 / 4 3 位置	试验载荷: 20 kg	1	0.3	1.0
		2	0.1	1.0
		3	0.3	1.0
		4	−0.1	1.0
3.重复性误差:	试验载荷: 30 kg	实测误差(e) 0.4		允许误差$\pm e$ 1.5
4.示值误差:				
试验载荷:			实测误差(e)	允许误差$\pm e$
	0.1 kg		0.3	0.5
	0.2 kg		−0.3	0.5
	5 kg		0.0	0.5
	20 kg		−0.7	1.0
	40 kg		−0.6	1.5
	50 kg		−0.6	1.5
注: $e=d=$ 0.01 kg				

说明:

1、测量数据的扩展不确定度为 U=0.4 kg(k=2)

2、本次检定所使用的标准器具:

标准名称	编号	有效期	计量特征
标准砝码	L62	2014.1.4	M1等级

3、检定地点、环境条件:

地点 委托方现场 温度 22.3℃ 相对湿度 63%

4、本所所出具的数据均可溯源至保存在中国计量科学研究科院的国家计量基准和国际单位制(SI)。

注: 1.本证书检定结果只与受检定仪器有关。

2.未经本所书面批准,不得部分复制此证书。

图 3-98 FCS-500 电子秤强制检定检定结果

A. 对国家重点监控企业安装的固定污染物烟气监测设备(CEMS)的比对监测每年至少 4 次，即每季度至少 1 次。

B. 每次比对监测，对颗粒物浓度、烟气流速、烟温参比方法至少获取 3 个测试断面的平均值，气态污染物(SO_2、NO_x)和氧含量至少获取 6 个数据(其中仪器法可选取 5min 平均值为 1 个数据，化学法以一个样品的采样时间段平均值为 1 个数据)，取测试的平均值与同时段烟气 CEMS 的平均值进行准确度计算。

(4) 比对监测原则。

A. 监测期间，生产设备正常稳定运行。

B. 监测前核准烟尘采样器、烟气分析仪、烟气 CEMS 等相关仪器的显示时间。

C. 参比方法测定湿法脱硫后的烟气，使用的烟气分析仪必须配有符合国家标准规定的烟气前处理装置(如加热采样枪和快速冷却装置等)。

D. 监测前，参比方法使用的烟气分析仪必须现场使用标准气体检查准确度，并记录现

场校验值；

E. 每个监测项目的数据需记录时间；

F. 对颗粒物浓度、烟气流速、烟温参比方法至少获取3个测试断面的平均值，气态污染物（SO_2、NO_x）和氧含量至少获取6个数据（其中仪器法可选取5min平均值为1个数据，化学法以一个样品的采样时间段平均值为1个数据）。

（5）比对标准（见表3-100）。

表3-100　CMES现场比对监测考核标准

监测项目		考核指标
颗粒物	准确度	当参比方法测定烟气中颗粒物排放浓度； ≤50mg/m^{3}时，绝对误差不超过±15mg/m^3； >50～≤100mg/m^{3}时，相对误差不超过±25%； >100～≤200mg/m^{3}时，相对误差不超过±20%； >200mg/m^{3}时，相对误差不超过±15%
气态污染物	准确度	当参比方法测定烟气中二氧化硫、氮氧化物排放浓度； ≤20μmol/mol时，绝对误差不超过±6μmol/mol； >20～≤250μmol/mol时，相对误差不超过±20%； >250μmol/mol时，相对准确度≤15%
		当参比方法测定烟气中其他气态污染物排放浓度； 相对准确度≤15%
氧量	相对准确度	≤15%
烟气流速	相对误差	流速>10m/s时，不超过±10%； 流速≤10m/s时，不超过±12%
烟气温度	绝对误差	不超过±3℃

（6）按照附录Ⅲ-6“固定污染源烟气CEMS比对监测结果表”填写比对监测结果。

2）水污染源自动监测设备比对监测

（1）比对监测项目。主要为化学需氧量（COD_{Cr}）、总有机碳（TOC）、氨氮、总磷、pH和流量等，其中总有机碳（TOC）应换算成化学需氧量（COD_{Cr}）。

（2）比对监测考核指标。主要包括：实际水样比对实验的相对误差和质控样的测试结果。

（3）比对频次。

A. 水污染在线监测系统的比对监测每年至少4次，即每季度至少1次。

B. 对于化学需氧量（COD_{Cr}）或总有机碳（TOC）换算的化学需氧量（COD_{Cr}）等监测项目，当实际水样COD_{Cr}<30mg/L时，以接近实际水样的低浓度（约20mg/L）质控样代替实际水样进行分析，至少测定2次。

（4）质控样考核。采用国家认可的质控样，分别用两种浓度的质控样进行考核，一种接近实际废水浓度的样品，另一种为超过相应排放浓度的样品。每种样品至少测定1次，质控样测定的相对误差不大于标准值的±10%。

（5）比对标准（见表3-101）。

表 3-101 实际水样比对实验考核指标要求

仪表名称	实际水样比对实验相对误差
化学需氧量(COD_{Cr})、总有机碳(TOC)	COD_{Cr}<30mg/L 时，绝对误差不超过<±5mg/L；以接近实际水样的低浓度(约 20mg/L)质控样代替实际水样进行实验
	30mg/L≤COD_{Cr}<60mg/L 时，相对误差不超过±30%
	60mg/L≤COD_{Cr}<100mg/L 时，相对误差不超过±20%
	COD_{Cr}≥100mg/L 时，相对误差不超过±15%
氨氮、总磷、总氮	相对误差不超过±15%
pH	绝对误差不超过±0.5
水温	绝对误差不超过±0.5℃

(6) 按照附录Ⅲ-7“水污染源自动监测设备比对监测结果表”填写比对监测结果。

二、可燃气、有毒气体报警仪现场校验

作为安全保护的可燃气、有毒气体报警仪，属于强制检定仪表，通常每年度需要送质量技术监督局强检。但为了安全起见，生产使用企业在正常生产期间也需要每季度现场校验校验，停工检修期间无论是否在原校验计划安排的时间内，开工前仍需要对可燃气、有毒气体报警仪现场校验校验。如果停工检修期间刚好在强制检定时间内，则需联系质量技术监督局到现场进行校验，否则则由检修单位现场组织校验。

下面以常用的可燃气、有毒气报警仪为例，介绍报警仪现场校验作业过程。

1. 可燃气体检测报警仪(催化燃烧式)

1) 校验准备

(1) 整体外观检查。

(2) 报警仪文字、符号和标志清晰齐全。

(3) 报警仪防雨罩干净完好，密封完好。

(4) 作业票签署完成，监护人员到位。

(5) 标准气、校验工具等齐全(校验工具基本配置见图 3-99)，其他可燃气、有毒气报警仪校验工具类似，下文不再重复示例。

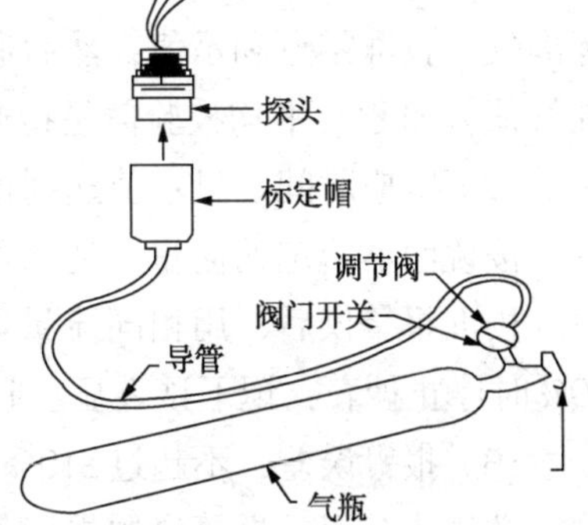

图 3-99 可燃气、有毒气报警仪校验器具

2) 校验标准

(1) 示值误差，不超过±5%FS(安全系数)。按说明书给定的流量，分别通入零点气和 60%LEL(爆炸下限)的标准气，校准零点和示值；然后通入标准气记录报警器稳定值。示值误差=(平均校验值-标准气值)/量程。平均校验值是指通 3 次标气后的平均值，示值误差小于 5%FS。

(2) 响应时间。显示值达到稳定值的 90%时的响应时间：扩散式不应超过 60s，吸入式不超过 30s。

通入零点气校零后，再通入 60%LEL 的标准气，待读取稳定示值，校准仪器后，用相同流量通入上述标准气体，同时启动秒表，待示值升至稳定示值的 90%时，停止秒表，记下秒表显示时间。重复 3 次，计平均值。

(3) 报警误差，不超过±10%。通入大于 1.1 倍报警设定点浓度的标准气体，记录仪器的报警值。重复 3 次，计平均值。误差=(报警平均值-设定值)/设定值。

3) 现场校验

(1) 示值检查。在校验前先通标准气记录显示值为实测值。将探测器置于空气中，用零位帽隔绝探头与外界的接触(无零位帽可用手捂住探头)，记录零位校验前的值作为零点值，之后调整零位数值为 0，记录测量值为校验值。计算通 3 次标气后的平均值，示值误差小于 5%FS。

(2) 响应时间检查。校准仪器后，用相同流量通入上述标准气体，同时启动秒表，待示值升至稳定示值的 90%时，停止秒表，记下秒表显示时间。

(3) 报警点检查。通入大于 1.1 倍报警设定点浓度的标准气体，记录仪器的报警值。重复 3 次，计平均值。同时检查现场声光报警器和中控室声光是否报警。

2. H_2S/NH_3/CO 有毒气体检测报警仪

1) 校验准备

(1) 整体外观检查。

(2) 报警仪文字、符号和标志清晰齐全。

(3) 报警仪防雨罩干净完好，密封完好。

(4) 标准气、校验工具等齐全。

(5) 作业票签署完成，监护人员到位。

2) 校验标准

(1) 示值误差，不超过±5%FS。按说明书给定的流量，分别通入零点气和 50%量程的标准气，校准零点和示值；然后通入标准气记录报警器稳定值。示值误差=(平均校验值-标准气值)/量程。平均校验值是指通 3 次标气后的平均值，示值误差小于 5%FS。

(2) 响应时间。显示值达到稳定值的 90%时的响应时间：小于 60s。

按说明书给定的流量，通入零点气校零后，再通入 50%量程的标准气，待读取稳定示值，校准报警仪后，用相同流量通入上述标准气体同时启动秒表，待示值升至稳定示值的 90%时停止秒表，记下秒表显示时间。重复 3 次，计平均值。

(3) 报警误差，不超过±10%。按说明书给定的流量，通入大于 1.1 倍报警设定点浓度的标准气体，记录报警仪的报警值。重复 3 次，计平均值。误差=(报警平均值-设定值)/设定值。

3) 现场校验

(1) 示值检查。在校验前先通标准气记录显示值为实测值。将探测器置于空气中，用零位帽隔绝探头与外界的接触(无零位帽可用手捂住探头)，记录零位校验前的值作为零点值，之后调整零位数值为 0，记录测量值为校验值。

(2) 响应时间检查。校准报警仪后，用相同流量通入上述标准气体，同时启动秒表，待示值升至稳定示值的 90%时，停止秒表，记下秒表显示时间。

(3) 报警点检查。通入大于 1.1 倍报警设定点浓度的标准气体，记录报警仪的报警值。重复 3 次，计平均值。同时检查现场声光报警器和中控室声光是否报警。

3. 苯气体检测报警仪

1）校验准备

（1）整体外观检查。

（2）报警仪文字、符号和标志清晰齐全。

（3）报警仪防雨罩干净完好，密封完好。

（4）标准气、校验工具等齐全。

（5）作业票签署完成，监护人员到位。

2）校验标准

（1）示值误差，不超过±10%FS。按说明书给定的流量，分别通入零点气和50%量程的标准气，校准零点和示值；然后通入标准气记录报警器稳定值。示值误差=(平均校验值-标准气值)/量程。平均校验值是指通3次标气后的平均值，示值误差小于10%FS。

（2）响应时间。

显示值达到稳定值的90%时的响应时间：不应超过20s。

按说明书给定的流量，通入零点气校零后，再通入50%量程的标准气，待读取稳定示值，校准报警仪后，用相同流量通入上述标准气体，同时启动秒表，待示值升至稳定示值的90%时，停止秒表，记下秒表显示时间。重复3次，计平均值。

（3）报警误差，不超过±10%。按说明书给定的流量，通入大于1.1倍报警设定点浓度的标准气体，记录报警仪的报警值。重复3次，计平均值。误差=(报警平均值-设定值)/设定值。

3）现场校验

（1）示值检查。在校验前先通标准气记录显示值为实测值。将探测器置于空气中，用零位帽隔绝探头与外界的接触(无零位帽可用手捂住探头)，记录零位校验前的值作为零点值，之后调整零位数值为0，记录测量值为校验值。

（2）响应时间检查。校准报警仪后，用相同流量通入上述标准气体，同时启动秒表，待示值升至稳定示值的90%时，停止秒表，记下秒表显示时间。

（3）报警点检查。通入大于1.1倍报警设定点浓度的标准气体，记录报警仪的报警值。重复3次，计平均值。同时检查现场声光报警器和中控室声光是否报警。

4. 氧气体检测报警仪

1）校验准备

（1）整体外观检查。

（2）报警仪文字、符号和标志清晰齐全。

（3）报警仪防雨罩干净完好，密封完好。

（4）标准气、校验工具等齐全。

（5）作业票签署完成，监护人员到位。

2）校验标准

（1）示值误差，不超过±2.0%FS。按说明书给定的流量，分别通入零点气和50%量程的标准气，校准零点和示值；然后通入标准气记录报警器稳定值。示值误差=(平均校验值-标准气值)/量程。平均校验值是指通3次标气后的平均值，示值误差小于2.0%FS。

（2）响应时间。显示值达到稳定值的90%时的响应时间：不超过60s。通入零点气校零后，再通入50%量程的标准气，待读取稳定示值，校准报警仪后，用相同流量通入上述标准气体，同时启动秒表，待示值升至稳定示值的90%时，停止秒表记下秒表显示时间。重复3次计平均值。

（3）报警误差，不超过±10%。通入大于1.1倍报警设定点浓度的标准气体，记录报警仪的报警值。重复3次，计平均值。误差=(报警平均值-设定值)/设定值。

3）现场校验

（1）示值检查。在校验前先通标准气记录显示值为实测值。将探测器置于空气中，用零位帽隔绝探头与外界的接触(无零位帽可用手捂住探头)，记录零位校验前的值作为零点值，之后调整零位数值为0，记录测量值为校验值。

（2）响应时间检查。校准报警仪后，用相同流量通入上述标准气体，同时启动秒表，待示值升至稳定示值的90%时，停止秒表，记下秒表显示时间。

（3）报警检查。通入大于1.1倍报警设定点浓度的标准气体，记录报警仪的报警值。重复3次，计平均值。同时检查现场声光报警器和中控室声光是否报警。

三、仪表校验

现场仪表在安装和投用前应进行检查、校准和试验，又称单体校验，通常简称单校。

1. 按规范及标准化检修指导单校

单校，主要指现场仪表的自身功能校验、测试、调整。现场仪表单校，应按照《SH/T 3521 石油化工仪表工程施工技术规程》《GB 50093 自动化仪表工程施工及质量验收规范》最新版相关规定执行，具体的校验作业规程在相关仪表的检修作业指导书或标准化检修实施指导中均有详细介绍。控制系统的调试则具体参见本章第二节控制系统检修的相关内容。

施工规程规范是仪表校验的基础底线，标准化检修作业指导书是仪表校验的具体准绳。

2. 建议二次校验的仪表

停工检修期间的现场仪表单校，除了按规范及作业指导书要求的校验外，为检验检修质量和确保开工顺利进行，通常在检修仪表回装后装置开工前还需再次组织实施如下校准、检查、确认工作。

1）控制阀现场检查校验

控制阀，是工艺流程贯通、调整的关键设备和手段。控制阀的好坏直接影响到开工准备和开工进展，因此控制阀检修完成之后，通常需要进行现场二次检查、校验，确保控制阀可以良好运行，确保检修后装置顺利开工。

分单元、按位号用信号发生器现场逐一模拟校验、调试控制阀，并及时处理各种故障隐患。跟踪记录的格式可参考表3-102。

表3-102 ×××(部门)×××(装置或单元)控制阀开工前校验检查表

序号	仪表位号	安装地点	阀门流向	气密检查	手轮测试	正反作用	故障状态	断风测试	断电测试	附件检查	0%	50%	100%	作业人员	日期	备注
1																

2）浮筒液位计现场校验

浮筒液位计，在检修后开工前通常需要再次进行组态参数检查和现场检查、校准。

现场校验通常用水校法进行检查校准，现场校验检查及问题处理的跟踪记录格式可参考表3-103。

表3-103 ×××（部门）×××（装置或单元）浮筒液位计开工前校验检查表

序号	仪表位号	安装地点	垂直度	外观检查	密封检查	量程/mm	介质	介质密度	水校量程	0%	50%	100%	作业人员	日期	备注
1															

3. FF总线仪表现场校验

相对而言总线型DCS尚未广泛应用，对应的FF总线型仪表也相对应用较少。FF总线型仪表主要有压力差压类变送器、流量仪表、液位仪表、阀门定位器，从应用的效果及难易程度而言，变送器、流量仪表无论在参数设置通信调试还是现场问题处理等方面都相对成熟简洁。阀门定位器一般需要经过较长时期的通信测试后才应用，也相对成熟容易。但FF液位仪表因品牌、类型众多而通信、调试、故障处理等均有较大困难。下面以相对较难调试校验的浮筒液位计为例介绍FF仪表的现场校验过程。

（1）计算水校浮筒高度：被测介质密度小于1.0时，$H_{水}=e_{介}\cdot H_{浮筒高度}$。当$H_{水}>1.0$时，需要设置浮筒测量介质密度为1.0，按浮筒全高度调校。

（2）先将浮筒表头下部锁死键打开调至解锁键（运行要求表头处于解锁键）。

（3）连接浮筒，选择OOS模式。

（4）进入Configure，选择Calibrate。

（5）进入下一步，选择Full Calibrate（Field）满校。

（6）点击下一步选择NO项（No，choose a different calibration）。

（7）下一步选择NO项（No，choose a different calibration）。

（8）下一步选择YES（Yes，calibration the instrument with the simple）。

（9）下一步选择I understand项（I understand the calibration and wisht to）。

（10）下一步选择continue。

（11）后面三步（均点“下一步”）系统默认（Full Calibration（field））无须更改。

（12）日期设置，系统默认，不需要更改。

（13）确认锁键打开（The locking handle door is CLOSED），后点击下一步。

（14）选择100%或mm，通常用100%（percent）。

（15）“Enter the level observed percent to capture first point”输入100，浮筒加水至$H_{水}$位置，点击下一步。

（16）开始排空浮筒（The first point has now been captured），点击下一步。

（17）（Enter the level observed in percent to capture second point and finish the calibration）输入0位。

（18）点击下一步，完成后完成零点校验。

（19）校验完成增加水位至50%点，看是否指示正常，查看DCS指示是否与现场一致。

四、回路试验

1. 释义

在控制系统投入运行前、检修后装置开工前进行回路试验。回路试验是对现场仪表回路的构成是否完整合理、能否可靠运行、信号传递能否满足实际生产要求，并对存在的问题进行处理、调整和校正的过程；或者说是将现场仪表与DCS、SIS、PLC等控制系统进行系统信号连接测试的过程。

回路试验，实际工作中也称作系统联校或联校。

回路试验是信号回路贯通和回路功能的联合测试检查，是对现场仪表、信号线、控制系统模块、控制系统组态等软、硬件的全面测试与检查，与信号线校对、点检校验等有着本质的区别。任何时候的回路试验都应杜绝类似校线的方式组织进行。

2. 范围

回路试验，以回路为基本单位统计。回路分显示回路和控制回路试验两大类。原则上，所有构成回路的现场仪表均应该按回路进行回路试验，但因在线分析仪表校验回路构成较为特殊，回路试验通常不涉及在线分析仪表或者采用电流信号模拟的方式回路试验。

依据现场仪表接入的控制系统不同，回路试验通常按照如下4种类型组织进行：

（1）DCS回路试验。

（2）SIS回路试验。

（3）CCS回路试验。

（4）PLC回路试验。

3. 原则

（1）执行《GB 50093自动化仪表工程施工及质量验收规范》《SH/T 3521石油化工仪表工程施工技术规程》等最新版本规范规程的规定要求。

（2）严格以回路为基本单位校验，杜绝和避免以现场仪表为基本单位校验。

（3）停工检修后、装置开工前，所有仪表回路必须进行回路试验。如下几种情况，也应该按规范组织回路试验：重要设备经过大修或改型变更的，其相关的所有仪表回路（控制、检测、报警、自保）在投入使用前必须进行回路试验；长期停用后准备重新投用的仪表回路必须进行回路试验；新增仪表回路在投用前必须进行回路试验。

（4）涉及联锁、顺控的现场仪表回路试验，可以与联锁、顺控试验结合或配合进行，但必须单独、分别完成回路试验和联锁试验，通常回路试验需在合法摘除联锁之后进行。

（5）通常对每个回路进行五点（量程的0%、25%、50%、75%、100%）试验，不重要的显示回路（C类）也可采用三点（量程的0%、50%、100%）模拟试验。

4. 回路试验档案

建立规范、完善、准确的回路试验档案是回路试验的根基和关键。

回路试验档案，务必以回路为基本单位建立。下面通过示例分别介绍常见的4种回路试验档案格式及内容。

（1）DCS回路试验档案（见表3-104）。

表 3-104 ×××(部门)×××(装置或单元)DCS 回路试验档案

序号	仪表位号	检测位置	仪表名称	量程	接线箱	端子柜	正反作用	故障状态	AHH	AH	AL	ALL	联锁值	给定值	DCS值	工艺签字	仪表签字	备注
1	112-TIC-01909																	
	112-TT-01909		热电偶	800℃														
	112-TIB-01909		输入安全栅															
	112-TI-01909		DCS 指示	800℃						515								
	112-TIC-01909		DCS 调节															串级
2	112-FIC-02103																	
	112-FT-02103A		差压变送器	40kPa														
	112-FT-02103B		差压变送器	40kPa														
	112-FT-02103C		差压变送器	40kPa														
	112-FIB-02103A		输入安全栅	8000kg/h														
	112-FIB-02103C		输入安全栅	8000kg/h														
	112-FIB-02103B		输入安全栅	8000kg/h														
	112-FV-02103		调节阀					FO										
	112-FIC-02103		DCS 调节	0~100%			正				0.4	0.3						

(2) CCS 回路试验档案(见表 3-105)。

表 3-105 ×××(部门)×××(装置或单元)CCS 回路试验档案

序号	仪表位号	检测位置	仪表名称	仪表型号	量程	D/R	故障状态	与其他系统联系	AHH	AH	AL	ALL	联锁值	0%	50%	100%	问题/备注
1	TI-10190				150℃												
	TE-10190	压缩机止推轴承	双支Pt100		150℃				115℃	105℃							
	TT-10190																

续表

序号	仪表位号	检测位置	仪表名称	仪表型号	量程	D/R	故障状态	与其他系统联系	AHH	AH	AL	ALL	联锁值	0%	50%	100%	问题/备注
2	PISA-12251				0.4MPa						0.15MPA						
	PT-12251	润滑油总管	压力变送器	3051	400kPa												
3	PISA-12252A	润滑油总管3取2联锁			0.4MPa								0.1	0.1			
	PT-12252A		压力变送器	3051	400kPa												
4	PIA-12300	控制油进油			1.6MPa						0.65MPa						
	PT-12300	汽轮机控制油总管	压力变送器	3051	1600kPa												
	LS-12271	自启动润滑油备泵	D0	NC				去MCC									
	XL-12271	润滑油泵允许启动	D0	N0				去MCC									
5	XIA-10112				-1~1mm			自3500通讯	0.5	-0.5							
	XE-10112	压缩机轴承	位移														
6	VIA-10111				200μm			自3500通讯	88.9	63.50							
	VE-10111	压缩机前轴承	振动														
7	XV-10106	压缩机入口	蝶阀				F0	联锁关									
	ZS0-10106	全开															用DI2-7
	ZSC-10106	全关															用DI2-8
	XSV-10106	压缩机入口电磁阀	联锁电磁阀														
8	PIC-10102				在DCS												
	PI-10102				0.16MPa												
	PT-10102			3051S	100kPa			在DCS									

续表

序号	仪表位号	检测位置	仪表名称	仪表型号	量程	D/R	故障状态	与其他系统联系	AHH	AH	AL	ALL	联锁值	0%	50%	100%	问题/备注
	PV-10102	压缩机入口放火炬					F0	在 DCS									
	PZT-10102		阀位传感器					1 入 2 出去 DCS									
	PY-10102		定位器														

(3) SIS 回路试验档案。SIS 回路试验档案形式上与 CCS 回路试验档案类似，可以参考编制。

(4) PLC 回路试验档案(见表 3-106)。

表 3-106 ×××(部门)×××(装置或单元)高压水泵回路试验档案

序号	机柜位置	仪表位号	仪表名称	通道	仪表量程	0%	25%	50%	75%	100%	问题	备注
1	泵 A	XE_13300	泵联轴端振动 X	CH4-PER								
	1900-V03			CH4-COM								
				CH4-SGB								
2		XE_13301	泵联轴端振动 Y	CH3-PER								
				CH3-COM								
				CH3-SGB								
3		ZE_13300	泵位移 1	CH4-PER								
	1900-V04			CH4-COM								
	三通阀 A			CH4-SGB								
4	X06	ZSH05201	P302A 除焦阀全开	49								
				50								
5		ZSL05201	P302A 除焦阀回流	51								
		ZT05201_Q	除焦阀 A 定位器	52								
6	X11	ZT05201_I	P302A 除焦阀阀位	13								

5. 回路试验

1) 准备

(1) 回路试验档案全面、准确、完善。

(2) 校验仪器精度、量程、有效期等符合规范要求，校验工具、材料充足充分，具体要求可参考前面第二章第四节物资准备相关内容。

(3) 开具合格的检修作业票。

(4) 参与回路试验的工艺(或设备)人员、现场仪表人员、控制系统人员、需其他专业配合的相关人员到位。

2) 回路试验作业流程

回路试验作业，根据控制系统点数及操作人员数量和检修工作安排可分成若干小组同时进行，一般每个小组由 3~4 人(包括工艺、设备、仪表、其他专业等相关人员)组成。

典型的回路试验过程描述如下：在现场对仪表加模拟信号在操作站进行操作、监视，通过对讲机相互联系。从操作站上逐个调出被校回路的画面显示，确认无误，然后在现场检测元件处送模拟过程量的实际信号，观察测量仪表的输出信号和现场一次表处的测量指示值应一致，如果超差应查明原因并进行调整。同时核对控制室内的显示仪表的示值的误差、灵敏度应在允许范围内。对于有报警联锁的回路，应在报警联锁值的附近用渐近法在上行、下行时把精确的报警联锁值记录下来。对于压力开关、液位开关等数字量输入也适用此法，观察操作站画面变化的同时记录数据。

总结而言，较为全面规范的回路试验作业流程可以归纳为如下步骤。对于简单的显示回路试验选取相关作业流程参考即可。

送电(控制系统送电→现场仪表送电，仅初次校验时适用)→现场模拟现场检测仪表输出信号→操作站显示值检查核对→操作站控制回路投自动→现场检查执行器输出→操作站设定值调整→现场、室内核对控制方案正确→记录回路试验数据、回路试验人员在纸版回路试验档案上签字(回路试验不合格的回路，问题处理整改后重新按步骤进行回路试验)。

3）信号模拟

现场仪表信号模拟是回路试验的基础与关键之一，基本依据为《GB 50093 自动化仪表工程施工及质量验收规范》中相关规定要求，具体强调或说明如下。

(1) 差压变送器。严格意义上讲，差压变送器应该从现场变送器引压管处实际打压模拟等效差压值进行测试。但如果停工检修周期短、差压变送器的单校严格规范，可以采用信号发送器或 475 手操器发送 4~20mA 信号模拟回路试验，但须特别注意检查变送器的开方设置。

对于测量液位的差压变送器，回路试验时应先去掉负迁移，回路试验完成后，应将导压管灌满隔离液体，按照实际进行迁移。

(2) 法兰式变送器。法兰式变送器采用等效电流作为信号源进行回路试验。

方法 1：将可变电阻箱和标准电流表串接到测量回路中以代替变送器，调整电阻箱即可在回路当中得到不同的电流值。

方法 2：采用外供电式信号源直接向回路当中加入信号，通常采用信号发送器或 475 手操器。

(3) 热电偶。热电偶测量的接入环节在热电偶接线盒处的补偿导线端。利用毫伏信号发生器等效热电势，并考虑补偿导线连接处的温度补偿效应。

(4) 热电阻。热电阻测量的接入环节在热电阻接线盒处的外接导线端。利用标准电阻箱等效热电阻的电阻值，特别注意三线制或四线制的连接方法。

(5) 压力式温度计。压力式温度测量的接入环节后移到变送器的输出端，可采用等效的电信号代替。

(6) 电容式液位计。电容式液位计的接入环节后移到变送器的输出端，采用等效电信号作为信号源。

(7) 浮筒液位计。由于现场重复单校，可以采用信号发送器或 475 手操器直接给定标准电流信号回路试验。

(8) 容积式、面积式、速度式流量计和质量流量计。容积式、面积式、速度式流量计和质量流量计，接入环节后移到信号输出端，用接入相应的标准信号(模拟量或脉冲量)的方法进行回路试验。

(9) 位置开关。干接点输出的位置开关，接入环节后移到信号输出端。使用导线把信号线进行短路，采用这种方法对回路进行回路试验。

(10) 压力开关。压力开关，引压管处实际打压模拟等效压力值进行回路试验。

(11) 其他仪表。其他确实无条件模拟实际工况的检测信号，可以利用精度符合要求的各种标准信号源，采用接入环节后移的等效替代法来实现回路试验。

4) 质量控制点

(1) 严格按照相关规范规定进行现场信号模拟。

(2) 严格按照回路试验档案执行回路试验作业。

(3) 控制回路投自动试验，并重点检查正反作用。

(4) 复杂控制回路的控制方案模拟、试验。

(5) 回路试验过程注意同时按回路试验台账模拟测试报警功能。

(6) 回路试验人员共同确认并签字。

五、联锁试验

1. 释义

(1) 联锁系统，是指当过程参数越限、设备等状态异常以及操作员输入信号时，执行预先设定要求的系统，联锁系统由传感器和发讯器、逻辑控制器、最终元件及相关软件组成。

(2) 安全仪表功能(Safety Instrumented Function)，简称 SIF，是指用一个或多个传感器、逻辑控制器、最终元件等实现的仪表安全保护功能，防止或减少危险事件发生或保持过程安全状态。

(3) 安全联锁系统(Safety Interlock System)，是指安全完整性等级为 1、2、3 的安全仪表系统。

(4) 安全仪表系统(Safety Instrument System)，简称 SIS，是指用于实现一个或几个仪表安全功能的仪表系统。安全仪表系统可由传感器、逻辑控制器、最终元件及相关软件组成。

(5) 安全完整性等级(Safety Integrity Level)，简称 SIL，是指用于规定分配给安全仪表系统的仪表安全功能的的安全完整性要求的离散量等级(SIL1~SIL4)。SIL4 是安全完整性最高等级，SIL1 是安全完整性最低等级。

(6) 联锁，是指为实现合理高效的装置生产操作和确保生产操作与人员安全，而规定的各种相互制约关系。

(7) 联锁逻辑图，是表征联锁逻辑关系的图表。

联锁逻辑图，主要有因果表、梯形图、逻辑框图三种形式。梯形图，又称继电器联锁原理图，即通过继电器功能符号和简要的文字说明，表示出继电器电路的接线和继电器动作的逻辑关系，但一般需要提供简要的文字说明和图例说明。

(8) 安全联锁，是指为保障生产过程、重要设备及人生安全而设置的联锁。

(9) 操作联锁。是指一般情况下没有人身、设备安全保障要求的工艺联锁。

(10) 顺序控制。是指按预先给定的顺序或条件对各控制阶段逐步进行控制，通常简称顺控。

2. 范围

（1）联锁的分类。联锁，按照重要程度和功能分类，通常分为安全联锁和操作联锁两大类。联锁，从生产管理和专业划分角度分类，通常分为工艺联锁和设备联锁两大类。

（2）联锁系统的分类。联锁系统分为安全联锁系统和非安全联锁系统。

（3）联锁系统的实现。联锁系统通常由以下几种具体控制系统实现：

FGS(火灾和气体检测系统)：安全保护联锁系统，虽然在用的火灾和气体检测通常通过DCS实现，但新的安全保护制度及规范要求均需要设置独立的FGS(也称GDS)。

SIS：安全联锁必须通过SIS实现，操作联锁、顺序控制、FGS也可以通过SIS实现。

DCS：操作联锁、顺控可以通过DCS实现，但因顺控通常会与安全联锁关联，顺控一般都通过SIS实现。

CCS：大型机组的联锁通常由CCS实现。

PLC：用于实现小型机组、成套设备、独立成套工艺的联锁、顺控。

（4）联锁的界定。实际生产管理过程中，为了管理和运行的方便，通常将操作联锁、安全联锁、顺控制统统称为联锁(或称为广义的联锁)，统一规范、管理。以下除特殊说明外均指广义的联锁。

3. 原则

（1）遵守执行SH/T 3551《石油化工仪表工程施工质量验收规范》、GB 50093《自动化仪表工程施工及质量验收规范》、SH/T 3521《石油化工仪表工程施工技术规程》、SH/T 3503《石油化工建设工程项目交工技术文件规定》等最新版本规范规程的规定要求。

（2）联锁保护系统所用器件(包括一次检测元件)、仪表、设备应随装置停车检修进行检修、校验。需新更换的元件、仪表、设备必须经过校验之后方可连接使用。

（3）以下情况必需要按规定、规范进行联锁试验。

A. 装置开工或试运前。

B. 设备试运或开机前。

C. 装置临时停工后恢复生产前。

D. 设备临时检修后再次投用前。

E. 停工检修后装置开工前。

（4）联锁台账需规范、完备、审批确认后作为联锁试验的最重要依据。

（5）工艺联锁试验，由工艺专业牵头组织。

（6）设备联锁试验，由设备专业牵头组织。

（7）联锁试验务必全面，辅助操作台、现场按钮等所有部位所有联锁不能遗漏。

（8）联锁试验，原则上模拟原始信号进行，确实无法模拟的尽量靠近现场端模拟。关于信号模拟可参考上文回路试验部分相关内容，但原则上应更加严格，而且类似3取2联锁的信号模拟也必须通过现场给信号的方式进行，不可通过DCS给假信号的方式模拟。

（9）所有相关专业人员需在联锁试验记录表上签字确认。

4. 联锁台账

1）原则

联锁台账的依据为设计图纸资料，需要注意是要根据联锁设计变更、日常联锁变更等所有变更及时更新联锁台账。

联锁台账，需明确表征输入、逻辑功能、输出三部分以及联锁设定值等重要信息。

制定并严格执行联锁变更、切除、投用、测试等日常管理制度；联锁台账的建立、审批、变更等管理应符合国家、行业技术规范及公司内部管理规定要求。

2）变更

根据规范和制度要求，制定并严格执行联锁管理制度，重点监管联锁变更、切除管理。

联锁相关的任何变更(包括接线改变、器件、仪表、设备改型或增删，联锁原理、程序或功能变更、设定值变更等)必须按规定程序审批。

3）工艺联锁台账

工艺联锁台账，主要有以下几种类型：

(1) 通过 DCS 实现的操作联锁。

(2) 通过 SIS 实现的操作联锁。

(3) 通过 DCS 实现的顺序控制。

(4) 通过 SIS 实现的顺序控制。

(5) 通过 SIS 实现的安全联锁。

(6) 通过 PLC 实现的操作联锁。

(7) 通过 PLC 实现的安全联锁。

(8) 通过 FGS 实现的安全联锁。

(9) 通过 DCS 实现的火灾气体报警联锁。

工艺联锁台账通常分单元一并建立，而不去区分由什么控制系统来实现。表 3-107 为工艺联锁台账示例，其内容既有安全联锁又有顺序控制。

表 3-107 ×××(部门)×××(装置或单元)工艺联锁台账

序号	联锁名称	联锁条件					逻辑关系	联锁动作	投用切除	变更时间	变更内容	备注
		说明	位号	正常值	报警值	联锁值						
1	F101常明灯压力低	常明灯第1路压力LL2取2	PT05804			10kPa	或	常明灯熄灭，常明灯切断阀关(XV05806)，常明灯切断阀关(XV05807)				
			PT05805			10kPa						
		常明灯第2路压力LL2取2	PT05811			10kPa						
			PT05812			10kPa						
		常明灯第3路压力LL2取2	PT05817			10kPa						
			PT05818			10kPa						
		常明灯第4路压力LL2取2	PT05904			10kPa						
			PT05905			10kPa						
		常明灯第5路压力LL2取2	PT05911			10kPa						
			PT05912			10kPa						
		常明灯第6路压力LL2取2	PT05917			10kPa						
			PT05918			10kPa						

续表

序号	联锁名称	联锁条件					逻辑关系			联锁动作	投用切除	变更时间	变更内容	备注
		说明	位号	正常值	报警值	联锁值								
2	SP8阀允许动作	允许开XV01105/01106	XV01103全关				与	延时30s	与	D102放空隔断阀未关闭指示灯变红				
			XV01104全关											
		允许开XV01309	XV01306全关											
			ZS001306A=0											
			ZS001306B=0				或							
3	SP6允许动作	允许关XV01306	ZS01307A=0											
		允许开XV01306	XV01309全关											
4	D102呼吸阀允许动作	允许开XV01203/01204	TI01201<175℃											
			TI01206<175℃						与	允许开XV01403/01404				
			XV-01205全关											
			XV-01206全关											
		允许关XV01203/01204	XV01201全开											
			XV01202全开						与	允许关XV01403/01404				
			XV01209全开											
			XV01210全开											
5			XV01203全开											
			XV01204全开						与	允许关XV01401				

4）设备联锁台账

设备联锁台账，主要有以下几种类型：

（1）通过CCS实现的安全联锁。

（2）通过SIS实现的安全联锁。

（3）通过PLC实现的安全联锁。

（4）通过PLC实现的操作联锁。

设备联锁台账同样分单元建立，而且一般一套设备做一个独立的联锁台账，只是从管理程序上汇总在一起按部门统一管理。表3-108以压缩机联锁台账示例设备台账格式。

表3-108　×××(部门)×××(装置或单元)设备联锁台账

序号	联锁名称	联锁条件				逻辑关系	联锁动作	投用切除	变更时间	变更内容	备注
		位号	正常值	报警值	联锁值						
1	压缩机轴位移	XIA-10111			±0.5mm	与	停机。速关阀全关，防喘振阀全开，出入口阀关				
		XIA-10112									

续表

序号	联锁名称	联锁条件				逻辑关系	联锁动作	投用切除	变更时间	变更内容	备注
		位号	正常值	报警值	联锁值						
2	压缩机轴振动	VIA-10111			≥88.9μm	与	停机。速关阀全关，防喘振阀全开，出入口阀关				
		VIA-10112			≥88.9μm						
		VIA-10113			≥88.9μm						
		VIA-10114			≥88.9μm						
3	压缩机止推轴承温	TT-10190			≥115℃	与	停机。速关阀全关，防喘振阀全开，出入口阀关				
		TT-10191			≥115℃						
		TT-10192			≥115℃						
		TT-10193			≥115℃						
4	压缩机支撑轴承温	TT-10194			≥115℃	与	停机。速关阀全关，防喘振阀全开，出入口阀关				
		TT-10195			≥115℃						
		TT-10196			≥115℃						
		TT-10197			≥115℃						
5	汽轮机轴位移	XIA-12300			±0.56mm	与	停机。速关阀全关，防喘振阀全开，出入口阀关				
		XIA-12301			±0.56mm						
6	汽轮机轴振动	VIA-12300			≥75μm	与	停机。速关阀全关，防喘振阀全开，出入口阀关闭				
		VIA-12301			≥75μm						
		VIA-12302			≥75μm						
		VIA-12303			≥75μm						
7	汽轮机支撑轴承温	TT-12300			≥115℃	与	停机。速关阀全关，防喘振阀全开，出入口阀关				
		TT-12301			≥115℃						
		TT-12302			≥115℃						
		TT-12303			≥115℃						
8	汽轮机止推轴承温	TT-12304			≥115℃	与	停机。速关阀全关，防喘振阀全开，出入口阀关				
		TT-12305			≥115℃						
		TT-12306			≥115℃						
		TT-12307			≥115℃						
9	汽轮机转速	SE-12401			≥7254	二取二	停机，速关阀全关，防喘振阀全开				
		SE-12402									
10	汽轮机超速	SE-12403			≥7249	三取二	停机。速关阀全关，防喘振阀全开，出入口阀关				
		SE-12404									
		SE-12405									
11	排汽压力高	PT-12100			≥0.07MPa	二取二	停机。速关阀全关，防喘振阀全开，出入口阀关				
		PT-12101									
12	滑油总管压力低	PIS-12252A			≤0.1MPa	三取二	停机。速关阀全关，防喘振阀全开，出入口阀关				
		PIS-12252B									
		PIS-12252C									

5. 联锁试验

1）准备

（1）依据联锁台账编制联锁试验档案，基本格式可参考表3-109。

（2）确认联锁相关的装置控制系统的硬件和软件功能试验已完成。

（3）确认联锁相关的回路试验已完成并确认合格。

（4）联锁相关的各仪表和部件的动作设定值，已根据设计文件规定进行设定。

（5）压缩机组和大型机泵的联锁保护系统应在设备单机试运完成并确认合格完好。

（6）校验仪器精度、量程、有效期等符合规范要求，校验工具、材料充足充分，具体要求可参考第二章第四节物资准备相关内容。

（7）开具合格的检修作业票。

（8）参与回路试验的工艺（或设备）人员、现场仪表人员、控制系统人员、需其他专业配合的相关人员均到位。

表3-109　×××（部门）×××（装置或单元）联锁试验档案

<table>
<tr><th rowspan="2">联锁编号</th><th rowspan="2">联锁名称</th><th rowspan="2">联锁条件</th><th rowspan="2">联锁说明</th><th rowspan="2">联锁值</th><th rowspan="2">逻辑关系</th><th rowspan="2">联锁动作</th><th rowspan="2">试验结果</th><th rowspan="2">日期</th><th colspan="2">校验人</th><th rowspan="2">备注</th></tr>
<tr><th>工艺</th><th>仪表</th></tr>
<tr><td rowspan="11">IS-101</td><td>辅操台急停</td><td>134-EMER-10501A</td><td>辅操台急停按钮</td><td>1</td><td>一取一</td><td rowspan="11">1. 关 XV-10401 空气进 F101 连锁阀
2. 关 XV-10402 含氨酸性气 F101 连锁阀
3. 关 XV10403 清洁酸性气 F101 连锁阀
4. 开 XV-10502 氮气进 F101 连锁阀，5min 后自动关闭
5. 开 XV-10506 氮气进 F101 火嘴连锁阀
6. 关 XV-10503 燃料气进 F101 火嘴连锁阀
7. 关 XV-10504 燃料气进 F101 点火枪连锁阀
8. 关 XV-10505 净化风进 F101 点火枪连锁阀
9. 关 XV-11401 氢气进 R103 连锁阀</td><td></td><td></td><td></td><td></td><td></td></tr>
<tr><td>现场急停按钮</td><td>134-EMER-10501B</td><td>现场急停按钮</td><td>1</td><td>一取一</td><td></td><td></td><td></td><td></td><td></td></tr>
<tr><td>SIS 急停按钮</td><td>134-EMER-10501C</td><td>SIS 急停按钮</td><td>1</td><td>一取一</td><td></td><td></td><td></td><td></td><td></td></tr>
<tr><td>入 F101 酸性气流量低低联锁</td><td>134-FT-10401B</td><td>F101 酸性气</td><td>LL：2450Nm^3/h</td><td>一取一</td><td></td><td></td><td></td><td></td><td></td></tr>
<tr><td>空气进 F101 流量低低联锁</td><td>134-FT-10403</td><td>空气进 F101</td><td>LL：6000Nm^3/h</td><td>一取一</td><td></td><td></td><td></td><td></td><td></td></tr>
<tr><td rowspan="3">F101 压力高高联锁</td><td>134-PT-10501A</td><td>F101 压力</td><td>HH：0.07MPa</td><td rowspan="3">三取二</td><td></td><td></td><td></td><td></td><td></td></tr>
<tr><td>134-PT-10501B</td><td>F101 压力</td><td>HH：0.07MPa</td><td></td><td></td><td></td><td></td><td></td></tr>
<tr><td>134-PT-10501C</td><td>F101 压力</td><td>HH：0.07MPa</td><td></td><td></td><td></td><td></td><td></td></tr>
<tr><td rowspan="3">F101 温度高高联锁</td><td>134-TE-10501A</td><td>F101 温度</td><td>HH：1400℃</td><td rowspan="3">三取二</td><td></td><td></td><td></td><td></td><td></td></tr>
<tr><td>134-TE-10501B</td><td>F101 温度</td><td>HH：1400℃</td><td></td><td></td><td></td><td></td><td></td></tr>
<tr><td>134-TE-10501C</td><td>F101 温度</td><td>HH：1400℃</td><td></td><td></td><td></td><td></td><td></td></tr>
</table>

续表

联锁编号	联锁名称	联锁条件	联锁说明	联锁值	逻辑关系	联锁动作	试验结果	日期	校验人		备注
									工艺	仪表	
IS-101	F101 火焰联锁	134-BI-10501	F101 火焰	1	二取二	10. 关 XL-F101 F101 处于酸性气引入状态 11. 134-IS-101 F101 处于 F101 连锁停工状态 12. XL-10512A/B F101 联锁停工指示灯亮；注：压力三取二高联锁时 XV-10506、XV-10502 关闭					
		134-BI-10502	F101 火焰	1							
	D101 液位高高联锁	134-LT-10101	D101 液位	HH：80%	三取二						
		134-LT-10102	D101 液位	HH：80%							
		134-LT-10103	D101 液位	HH：80%							
	D102 液位高高联锁	134-LT-10201	D102 液位	HH：80%	三取二						
		134-LT-10202	D102 液位	HH：80%							
		134-LT-10203	D102 液位	HH：80%							
	F102 连锁	134-IS-102	F102 连锁	1	一取一						
IS-101B	F101 点火枪熄灭	134-PILOT-10501	F101 点火枪	1	一取一	1. 关 XV-10504 燃气进 F102 点火枪联锁阀 2. 关 XV-10505 净化风进 F102 点火枪联锁阀					

2）联锁试验

联锁试验的基本作业流程和工作组织与回路试验类似，不同的是联锁试验由工艺人员或设备专业人员牵头组织实施，而且对信号模拟的要求标准更高。其他需要特别说明的地方如下：

（1）联锁试验过程，各相关专业需共同确认程序运行和联锁条件及功能的正确性，并应对试验过程中相关设备和装置的运行状态和安全防护采取必要措施。

（2）机泵的自动起停，阀门的自动启闭等联锁均应在手动试验合格后再进行自动联锁试验，机泵开停或阀门的动作、声光信号、动作时间等均应符合设计文件要求。

（3）电动机驱动的机组启动、停车试验时，应切断电动机的动力供电线路(在试验位)，模拟机组的启动、运行、停车。

（4）汽轮机的启动、停车联锁的试验，应切断蒸汽主汽门，用控制油电磁阀的动作模拟汽轮机的启动、运行、停车。

(5) 大型机组的联锁保护试验应在润滑油、密封油系统正常运行情况下进行试验。

(6) 投入/解除开关及其他各类开关、按钮的作用同样需要检查试验。

(7) 对于有安全措施的联锁保护系统，还应检查供电、供风中断时，执行器能否最终趋向或保持在确保工艺过程安全所要求的位置上。检验现场保压小气罐的气容量是否足够使执行器运行到位，检验气动保持器的保持能力以及快开(或快闭)阀的响应时间、动作速度是否满足要求。

(8) 非仪表专业的执行器联锁保护，除检查输出给执行器的接点状态、电信号、气信号、液压信号、电磁阀状态是否合理外，还应协助有关单位对执行器进行联锁动作试验。

(9) 联锁继电器的绝缘、吸合电流电压、吸合释放速度、动作响应频率等应做全面检查，必要时做接点过载能力的检查，不合格及超过使用寿命的必须更新。

(10) 联锁点多、程序复杂的系统，可先分项、分段进行试验，再进行整体检查试验。

3) 联锁试验记录归档

联锁试验完成、合格后，相关试验人员签字确认，并把联锁试验记录扫描存储，将纸版和电子版联锁试验记录按公司档案管理制度规定要求进行归档。

整理联锁试验问题处理记录及联锁试验结果，相应更新完善联锁台账或提出预防性维修计划。

第四章　交付开工

常规检修及技改项目作业施工完成，并按规范完成了回路试验、联锁试验，通常需要按照相关管理制度规定组织检修工程验收，验收合格正式转入生产阶段。检修交生产及检修后的生产装置开工阶段，主要涉及自动化仪表的投用、问题处理工作；开工正常后，还需继续组织检修物资清理及图纸资料档案的整理归档工作，以作为日常生产管理和下一次检修的重要参照与依据，从而实现标准检修全过程的动态更新良性循环。

第一节　交付投用

停工检修结束，首先应按照相关管理制度规定组织“检修交生产”现场确认交接；交接完成正式进入工艺开工准备阶段，进而结合具体装置的开工进度安排做好自动化仪表的投用、问题处理及开工配合工作。

一、检修交生产

检修结束，生产管理部门按照相关制度及进度计划组织各检修施工单位、各专业人员，现场逐项检查、确认检修完成情况及现场工艺、设备状况和条件，并在《装置检修交生产确认表》(示例格式见附录Ⅲ-5“装置检修交生产确认表”)签字后，正式由检修阶段转入生产阶段。

二、自动化仪表的投用

进入开工准备阶段后，包括仪表风、伴热等辅助系统在内的自动化仪表需要根据工艺、设备要求相继投用。

1. 辅助系统投用

自动化仪表辅助系统的投用，与公司及部门停工检修的整体统筹安排密切相关，甚至可能出现“停用→投用→停用”的反复。因此，辅助系统投用的标准要求以第三章标准化检修相关介绍为基本参照和原则。下面仅就其中的关键点和注意事项再做强调或阐述。

1）仪表风系统

（1）初次引仪表风进装置，需要在仪表风罐低点排凝检查确认仪表风的质量。

（2）各装置使用仪表风前，先在装置末端排放确认仪表风质量合格。

（3）装置使用仪表风初期，通过 DCS 趋势记录、现场抽查等方式确认仪表风系统压力稳定、满足使用要求。

（4）跟踪监控开工过程中工艺设备大量使用仪表风的情况，防止仪表风波动对自动化仪表的影响。

2）隔离液系统

（1）隔离液系统检修后，应该及时试运行。

（2）隔离液系统试运过程中重点检查泵出口压力是否满足要求，系统是否有漏点。

（3）配套隔离液系统的现场仪表漏点、耐压等全面检查。

（4）配套隔离液、冲洗油系统的现场仪表一次阀、二次试用检查。

3）伴热系统

（1）伴热系统检修施工漏项检查整改。

（2）保温漏项检查整改。

（3）保温不合理问题检查整改。

（4）伴热投用前通过疏水器放水检查。

（5）伴热效果检查确认。

2. 控制系统启用

停工检修期间，控制系统的检修时间相对较短，而且因地下罐液位等部分仪表在停工检修期间还需要正常投用，DCS 可能没有机会完全停用，但 SIS、PLC、CCS 等其他控制系统基本上有较长的停用检修时间，因此控制系统的投用需要根据不同的控制系统及具体检修安排确定。

（1）DCS 通常先部分投用，投用前仍需要依据第三章第二节相关内容介绍进行规范检查确认，CCS 在压缩机单机试运前投用，投用前按规范做好接地、电源等相关检查确认。

（2）SIS 需要在联锁试验前投用，如果 FGS 也由 SIS 实现，则需要在回路试验时投用。

（3）PLC 成套设备控制系统，则要根据具体成套设备的检修、调试、试运等情况安排进行 PLC 的停用、检修、启用，而且存在反复停用、启用的可能，但每次启用前需按标准化检修方案进行相关检查，确认以及组织安全联锁试验。

3. 现场仪表投用

现场仪表的投用通常由工艺、仪表专业共同完成，原则上由工艺专业根据工艺流程及开工进度安排确定仪表投用的顺序，仪表专业按顺序投用。具体的分工配合，通常现场仪表的一次阀由工艺操作人员负责开启，玻璃板液位计、压力表等就地仪表由工艺专业投用，下面按照仪表类型简单介绍现场仪表投用的主要注意事项。

（1）温度仪表：不需要投用，但需要检查分析。

（2）液位仪表：差压式液位仪表投用前检查零点。

（3）压力变送器：通常所测介质无气液混相时即可投用，投用后将引线内的存气或存液放净，保证引线内充满所测介质，需打隔离液的引压管线内必须充满隔离液。

（4）流量仪表：在装置循环正常流体充满管道，没有气液混相即可投用。但金属转子流量计、椭圆齿轮流量计等投用前应先走副线校准零位，缓慢打开入口阀，然后打开出口阀，等压力温度正常后检查有无渗漏。避免流速过猛冲击测量元件，最后关闭副线。测量蒸汽流量的差压变送器，在蒸汽引入冷凝管及引线后，须等蒸汽完全冷凝为液体后方可投用。

（5）差压变送器。投用差压变送器前，所测介质若需罐隔离液需先灌好隔离液，并按如下步骤投用：

A. 检查三阀组的正负压手阀及引压线上放气阀、排气阀是否关闭，平衡阀是否打开。

B. 打开取压阀，检查引线有无渗漏。

C. 打开正压阀，关闭平衡阀，打开负压阀。注意：在起动三阀组的操作过程中，不可有正、负压阀和平衡阀同时打开的状态，即使开着的时间很短也是不允许的。

（6）反吹风仪表。

A. 仪表处于停用状态，与设备连接的取压阀关死。

B. 打开反吹风手阀，检查限流孔板是否畅通：分别打开取压处通大气的外手阀，内有憋压说明限流孔板畅通。

C. 从表头或排污阀放空，既检查引压线畅通，又可吹扫引压线内杂物。

D. 全面检查排污阀、放空阀是否关闭，引压线、手阀及堵头有无漏气。

E. 打开设备上的取压阀。

F. 投用仪表：打开正压阀，关闭平衡阀，打开负压阀。注意个别反吹风仪表的开工阶段投用和正常生产投用的管嘴不同，需检查限流孔板是否有堵塞现象及引压管、仪表接头等处是否有泄漏。在没有关闭一次取压阀前，不得停用反吹风或做放空检查。

（7）分析仪表：工艺生产正常后投用。

三、开工配合

检修后的装置开工过程，仪表配合工作巨大，不仅有工艺设备开工工作配合，还有大量的仪表问题检查处理。

1. 开工过程配合

开工准备及开工过程中，需要仪表专业配合的典型阶段如下。

1）单机试运

单机试运主要涉及机泵、大型机组、成套设备等主要动设备，涉及的控制系统有 DCS、CCS、SIS、PLC。因动设备检修完成后需要尽快试运行检验，所以动设备相关的仪表检修工作要及早安排跟上设备检修试机步伐。

单机试运过程需要依据现场仪表的准确检测控制，试运前需按回路试验档案按位号全面检查相关仪表，并确认供电、相关控制系统投用条件完备后，依次投用现场仪表。

单机试运过程同时也是检验相关仪表运行状况的过程，需要做好相关检查和记录。

大型机组在试运过程中，如果发现问题需要拆检或涉及轴系仪表拆装的，振动、位移重新安装后需要再次做线性试验和回路试验。

2）吹扫试压

吹扫试压阶段类似停工吹扫阶段，仪表工作的重点是做好自动化仪表的保护，相关注意事项及作业要点可参考第二章第六节“停工处理”。

吹扫试压阶段，通常进装置蒸汽流量、氮气流量、塔器压力等相关仪表需要投用。因此需要提前熟悉工艺开工吹扫试压方案并列出需投用仪表清单，按清单核对仪表设计温度压力是否可以在吹扫试压工况下使用，如果偏差较大则不能投用；确认可以在吹扫阶段可以投用的现场仪表，在引入吹扫蒸汽或氮气前按照清单先行现场检查仪表状况。

吹扫试压阶段，流量、压力等波动变化频繁且幅度大，应及时检查现场仪表的应用情况及是否有泄漏。

吹扫试压工况为非正常工况和非仪表的设计工况，很多仪表指示偏差是正常的，不可随意调整校验。

3）水联运

水联运阶段即清洗阶段。管道内焊渣、锈渍、异物较多，容易造成引压管堵塞和控制阀卡塞，但水联运阶段现场仪表多数都需要投用，因此应重点监控、检查控制阀后带引压管仪表的状况，并及时处理。

水联运阶段，也是发现仪表漏点的好时机，应该按位号现场逐一检查处理。

同样，水联运工况为非正常工况和非仪表的设计工况，很多仪表指示偏差是正常的，不可随意调整校验，尤其是液位仪表不可随意做负迁移；当然，与设计工况对比核算确实指示偏差较大仪表，应该及时现场校验处理。相对而言，水联运阶段重点关注浮筒液位计的测量，是浮筒液位计现场重新校验的最佳时机。

水联运阶段，温度仪表显示基本准确，可以专项检查以快速发现故障隐患并快速处理。

水联运阶段，是发现检修遗留问题和处理隐患的最后的最佳时机。如发现引压管漏点、控制阀阀体沙眼、温度仪表过程管嘴开裂等重大故障隐患，可以退水切除处理，因此应重视水联运阶段的现场仪表检查，并合理安排人员确保可以按照仪表位号现场逐一排查。

4）冷油联运

冷油联运阶段与水联运阶段相同，现场仪表已经基本投用，不同的是管道相对已经比较干净，现场仪表检查的重点转为以泄漏为主卡塞为辅。具体的现场仪表投用检查可以参照水联运阶段执行。

同理，冷油联运阶段是发现检修遗留问题和处理隐患的最佳的补救时机，相对而言，冷油联运阶段发现重大故障隐患还有机会进行退油处理。

5）点炉升温

开始点炉升温，基本进入正式开工阶段，尽管升温后通常还有一段时间的热油联运，但也只是开工过程中的一个步骤，正常情况下也不再会退热油处理故障隐患。

点炉升温阶段，是现场仪表接受考验的最初阶段。现场重点检查所有静密封点是否泄漏，并根据升温计划随时注意仪表管路及法兰等部件是否因温度变化而出现渗漏，特别是高温设备上的液位法计兰、热电偶套管、流量孔板、取压点等关键部位。

点炉升温阶段的工作重点是热紧。首先，根据工艺流程和开工计划列出需要热紧的现场仪表清单；其次，按照升温计划安排及时安排热紧。热紧一般要进行三次，操作温度在200℃以下的一般也不少于二次热紧。热紧的注意事项如下：选用工具要正确，开度要适合，防止扭坏紧固件；上下紧固工具一般成30°~45°，角度不宜过大；紧固时用力均匀，上下紧固工具用力大小相等，不得用力过猛；紧固时要对角紧固，比较松时不宜一次紧到底，要多次对角紧且两面对紧时要用力相同。

结合点炉升温过程安排，及时投用检查现场仪表伴热系统。

2. 开工问题处理

开工过程的自动化仪表故障、问题及时处理，是开工顺利进行的基本保障。

由于开工过程温度、压力、流量等主要介质参数尚未达到设计工况，工艺反映的仪表故障或问题很多不是仪表自身的问题。因此，从保障装置顺利开工角度出发，开工阶段的仪表故障处理首先要了解现场实际工况排除工艺设备原因，再着手分析判断处理仪表故障。

排除工艺设备原因的基本思路是：首先依据现场仪表设计规格书现场核对实际工艺参数，然后根据工艺参数偏差判断是现场仪表自身故障还是当前工况原因造成显示偏差或故障。

开工过程中，自动化仪表常见故障多为现场仪表问题，控制系统、辅助系统的故障处理可参考第三章第一节、第二节相关内容介绍。下面重点就现场仪表常见故障的类型及处理思路方法做简要介绍。

1）基本思路

及时快速地判断处理自动化仪表故障，是自动化仪表专业的基本素质和要求；然而，这一基本功的锤炼不仅需要扎实的专业知识和丰富的现场经验，更需要从思维模式与意识层面去刻意汲取营养和锻炼，即分析问题、处理问题的基本思路一定要正确，否则经历再多也只是个熟练工而无法成为一个触类旁通的仪表人。因此，对于自动化仪表故障分析、判断、处理，务必需要深刻理解和把握回路、系统、信息这三个概念与层次。

（1）回路。负反馈控制回路是自动化仪表的基本概念，也是故障分析判断的基本思路和出发点，哪怕是一个单纯显示回路流量计故障也不可以仅从流量计自身找原因。至于控制回路流量计显示不准就不能仅从流量计找原因了，最基本的也要看一看控制阀开度。

（2）系统。有时候现场仪表指示不准或故障，查遍整个整个回路相关仪表阀门也找不到原因，这时候就需要用系统的思维去分析判断了。例如，一界区电磁流量计无故突然无指示，仪表本身及线路均没有问题，最终从 DCS 到现场系统排查，发现为 DCS 24V DC 供电偏低造成。

（3）信息。更为复杂的自动化仪表故障，不仅涉及回路、系统还涉及更多外部信息，这时候就需要用信息的思维去分析处理。例如，硫黄回收制硫炉自动点火控制系统在测试点火及顺控执行均没有问题，一旦把点火枪放入炉膛自动点火，虽然可以点火成功但很快就终止自动点火顺序控制。检查发现点火控制系统无任何故障且确实点火成功，而且工艺流程正常，即工艺、仪表均没有问题。最终，利用信息思维继续分析判断，查明为吹扫氮气带水和天然气、H_2 含量过高所致。

2）原因排查

自动化仪表故障处理的前提和关键首先要找到故障原因，按照信息思维模式去分析判断。自动化仪表故障的原因有两种：外部原因和自身原因。

外部原因，主要为工艺、设备、人为或其他外力外在原因，例如因管网波动造成蒸汽流量超量程等，尤其开工阶段大量仪表因未达到设计工况而显示不准。因此类问题需要结合具体工艺流程分析判断，不再阐述。

自动化仪表自身原因，可以分为硬件原因和软件原因。

（1）软件故障。主要有现场仪表组态参数设置错误、控制系统组态参数设置错误或不当、控制系统软件或通信故障等。

（2）硬件故障。硬件故障排查，主要以系统或回路思维逐一排查分析，基本的排查思路与方向如下：

A. 气路故障。主要指使用仪表风的控制阀、反吹风类仪表，排查的重点如下：

a. 漏——使用仪表风的现场仪表，任何一部分泄漏都会造成仪表偏差和失灵，易漏的部分有仪表接头、橡皮软管、密封圈、密封垫，特别是一些尼龙件、橡胶件，在使用数年后容易老化造成泄漏，可通过分段憋压的方法找到泄漏点。

b. 堵——仪表风含有一定水汽、灰尘和油性杂质，长期运行过程中，会使一些节流部件堵塞或半堵，如放大器节流孔、喷嘴、挡板等处，只要沾上一点灰尘，就会程度不同地引起输出信号改变。

c. 卡——气信号驱动力小，只要某一部位摩擦力增大，都会造成传动机构卡住或反应迟钝；常见部位有连杆、指针和其他机械传动部件。

B. 电路故障。自动化仪表涉及的控制系统模块、供电线路、接线端子或保险线路、信号线路、现场接线箱、现场仪表本体等供电及信号回路上所有节点逐一排查。例如，一烟道挡板突然自行动作，全面排查电路后发现为定位器信号电缆破皮导致。

C. 现场仪表自身故障。由于智能化仪表的成熟应用，现场仪表自身部件或元器件故障的机率逐渐变少，但电动执行机构、放射性料位计变送器等相对复杂的现场仪表自身故障的概率仍然较高，常见的原因如下：

a. 接触不良——仪表插件板、接线端子的表面氧化、松动以及导线的似断非断状态。

b. 断路——保险丝烧毁、电气元件内部断路。

c. 短路——导线的裸露部分相碰，晶体管、电容击穿是常见的短路现象。

d. 松脱——主要是机械部分，如指针、螺钉等。

e. 进水或腐蚀损坏，现场因格兰不密封造成进水损坏的概率相对较高。

f. 电路板开裂、断裂或其他外力损伤。

第二节　检修总结

停工检修结束，装置开工正常，并不是检修的全面完结。检修完成后的施工收尾、图纸资料完善与经验教训总结，都是下次停工检修和正常生产维护的技术源泉。

一、清场归档

停工检修开工正常后，仍存在一些检修收尾或后续完善工作。

1. 问题清理

(1) 未完检修项目。依据检修计划核对检修项目完成情况，如果有因各种情况不影响装置开工但未完成、未施工的项目，那么需要按部门分单元统计汇总，作为下次检修或正常生产预防性维护的资料来源。

(2) 开工过程问题处理归类总结。以台账形式记录开工过程遇到的各类故障、问题及经验。

(3) 开工过程新增故障隐患。装置开工过程中，新发现又无法处理的故障隐患，同样按部门分单元统计汇总，作为下次检修或正常生产预防性维护的依据和来源。

2. 物资清理

(1) 装置现场物资清理。尽管规范要求检修工完料净场地清，但检修结束后仍需要在装置内全面检查清理杂物和回收可再利用物资。

(2) 检修库存物资清理。按照第二章第四节物资准备中“七、设备材料管理”的相关要求，进行整理清理。

首先，核对“停工检修设备材料台账”整理物资领用情况；其次，核对鉴定未领用物资是否完好；最后，登记、核对、鉴定检修回收物资。

（3）剩余物资鉴定。根据上述核查情况按部门统计整理出“检修剩余物资清单”，参考格式见表 4-1。

表 4-1 ×××（部门）××××（年）停工检修剩余物资清单

序号	单元	专业	物料编码	物资名称	规格型号\技术参数	数量	单位	原计划使用方向	剩余原因	完好鉴定	备注
1	112	I	81078124	垫片	垫片/SOFT PACKING FOR VANESSA 30000	2	SET	112 调节阀检修			示例
2	112	I	81139307	闸阀	闸阀/DN50/300LB/RF/C5/STL/STL	4	EA	112 技改 2124J1000314			
3	112	I	81431763	气源球阀	气源球阀/1/2″NPTF-ϕ8/PN10. 0MPa/304	9	EA	112 技改 2124J1000314			
4	112	I	81276747	法兰	法兰/NPS 2/300LB/WN-RF/SCH160/A105	1	EA	112 技改：2124J1000314			
5	112	I	80804823	闸阀	闸阀/DN15/800LB/SW/A105/13Cr/13Cr	1	EA	112 技改：2124J1000314			
6	112	I	80805001	截止阀	截止阀/DN15/800LB/SW/A105/13Cr/13Cr	9	EA	112 技改：2124J1000314			
7	112	I	81098016	本安电缆	本安仪表信号电缆/ZRA-ia-DJYVP32（B）/1×（2×1. 5）	36	M	112 技改：2124J1000314			
8	113	I	81441908	截止阀	截止阀/DN10-ϕ14/PN6. 3MPa/SW/316L/316/316	1	EA	113 单元脱硫装置改造			
9	113	I	81356268	三通	三通/ϕ22×14/TER/SW/SCH80/20#	24	EA	113 单元脱硫装置改造			
10	115	I	81429482	活接头	活接头/ϕ18/SW/PN6. 3MPa/碳钢	8	EA	115 技改：2124J1000329			
11	112	I	81389482	密封组件	密封组件/TY-Z9BF4Y-150LB-DN250	7	SET	216 电动阀更换填料			
12	112	I	81404070	填料	填料/PTL350-100/双板平板闸阀	3	BAG	112-XV-02306 等研磨打压			

注：专业代号同 ERP 规定，动设备—D，静设备—S，电气—E，仪表—I，其他—O。

依据剩余物资清单，组织现场核对鉴定，物资完好或部分完好的按照物资退库程序进行退库，无利用价值的物资按照报废管理程序进行报废清理。

（4）物资退库。检修剩余物资退库，可以分类管理：全新完好的直接 ERP 线上做正常备品备件使用；部分完好或陈旧物资鉴定后性能完好的，可以入库作为应急备品备件 ERP 线下管理使用。

3. 图纸资料归档更新

检修图纸资料整理归档是检修收尾的关键和进一步提升下次检查质量的动力源泉。整理归档的基本原则为：以最新版《SH/T 3503 石油化工建设工程项目交工技术文件规定》要求为基本标准，以标准化检修标准化表格为基本规范，既要有纸版又要扫描存储电子版。

（1）设计图纸变化、变更分单元汇总整理归档。

（2）检修过程新增或新收集的图纸资料。

（3）标准化检修规范要求的各种检修过程文件、图表。

（4）标准化检修规范要求的各种单校记录。

（5）标准化检修规范要求的各种回路试验记录。

（6）标准化检修规范要求的各种联锁试验记录。

（7）停工检修期间各种变更审批单。

（8）开工过程期间各种变更审批单。

（9）根据检修实践修改更新检修作业指导书。

（10）根据检修实践修改更新检修施工方案。

（11）根据检修实践修改更新各种检修准备标准化文档。

二、检修总结

检修总结，主要从管理和技术两个方面总结可以推广发扬的经验以及存在的问题与不足，并重点从标准化检修流程上进行回顾和总结，以促进标准化检修的准备、实施更加完善和为正常生产维护提供更有价值的指导与借鉴。

因此，每次停工检修结束，应该系统总结检修的经验教训，让标准化检修管理与时俱进，保证标准化检修管理的动态化系统化良性循环发展。

1. 总结经验

（1）数据化统计检修完成情况。以检修计划及检修工作量统计为依据，数据化统计、总结检修工作完成情况。

（2）总结标准化检修流程管理优势。按照标准化检修流程，总结检修准备、实施、交付全过程的管理优势与适应性。

（3）总结表格化、条文化检修实施效率。汇总、分析整个检修过程中所有标准化表格、指导书、方案，分类总结说明用于管理的表格及用于作业执行的条文方案所带来执行效果与效率。

2. 升级不足

（1）标准化检修流程升级。回顾检修准备、实施、交付全过程，标准化检修流程是否存在执行不畅环节，部分流程是否存在优化必要，整体流程是否需要升级升版。

（2）管理表格优化。应用于标准化管理的表格类型是否齐全足够，表格内容、项目是否实用。

（3）执行条文完善。检修作业指导书、检修施工方案种类、数量是否满足检修要求，是否与时俱进；具体的作业指导内容是否全面、能否高效执行。

3. 预防性维修建议

停工检修的主要目的之一就是保障正常生产的平稳运行。因此，停工检修后需要根据检修实施过程中发现整理的仪表问题故障隐患，提出正常生产期间预防性维护建议或实施方案，或者进一步优化细化日常预防性维护工作。

4. 下次检修的重要参考

（1）检修问题整改消项跟踪表。

（2）未完或遗留的检修项目。

（3）停工后提报的鉴定计划。

（4）检修期间临时追加的检修计划和采办计划。

（5）检修期间提出各种设计变更与内部变更。

（6）仪表校验记录及问题记录。

（7）回路试验档案记录的问题。

（8）联锁试验档案记录的联锁试验问题。

（9）专业检修单位提供的检修报告。

（10）各相关单位、部门、专业的检修总结报告。

附录Ⅰ　常规仪表检修作业指导书

Ⅰ-1　压力表检修作业指导书

一、检修准备

1. 开具合格的仪表检修作业票，确认作业安全环境。
2. 佩戴合适的劳保用品。
3. 检修工具：各种尺寸呆扳手，各种尺寸活动扳手。
4. 检修材料：记号笔，打印版压力表检修跟踪表，打印版压力表检定记录，标签纸，压力表收集箱。
5. 确认管道介质吹扫干净，确认完全关闭一次阀。

二、检查检修

1. 现场检查

按照打印版压力表检修跟踪表现场拆除前，做如下基础检查判断，并将问题记录在打印版压力表检修跟踪表表格中：

1）外观清理

清理压力表外表油污异物。

2）完好检查

（1）检查压力表整体完好，无影响测量性能的锈蚀、裂纹等缺陷；

（2）检查铭牌标识及铅封是否完好；

（3）表壳、指针等如有破坏，在打印版压力表检修跟踪表表格中记录或做报废处理。

3）零位示值检查

（1）有零位值限止钉的压力表，其指针应紧靠在限止钉上；

（2）无零值限止钉的压力表，其指针在零值分度线上；

（3）现场拆除后如无法回零，在打印版压力表检修跟踪表中记录或做报废处理。

2. 拆除

（1）根据打印版压力表检修跟踪表现场核对压力表位号、量程、红线位置及安装位置。

（2）用两扳手(或一管钳、一扳手)拆卸压力表，防止引压管直接受力导致弯曲或断裂。

（3）普通压力表，完全关闭一次阀，缓慢松动压力表活接头，确认完全无介质泄漏时再拆下压力表；对于膜盒压力表，缓慢松动作业人员对面的螺栓，以预防残留介质溅向作业人员，确认完全无介质泄漏时再卸下全部螺栓，拆下压力表。

（4）对有毒有害介质的压力表，在拆下后需要对介质进行处理干净后再存放。

（5）高压压力表，完全关闭一次阀，缓慢打开排空阀直至全开，确认无憋压、无介质泄漏再拆下压力表。

（6）用记号笔在压力表表壳上标记压力表位号，同时在压力表表壳贴上位号标签纸。

(7) 在打印版压力表检修跟踪表中记录拆除时间及直观问题。

(8) 将拆卸压力表放入专用收集箱，存放在指定位置。

3. 送检

(1) 将压力表收集箱编号并打印张贴箱内压力表清单(含位号、量程等)；

(2) 将压力表收集箱做好保护后装车；

(3) 办理压力表出厂手续；

(4) 将压力表送至指定的检定校验记录位；

(5) 检定校验压力表交接，双方在检定压力表交接清单中签字确认；

(6) 在打印版压力表检修跟踪表中记录送检时间。

4. 检定校验

检查压力表外观完好性、示指、零位等基本情况，确定可以检定校验的压力表清单。参考第三章第三节介绍将需要强制检定的压力表送至检定单位检定，其余按照如下压力表检定规范自行检定校验：

1) 校验设备与环境

(1) 标准器。弹簧管式精密压力表，弹簧管式精密真空表；三等标准活塞式压力计，三等标准活塞式压力真空计；三等标准液体压力计；其他同准确度的标准计量仪器检定时，标准器的综合误差应不大于被检压力表基本误差绝对值的1/3。

(2) 其他设备。压力表校验器；气体压力源，真空泵，检定氧气表用的隔离器。

(3) 确定检定环境温度：20℃±5℃。

2) 检定

(1) 压力表示值检定按标有数字的分度线进行示值检定(包括零值)，逐渐升压，当示值升至满量程后，耐压3min观察压力表指示有无下降(有无渗漏)现象；弹簧管重新焊接过的压力表应在满量程处耐压10min，然后按原检定点降压回检。

(2) 示值校验，校验点不得少于5点。

(3) 按照附件记录各个校验点标准压力表与被校压力表的指示刻度值。

(4) 压力表指针的移动，在全分度范围内应平稳，不得有跳动或卡住现象。

(5) 压力表在轻敲表壳后，其指针值变动量不得超过最大允许基本误差的1/2。

(6) 被校压力表超过允许误差时，应进行调整，对于线性误差可重定指针位置。

3) 检定结果

(1) 按照附件记录填写记录压力表检定结果；

(2) 检定合格的压力表打铅封、贴检定合格证；

(3) 检定不合格尚可降级使用的压力表，必须更改准确度等级标识；

(4) 检定不合格确定报废的压力表，在压力表校验清单中标记记录。

三、回装

1. 回装

(1) 观察压力表表体及示值，确认压力表完好。

(2) 检查确认压力表检定合格证完好。

(3) 根据压力表的位号标识现场回装。

(4) 安装普通压力表，根据工艺介质选择合适的垫片(四氟垫片、软铁垫片等)，用扳手把紧压力表接头；安装膜盒压力表，用对角线把紧的方法把紧螺栓。

(5) 打印版压力表检修跟踪表中记录压力表安装时间。

2. 投用

(1) 联系工艺操作员，准备投用压力表；

(2) 工艺人员缓慢打开一次阀，确认无泄漏，压力表指示无异常；

(3) 按照打印版压力表检修跟踪表记录检查确认压力表红线位置，并进行外观与示值检查。

四、质量控制点

(1) 压力表位号标识清晰；

(2) 检定标签完好清晰；

(3) 按照打印版压力表检修跟踪表及时记录跟踪压力表检修过程。

附件：

一般压力表检定记录

编号：

送检单位：_______ 被检表名称：_______ 制造商：__________

出厂编号：_______ 测量范围：________ 准确度等级：_____级

分度值：________ 最大允许误差：____________

依据的检定规程：JJG52-××××《弹性元件式一般压力表、压力真空表和真空表》

本次检定所使用的计量标准器

标准器名称	出厂编号	标准器计量编号	准确度等级	证书编号	证书有效期
					年 月 日止

计量标准考核证书有效期：_______年_______月_______日止

检定时的环境条件： 温度：_______℃ 相对湿度：_______%RH

1. 外观检查：_______2. 零位误差：_______3. 指针偏转平稳性：_______

4. 示值检定：_______Pa

标准器的压力值	轻敲表壳后被检仪表示值		轻敲位移		最大示值误差	最大回程误差
	升压	降压	升压	降压		

5. 电接点压力表设定点偏差、切换差_______Pa

设定值	切换值		设定点偏差		切换差	检定结果
	上切换值	下切换值	升压	降压		

6. 电接点压力表的绝缘电阻：________7. 电接点压力表绝缘强度：________

8. 其他

结论：根据以上各项检定结果，该压力表________

检定员________复核员________检定时间________年________月________日

有效期：________年________月________日

I-2 压力(差压)变送器检修作业指导书

一、检修准备

(1) 开具合格的仪表检修作业许可证，确认作业安全环境。

(2) 佩戴合的适劳保用品。

(3) 检修工具：各种尺寸呆扳手、各种尺寸活动扳手、各种尺寸螺丝刀、标准压力信号发生器、475通讯器、高精度直流电流表、标准电阻箱、直流稳压源(24V DC)。

(4) 检修材料：记号笔，打印版变送器校验记录，打印版变送器检修跟踪表。

二、检查检修

1. 停用前检查

(1) 外观检查。变送器投用状态正常，铭牌和位号指示牌完整，本体及连接件固定牢靠、外观清洁、无锈蚀，接地线连接正常；变送器密封盖拧紧，备用进线口用防爆丝堵封堵。

(2) 泄漏检查。用肥皂水(或洗洁精水等起泡液)检查引压管连接部件、泄放阀，查看有无泄漏。

(3) 示值检查。变送器DCS指示值应与同一压力源的变送器或压力表示值一致，液晶屏就地显示正常。

2. 停用

(1) 按照打印版变送器检修跟踪表现场核对仪表位号、安装位置。

(2) 确认仪表本体及引压管吹扫干净。

(3) 确认完全关闭引压一次截止阀、放空阀、排污阀，停用三阀组，打开平衡阀，仪表本体及引压管无泄漏。

(4) 伴热及隔离液、冲洗油系统停用。

(5) 从机柜室端子柜断开该路变送器信号线刀闸端子，变送器停电。

3. 拆卸

(1) 先松动引压管一端的卡套，再松开另一端的卡套，拆下引压管；松卡套时应使用一把扳手固定接头，另一把扳手转动卡套。

(2) 对焊式直通螺纹终端接头内的垫片要记录型号、规格，可重复利用的要放置好。

(3) 法兰式变送器拆卸后，保护好法兰面和毛细管。

(4) 拆下密封盖锁紧螺钉，打开变送器密封盖，并用万用表确认电源已经断开。

(5) 拆下电源线，线头用绝缘胶布防护，整理电源线以便抽出。

(6) 将外壳接地线与变送器外壳分离。

(7) 拧开格兰与变送器外壳间的活接头，调整好铠装电缆角度，将信号线从变送器壳体缓慢抽出，与安装支架固定好并做好防护措施。

(8) 一人握紧变送器本体，一人拆下U形卡，将变送器拆下。

4. 变送器本体检查检修

(1) O形圈检查。膜盒(膜片)受压侧和受压接头下面的两个O形圈是否有损坏和严重变形，如有损坏、变质和严重变形应进行更换，特别注意不能用外力按压检查膜盒。

(2) 接头及阀组检查。检查引压接头螺纹有无损坏，如有损坏应进行修整或更换新品；紧固受压室体法兰的螺栓及其零件，如螺纹有严重损坏，卡套管有秃角、严重锈蚀应进行更换。

旋下排气/排液阀，检查阀体和螺纹有无缺损，如有缺损应进行必要的修整或更换。

(3) 法兰式变送器检查。检查法兰与设备连接部分的密封是否良好；法兰与毛细管、毛细管与变送器的连接部分及毛细管本身是否有液体泄漏；法兰膜片有无变形、损伤、腐蚀、结垢等不良情况，情况严重的报废更新。

(4) 变送器内部检查。通常不需要对变送器开盖检查，如果确认变送器损坏或者进水，可以打开变送器壳盖取出电子线路板进行检查；电路板出现故障时，只要更换备用板即可；电路板应清洁，无虚焊，无腐蚀、锈等现象；电路板各插件插接牢固平整。

5. 线路检查

(1) 格兰防水密封性检查。

(2) 检查接线端子、接线鼻子有无松动、锈蚀。

(3) 检查线路绝缘是否良好，用500V兆欧表检查芯间芯线对地绝缘电阻大于20MΩ。

6. 隔离液、冲洗液、伴热等辅助系统检查

(1) 检查流量计伴热状况是否符合设计要求，伴热管道有无泄漏、堵塞。

(2) 检查隔离液、冲洗油系统及配管是否合理，是否存在漏点。

(3) 按照检修计划整改处理。

7. 仪表阀、引压管检查更换

(1) 拆除仪表阀(又称二次阀)或引压管。

(2) 引压管压力试验：

A. 引压管压力试验应以洁净水为试验介质，对于气动信号管道以及设计压力小于或等于0.6MPa的仪表管道，可采用空气或氮气为试验介质；

B. 液压试验压力应为1.5倍的设计压力，当达到试验压力后，稳压10min，再将试验压力降至设计压力停压10min，以压力不降、无渗漏为合格；

C. 气压试验压力应为1.15倍的设计压力，试验时应逐步缓慢升压，达到试验压力后稳压10min，再将试验压力降至设计压力停压5min，以发泡水检验不泄漏为合格；

D. 压力试验合格后，宜在管道的另一端泄压，检查管道是否堵塞。

(3) 更换不合格的仪表阀(又称二次阀)或引压管。

8. 变送器单校

1) 校验设备

(1) 标准压力信号发生器，标准电流表，标准电阻箱，24V DC电源以及必需的连接件、导线等；

(2) 将变送器按图A-1所示连接，检查接线正确。

2) 校验前检查

(1) 确定稳压电源输出电压为24V DC；

(2) 确认电源线及信号线极性正确无误；

(3) 确认各接口无泄漏；

(4) 确认校验用压力源精度和电流表精度为3~5倍于所需校验精度。

3) 校验

(1) 使用375或475手操器与变送器正确连线，进入ONLINE通信界面，读出变送器的量程范围，与

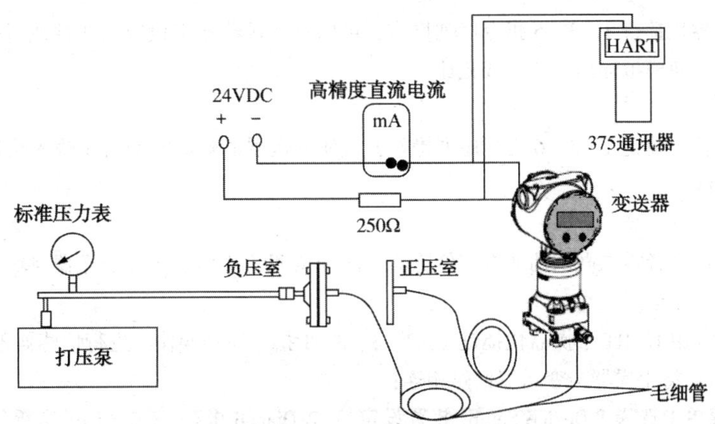

图 A-1 变送器校验接线示意图

规格书核对，若不一致更改组态与规格书一致；

(2) 如变送器量程为 0~100kPa，用标准压力信号发生器对变送器进行 5 点打压，即 0kPa、25kPa、50kPa、75kPa、100kPa，记录变送器对应的输出值(对应 4~20mA 输出)；

(3) 将变送器的输出值进行曲线描绘，对线性不好的变送器做好记录并汇报；

(4) 按照附件格式记录变送器校验数据；

(5) 检定不合格的变送器，在变送器校验汇总表中标记记录。

4) 校验调整

变送器校验过程中的参数设定、修改、调整方法，下面将以 3051 系列变送器为例介绍。

9. 参数设定修改

1) 量程设定

Range Value(量程值)指令可设定 4mA 和 20mA 点(量程上限和下限值)

(1) 用手操器进行量程设定。HART 手操器快捷键 4 或 5，使用手操器进行量程设定是最容易、最普遍的方法；这种方法可独立改变模拟 4mA 和 20mA 点的数值而不需要外部压力输入。

(2) 用压力输入源和手操器进行量程设定。HART 手操器快捷键指令序列 1、2、3、1、2，当不知道 4mA 和 20mA 点的具体值时，利用手操器与压力源设定量程，输入上述快捷键指令序列，按照 HART 手操器联机菜单指令操作，可改变模拟 4mA 和 20mA 点的数值；利用压力输入源与本机零点和量程按钮进行量程设定。

(3) 利用变送器的零点和量程按钮进行量程设定。

A. 拧松变送器表盖顶上的固定认证标牌的螺钉，旋开标牌露出零点和量程按钮；

B. 利用精度为 3~10 倍于所需校验精度的压力源，向变送器高压侧加量程值相应的压力；

C. 按住零点按钮 2s，核实输出是否为 4mA；变送器表头显示 ZERO PASS(零点通过)；

D. 向变送器高压侧加上限相应的压力；

E. 按住量程按钮 2s，核实输出是否为 20mA；变送器表头显示 SPAN PASS(量程通过)；

F. 如果变送器保护跳线开关位于“ON”位置，则不能够调整零点和量程，如果软件设定为不允许进行本机零点和量程调整，也不能利用本机零点和量程按钮调整。

2) 设定过程变量单位

利用 HART 手操器快捷键 1、3、2 指令序列操作，可设定如下过程变量单位：inH_2O，inHg，ftH_2O，mmH_2O，mmHg，psi，bar，mbar，g/cm^2，kg/cm^2，Pa，kPa，torr，atm。

3）设定输出方式

利用HART手操器快捷键1、3、5指令序列操作，可以将变送器输出设定为线性或者平方根输出。变送器平方根输出模式，使模拟输出与流量成正比。

4）设定阻尼

利用HART手操器快捷键1、3、6指令序列操作，可使变送器的响应时间对于输入快速变化引起的输出读数呈平滑变化曲线。

5）校验传感器

可以利用完全微调或者零点微调功能微调传感器。两种微调功能均会改变变送器对输入信号的变送处理，但通常不需要进行调整。

（1）零点微调。利用HART手操器快捷键1、2、3、3、1指令序列操作，进行传感器零点微调。

A. 使变送器通电，将手操器与变送器回路相连；

B. 从手操器主菜单中选择1 Device Setup（装置设定）、2 Diagnostics and Service（诊断和检修）、3 Calibration（校验）、3 Sensor trim（传感器微调）、1 Zero trim（零点微调），准备进行零点微调；

C. 遵循手操器提供的指令完成零点微调的调整。

（2）完全微调。用HART手操器快捷键1、2、3、3指令序列操作，可进行传感器完全微调，操作步骤如下：

A. 将变送器、HART手操器、电源、压力输入源、读数装置等整个校验系统接通电源；

B. 从手操器主菜单中选择1 Device Setup（装置设定）、2 Diagnostics and Service（诊断和检修）、3 Calibration（校验）、3 Sensor trim（传感器微调）、2 Lower sensor trim（下限传感器微调），准备进行下限微调点的调整；

C. 选择压力输入值，使下限值等于或小于4mA点，按照手操器提示指令完成下限值调整；

D. 重复以上步骤调整上限值，用3 Upper sensor trim（上限传感器微调）替代步骤（b）中2 Lower sensor trim（下限传感器微调）；

E. 选择压力输入值使上限值等于或大于20mA点，按照手操器提示指令完成上限值调整。

6）4~20mA模拟输出校准

利用“模拟输出微调”指令，调整变送器4mA和20mA点电流输出，使之与工厂标准相符。

（1）从HOME主屏幕中选择1 Device Setup（装置设定）、2 Diagnostics and Service（诊断和检修）、3 Calibration（校验）、2 Trim Analog Output（模拟量输出微调）、1 Digital-Analog（数/模微调）。

（2）显示“连接参考表”提示后，将精确的参考安培表与变送器相连：正极引线与变送器正极端子相连，将负极引线与变送器负极端子相连；连接好参考表后选择“OK”。

（3）在“将现场装置输出设定为4mA”提示下选择“OK”，则变送器输出4.00mA。

（4）记录下参考表的实际数值，在“输入仪表值”提示下将该值输入。手操器提示核实输出值是否等于参考表上的数值。

（5）如果参考表上的数值等于变送器输出值，则可选择1：Yes，否则可选择2：No。如果选择了1：Yes，则可进入下一步；如果选择了2：No，则重复上一步。

（6）在“将现场装置输出设定为20mA”提示下，选择“OK”，并且重复步骤（4）和（5），直至参考表数值等于变送器输出值为止。

三、安装投用

1. 安装

（1）用U形卡将变送器固定在安装支架上。

（2）管件连接采用对焊式或承插焊连接的，检查对焊式直通螺纹终端接头内的垫片，确认垫片密封面无损伤后安装；对于四氟垫，确认垫片密封面无损伤后、垫片无挤压变形后安装；紧固引压管时应使用一把扳手固定接头，另一把扳手转动卡套固定。

(3) 管件连接采用卡套式连接的，用卡套将引压管与仪表阀连接，擦拭卡套密封面确认密封面无损伤，先用手将卡套拧紧，最后用扳手紧固；紧固时应使用一把扳手固定接头，另一把扳手转动卡套固定。

(4) 均匀用力打开变送器密封盖，将信号线从穿线口插入变送器，调整好铠装电缆角度，拧紧与变送器外壳间的连接格兰，确认格兰密封完好，铠装层跟格兰内卡套连接，格兰密封圈跟电缆外部绝缘层连接紧密。

(5) 去掉信号线端的绝缘胶布，按照极性将信号线与变送器端子进行连接、紧固。

(6) 变送器后盖螺纹涂上螺纹密封胶，盖上并拧紧变送器表盖，连接外壳接地线。

(7) 缓慢打开仪表阀，用肥皂水对引压管连接部件进行泄漏检测，确认有无泄漏。

2. 投用

(1) 从机柜室机柜内确认对应的变送器信号线刀闸端子接通。

(2) 仪表投用前做好检查和准备工作，需要灌隔离液的仪表灌好隔离液并注意排除气泡；对于测量液面、需要迁移的差压变送器，在灌好隔离液的前提下，将三阀组的平衡阀关闭，高低压阀打开，一次阀上的放空阀打开，进行零点迁移调整。

(3) 差压变送器的投用。

A. 打开一次引压阀；

B. 开启平衡阀(灌隔离液测量液位的仪表禁用此步骤)；

C. 开启三阀组的高压阀；

D. 关闭平衡阀，开启低压阀；

E. 对打冲洗油的差压变送器，投用前将仪表及引压管灌满冲洗油调好零位。

(4) 测量蒸汽的仪表，待引压管充满凝结水后方可投用变送器。

(5) 观察变送器 DCS 指示值，并与现场表头示值进行比对，确认示值正常。

3. 零点校验

1) 现场泄压

遵循一人操作、一人监护的原则，先关闭正、负引压阀，再缓慢打开泄放阀，至无气体泄放，注意泄放时人员应避开泄放口，并处于上风口。

2) 差压变送器零点校验

(1) 测轻介质或气体流量时，可使用传统的三阀组(二次阀)回零检查，关闭正、负压二次阀，打开平衡阀进行回零检查；但轻介质带气泡或气体会带液造成仪表不准，应先进行排气或排液后再进行回零检查。

(2) 测蒸汽流量的仪表，应使正、负两侧引压管充满冷凝液后，在仪表投用状态下关闭正负一次阀，打开正负上放空阀进行回零检查；若此时正负两侧引压管未充满冷凝液，应先关闭正负一次阀，打开正、负压二次阀和平衡阀，打开正负上放空阀进行两侧引压管冷凝液平衡，再进行上述回零检查。

(3) 测重介质的仪表，确认灌好隔离液，在仪表投用状态下关闭一次阀打开上放空阀进行回零检查。

(4) 测量液位或差压需要迁移的变送器，关闭正负一次阀在灌好隔离液的前提下，将三阀组平衡阀关闭正负压阀打开，正负上放空阀打开，进行迁移(将输出调整为零点)调整。

3) 压力变送器零点校验

(1) 测轻介质或气体压力时关闭二次阀，打开变送器堵头回零检查。

(2) 测重介质的压力仪表，在仪表投用状态下关闭一次阀打开上放空阀进行回零检查。

(3) 绝压压力变送器回零时，调整为变送器 100kPa 时的值；例如变送器的量程为 0~200kPa，回零检查时调整为 50%的位置。

4) 法兰式变送器零点校验

(1) 单法兰变送器。单法兰变送器测量开口容器液位时，如果变送器安装位置高于容器的最低液位，则用零点负迁移进行调整；如果低于容器的最低液位时，则用零点正迁移进行调整，方法为关闭一次阀，打开上放空阀进行调整。

(2) 双法兰变送器。双法兰变送器测量闭口容器液位时，不管变送器安装位置高于、低于两个法兰膜盒，还是在两个法兰膜盒中间，变送器都要进行零点的负迁移调整，方法为关闭正负一次阀，打开正负上放空阀，进行迁移(将输出调整为零点)调整。用双法兰变送器测量管道流量时，一般不存在迁移，应采用关闭正负一次阀，打开正负上放空阀进行回零检查。

(3) 零点校验、调整及正负迁移的场合，必须在测量初始压力下进行。

5) 对有隔离罐或冷凝罐的流量计进行零位检查

对有隔离罐或冷凝罐的流量计进行零位检查时，先关闭高压侧二次阀，然后打开平衡阀，再关闭低压侧二次阀的顺序进行；零位校验正确后，先打开高压侧二次阀，然后关闭平衡阀，最后打开低侧压阀。仪表投用后不可先打开平衡阀操作，否则会使高压侧的隔离(冷凝)液冲向低压侧，造成两侧隔离(冷凝)液不平衡，带来测量误差。

4. 清场恢复

检修完毕后，清理打扫现场，将施工废料、垃圾等收集到指定位置。

四、质量控制点

(1) 按规范进行零点、量程校验；

(2) 变送器引压管吹扫，变送器格兰、表盖防水密封措施；

(3) 隔离液、保温、伴热等辅助系统检查投用。

附件：

变送器校验记录

×××公司		变送器校验记录				单元名称：	
仪表名称			仪表型号			仪表位号	
制 造 厂			精 确 度			出厂编号	
输　　入			允许误差			电(气)源	
输　　出			迁 移 量				
标准表名称、编号、精度							
输入值		输出值(　　)					
		标准值	实测值				
(%)	(　)		上行	误差	下行	误差	回差
校验结果							
备注：							
技术负责人：		质量检查人：		校验人：		年　　月　　日	

I-3　压力开关检修作业指导书

一、检修准备

(1) 开具合格的仪表作业许可证，确认作业安全环境。

(2) 佩戴合适劳保用品。

(3) 检修工具：各种尺寸呆扳手，各种尺寸活动扳手，各种尺寸螺丝刀，标准压力信号发生器，高精度万用表。

(4) 检修材料：记号笔，打印版压力开关校验记录，打印版压力开关检修跟踪表。

二、检查检修

1. 外观检查

(1) 检查压力开关整体外观良好，有无影响测量性能的锈蚀、裂纹等缺陷；

(2) 检查铭牌标识是否完好；

(3) 检查压力开关表壳及格兰密封良好。

2. 拆除

(1) 根据打印版压力开关检修跟踪表现场核对压力开关位号及安装位置；

(2) 用两扳手(或一管钳、一扳手)拆卸压力开关；

(3) 普通压力开关，关闭一次阀缓慢松动压力开关接头，确认完全无介质泄漏时再拆下压力开关；

(4) 对有毒有害介质的压力开关，在拆下时需要对介质进行处理干净后再存放；

(5) 拆开压力开关接线盒盖，拆下压力开关信号线，做好标识并将接线端子用绝缘胶带缠好，记录压力开关接线端子位置(NO/NC/COM)；

(6) 用记号笔在压力开关表壳上标记压力开关位号，同时在压力开关表壳贴上位号标签纸；

(7) 在打印版压力开关检修跟踪表中记录拆除时间及直观问题；

(8) 用专用箱收集压力开关，存放在指定位置。

3. 线路检查

(1) 检查接线端子、接线鼻子有无松动、锈蚀，并紧固或更换；

(2) 检查线路绝缘是否良好，用500V兆欧表检查芯线之间、芯线对地的绝缘电阻大于20MΩ。

4. 校验

1) 校验设备

标准压力信号发生器；高精度万用表；标准表的综合误差应不大于被检压力开关基本误差绝对值的1/3；必需的连接件、导线等；将压力开关按图A-2所示连接信号和导线，检查接线正确。

2) 动作值校验

(1) 压力开关输出触点接线端子与万用表通断档相连(根据设定值选择常开点或常闭点对公共端；如为接通报警，高报则接常开点和公共端，低报则接常闭点和公共端。

(2) 调节压力，使压力在校验点上下来回变化，校验触点的上切换值或下切换值是否在校验点上，是否符合技术指标要求。

(3) 对高报开关，从低向高缓慢升压，观察万用表，当万用表指示突变时，标准压力表的示值即高报

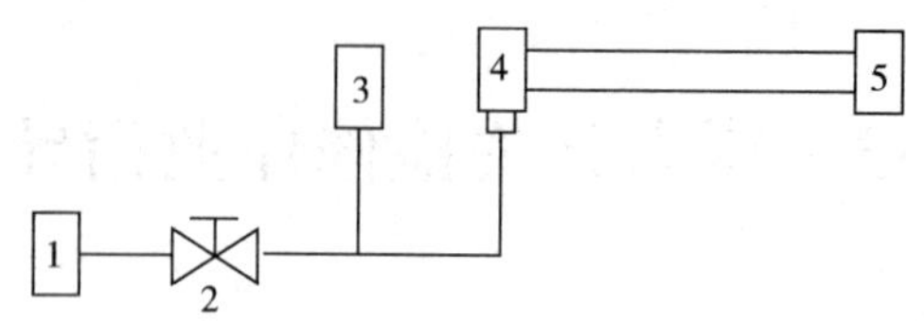

图 A-2 压力开关校验接线接管图

1—压力源；2—截止阀；3—标准器；4—被校表；5—万用表

值；再缓慢下降压力，当万用表指示再次突变时，标准压力表的示值即复位值。

（4）对低报开关，先将试验压力升至设定值以上，再缓慢下降，万用表指示突变时，标准压力表的示值即低报值；再缓慢加压，当万用表指示再次突变时，标准压力表的示值即复位值。

（5）振动试验检查，在设定点切换前后，对压力开关进行少许振动，触点不发生抖动。

（6）进行不少于 3 次的复现性检查，每次检查结果均应符合技术指标规定的要求，否则应重新进行校验或调整。

3）校验结果

（1）按照附件表格记录填写记录压力开关校验记录；

（2）校验合格的压力开关贴合格证；

（3）校验不合格确定报废的压力开关，在压力开关校验清单中标记记录。

三、回装投用

1. 回装

（1）根据打印版压力开关检修跟踪表核对确认压力开关位号及安装位置；

（2）用扳手挟持压力开关与螺帽与过程连接接头安装；

（3）连接信号电缆、接线。

2. 投用

（1）在机柜间合上压力开关回路开关，确保压力开关回路正常；

（2）缓慢打开一次阀，确认无泄漏，压力开关指示无异常。

3. 在线检查

（1）泄漏检查。检查压力开关是否有泄漏。

（2）密封检查。检查压力开关表盖、格兰密封处是否防水密封。

（3）状态检查。通过其他可参考的压力，检查判断压力开关目前状态是否正确。

四、质量控制点

（1）压力开关动作值校验；

（2）压力开关密封性检查处理。

附件：

压力开关校验记录

<table>
<tr><td colspan="2">×××公司</td><td colspan="3">压力开关校验记录</td><td colspan="4">单元名称</td></tr>
<tr><td rowspan="2">仪表名称</td><td rowspan="2">型号规格</td><td rowspan="2">仪表位号
出厂编号</td><td rowspan="2">精确度
允许误差
（ ）</td><td rowspan="2">上限设定值
下限设定值
（ ）</td><td colspan="2">动作值（ ）</td><td rowspan="2">校验
结果</td><td rowspan="2">校验
日期</td></tr>
<tr><td>吸合</td><td>断开</td></tr>
<tr><td rowspan="2"></td><td rowspan="2"></td><td></td><td></td><td></td><td></td><td></td><td rowspan="2"></td><td rowspan="2"></td></tr>
<tr><td></td><td></td><td></td><td></td><td></td></tr>
<tr><td rowspan="2"></td><td rowspan="2"></td><td></td><td></td><td></td><td></td><td></td><td rowspan="2"></td><td rowspan="2"></td></tr>
<tr><td></td><td></td><td></td><td></td><td></td></tr>
<tr><td rowspan="2"></td><td rowspan="2"></td><td></td><td></td><td></td><td></td><td></td><td rowspan="2"></td><td rowspan="2"></td></tr>
<tr><td></td><td></td><td></td><td></td><td></td></tr>
<tr><td rowspan="2"></td><td rowspan="2"></td><td></td><td></td><td></td><td></td><td></td><td rowspan="2"></td><td rowspan="2"></td></tr>
<tr><td></td><td></td><td></td><td></td><td></td></tr>
<tr><td rowspan="2"></td><td rowspan="2"></td><td></td><td></td><td></td><td></td><td></td><td rowspan="2"></td><td rowspan="2"></td></tr>
<tr><td></td><td></td><td></td><td></td><td></td></tr>
<tr><td rowspan="2"></td><td rowspan="2"></td><td></td><td></td><td></td><td></td><td></td><td rowspan="2"></td><td rowspan="2"></td></tr>
<tr><td></td><td></td><td></td><td></td><td></td></tr>
<tr><td rowspan="2"></td><td rowspan="2"></td><td></td><td></td><td></td><td></td><td></td><td rowspan="2"></td><td rowspan="2"></td></tr>
<tr><td></td><td></td><td></td><td></td><td></td></tr>
<tr><td rowspan="2"></td><td rowspan="2"></td><td></td><td></td><td></td><td></td><td></td><td rowspan="2"></td><td rowspan="2"></td></tr>
<tr><td></td><td></td><td></td><td></td><td></td></tr>
<tr><td colspan="9">备注：</td></tr>
<tr><td colspan="9">技术负责人：　　质量检查人：　　校验人：　　年　月　日</td></tr>
</table>

I -4 双金属温度计检修作业指导书

一、检修准备

（1）开具合格的仪表作业许可证，确认作业安全环境。

（2）佩戴合适劳保用品。

（3）检修工具：各种尺寸呆扳手，各种尺寸活动扳手。

（4）检修材料：记号笔，打印版双金属温度计检定记录，打印版双金属温度计检修跟踪表，标签纸。

二、检查检修

1. 外观检查

（1）温度计校验合格证完整，整体外观及铭牌标识良好、清洁、无锈蚀；

（2）温度计示值应与同一温度源的变送器或温度计示值一致。

2. 拆卸

（1）停工吹扫前，拆除吹扫管路上的双金属温度计，应用于机泵的温度计通常不需要提前拆除；

（2）根据打印版压温度计力表检修跟踪表现场核对位号、量程及安装位置；

（3）用扳手缓慢拧松温度计，用记号笔标记位号，贴上位号标签纸，封好套管接口防止异物进入；

（4）保护套管需拆检的需确认管线内介质、压力排净后拆卸，拆卸后套管标记温度及套管位号；

（5）在打印版温度计检修跟踪表中记录拆除时间及直观问题；

（6）用专用箱收集双金属温度计，存放在指定位置。

3. 检定校验

参考第三章第三节介绍将需要强制检定的温度计送至检定单位检定，其余按照如下方法进行校验：

1）标准仪器

按照最新版 JJG226《双金属温度计检定规程》规定准备标准校验仪器，根据测量范围可分别选用二等标准水银温度计、标准铜–铜镍热电偶和二等标准铂电阻温度计；标准汞基温度计检定时，标准器的综合误差应不大于被检温度计基本误差绝对值的 1/3。

2）其他设备

恒温槽；冰点槽；读数放大镜（5~10 倍）；读数望远镜；用标准铜–铜镍热电偶或二等标准铂电阻温度计作标准器时，应选用 0.02 级低电势直流电位差计及配套设备或同等准确度的其他电测设备。

3）校验方法

（1）校验点应均匀分布在整个测量范围上（必须包括测量上、下限），不得少于 4 点。

（2）温度计的检定应在正、反两个行程上分别向上限或下限方向逐点进行，测量上、下限值时只进行单行程校验。在读取被检温度计示值时，视线应垂直于度盘；使用放大镜读数时，视线应通过放大镜中心，读数时应估计到分度值的 1/10；可调角度温度计的示值校验应在其轴向位置进行。

（3）被检温度计的检测元件与标准温度计插入恒温槽中，待示值稳定后进行读数；分别记下标准温度计和被检温度计正、反行程的示值，在读数过程中槽温不超过 300℃时，槽温变化不应大于 0.1℃；槽温超过 300℃时，槽温变化不应大于 0.5℃；电接点温度计在进行示值校验时，应将其上、下限设定指针分别置于上、下限以外的位置上，温度计的示值误差应小于仪表铭牌精度换算值。在检定记录中，记录各个校验点标准温度值与被校温度计的指示刻度值。

（4）温度计指针的移动，在全分度范围内应平稳，不得有跳动或卡住现象。

（5）温度计在轻敲表壳后，其指针值变动量不得超过最大允许基本误差的 1/2。

4）校验结果

（1）按照附件填写温度计校验记录（校验记录与检定记录格式相同）；

（2）校验不合格确定报废的双金属温度计，在打印版温度计检修跟踪表中记录。

4. 套管检查

安装在腐蚀及磨损严重的部位的保护套管，停工检修期间均应检查测试；使用于 2.5MPa 以下的保护管应能承受 1.5 倍的工作压力而无渗漏；用于高压容器的保护套管使用前应经探伤或拍片检查，达到二级合格标准。

三、回装

1. 回装

（1）根据温度计的位号标识号回装，并在打印版温度计检修跟踪表中记录回装时间；

（2）安装法兰连接套管，用对角线把紧的方法把紧法兰螺栓，温度计拧紧到套管上；

（3）将温度计尾部插入套管，使用扳手紧固温度计螺扣。

2. 投用

(1) 温度计朝向调整至适合观察的方向，在水平面方向调整万向型双金属温度计的朝向时，应用扳手旋转温度计的螺扣进行调整，不可直接操作表盘进行转动；

(2) 观察温度计示值，并与可比照的温度示值比对确认温度计正常。

四、质量控制点

(1) 温度计位号标记清晰并按打印版温度计检修跟踪表记录检修过程；

(2) 温度计检定、校验及标签完好。

附件：

双金属温度计检定记录

测点名称		位号	
型　　号		仪表精度	
量　　程		出厂编号	
生产厂家		出厂日期	
外观检查		校验日期	

标准设备名称	标准设备型号	标准设备精度	出厂编号

<table>
<tr><td rowspan="3">刻度/℃</td><td colspan="6">输出/℃</td><td rowspan="2">允许误差</td></tr>
<tr><td rowspan="2">标准值</td><td colspan="2">实测值</td><td colspan="3">误差</td></tr>
<tr><td>上行</td><td>下行</td><td>上行</td><td>下行</td><td>回差</td><td rowspan="6"></td></tr>
<tr><td></td><td></td><td></td><td></td><td></td><td></td><td></td></tr>
<tr><td></td><td></td><td></td><td></td><td></td><td></td><td></td></tr>
<tr><td></td><td></td><td></td><td></td><td></td><td></td><td></td></tr>
<tr><td></td><td></td><td></td><td></td><td></td><td></td><td></td></tr>
<tr><td></td><td></td><td></td><td></td><td></td><td></td><td></td></tr>
</table>

备注：

<table>
<tr><td rowspan="2">校验
结果</td><td>合格</td><td></td></tr>
<tr><td>不合格</td><td></td></tr>
</table>

审核：　　　　　　　　　　校验：　　　　　　　　　　记录：

Ⅰ-5　热电偶检修作业指导书

一、检修准备

(1) 开具合格的仪表作业许可证，确认作业安全环境。

(2) 佩戴合适劳保用品。

(3) 检修工具：各种尺寸呆扳手，各种尺寸活动扳手，各种规格螺丝刀，绝缘电阻测试仪，万用表。

(4) 检修材料：记号笔，打印版热电偶检修跟踪表，打印版热电偶检定记录，标签纸。

二、检查检修

1. 拆除

(1) 从机柜室端子柜断开该路温度变送器信号线刀闸端子，再到现场松开密封盖锁紧螺钉，用工具打开温度变送器密封盖，并用万用表确认电源已经断开；

(2) 用扳手缓慢拧松热电偶套管，确认没有介质溢出后完全拆卸；

(3) 用记号笔标记热电偶位号，封好热电偶保护套管接口防止异物进入；

(4) 把偶芯接线从温变处拆除，松开温变固定螺丝，取出偶芯，温度变送器保护标记好后放班组保管，拧紧接线盒盖防止进水；

(5) 检查确认管线内介质、压力排净后方可拆卸热电偶保护管，缓慢拧松法兰紧固螺栓，确认没有介质溢出后完全拆卸热电偶保护管，用记号笔在保护管上标记保护管位号，同时记下垫片规格；

(6) 用专用箱收集热电偶和需要检测的保护套管，存放在指定位置。

2. 检查检修

(1) 检查热电偶套管是否积水。

(2) 检查接线端子是否有松动或生锈，测温元件是否断线。

(3) 检查热电偶绝缘电阻，测量热电偶电动势，初步判断热电偶好坏；K 型热偶可按热电势 0~4.096mV 对应温度 0~100℃线性估算温度；E 型热电偶可按热电势 0~6.319 mV 对应温度 0~100℃线性估算温度。

(4) 热电偶电极损坏通常需要报废更新，不重要且暂时无备件更换可以考虑修理修复；廉价热电偶若工作端损坏，可将工作端剪掉一段重新焊接后使用；也可将热电偶工作端和自由端对调使用；若中间断裂、损坏严重的热电偶则必须更换；修理后的热电偶需按规程进行检定，检定合格后方可使用。

3. 保护套管表面冲刷和裂纹情况检查

保护套管清洗后，以技术协议规格书为依据核对套管规格参数，测量并记录保护套管实际数据。如冲刷减薄超过限值需要更换，下线保护套管都需要打压测试。液压试验应选清洁水，试验压力为设计压力1.5 倍，当达到试验压力后，稳压 10min，再将试验压力降至设计压力，停压 10min，以压力不降、无渗漏为合格。有特殊要求的热电偶保护套管使用前应经探伤或拍片检查，达到二级合格标准。

需进行无损检测的保护套管收集装箱，保护后装车送至检测单位。

保护套管如有损坏，应按原技术规格进行更换。

4. 检定校验

将需要强制检定的热电偶整理放入专门的收集箱，并将收集箱编号，张贴箱内热电偶清单，送至指定的检定单位检定；同时在打印版热电偶检修跟踪表中记录送检时间。

其余热电偶自行按照如下规范要求进行检定校验：

1）检定规程规范

（1）最新版 GB/T 34035《热电偶现场校验方法》；

（2）最新版 JJG 351《工作用廉金属热电偶检定规程》；

（3）最新版 JJG 141《工作用贵金属热电偶检定规程》；

（4）最新版 JJF 141《热电偶、热电阻自动测量系统校准规范》。

2）校验仪器与设备

（1）三等标准铂铑-铂电偶；

（2）不低于 0.05 级的直流低阻电位差计；

（3）管形电炉；

（4）精密温度控制器；

（5）冷端温度恒温槽。

3）校验方法

通常采用同名极比较法（同分度号热电偶一起检定），基本的校验原理图可参考图 A-3。

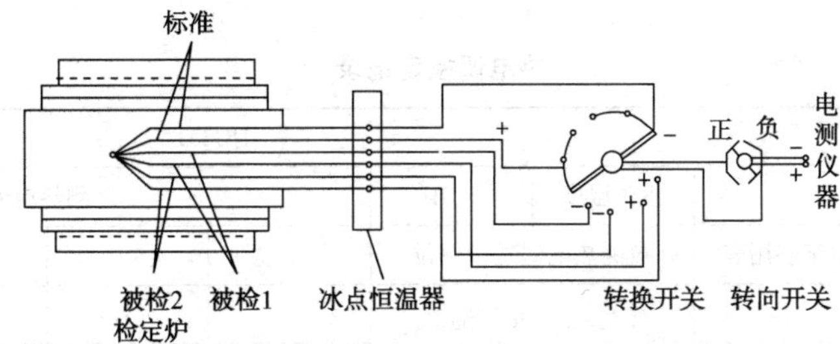

图 A-3 同名极比较法校验原理示意图

（1）将标准热电偶置于不锈钢中心柱的中心孔，被校热电偶分布在其周围的小孔内，以取得均匀的温度场，不锈钢柱置于电炉中心，炉孔两端用石棉或玻璃棉封住；铂铑-铂热电偶应用一端封闭的石英管或陶瓷管作保护，以免铂铑-铂热电偶被污染变质而降低精度。

（2）冷端恒温槽中放适量冰水混合物，各热电偶的冷端集中成束，插入恒温槽中心的玻璃试管中，深入水中部分不小于 100mm，同时用 0.1 分度或 0.2 分度的水银温度计观察冷端温度。

（3）恒温从 300℃开始校验（以铂铑-铂热电偶为例），直到最高工作温度为止；校验点须包括常用工作温度，至少校验 3 点，使用温度在 300℃以下的增加一个 100℃校验点。

（4）当电炉温度达到校验点温度±3℃范围中任一稳定值时，开始测量热电势，先测量标准热电偶，然后测量被校热电偶；相邻两次测量温度变化值≤0.3℃，记录这两次测量值，再按升温、降温（上行、下行）测定，共为 4 个测量值，取其平均值为最后结果。

（5）冷端温度非 0℃值时，同时读取冷端温度 t_0，用以校正。

4）检定结果

（1）按照附件填写记录热电偶检定记录；

（2）检定不合格确定报废的热电偶，在打印版热电偶检修跟踪表中记录。

三、回装

（1）根据热电偶仪表位号回装。

（2）检查清理套管内无锈蚀、无污物，如有积液用压缩空气吹扫干净。

（3）将热电偶尾部插入保护套管，使用扳手紧固热电偶螺扣。

（4）热电偶延长线接温变处，确认接线端子正确，一般红色线接正，黑色线接负；检查端子有无接触不良、氧化、松动等情况，如有补偿导线需注意补偿导线极性不能接反；检查接线盒密封圈是否老化，对老化密封圈应更换；确认格兰密封良好。

（5）选用合格的法兰垫片安装法兰连接保护套管，用对角线把紧的方法把紧法兰螺栓，连接螺丝齐全、螺母拧满；热电偶安装到保护套管上。

四、质量控制点

（1）热电偶按规范检定校验；

（2）保护套管检查、测试、回装；

（3）热电偶防水密封性检查、电缆防高温检查。

附件：

热电偶检定记录

<table>
<tr><td colspan="4">检定依据</td><td colspan="7">JJG351</td></tr>
<tr><td colspan="2">环境温度</td><td colspan="2"></td><td colspan="2">相对湿度</td><td>%RH</td><td colspan="4">被测热电偶</td></tr>
<tr><td rowspan="3">测量仪器</td><td>名称</td><td colspan="2">数字多用表</td><td colspan="3">被测热电偶送检单位</td><td></td><td></td><td></td><td></td></tr>
<tr><td>型号</td><td colspan="2"></td><td colspan="3" rowspan="2">安装位置 / 标准热电偶</td><td></td><td></td><td></td><td></td></tr>
<tr><td>编号</td><td colspan="2"></td><td></td><td></td><td></td><td></td></tr>
<tr><td colspan="2" rowspan="5">检定点
温度/℃</td><td colspan="2" rowspan="5">标准热电偶
证书值/mV</td><td colspan="2">出厂编号</td><td></td><td></td><td></td><td></td><td></td></tr>
<tr><td colspan="2">型号规格</td><td></td><td></td><td></td><td></td><td></td></tr>
<tr><td colspan="2">分度号</td><td></td><td></td><td></td><td></td><td></td></tr>
<tr><td colspan="2">等　级</td><td></td><td></td><td></td><td></td><td></td></tr>
<tr><td colspan="3">补偿导线修正值/mV</td><td></td><td></td><td></td><td></td></tr>
<tr><td colspan="2" rowspan="5"></td><td colspan="2" rowspan="5"></td><td rowspan="4">读数/
mV</td><td>1</td><td></td><td></td><td></td><td></td><td></td></tr>
<tr><td>2</td><td></td><td></td><td></td><td></td><td></td></tr>
<tr><td>3</td><td></td><td></td><td></td><td></td><td></td></tr>
<tr><td>4</td><td></td><td></td><td></td><td></td><td></td></tr>
<tr><td colspan="2">平均值/mV</td><td></td><td></td><td></td><td></td><td></td></tr>
<tr><td colspan="2">参考端温度</td><td></td><td colspan="3">修正后电势/mV</td><td></td><td></td><td></td><td></td><td></td></tr>
<tr><td colspan="7">与检定点之差/mV</td><td></td><td></td><td></td><td></td></tr>
<tr><td colspan="7">被检偶检定点温度实际热电势/mV</td><td></td><td></td><td></td><td></td></tr>
<tr><td colspan="7">分度表热电势值/mV</td><td></td><td></td><td></td><td></td></tr>
<tr><td colspan="7">误差值/℃</td><td></td><td></td><td></td><td></td></tr>
<tr><td colspan="7">允许误差/℃</td><td></td><td></td><td></td><td></td></tr>
<tr><td colspan="7">修正值/℃</td><td></td><td></td><td></td><td></td></tr>
</table>

续表

		读数/mV	1					
			2					
			3					
			4					
		平均值/mV						
参考端温度		修正后电势/mV						
与检定点之差/mV								
被检偶检定点温度实际热电势/mV								
分度表热电势/mV								
误差值/℃								
允许误差/℃								
修正值/℃								
检定结论								
检定证书或通知书号								

检定员： 检验员： 检定日期：

Ⅰ-6 柔性热电偶检修作业指导书

一、检修准备

(1) 开具合格的仪表作业许可证，确认作业安全环境；确认开具合格的动火作业许可证、进入密闭容器作业许可证。

(2) 佩戴合适劳保用品。

(3) 检修工器具：各种尺寸呆扳手，各种尺寸活头扳手，电工胶布、密封胶带，各种尺寸螺丝刀，液压拉伸器，焊机，砂轮机，氧乙炔，氩弧焊，倒链，吊带，钢丝绳，卸扣，叉车，汽车吊，石棉布，冲击钻，敲击扳手。

二、检修

1. 检修现场勘察

根据检修计划现场熟悉待检修柔性热电偶现场位置及拆除更换需要的工器具和外部条件设备，图 A-4 为现场勘察后的反应器柔性热电偶位置示意图。

2. 仪表停用

(1) 确认反应器已卸料，器内置换合格；

(2) 确认机柜间已断开电源。

3. 现场检修条件确认

(1) 确认反应器内已搭设好脚手架平台，并验收合格；

(2) 确认反应器盘架及反应器内部已铺好胶皮和石棉布；

(3) 确认反应器内氧含量的浓度合格，无可燃气体。

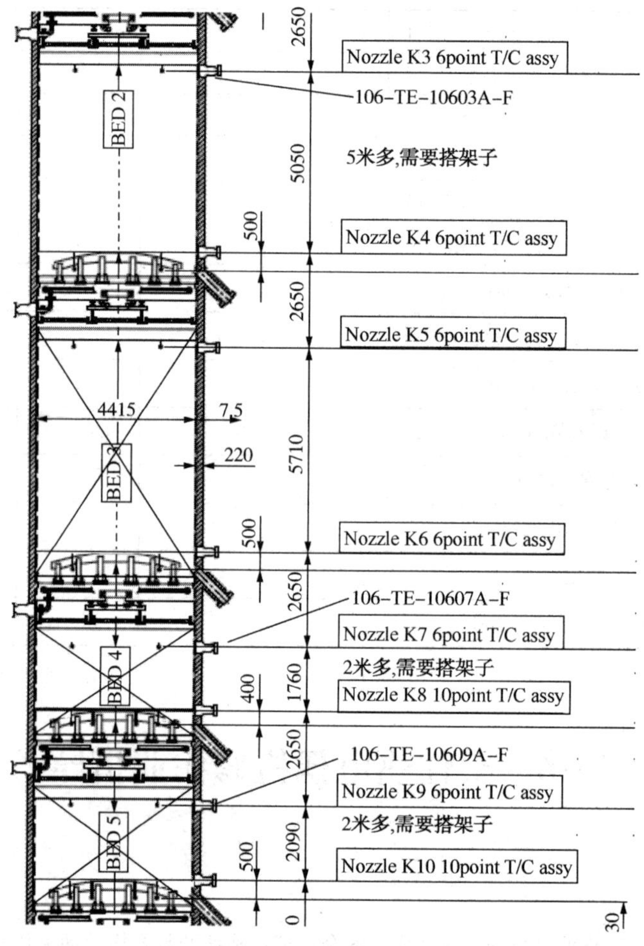

图 A-4　反应器柔性热电偶位置示意图

4. 拆除需更换热电偶的附件

(1) 重新核实工作环境的可燃气体浓度是否满足钻孔、打磨、焊接作业条件，并佩戴好合格的空气呼吸器；

(2) 拆除热电偶补偿导线，使用电工胶布包扎好电线接头并固定好，不能随意摆放；

(3) 拆卸需要更换的热电偶压力腔压力变送器、泄压口堵头及仪表电缆，使用胶布包扎好电缆接头，变送器及泄压口堵头放回工作间保护好。

5. 柔性热电偶拆除

(1) 打磨拆除固定热电偶的卡子，并收集好；

(2) 拆除固定热电偶法兰的螺栓、垫片，并收集好；

(3) 使用吊装设备移出热电偶，并把热电偶设备吊至固定摆放区域，做好保护(注意：在拆除时应尽量保持旧热电偶完好无损，以作为应急备用)。

6. 热电偶移位

(1) 打磨拆除需要移位的热电偶的固定卡子；

(2) 由制造厂家将热电偶芯弯曲，移至合适位置，并用合适的角钢固定；

(3) 在制造厂家指导下，将原角钢安装孔用制造厂提供的与托架同材质的钢板紧固封堵；

(4) 在制造厂家的指导下，在托架上钻孔固定角钢(或者是焊接固定)，并将卡子焊接以固定热电偶芯，如果现场钻孔困难则采用焊接方式固定角钢和热电偶芯。

三、回装

1. 热电偶回装

(1) 使用吊装设备把热电偶吊装至需要更换的热电偶安装口；

(2) 在制造厂家的指导下，将热电偶偶芯放入反应器热电偶安装口；

(3) 检查热电偶铠管穿出压力腔处焊口是否有裂缝；

(4) 上紧固定热电偶法兰的垫片和螺栓螺母；

(5) 在制造厂家的指导下，将热电偶偶芯按照标号弯至对应的支架点上；

(6) 在制造厂家的指导下，通过焊接卡子将热电偶芯固定好在角钢上；

(7) 安装过程相关照片见图 A-5。

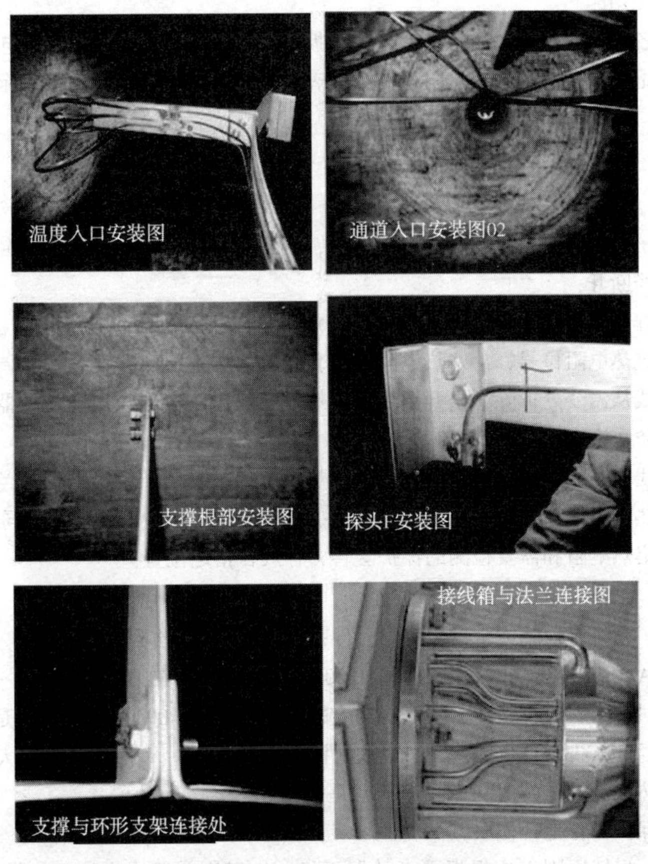

图 A-5 柔性热电偶安装过程照片

2. 接线及附件恢复

(1) 恢复热电偶补偿导线的接线；

(2) 恢复压力腔压力变送器的安装和接线，做好相应的密封工作；

(3) 对压力腔进行打压检查(从排放口打压至 20MPa，然后关闭排放阀维持 10min，观察压力变化情况)，如无异常则打开排放阀将压力卸掉后重新关闭，堵上堵头。

四、质量控制点

（1）进入反应器前按规定检测；
（2）热电偶弯曲得当、无损坏，焊接固定得当。

Ⅰ-7 热电阻检修作业指导书

一、检修准备

（1）开具合格的仪表作业许可证，确认作业安全环境。
（2）佩戴合适劳保用品。
（3）检修工具：各种尺寸呆扳手，各种尺寸活动扳手，各种规格螺丝刀，绝缘电阻测试仪，万用表；
（4）检修材料：记号笔，打印版热电阻检修跟踪表，打印版热电阻检定记录，标签纸。

二、检查检修

1. 拆除

（1）从机柜室端子柜断开热电阻信号线刀闸端子，再到现场松开密封盖锁紧螺钉，温度变送器密封盖用万用表确认电源已经断开；

（2）用扳手缓慢拧松热电阻保护套管，确认没有介质溢出后完全拆卸；

（3）用记号笔标记热电阻位号，封好热电阻保护套管接口防止异物进入；

（4）把热电阻接线从温变处拆除，松开温变固定螺丝，取出热电阻，温度变送器保护标记好后放班组保管，拧紧接线盒盖防止进水；

（5）检查确认管线内介质、压力排净后方可拆卸热电阻保护套管，缓慢拧松法兰紧固螺栓，确认没有介质溢出后完全拆卸热电阻保护套管，用记号笔在保护套管上标记保护套管位号，同时记下垫片规格；

（6）用专用箱收集热电阻和需要检测的保护套管，存放在指定位置。

2. 检查检修

（1）检查接线端子是否有松动或生锈，测温元件是否断线，对地绝缘是否良好。

（2）脱开热电阻 A/B/C 接线，用数字万用表 200Ω 档测 AB 和 AC 阻值应完全一致，AB 的阻值和 BC 的阻值为实际温度所对应的阻值，估计该阻值所对应的温度（Pt100，0℃对应的阻值是 100Ω，100℃对应的阻值是 138.5Ω，粗略可按 0.385Ω/℃估算），用欧姆档分别测 A、B、C 对外壳电阻大于 20MΩ。

（3）检查热电阻防浪涌端子（如果有安装）接触是否良好。

（4）检查热电阻保护套管是否积水。

（5）热电阻故障、损坏原则上应提报更新计划更换，如下热电阻故障处理仅供紧急情况下临时维修参考。

A. 断线。热电阻导线或引出线断之后，可采用氩弧焊进行焊接，并根据不同的导线材料选用不同的电源电压；热电阻如有腐蚀变质或多处断线，则更新更换。

B. 短路。在室温的环境下，用高精度万用表检查测试热电阻，如阻值小于规定值，说明有短路；原则上应更换该热电阻。

3. 保护套管表面冲刷和裂纹情况检查

腐蚀及磨损严重的部位的保护套管，停工检修期间均应检查检测；使用于 2.5MPa 以下的保护套管应能承受1.5倍的工作压力而无渗漏；高压热电阻保护套管使用前应经探伤或拍片检查，达到二级合格标准。

需进行无损检测的保护套管收集装箱，保护后装车送至检测单位。

热电阻保护套管如有损坏，应按原技术规格进行更换。

4. 检定校验

将需要强制检定的热电阻整理放入专门的收集箱，并将收集箱编号，张贴箱内热电阻清单，送至指定的检定单位检定，同时在打印版热电阻检修跟踪表中记录送检时间。

其余热电阻自行按照如下规范要求进行检定校验：

1）检定规程规范

（1）最新版 JJG 160《标准铂电阻温度计检定规程》；

（2）最新版 JJG 350《标准套管铂电阻温度计检定规程》；

（3）最新版 JJF 141《热电偶、热电阻自动测量系统校准规范》。

2）校验仪器与设备

（1）不低于0.05级的直流电位计1套；

（2）Ⅱ级的标准电阻1套；

（3）冰点槽(广口保温瓶)1只；

（4）水沸点槽1只；

（5）分度为0.1℃的标准水银温度计1支；

（6）标准直流电流表(0~10mA)；

（7）旋钮式电阻箱，双刀切换开关，电池。

3）检验方法

（1）R_0(冰点)值测定。将热电阻放入内径合适的玻璃试管或其他绝缘薄壁的套管中，套管长度为250~300mm，管口用棉絮塞紧以免空气对流；将试管插入到有冰水混合物的冰点槽中，插入深度不小于150mm，距槽底及周边距≥20mm，电阻周围的冰层厚度≥30mm；用分度为0.1℃的标准水银温度计，轻轻插入拨好孔的冰点槽中，待冰水混合物温度达到0℃±0.1℃并稳定30min后，即可测量R_0值。R_0可用电桥或图A-6所示的线路测量，按实测的U_N、U_X值，计算出R_X值：$R_X=R_N U_X/U_N$，取其平均值即为R_0值。

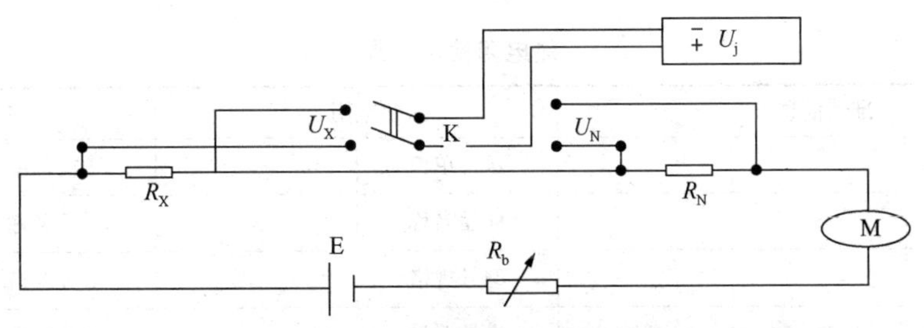

图A-6 冰点值R_0测定校验法原理图

U_I—电位差计；K—双刀切换开关；E—电池；M—直流毫安表；

R_F—电阻箱；R_N—标准电阻；R_X—被标热电阻

（2）R_{100}(沸点)值测定。将装在套管中的热电阻和标准水银温度计插入沸腾的沸点槽中心，深度≥150mm，不可碰到加热元件，并保持沸腾状态。

校验接线计测量方法同前，当热电阻值在3~5min内不再变化时即可测量；同时记下标准水银温度计的示值；查表A-1，修正R_{100}的阻值；按实测的U_N、U_X值计算出R_X值，取平均值，加上修正值作为实际R_{100}值。

表 A-1　热电阻温升与阻值对照表

分度号	温度升高 0.1℃，所增加的电阻值/Ω	分度号	温度升高 0.1℃，所增加的电阻值/Ω
Cu50	0.0214	Pt10	0.00385
Cu100	0.0428	Pt100	0.0385

4）检定结果

（1）按照附件填写热电阻检定记录；

（2）检定不合格确定报废的热电阻，在打印版热电阻检修跟踪表中标记记录。

三、回装

（1）缓慢松动保护套管堵头，确认无漏气声后，拆下堵头；

（2）检查清理保护套管内无锈蚀、无污物，如有积液用压缩空气吹扫干净；

（3）将热电阻尾部插入套管，使用扳手紧固热电阻螺扣，注意新更换的热电阻芯子应与原芯子长度一致、分度号一致、接线紧固；

（4）热电阻延长线连接温变，确认接线端子正确，确认端子无接触不良、氧化、松动，检查接线盒密封圈是否老化，对老化密封圈应更换，确认格兰密封是否良好；

（5）选用合格的法兰垫片安装法兰连接保护套管，用对角线把紧的方法把紧法兰螺栓，连接螺丝齐全、螺母拧满。

四、质量控制点

（1）保护套管检查、检测；

（2）防水密封检查；

（3）热电阻按规范检定校验。

附件：

热电阻检定记录

标准器信息			热电阻 1		热电阻 2	
标准器名称			送检单位		送检单位	
编号			样品名称		样品名称	
电测设备名称			型号规格		型号规格	
编号			样品编号		样品编号	
环境温度、湿度			制造厂		制造厂	
证书 R_{tp}			精度等级		精度等级	
实测 R_{tp}			外观		外观	
W_0			证书编号		证书编号	
dW_0/dt						
W_{100}						
dW_{100}/dt						

续表

项目		R_i^*	R_h^*	R_0	R_{100}	R_0	R_{100}
测量值/Ω	1						
	2						
	3						
	4						
	5						
	6						
平均值/Ω							
R_t/Ω(0℃)							
R_t/Ω(100℃)							
R_0							
R_{100}							
Δt/℃							
$\alpha/\times10^{-3}$℃$^{-1}$							
常温绝缘电阻/MΩ							
检定结论							

检定员： 核验员： 检定日期：

I-8 温度变送器检修作业指导书

一、检修准备

(1) 开具合格的仪表作业许可证，确认作业安全环境。

(2) 佩戴合适劳保用品。

(3) 检修工具：各种尺寸活动扳手，各种规格螺丝刀，高精度万用表，标准毫伏信号发生器，标准电阻箱，475 手操器；

(4) 检修材料：记号笔，打印版温度变送器检修跟踪表，标签纸。

二、检查检修

1. 基本检查

(1) 温度变送器清洁、干燥、完整；

(2) 检查接线端子是否有松动或生锈；

(3) 检查热电阻/热电偶与温度变送器相应端子连接是否正确，检查测温元件是否断线；

(4) 检查温度变送器接线盒是否有水汽或积水；

(5) 检查接线口格兰密封是否良好。

2. 组态参数检查备份

(1) 用 475 手操器连接温度变送器，按打印版温度变送器检修跟踪表逐一检查记录组态参数，并更新温度变送器组态参数备份台账；

(2) 参数备份重点为量程、分度号、报警设置等，具体可参考第三章第一节相关内容。

3. 停电

从机柜室端子柜断开变送器信号线刀闸端子，现场用万用表确认电源已经断开。

4. 校验

(1) 按图 A-7 接好校验接线图，通电稳定 1min；

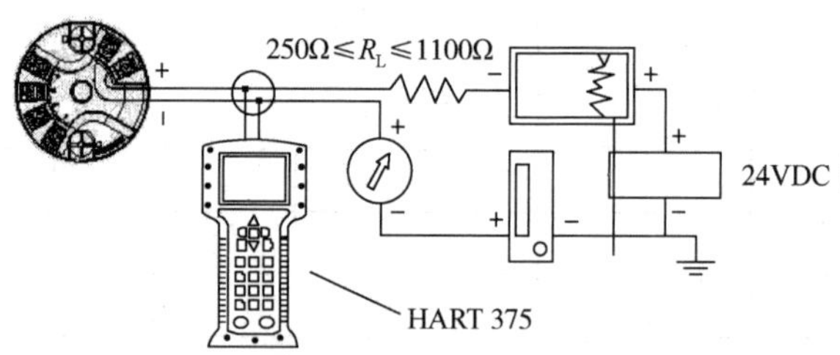

图 A-7　温度变送器校验接线图

(2) 根据温度变送器技术协议规定的量程范围，输入相应的阻值(热电阻)或毫伏值(热电偶)，使输出分别为 4.000mAV DC 和 20.000mAV DC；

(3) 按量程四等分点输入各电阻值/毫伏值，检查各温度输出是否符合精度范围；

(4) 参考温度变送器说明书要求的技术指标进行测试；

(5) 做好校验记录并重点检查温度变送器的线性及精度指标。

三、回装投用

1. 回装

(1) 根据温度变送器标识号、温度仪表位号回装。

(2) 热电偶/热电阻延长线接到一体化温度变送器处，确认接线端子正确：3 线制热电阻接线正确，A/B/C 对应温度变送器相应端子；热电偶红色线接温度变送器正端，黑色线接温度变送器负端；检查端子有无接触不良、氧化、松动等情况。

(3) 检查接线盒密封圈是否老化，对老化密封圈应更换，确认格兰密封是否良好。

2. 投用

(1) 从机柜室端子柜合上该路变送器信号线刀闸端子，DCS 应显示环境温度；

(2) 再次检查格兰密封、端子盖密封，并已经做好密封防水措施；

(3) 检查温度变送器组态是否正确，故障状态输出电流方向是否符合联锁或控制要求。

四、质量控制点

(1) 温度变送器组态检查备份；

(2) 温度变送器校验；

(3) 温度仪表及接线盒密封防水检查处理。

I -9　红外线温度仪检修作业指导书

一、技术准备

所有绝对零度以上的物体都会发射红外线，发射能量的数量与物体的温度成正比。红外线温度仪通过一个聚焦光学系统，将物体发射能量聚集到红外线感应检测元件上，通过特制的放大电路把测到的信号转换成线性的 4~20mA 电流信号；主要用于高温、高腐蚀等场合。

红外线温度仪有一体化和分体式两种结构类型，一体化结构传感器与变送器集成一体不需要光纤连接，稳定性和精确性上均有优势，为目前一线品牌的主流结构，其典型的结构构成可参考图 A-8。

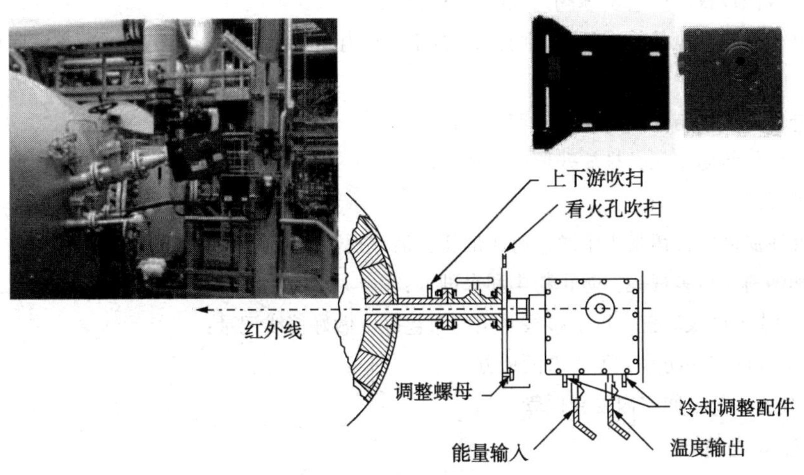

图 A-8 红外线温度仪结构示意图

二、检修准备

(1) 开具合格的仪表作业许可证，确认作业安全环境。

(2) 佩戴合适劳保用品。

(3) 检修工具：各种尺寸活动扳手，螺丝刀，擦镜纸，万用表，手电筒，笔记本电脑。

(4) 检修材料：记号笔，打印版红外线温度仪检修跟踪表，标签纸。

三、检查检修

1. 外观检查

(1) 温度仪显示正常，无报警信息；

(2) 温度仪外观良好无变形、无异常，仪表外壳密封良好；

(3) 温度仪电源电缆、信号电缆良好，格兰密封良好；

(4) 吹扫风流量合适且洁净。

2. 参数备份

打开笔记本电脑内温度仪组态软件，或者通过温度仪自身按钮进行红外线温度仪组态参数检查备份，重点检查备份表 A-2 示例参数。

表 A-2 红外线温度仪组态参数备份示例

序号	仪表位号	量程	增益值	测温模式	信号通道接线	电源通道接线
1	134-TT-10502	500~2000℃	907	RT	out1 4~20mA	POWER IN 24V DC/1A
2	134-TT-10503	500~2000℃	930	RT	out1 4~20mA	POWERIN 24V DC/1A
3	134-TT-20502	500~2000℃	910	RT	out1 4~20mA	POWERIN 24V DC/1A
4	134-TT-20503	500~2000℃	935	RT	out1 4~20mA	POWERIN 24V DC/1A

3. 拆除

（1）在机柜间端子排将电源置于断开位置；

（2）确认焚烧炉已冷却、吹扫完毕；

（3）关闭红外线温度仪前的一次球阀及吹扫风线球阀；

（4）缓慢松开炉膛吹扫风的接头，以“泄掉”球阀和镜头内尚存的微量介质气体，注意里面可能含有少量 H_2S；

（5）松开红外线温度仪与一次阀连接的四颗螺栓；

（6）轻轻晃动红外线温度仪，排放残留的气体、泄压；

（7）拆下红外线温度仪；

（8）检查红外线温度仪视镜是否干净、有无形变；清理视镜前管道内粉尘杂质；

（9）用碎布和塑料布包裹视镜，防止粉尘和水进入；

（10）打开红外线温度仪后盖，拆下接线并用胶布包好，做好接线记录；

（11）将信号电缆固定在防水、不碍事的地方；

（12）将红外线温度仪带回室内妥善保管。

4. 管嘴气路检查清理

（1）红外线温度仪拆下后，首先检查清理红外线温度仪过程连接法兰及管嘴，清理管嘴内杂质异物，并用手电筒照射检查管嘴的通透性；

（2）用肥皂水检查红外线温度仪吹扫风线是否存在漏点，并进行排放清洁。

5. 温度仪检查校验

1）电气特性校验

（1）对红外温度仪发射率设定为 0.99，通电不少于 30min；

（2）连接万用表于两个接线端子(MV+和 ANAGND)；

（3）短接 CAL 和 HILVLGND 两个端子，此时万用表读数应为(1000±1%)mV，若不是，说明仪表有故障。

2）线路检查

（1）检查供电和信号线路对地电阻、线间电阻确认电缆良好、绝缘良好；

（2）检查紧固接线端子，确认无锈蚀；

（3）检查接线口格兰密封性是否良好。

四、安装投用

1. 安装

（1）清理视镜及看火管道粉尘，确认镜头通道无任何堵塞物并成一直线；

（2）更换红外线温度仪一次球阀及垫片；

（3）将红外线温度仪回装；

（4）按拆信号线的标记接线。

2. 投用

（1）在机柜间端子排将电源置于合上位置；

（2）测量检查电源电压是否稳定；

（3）将红外线温度仪反吹风投用；

（4）缓慢打开一次阀；

(5) 确认可以从“可视窗口”中的“十字线”或“小圆圈”能“清晰”看到炉膛火焰的中心部位，如果偏差较大，调整机械位置(对红外线的调焦)；

(6) 点火成功温度达到 300℃或 500℃以上，检查确认红外线温度仪测量准确。

3. 调整校准

(1) 若测得温度不准，松开红外线温度仪接线处卡套，调整焦距及位置使其准确温度。

(2) 调整发射率，若示值误差较大，需要进行比对校准：打开温度仪盖子，与实际参考温度比对后调整两位数字“电位器”(标有 00~99，表示发射率)的大小，有些型号通过显示菜单调节，具体参见相关产品说明书。

(3) 调整增益。如果温度显示不稳定，可以通过提高增益解决；增益初始值为 1000(最高值)，增益值越大温度越高；一般与热电偶为参考点相应对比后，调整至相近温度即可。注意增益不能低于 900 数值，按住 Alpha 上键则增加增益值，面板会显示增益数值，最大为 1000；按住 Emi 下键则减小增益值，调整至符合需求的增益值后按 MODE/Save 确定保存数值即可。

4. 在线校验

工艺操作平稳后，如果红外线温度仪指示不够精确，可以利用热电偶比对的方式进行在线校准。

(1) 确认一段时间内工艺操作平稳，温度无明显变化；

(2) 红外线温度仪切除抽出；

(3) 安装合适分度号的热电偶及温度变送器；

(4) 观察热电偶读数，当读数变化小于 10℃/min 时记下温度值；

(5) 抽出热电偶；

(6) 回装红外线温度仪；

(7) 观察温度输出值，调整发射率，使仪表输出与热电偶读数一致。

5. 故障处理

常见故障及处理办法见表 A-3。

表 A-3 常见故障与处理

序号	故障现象	故障原因	处理方法
1	输出为零	1. 保险丝断 2. 无电源电压 3. 仪表电路损坏	1. 更换保险丝 2. 检查仪表供电 3. 修理更换电路
2	输出温度偏低	1. 镜片脏 2. 看火通道不畅通 3. 电气部件可能有漂移现象 4. 目标物未聚焦在物镜中心 5. 仪表未聚焦 6. 发射率设置不正确	1. 擦洗各镜片 2. 用仪表专用配件 COP-10 在线清障碍物 3. 校验电气特性 4. 调整仪表的看火通道视线调节旋钮 5. 调整聚焦旋钮(FOCUS) 6. 设定点校验，调整发射率
3	输出温度有偏差	发射率设置不正确	设定点校验，调整发射率
4	温度输出在 300℃左右	切光电机不正常运转	更换切光电机

五、质量控制点

(1) 看火孔通道无任何堵塞物并成一直线；

(2) 镜片的清理、清洁。

Ⅰ-10 标准节流装置检修作业指导书

一、检修准备

(1) 开具合格的仪表作业许可证，确认作业安全环境。

(2) 佩戴合适劳保用品，静设备配合人员到位。

(3) 检修工具：各种尺寸呆扳手，各种尺寸活动扳手，手压泵。

(4) 检修材料：记号笔，打印版节流装置检修跟踪表。

二、检查检修

1. 流量计工作情况检查

(1) 流量计停用前根据变送器测量数值与通过其他途径估算的流量值进行对比，初步判断流量计是否处于正常工作状态；

(2) 按最新版 GB/T 2624《用安装在圆形截面管道中的差压装置测量满管流体流量》标准现场检查直管段；

(3) 变送器及引压管路无泄漏。

2. 变送器停用

(1) 根据打印版节流装置检修跟踪表现场核对安装位置、流量计流向；

(2) 机柜室内断开变送器信号电源；

(3) 按照附录Ⅰ-2“压力(差压)变送器检修作业指导书”相关内容停用变送器；

(4) 伴热管线伴热蒸汽停用；

(5) 变送器停用后，配合操作人员关闭一次阀并检查是否关严。

3. 节流装置拆卸

需要拆卸的节流装置通常需要在管道吹扫前拆卸；松开节流装置过程法兰螺栓，用上下(左右)顶开螺栓评分顶开两边法兰，取出节流装置，装上吹扫孔板。

4. 节流元件检查

(1) 孔板开孔入口边缘和出口边缘，应无毛刺、划痕和可见损伤；

(2) 法兰取压孔板的手柄，应刻有表示孔板安装方向的符号(“+”流向“-”)、孔板出厂编号、位号、管道内径 D 和孔板开孔 d 等。

5. 节流元件检修

(1) 清除节流元件污垢，注意保护上、下游侧的尖锐边缘不受损伤，不能用砂纸及锉刀等打磨；

(2) 几何形状检查：几何形状应满足技术协议要求，当开孔面有毛刺、伤痕或边缘不尖锐等缺陷时，可以研磨后使用；孔径超差时应重新核算，必要时加以修正。

(3) 节流元件严重腐蚀或冲蚀时，依据技术协议检查实际工况与节流元件材质；或进一步检查分析是否存在汽蚀闪蒸工况，必要时更换节流元件。

(4) 节流装置的取压口或环室被脏物或胶状物堵塞，可用铁丝疏通取压口，取出环室内脏物，再用煤油或合适的溶剂进行清洗。

(5) 节流元件弯曲变形会产生明显误差，应该查出原因并更换，同时采取相应措施防止再次变形。

6. 节流装置校验

标准节流装置不需要现场校验，如果工况变化，重新选型计算后判断是否可以继续使用。

三、安装投用

1. 节流装置安装

（1）检查法兰、节流元件孔径是否符合技术协议要求。

（2）确认工艺试压、吹扫工序完成，节流装置可以回装。

（3）根据节流装置位号回装。

（4）按“+”“-”标记检查节流元件的安装方向。

（5）检查确认节流装置安装所用垫片内径，应比管道内径大 2～3mm，避免紧固时产生突出部分，影响测量精度。

（6）节流装置取压口一般设置在法兰、环室或夹紧环上，法兰、环室和夹紧环的安装，应考虑防止介质被测进入导压管，一般按如下原则现场检查确认：

A. 测量液体时，取压孔应位于管道下半部与管道水平中心线 0°～45°夹角范围内，见图 A-9(a)；

B. 测量蒸汽时，取压孔应位于管道上半部与管道水平中心线 0°～45°夹角范围内，见图 A-9(b)；

C. 测量气体时，取压孔应位于管道上半部与管道垂直中心线 0°～45°夹角范围内，见图 A-9(c)；

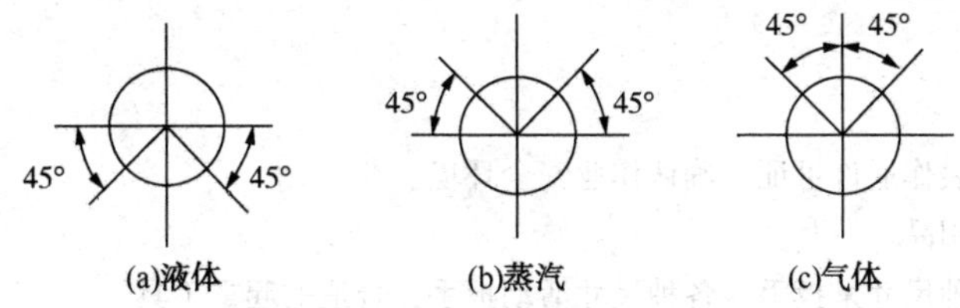

图 A-9 测量不同介质时取压口方位

（7）试压。节流装置应随同工艺系统一起进行压力试验，其余部件由仪表专业进行压力试验。

2. 变送器单校

参考附录Ⅰ-2“压力(差压)变送器检修作业指导书”内容，进行变送器单校。

3. 变送器安装

（1）变送器的安装位置靠近节流装置、便于安装调试及维护和观察。

（2）被测流体为液体的变送器标高应低于节流装置，利于液体内气泡排除保证测量管道内无气体存积；如果高于节流装置，则应检查确认在测量管最高处是否有集气器和排气阀。

（3）被测流体为气体的变送器标高应当高于节流装置，利于气体内冷凝液回流到工艺管道保证测量管道内无冷凝液存积；如果标高低于节流装置，则应检查确认在测量管道最低处是否有用于气液分离的集液器。

（4）被测流体为蒸汽的流量计安装标高应当低于节流装置，利于测量管道和流量计测量室内只有冷凝液存在，而无气体存积。

4. 接线

（1）变送器信号线接线，检查端子有无接触不良、氧化、松动等情况；

（2）检查变送器表盖密封圈是否老化，对老化或损坏密封圈更换；

（3）确认电缆口格兰密封良好。

5. 流量计投用

（1）联系工艺操作员，打开一次阀；

（2）现场检查流量计引压管、阀门无泄漏；

（3）按要求投用伴热；

(4) 从机柜室机柜合上变送器信号线端子，变送器通电；

(5) 参考附录Ⅰ-2“压力(差压)变送器检修作业指导书”投用变送器及零点校准；

(6) 现场检查变送器指示并与DCS核对确认流量计显示是否正常。

6. 清场恢复

检修完毕后，清理干净现场的油污、废工艺介质等，保持现场清洁。

四、质量控制点

(1) 节流装置及介质流向确认；

(2) 引压管线清理清洁；

(3) 节流装置法兰安装及试压。

Ⅰ-11 楔式流量计检修作业指导书

一、检修准备

(1) 开具合格的仪表作业许可证，确认作业安全环境。

(2) 佩戴合适劳保用品。

(3) 检修工具：各种尺寸呆扳手，各种尺寸活动扳手，合适的起重工具。

(4) 检修材料：记号笔，打印版楔式流量计检修跟踪表。

(5) 静设备人员配合。

二、检修

1. 流量计工作情况检查

(1) 流量计停用前根据流量计测量数值与通过其他途径估算的流量值进行对比，初步判断仪表是否处于正常工作状态；

(2) 流量计及引压管路无泄漏。

2. 停用

(1) 确认工艺管线吹扫完毕；

(2) 根据打印版楔式流量计检修跟踪表现场核对流量计位号、位置等信息；

(3) 机柜室内断开变送器供电开关；

(4) 配合操作人员关闭一次阀；

(5) 检查确认伴热蒸汽停用。

3. 拆卸

(1) 现场确认一次阀已经关紧；

(2) 静设备专业拆除并吊装楔式流量计，在打印版楔式流量计检修跟踪表中记录好流量计取压口方向、角度及介质流向。

4. 检查检修

(1) 引压管路清理。由于楔式流量计测量介质多为黏稠介质，检查检修的重点为引压管路的清洁清理；如果结焦或有固定凝结物，甚至需要高压水疏通引压管；应根据介质情况及以往经验提前做好引压管清理方案并准备好相应的设备或工器具。

（2）一次阀检查检修。楔式流量计的一次阀，也经常因为介质凝固而卡塞或泄漏或无法开关；检修时应首先拆除清理一次阀，然后根据清理情况进行阀门开关动作测试以及泄漏检查。

（3）流量计内部清理。清除内部污垢凝结物，在清除时应保护楔块的尖锐边缘不受损伤，不能用砂纸及锉刀等工具打磨楔块边缘。

（4）检查楔块磨损情况，如磨损则需考虑流量计整体更换。

（5）伴热管线检查。检查伴热管线是否有泄漏、堵塞，伴热是否合理有效，或按检修计划进行伴热管线整改改造。

（6）接线检查。检查变送器接线及接线端子是否松动或生锈，测试确认电缆绝缘良好；检查变送器表盖密封圈是否老化变形，老化变形损坏的密封圈应更换；变送器信号电缆未靠近高温工艺管道或设备。

三、安装投用

1. 流量计安装

（1）根据流量计的位号由静设备专业吊装至安装位置。

（2）根据拆卸时记录好的流量计取压口方向、角度回装。

（3）根据介质和压力等级选取合适的垫片；安装螺栓之前确保垫片安装位置合适，垫片中心应与管道中心重合，以使垫片突出于管道内流通部分的面积尽量小；采用十字交叉法累进的方式上紧螺栓，紧法兰螺栓时逐步均匀地拧紧以避免局部应力对垫片造成损坏。

（4）检查确认伴热管道敷设符合要求。

2. 变送器安装

（1）参考附录 I -2“压力(差压)变送器检修作业指导书”进行变送器单校、安装；

（2）变送器接线。

3. 楔式流量计投用

（1）现场检查确认安装方向、取压角度正确；

（2）联系工艺打开一次阀，检查有无泄漏；

（3）参考附录 I -2“压力(差压)变送器检修作业指导书”投用、校验变送器；

4. 清场恢复

检修完毕后，清理干净现场油污、废工艺介质等，将施工废料、垃圾等收集到指定位置。

四、质量控制点

（1）楔式流量计内部及引压管路清理清洁；

（2）伴热管线检查检修。

I -12　阿牛巴流量计检修作业指导书

一、技术准备

阿牛巴流量计测量，原理上来源于伯努利方程：$p+\rho gz+\frac{1}{2}\rho v^2=C$。式中 p、ρ、v 分别为流体的压强、密度和速度；z 为铅垂高度；g 为重力加速度。上式各项分别表示单位体积流体的压力能 p、重力势能 ρgz 和动能$\frac{1}{2}\rho v^2$，在沿流线运动过程中，总和保持不变，即总能量守恒；但各流线之间总能量(即上式中的常量值)可能不同。对于气体，可忽略重力，方程简化为$p+\frac{1}{2}\rho v^2=C$，各项分别称为静压、动压和总压。流动中速度增大，压强就减小；速度减小，压强就增大；速度降为零，压强就达到最大(理论上应等于总压)。示意的测量原理图如图 A-10 所示。

阿牛巴流量计的探头是一根中间隔开、两侧开孔的圆柱，实际上相当于两根侧面开孔的管子，其开孔迎向流束的可以感受流体的动压+静压，而背向流束开孔的则感受静压，两管压力差的平方与流速(流量)成正比。

由于管道内各处流速不一，所以开多个孔以取得平均流速，阿牛巴流量计因此也称为匀速管、笛形管、皮托管。

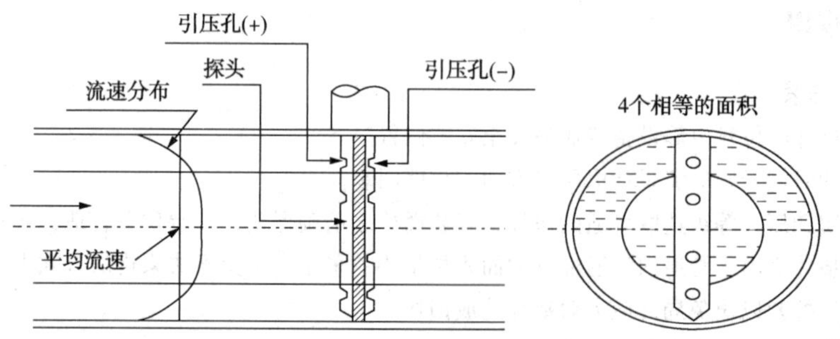

图 A-10　阿牛巴流量计测量原理图

二、检修准备

(1) 开具合格的仪表作业许可证，确认作业安全环境。

(2) 佩戴合适劳保用品，注意交叉作业危险和高温烫伤。

(3) 检修工具：各种尺寸活扳手，除锈剂，合适规格盲法兰。

(4) 检修材料：记号笔，万用表，475 手操器，打印版阿牛巴流量计检修跟踪表，标签纸。

三、检查检修

1. 外观检查

(1) 流量计停用前根据流量计测量数值与通过其他途径估算的流量值进行对比，初步判断仪表是否处于正常工作状态；

(2) 流量计及引压管路无泄漏，

(3) 确认流量计壳体上的箭头方向与介质方向一致，并在打印版阿牛巴流量计检修跟踪表记录介质流向、取压口方向角度；

(4) 检查确认流量计的一次阀、二次阀是否灵活好用、无泄漏。

2. 停用

(1) 确认管道介质吹扫干净，管道泄压完成；

(2) 根据打印版阿牛巴流量计检修跟踪表现场核对流量计位号、位置等信息；

(3) 打开平衡阀关闭正负压引压阀，变送器停用；

(4) 联系工艺关闭流量计一次阀，并确认关严；

(5) 机柜室内断开变送器供电开关。

3. 拆除

(1) 标记流量计与管线的安装位置，利于回装对中；

(2) 静设备专业拆除并吊装阿牛巴流量计，仪表专业打印版阿牛巴流量计检修跟踪表中记录好流量计及介质流向；

(3) 用盲法兰密闭流量计过程法兰(垫片可利旧)。

4. 检查检修

(1) 检查流量计内部，清除内部污垢，检查引压孔，清理干净异物杂质。

(2) 引压管路检查、清理、清洗。

(3) 检查确认变送器格兰、外壳等防水密封性良好。

(4) 检查变送器接线及接线端子是否松动或生锈，测试确认电缆绝缘良好；检查变送器表盖密封圈是否老化变形，老化变形损坏的密封圈应更换；变送器信号电缆未靠近高温工艺管道或设备。

5. 校验

阿牛巴流量计传感器(探头)较长，拆装校验不便且通常测量精度较高，所以停工检修时一般不需要对阿牛巴流量计进行校验，仅对非标准节流装置的标定方法简单介绍如下。

(1) 称重法。称重法校验液体流量的方法，是用泵将实验液送到恒压水塔中，实验液通过恒压塔后流到校验仪表中，在一定的时间内将分流器控制流体注入到称重容器中。注入的时间由计时器测量，称重中的液体质量由衡器计量出来，这样就可以计算出经过校验流量计的流量。

(2) 标准表对比法。标准表对比法校验气体流量计的方法，是将一只预先已经确定存在误差的流量计和被检流量计串联在同一管道上进行比较，如果管道没有旁路和泄漏，流过第二个流量计的流量应该是相等的，在稳定流量计下同时记录标准表的读数和被检表的读数比对。所以选择流量标准表要注意选择准确度高、示值稳定、重复性良好的流量表。

四、安装投用

1. 安装

(1) 确认流量计位号及安装地点；

(2) 确认安装方向取压角度正确，按拆卸时的标记原样对中回装；

(3) 根据介质确认垫片压力等级，材质正确；

(4) 应使用合适的工具安装螺栓，并根据法兰类型及等级要求使用适当的螺栓扭矩；

(5) 用十字交叉法逐步均匀拧紧螺栓，避免局部应力对垫片造成损坏和防止紧偏泄漏；

2. 接线

(1) 参考附录Ⅰ-2“压力(差压)变送器检修作业指导书”，进行变送器单校；

(2) 变送器接线。

3. 投用

(1) 联系工艺打开一次阀，检查有无泄漏；

(2) 参考附录Ⅰ-2“压力(差压)变送器检修作业指导书”投用校验变送器。

五、质量控制点

(1) 流量计安装对中正确；

(2) 阿牛巴流量计传感器及引压管路清洁清理；

(3) 变送器及格兰防水密封检查、电缆防高温检查。

Ⅰ-13 转子流量计检修作业指导书

一、检修准备

(1) 开具合格的仪表作业许可证，确认作业安全环境。
(2) 佩戴合适劳保用品。
(3) 选用合适的防爆工具：各种尺寸活头扳手，一字、十字螺丝刀。
(4) 检修材料：记号笔，打印版转子流量计检修跟踪表，防水标签纸。

二、检查检修

1. 停用

(1) 做好流量计位号标记以及记录安装位置；
(2) 确认流体方向自下而上通过流量计，并做好标记；
(3) 仪表外观是否有破损、腐蚀，电缆是否完好；
(4) 工艺吹扫前仪表停用，作业人员配合操作工关闭一次阀并检查是否关严；
(5) 检查流量计的零位是否正确。

2. 拆除

(1) 在机柜室内断开变送器供电电源；
(2) 现场确认已断电后拆除变送器接线，用绝缘胶带包扎并做好标记防止引起短路；
(3) 选用合适工具，拆除流量计；
(4) 流量计拆卸时，应注意不要碰弯导向杆，最好将下面一段直管段与仪表同时拆卸以保护导向杆，防止转子发生“卡死”现象；
(5) 转子流量计(特别是大口径)搬动，应先将转子固定，避免转子碰撞锥管；
(6) 拆卸后对过程接口和流量计做好防护措施；
(7) 拆法兰螺栓时，缓慢松动作业人员对面的螺栓，以预防残留介质溅向作业人员，确认完全无介质泄漏时再卸下全部螺栓；
(8) 对有毒有害介质的转子流量计，在拆下时需要对介质进行处理干净后再存放；
(9) 将拆除的转子流量计存放在指定位置，并做好保护和记录。

3. 内部检查

(1) 清洗转换器和机械传动部分；
(2) 用柴油浸泡后清除锥管壁上和转子上的附着物及杂质，注意切勿碰弯转子部件连杆。

4. 校验

远传转子流量计校验的目的是使流量与转子位移、指针指示、信号输出构成一一对应的关系，但通常由专业的检定单位或制造厂完成。如下校验过程及原理说明仅做参考。

(1) 流量与“转子位移”对应关系校准。将转子流量计置于校验架上，接通电源或气源，用手拨动平衡杆，模拟转子移动，向转换器输入转子位移信号，调整第二套连杆机构(即刻度盘指针与信号转换部分之间的连杆机构)，使指针指示值与输出信号值相对应。一般校验可在全刻度范围内选 5~6 点(包括零点和满量程)进行，调整至误差在规定范围内。

(2) “转子位移”与“刻度盘指示值”对应关系校准。将转子流量计垂直安装在流量校验设备上，按照流量刻度所示的流量值找转子位移(转子位移可在仪表侧面的长条形标尺上读取)，确定转子位移与流量的对应关系。

(3)“刻度盘指示值”与“输出信号”对应关系校准。调整第一套连杆机构(即转子耦合磁钢与刻度盘指针之间的连杆机构),使转子位移值与刻度盘指针的流量指示值相对应。

(4)整体校验。通入流量(可先对转换器再进行复校,允许调整零位),测出输出信号所对应真实流量。此值与标准比较,误差应符合规定要求,即为流量计的精度。

(5)校验。用于测量液体的转子流量计,校验时一般采用常温常压下的水;测量气体的转子流量计,是用常温常压下的空气。当实际被测介质的种类、工作状态和物理参数与校验介质不同时,必须进行刻度换算,换算公式如下所示。

A. 测量液体的刻度换算。当被测介质黏度不大于10mPa·s时,按如下公式换算修正:

$$Q_1=K_\rho\cdot Q_0=\sqrt{\frac{(\rho_n-\rho_0)\cdot\rho_1}{(\rho_n-\rho_1)\cdot\rho_0}}\cdot Q_0$$

式中 Q_1——被测介质的实际流量;

Q_0——仪表的读数(校验时的流量值);

K_ρ——容积流量的密度修正系统;

ρ_n——转子部件的密度;

ρ_0——校验液体水的密度;

ρ_1——被测介质的密度。

若被测介质的黏度超过20mPa·s时,则还要根据黏度修正曲线进行修正。

B. 测量气体时的刻度换算按如下公式:

$$Q_1=K_\rho K_P K_T\cdot Q_0=\sqrt{\frac{\rho_0}{\rho_1}}\cdot\sqrt{\frac{P_0}{P_1}}\cdot\sqrt{\frac{T_0}{T_1}}\cdot Q_0$$

式中 Q_1——被测气体在标准状态下(101.33kPa,20℃)的流量值;

Q_0——仪表读数;

K_ρ——密度修正系数;

K_P——压力修正系数;

K_T——温度修正系数

ρ_0——校验用空气0℃时的密度;

ρ_1——被测气体在0℃时的密度;

P_1,T_1——工作状态下的绝对压力和绝对温度;

P_0,T_0——标准状态下的绝对压力和绝对温度。

C. 测量饱和蒸汽时,若转子是不锈钢,则按如下公式换算修正:

$$M=33.82Q_0\sqrt{\rho}$$

式中 M——被测蒸汽的实际流量,kg/h;

Q_0——仪表读数,m^3/h;

ρ——被测饱和蒸汽的密度,kg/m^3。

三、安装投用

1. 吹扫检查

(1)吹扫清洗流量计管路;

(2)如果被测介质混有较多气体,检查是否设置了消气器;

(3)检查确认流量计前有保持5倍管径的直管段或已经加装整流器;

(4)如果流量计与管道前泵、调节阀等设备距离较近,是否设置了缓冲罐;

（5）用于脏污流体测量的流量计(特别是口径在 25mm 以下的)，检查确认流量计入口处是否加装了过滤器。

2. 安装

（1）确认流量计位号及安装地点；

（2）安装转子流量计，按拆除流量计时的标记，并确认流体自下而上经过转子流量计；

（3）根据介质确认垫片压力等级，材质正确；

（4）用十字交叉法逐步均匀拧紧螺栓，防止紧偏泄漏；

（5）按之前标记的极性进行电缆接线恢复。

3. 投用

（1）转子流量计投入运行时，应缓缓地开启前后阀门，以免流体冲击转子损坏仪表；

（2）无旁路的流量计，先开启仪表下部(进口)阀门，再缓缓打开上部(出口)阀门；

（3）有旁路的流量计，先开启旁路再开仪表下部阀门和上部阀门，后逐渐关闭旁路阀门；

（4）根据被测量流体的脏污程度，通过冲洗保证测量精度。

装有冲洗管时，可采用其他清洁液冲洗。图 A-11 所示为设置冲洗配管的安装方式、右侧为转子流量计并联安装方式。具体的阀门开关顺序如下：

首先开启阀 1、关闭阀 2、阀 3，然后打开阀 4、阀 5 进行清洗，冲洗结束后，关闭阀 4、阀 5，开启阀 2、阀 3，最后关闭阀 1，仪表投入正常运行。

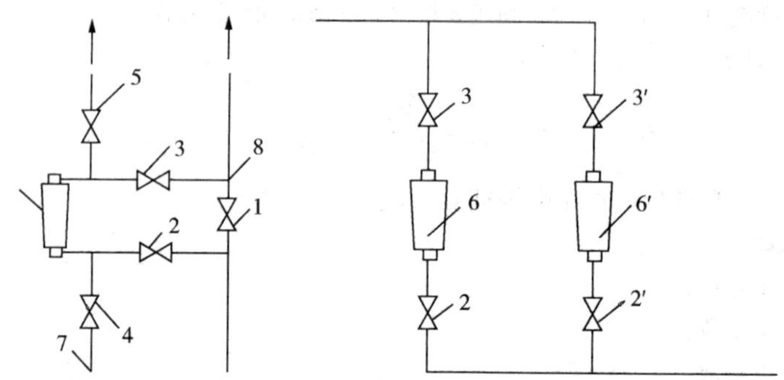

图 A-11　测量脏污流体时的安装

1—旁路阀；2、2′、3、3′—工作阀；4、5—冲洗阀；6、6′—转子流量计；7—洗配管；8—旁路管道

四、质量控制点

（1）流量计安装流向正确；

（2）流量计零点检查；

（3）流量计吹扫清洗。

Ⅰ-14　电磁流量计检修作业指导书

一、检修准备

（1）开具合格的仪表作业相关许可证，确认作业安全环境。

（2）佩戴合适劳保用品。

(3) 选用合适的防爆工具：各种尺寸活头扳手，高精度万用表，一字、十字螺丝刀各一套，内六角公制、英制各一套，475 手操器；笔记本。

(4) 检修材料：记号笔，打印版电磁流量计检修跟踪表，参数备份记录表，防水标签纸。

二、检查检修

1. 外观检查

(1) 铭牌标识是否完好清晰，外观是否有破损、腐蚀，变送器、接线盒是否有漏水痕迹；

(2) 信号、电源电缆是否完好，信号电线和电源线不能敷设在同一钢管内；

(3) 根据打印版电磁流量计检修跟踪表核对流量计变送器、传感器型号及序列号。

2. 工作情况检查

(1) 根据流量计测量数值与通过其他途径估算的流量值进行对比，初步判断仪表是否处于正常工作状态；

(2) 检查仪表线路是否正常，供电电压是否正常；

(3) 用 475 手操器或者带专用软件的笔记本，检查并按照附件记录组态参数；

(4) 流量计工作状态是否正常(无错误代码、报警等)。

3. 停用

(1) 确认电磁流量计的技术特性，衬里不耐磨的需在吹扫前拆下，防止损坏流量计衬里；

(2) 工艺介质温度较高的，需等流体冷却后关闭流量计上、下游阀门，以免流量计内介质冷却收缩形成负压，导致衬里变形或剥落，甚至电极短路造成仪表损坏；

(3) 在机柜室内断开变送器供电电源与信号开关。

4. 线路检查

(1) 拆开传感器及变送器接线盒检查接线情况及是否有漏水、腐蚀和格兰密封情况；

(2) 拆线时注意做好标记，防止接线错误；

(3) 检查线路绝缘是否良好，用 500V 兆欧表检查芯线之间、芯线对地电阻大于 20MΩ。

5. 传感器检查

(1) 检查清洗传感器内壁衬里和电极上的结垢，如发现传感器电极渗漏或衬里损坏，不能可靠修复时应及时提报计划更换；

(2) 确认已停电，打开传感器接线盒拆下接线，按照电磁流量计技术资料，对电磁流量计电极的电阻进行测量，对照是否在技术要求的范围内。

6. 接地检查

(1) 传感器的接地线必须与被测介质导通；

(2) 传感器外壳与金属管道两端应有良好的接触并接地，在不能保证传感器外壳与金属管道接触良好的情况下，应用金属导线把它们连接起来再可靠接地；

(3) 工艺管道为非金属或其他绝缘管时，应在传感器外壳与工艺管道之间装上接地环，接地环的柄应接地良好，传感器外壳与接地环之间要用导线接通；

(4) 接地的位置与电磁流量计的距离越短越好，检测确认接地电阻不大于 4Ω；

7. 检定校验

电磁流量计通常不需要校验检定，如果需要则应按计划拆除送至计量检定单位完成。下面仅就校验原理简单介绍。

电磁流量计一般采用容积法检定，在稳定流量下，用试验介质通过被校流量计，当输出为模拟信号时，测得注满标准容器的体积 V 和所需的时间 t，求得实际流量，与被校仪表的指示值相比较，即可算出仪表误差；当输出为脉冲信号时，测得一定容积内被校仪表的脉冲数，再计算仪表系数、流量的基本误差和重复性。

电磁流量计输出的感应电势与流体的温度、密度、黏度等参数无关，仅取决于流速，因此电磁流量计的检定都可用水作介质，不必用实际流体进行实流检定；流量计应在其流量上限值70%～100%范围内，至少运行5min后方可进行正式示值检定；检定装置的误差不应超过被检流量计基本误差限的1/2，每次测量时间不少于检定装置允许的最短测量时间。

三、回装投用

1. 现场检查

(1) 确认流量计位号、安装位置正确无误；

(2) 根据记录确认流量传感器和变送器配套无误；

(3) 确认工艺介质的正确流向，确认流量计介质流向与传感器流向一致；

(4) 再次确认电磁流量计有良好的接地；

(5) 确认电磁流量计上游直管段符合要求(直管段长度 $L=10D$)。

2. 安装

(1) 选用合适工具及垫片按规范安装传感器，紧法兰螺栓时应按十字交叉法均匀拧紧；

(2) 变送器按照规范要求复位，按电缆按标记进行接线；

(3) 确认电缆绝缘正常、接线正确，接线端子紧固、无腐蚀，电缆格兰密封良好。

3. 投用

(1) 流量计通电。

(2) 零点检查。检查电磁流量计的零位，按制造厂规定的调整方法进行调零；调零时要注意测量管完全注满液体，并使液体完全处于静止状态。

(3) 组态参数检查。确认电磁流量计的组态跟记录一致(测量单位、口径、流量量程、阻尼值、输出设定等)。

4. 常见故障及排除

1) 电磁流量计无指示

(1) 保险丝是否熔断；

(2) 流量计传感器壳体上的箭头是否与流体流向一致；

(3) 传感器是否充满液体；

(4) 接地是否良好；

(5) 电极是否沾有污物。

2) 电磁流量计零点不稳定

(1) 传感器是否充满液体；

(2) 是否混有气泡；

(3) 阀是否泄漏；

(4) 流量计接地是否良好；

(5) 被测介质的电导率是否过小；

(6) 电极上是否沾有污物；

(7) 流量计是否靠近电机、变压器等其他电器设备。

3) 流量计指示与实际流量不一致

(1) 变送器是否在正常方式；

(2) 传感器中被测介质是否满管，有无气泡；

(3) 接地是否良好；

(4) 零位及量程是否正确；
(5) 被测介质的电导率是否过小；
(6) 电极上是否沾有污物；
(7) 上游阀门是否全开。

四、质量控制点

(1) 电磁流量计电极的电阻检查检测；
(2) 流量计组态参数检查备份及台账更新；
(3) 流量计防水密封检查处理。

附件：

电磁流量计组态参数备份记录表

序号	位号	介质名称	量程	阻尼值	口径	GK	GKL	产品型号/序列号	使用时间	备份时间	备注
1											
2											
3											
4											
5											

I -15 涡街流量计检修作业指导书

一、技术准备

1. 测量原理

涡街流量计基于自然震荡的卡门漩涡分离型原理；流体中插入柱型物体时，会在柱形物体两侧交替地产生有规则的漩涡，该漩涡在柱体的后侧方产生、分开、形成漩涡列，通常称作卡门涡街或卡门涡列。当满足 $h/l=0.281$(h 为涡街的宽度，l 为同侧两个漩涡之间的距离)时，卡门漩涡稳定而且单列漩涡频率 f 与柱状物迎流面宽度 d 和流体流速 u 有如下关系：$f=(S_t/d)\times u$，式中 S_t——斯特罗哈尔系数。此漩涡的频率与流体的流速成正比，它几乎不受流体的温度、压力、成分、密度及黏度的影响，测出频率的高低就能得知流量的大小。

涡街流量计可以测量气体、液体和蒸汽，但是在混相流状态时，涡街流量计不能做出精确的流量测量。因此它不能测量雾状流体、分层流体、气泡流体及夹带固体的流体。

2. 检修要点

涡街流量计测量不准或波动甚至故障，多数由管线有脉动或介质中异物卡塞传感器造成的，检修时应首先检查流量计前后管道是否存在未消除应力及是否会产生振动；其次，重点拆除清理流量计内部异物。

二、检修准备

（1）开具合格的仪表作业相关许可证，确认作业安全环境。

（2）佩戴合适的劳保用品。

（3）选用合适的工具：各种尺寸活头扳手，预制短接管(垫片)，福禄克万用表，250Ω 电阻，5~10kHz 频率计，475HART 手操器，一字、十字螺丝刀，内六角公制、英制各一套。

（4）检修材料：记号笔，打印版检修涡街流量计检修跟踪表，组态参数备份记录表，标签纸。

三、检查检修

1. 外观检查

（1）铭牌标识清晰、外观无破损、腐蚀；

（2）当流量计安装在振动比较大或跨度较长的管道上时，在其两侧加管道支架；

（3）流量计上游直管段应在 20D 以上，下游直管段也不得小于 5D；

（4）被测流体的流向，应与流量计壳体上指示流向的箭头一致；

（5）检查流量计前后管道是否存在未消除应力及是否存在管线振动隐患；

（6）检查流量计周围是否有较强的交、直流磁场或有剧烈振动。

2. 检查备份

（1）根据流量计测量数值与通过其他途径估算的流量值进行对比，初步判断仪表是否处于正常工作状态；

（2）用 475 手操器或者带专用软件笔记本检查并记录流量计各项组态参数检查备份，同时记录更新涡街流量计组态参数备份台账。

3. 停用

（1）在机柜室内断开变送器供电电源开关；

（2）做好流量计位号标记，并在打印版检修涡街流量计检修跟踪表记录。

4. 线路检查

（1）确认流量计停电后，拆开变送器接线盒，检查接线是否牢固，是否有漏水、腐蚀等；

（2）拆线时注意做好标记，防止接线错误；

（3）检查线路绝缘是否良好，用 500V 兆欧表检查芯线之间、芯线对地电阻大于 20MΩ。

5. 拆除清理

（1）现场确认断电后拆除变送器接线，用绝缘胶带保护并做好标记；

（2）用在蒸汽上的涡街，在管道上的温度冷却到常温后拆除；

（3）拆除法兰螺栓，缓慢松动作业人员对面的螺栓，以预防残留介质溅向作业人员，确认完全无介质泄漏时再卸下全部螺栓；

（4）对有毒有害介质的涡街流量计，在拆下时需要对介质进行处理干净后再存放；

（5）清理清洁传感器及流量计管道；

（6）吹扫洗清变送器内部时注意不要损伤漩涡发生体，特别是涡街信号检测元件；

（7）将需要送检或送交专业单位维修的流量计存放在指定位置，并做好记录。

四、回装投用

1. 安装

(1) 根据打印版检修涡街流量计检修跟踪表，确定流量计位号、安装位置；

(2) 确认流量计前后管道已经清洗吹扫干净；

(3) 选用合适工具及垫片安装流量计，紧法兰螺栓时应按十字交叉法逐步均匀地拧紧；

(4) 确认流量计壳体上的箭头方向与流体流向相符；

(5) 将变送器按规范要求复位安装，并按标记进行接线。

2. 投用

(1) 慢慢打开上游阀门，再慢慢打开下游阀门，避免因介质流进过快而造成气液冲击；

(2) 安装在蒸汽管道上的流量计，送蒸汽前应将管道内冷凝水排放完再缓慢送蒸汽；

(3) 检查确认涡街流量计的组态跟记录一致(输出信号、K系数及单位、量程等)；

(4) 检查确认变送器指示正常。

3. 常见故障及排除

1) 流量计无输出

(1) 电源极性是否正确；

(2) 电源电压和负载电阻是否符合要求；

(3) 漩涡频率波应符合要求，如不符合要检查漩涡发生体与端子板接线是否正确；

(4) 更换备用的放大器和漩涡体发生件。

2) 流体静止时仍有输出信号

(1) 漩涡频率波形正常，可能是波形与电源频率重叠所致，应检查接地是否良好；

(2) 波形异常，可进行噪声平衡调整和触发电平调整，检查管道是否有强烈的机械振动。

3) 涡街流量计测量误差较大

(1) 电源电压负载电阻是否正常；

(2) 有无外界噪声，并检查屏蔽和接地线；

(3) 漩涡频率波形异常，可检查直管段长度、流体条件、漩涡发生体和流路表面有无大量附着物，测蒸汽时有无冷凝水等；

(4) 当波形无异常而误差较大时，可检查实际雷诺数与流量；

(5) 若为插入式探头，应对仪表常数进行修正；

(6) 若被测介质温度较高或较低时，会引起探头尺寸的变化，应对仪表常数进行修正。

4) 小流量时输出不稳定

(1) 流量指示偏高，而漩涡频率波形稳定，应检查波形上是否有杂波，可分别通过完善接地和调整触发输入电平解决；

(2) 如果频率波形不稳定，应核对雷诺数、测量范围是否在规定范围内，直管段的长度和安装是否符合规定，漩涡发生体的组件安装螺钉是否松动，漩涡发生体上有无杂物缠绕；

(3) 流量指示不偏高时，可直接从流体雷诺数、流量测量范围是否在规定范围内，安装是否符合规范等方面寻求故障产生原因，然后有针对性地予以排除。

五、质量控制点

(1) 流量计前后管道应力消除及振动隐患消除；

(2) 流量计拆清及传感器清洁清理；

(3) 组态参数检查备份。

Ⅰ-16　涡轮流量计检修作业指导书

一、检修准备

(1)开具合格的仪表作业许可证，确认作业安全环境。

(2)佩戴合适劳保用品。

(3)检修工具：活动扳手，万用表，475手操器，预制短接管(垫片)。

(4)检修材料：记号笔，打印版涡轮流量计检修跟踪表。

二、检查检修

1. 检查备份

(1)检查流量计外观良好、连接电缆及格兰密封正常；

(2)用475手操器检查备份流量计组态参数。

2. 拆卸

(1)在机柜室内断开变送器供电开关；

(2)现场确认已断电后拆除变送器接线，用绝缘胶带包扎并做好标记；

(3)先将管道卸压、排污，再将涡轮流量计拆下；

(4)把拆下的流量计两端包好，以免污物、铁屑等落入流量计将涡轮内部损坏；

(5)打印版涡轮流量计检修跟踪表中记录安装位置及流向；

(6)吹扫清洁管道，安装相应的短接管。

3. 检修

(1)检查涡轮运转情况，应转动自如，若不能达到要求，可将前导流器取出，旋转一个角度后，再装入检查，直至达到满意的要求为止。

(2)如果涡轮运转不正常，将仪表本体及检测元件拆卸、清洗干净或更换叶轮或轴承。

(3)拆除清洗：

A. 拆除前导流器压圈，取出前导流器和叶轮；

B. 拆除后导流器压圈，取出后导流器；

C. 导流器、叶轮放入苯(四氯化碳)中清洗，用小毛刷将轴承内污物清洗干净；

D. 检查轴承磨损情况，轴承和转轴间隙一般为0.02~0.03mm，间隙太大应当更换；

E. 清理时应注意不要将感应线圈碰上油；

F. 清洗后晾干，按照拆卸时相反的步骤装配各个部件。

(4)清洗涡轮流量计前的过滤器。

(5)如果检修项目涉及叶轮更换，检修更换完成后整体送检检定K系数。

4. 检定

涡轮流量计的检定、校验需要专业的计量检定机构完成，主要注意事项如下。

(1)涡轮流量计一般采用静态容积法进行检定。

(2)检定装置的误差应不超过被检流量计基本误差限1/2，每次测量时间应不少于装置允许的最短测量时间。

(3)流量计应在其流量上限值70%~100%范围内，至少运行5min后方可进行正式示值检定。输出模拟信号时，检定点应包括q_{min}和q_{max}在内的至少5个检定点，且均匀分布。输出频率信号时，检定点应包括q_{min}、

$0.07q_{max}$、$0.15q_{max}$、$0.25q_{max}$、$0.4q_{max}$、$0.7q_{max}$和 q_{max}，当后 6 个检定点流量小于 q_{min}，此检定点可不计。

(4)每个检定点至少检定 3 次。

三、回装

1. 安装接线

(1)确认被测介质的流向，应与壳体上指示流向的箭头一致；

(2)选用合适工具及垫片按规范安装传感器，紧法兰螺栓时应按十字交叉法均匀拧紧；

(3)变送器按照规范要求复位，按电缆按标记进行接线，接线端子无松动、无锈蚀；

(4)检查确认电缆格兰密封良好。

2. 投用

(1)流量计通电；

(2)缓慢开启上游阀门，再慢慢打开下游阀门；

(3)检查确认变送器指示正常。

四、质量控制点

(1)流量计管道清理；

(2)流量计参数检查、备份、台账更新；

(3)涡轮流量计的送检检定。

I -17 质量流量计检修作业指导书

一、检修准备

(1)开具合格的仪表作业许可证，确认作业安全环境。

(2)佩戴合适劳保用品。

(3)检修工具：各种尺寸活动扳手，高精度万用表，475 手操器，起重工具。

(4)检修材料：记号笔，打印版质量流量计检修跟踪表，组态参数备份记录表。

(5)静设备人员配合。

二、检查检修

1. 工作情况检查

(1)流量计停用前根据流量计测量数值与通过其他途径估算的流量值进行对比，初步判断仪表是否处于正常工作状态；

(2)检查仪表线路绝缘外观是否正常，供电电压是否正常；

(3)带伴热或保温夹套的质量流量计，停工吹扫过程是否已经扫干净；

(4)带伴热或保温夹套的质量流量计，伴热蒸汽是否还在投用。

2. 现场检查

(1)铭牌标识清晰，外观无破损、腐蚀，电缆外观干净正常；

(2)直管段符合要求，上游直管段应在 20*D* 以上，下游直管段也不得小于 5*D*；

(3)流量计旁路阀门无泄漏；

(4)流量调节阀安装在传感器下游；

(5)被测流体的流向，与流量计壳体上指示流向的箭头一致。

3. 组态参数检查备份

(1)连接 475 HART 手操器，进行组态参数检查备份，重点检查流量标系数、密度标定系数、温度标定系数、测量单位、最小切除值、阻尼值、团状流量参数以及毫安输出和频率输出等；

(2)按位号记录备份数据，更新流量计组态参数备份台账。

4. 流量计停用

(1)先开启旁路阀门，再关闭上游和下游阀门(对于在常温下凝固的被测介质，应先做吹扫净化处理，以免流量计管道堵塞)；

(2)带伴热或保温夹套的质量流量计，伴热蒸汽停用；

(3)机柜室内断开变送器供电电源与信号开关。

5. 检查检修

(1)变送器、接线盒检查。确认流量计已停电，拆开变送器接线盒，检查接线是否牢固，是否有漏水、腐蚀等。

(2)传感器检查。确认流量计已停电，拆开传感器接线盒，拆下接线，按照质量流量计检修技术资料对质量流量计线圈电阻进行测量，对照是否在技术要求的范围内。

(3)检修。①如一切正常，则可以直接进行在线校验检查，正常后可投入使用(按照投运步骤)，不需要进行下线校验；②如检查发现存在故障，则需下线维修。

(4)按照检修计划检查处理保温伴热等故障隐患。

6. 拆除清理

1)拆除电缆

(1)现场确认已断电后拆除变送器接线，用绝缘胶带包扎并做好标记；

(2)拆除流量变送器与传感器间连接电缆，做好接线记录；

(3)将变送器及传感器接线盒电缆进线口密封。

2)拆除附件

拆除伴热管线、电缆支架等附属配件并做好保护。

3)流量计拆清

(1)记录流量计安装位置，变送器、传感器型号及序列号，并一一对应；

(2)使用吊带等将流量计吊装固定，防止拆卸过程中传感器突然掉落；

(3)使用合适工具拆卸流量计两侧法兰螺栓，应避免用大锤等工具敲打螺栓，防止因失误敲打在流量计上而损坏传感器部分元件；

(4)拆除螺栓后，缓慢松开吊带，使传感器缓慢落地；

(5)清理、清除流量计管道内壁上的积垢，清洁、润滑外壳螺纹和垫圈；

(6)将流量计两侧法兰封堵，防止杂物进入传感器；

(7)拆卸完毕后，清理干净现场的油污、废工艺介质等。

7. 检定

将流量计传感器、变送器及专用电缆一起保管，送检检定(涉及强制检定参考第三章第三节相关内容)。非强制检定的校验检定注意事项如下：

(1)流量计在检定前，先连接好检定系统及流量计的接线，预热 30min 左右。

(2)至少在 50%以上的流量下试运行一段时间，一般不少于 10min。

(3)检查标准设备各连接处应无渗漏现象，检定介质温度和压力应稳定，系统运行和显示应正常。

(4)质量流量计的检定方法可采用质量法、容积法加密度计、体积管法加密度计；有条件应首先采用质量法；在稳定的流量下，直接称量流过质量流量计的质量 M_s，或由时间 t 计算出实际流过流量计的质量流量 q_s 与流量计所指示的 M 及 q 值相比较，确定仪表误差。

(5)标准设备准确度应优于被测流量计基本误差限 1/3。

检定点一般为 q_{max}（最大流量）、$0.5q_{max}$、$0.2q_{max}$ 再回到 q_{max}，或特殊指定的检定点；量程比超过 5∶1 时，应再增加一个最小流量检定点 q_{min}，每个检定点至少检定 3 次。

三、回装投用

1. 安装

(1)根据打印版质量流量计检修跟踪表确定流量计位号、安装位置。

(2)根据记录，确认流量计传感器和变送器配套无误。

(3)将流量计传感器用吊带缓慢调至安装位置。

(4)确认工艺介质的正确流向，使工艺介质流向与传感器流向一致。

(5)根据工艺介质调整传感器的安装角度：当测量液体时，传感器朝下安装；当测量气体或蒸汽时传感器朝上安装。也就是要始终保持传感器管子里流体处于充满状态。

(6)选用合适工具安装螺栓及垫片固定流量计法兰，避免用大锤等工具敲打螺栓，防止因失误敲打在流量计上而损坏传感器部分元件。

(7)变送器复位，按标记进行接线。

(8)确认变送器垫圈和 O 形环完整，拧紧所有盖子。

2. 投用

(1)变送器送电。

(2)保温伴热管线及连接正确，并投用正常。

(3)变送器处于允许流量计调整的安全模式。

(4)打开流量计前后截止阀，使流量计内充满被测介质并运行 30min 以上，使流量计的密度、温度和压力值在正常的过程运行数值上。

(5)确保流量计传感器满管时，关闭在流量计上下游的截止阀，打开流量计副线阀，保证流过传感器的流体处于静止状态，然后调零。虽然实际温度变化对质量没有影响，但会影响零点稳定性，因此要传感器温度示值接近正常运行温度才能调零。

(6)检查仪表零位，并按制造厂规定的调整方法进行调零。

(7)打开流量计前后阀门，关闭旁路阀门，使流量计投入运行。

(8)检查确认流量计指示及状态正常。

3. 常见故障及排除

1)变送器无显示

检查电源及电源保险丝是否烧断。

2)零位漂移

(1)检查阀门是否泄漏；

(2)流量计的标定系数是否正确；

(3)阻尼是否过低，是否两相流；

(4)传感器接线盒是否受潮；

(5)接线是否正确；

(6)接地是否正确；

(7)安装是否有应力；

(8)是否有电磁干扰。

3)显示和输出值波动

(1)检查阻尼是否太小;

(2)驱动放大器是否稳定;

(3)密度显示值是否稳定;

(4)接线是否正确;

(5)接地是否正确;

(6)是否有振动干扰;

(7)传感器管道是否被堵塞或有积垢;

(8)是否两相流。

4)质量流量显示不正确

(1)检查流量标定系数是否正确;

(2)流量单位是否正确;

(3)检查零位是否正确，若不正确，重新做零点调整;

(4)检查流量计组态是测量质量流量还是体积流量;

(5)测量体积流量、密度标定系数是否正确;

(6)流量计所显示的被测介质的密度、温度是否正确;

(7)接线是否正确;

(8)接地是否正确;

(9)是否两相流。

5)密度显示不正确

(1)检查密度标定系数是否正确;

(2)接线是否正确，接地是否正确;

(3)是否两相流;

(4)是否有振动干扰;

(5)是否为团状流。

6)温度显示不正确

(1)检查接线是否正确;

(2)温度标定系数是否正确。

7)流量计有电源，但无输出

用万用表检查传感器不同接线端间的电阻，是否与厂商提供的数据相符。

四、质量控制点

(1)校验零点时，质量流量计必须是满管静止状态;

(2)组态参数检查、备份、台账更新;

(3)接线及接线端子检查、格兰密封防水检查、电缆防高温检查处理;

(4)带保温或蒸汽夹套质量流量计的吹扫。

I -18　超声波流量计检修作业指导书

一、检修准备

(1)开具合格的仪表作业许可证，确认作业安全环境。

(2)佩戴合适劳保用品。

(3)检修工器具：活动扳手，万用表，475手操器，高温耦合剂，砂纸，水平仪，一字螺丝刀，十字螺丝刀，固定传感器扎带。

(4)检修材料：记号笔，打印版超声波流量计检修跟踪表，组态参数备份记录表。

二、检查检修

1. 外观检查

(1)铭牌标识清晰，外观无破损、腐蚀；电缆外观干净正常；

(2)夹装式换能器配套用安装夹具有无松动移位，耦合剂是否干枯；

(3)检查传感器、变送器是否有浸水现象；

(4)根据流量计测量数值与通过其他途径估算的流量值进行对比，初步判断仪表是否处于正常工作状态。

2. 参数检查备份

以GE(通用电气公司)的XMT868I系列超声波流量计为例，介绍超声波流量计参数组态及检查备份过程。

1)组态方式

(1)通过XMT868I前面的面板设定键进行组态，即ENTER/ESCAPE/▼/▲；

(2)通过PanaView™软件组态；

(3)通过475手操器组态。

2)主要参数

流量测量需要明确知道传感器类型，管径、壁厚，流体类型等数据。

(1)声道组态：Channel status-Transit(声道工作方式)——时差法。

(2)Channel system prameters(声道系统参数)，包括下面几项：

Channel label　　声道标识
CHANNEL MESSAGE　　声道信息
VOLUMETRIC UNITS　　声道体积流量单位
VOL DECIMAL DIGITS　　声道体积流量小数点位数
TOTALIZER UNITS　　声道累积值单位
TOTAL DECIMAL DIGITS　　声道累积值小数点位数

(3)CHANNEL PIPE PARAMETERS(声道管道参数)，包括下面几项：

TRANSDUCER NUMBER　　探头编号
PIPE MATERIAL　　管道材质
PIPE OD　　管道外径
PIPE WALL　　管壁厚
FLUID TYPE　　被测介质
REYNOLDS CORRECTION　　雷诺数修正开启状态
KV INPUT SELECTION　　雷诺数修正值输入
KINEMATIC VISCOSITY　　运动黏度值
CALIBRATION FACTOR　　仪表系数
TRANSDUCER SPACING　　(仪表显示)建议探头安装距离

(4)CHANNEL INPUT/OUTPUT PARAMETERS(声道输入输出参数)：

ZERO CUTOFF　　小流量切除

(5)GLOBAL SYSTEM PARAMETERS(整体参数设置):

主要包括：系统单位、质量流量单位、体积流量单位、累计值单位等。

(6)SLOT 0 模拟输出设置：

SLOT 0 Output	4~20mA 模拟输出 A 口
BASE	4mA 对应的基准值
FULL	20mA 对应的满量程值

3)检查备份

(1)参照流量计技术协议，逐一检查记录超声波流量计组态参数；

(2)及时更新超声波流量计组态参数与备份台账。

3. 流量计停用

(1)记录流量计安装位置，变送器、传感器型号及序列号，并一一对应；

(2)确认探头上、下游的安装位置，用记号笔做好标识；

(3)机柜室内断开变送器供电电源与信号开关。

4. 线路检查

(1)确认流量计停电后，拆开变送器接线盒，检查接线是否牢固，是否有漏水、腐蚀；

(2)拆线时注意做好标记，防止接线错误；

(3)检查线路绝缘是否良好，用500V兆欧表检查芯线之间、芯线对地电阻大于20MΩ。

5. 拆检

(1)用合适工具拆卸流量计变送器；

(2)整理探头电缆及流量变送器电缆；

(3)取下探头，在安装探头的位置上涂抹上黄油，并贴上一块塑料布，用以保护测量点；

(4)清理探头杂物，检查传感器探头有无损坏；

(5)检查探头有无损伤，如有损伤立即维修或报计划更换同型号探头。

三、回装投用

1. 安装

(1)根据打印版超声波质量流量计检修跟踪表确定流量计位号、安装位置。

(2)根据记录，确认流量计探头和变送器配套无误。

(3)根据工艺介质，确认管道式超声波流量计安装方向：垂直管道上自下而上安装；水平管线上发射端与接收端安装要在同一水平直线上(一般尽量在管线中心线上)，否则在测量液体时，传感器易受气体或固体颗粒到影响，在测量气体时受液滴或固体颗粒到影响。

(4)安装流量计变送器，并接线。

(5)将管线参数(管道外径、管壁厚、管道材质、安装方式等)及检测介质参数与原记录数据核对，设定流量变送器参数，计算探头安装距离。

(6)根据变送器计算出探头安装距离，清理干净安装探头位置保温层和保护层。

(7)外夹式流量计传感器安装处壁面打磨干净，壁面局部凹陷凸出物修平，漆锈层磨净。

(8)根据探头之间距离安装探头夹具。

(9)在传感器探头上加入足够的耦合剂，确保不能有空气和固体颗粒。

(10)传感器安装完毕后，将探头夹具紧固。

(11)整理流量计电源电缆、信号电缆及传感器电缆，并固定。

(12)安装完毕，对探头安装处管道进行防腐作业。

2. 接线

对XMT868I系列而言，两个探头端采用同轴电缆并配有专用接头与两个探头连接；两同轴电缆另一端进XMT868I变送器背面接线盒，对应接在J3端子排上；XMT868I采用24VDC，接在Dc power input端子上，而信号线接在J1端子排的1/2上。

3. 投用

(1)检查仪表的零位，并按制造厂规定的方法进行调整。

(2)传感器会自动调整工作频率，确保最佳的信号强度。

(3)开机注意事项：

A. XMT868I正常工作时不可带电插拔传感器接头；

B. XMT868I送电前应接好传感器，以使内部的自动增益控制功能更好地发挥功效；

C. 连接传感器与XMT868I之前应将传感器内储存的静电放除。

4. 常见故障及排除

(1)流量计无显示，检查电源是否打开，保险丝是否完好；

(2)流量计显示出错信息，根据所显示的出错信息，分别予以解决；

(3)输出电流小于4mA时检查是否为负流量，传感器电缆是否接反，零点设定是否正确；

(4)输出4mA不稳定，检查介质是否稳定，传感器电缆或传感器振子是否有问题；

(5)输出电流不稳定，检查介质中是否存在空气泡或固体颗粒，是否为脉动流量，传感器电缆或传感器振子是否有问题；

(6)误差较大，检查介质中是否有阻尼或气泡，设定是否正确，介质中声速是否与计算值相同，传感器是否失效。

四、质量控制点

(1)流量计拆卸、夹具安装和耦合剂检查；

(2)流量计组态参数设定、检查、记录；

(3)流量计及格兰密封防水检查、电缆防高温检查。

I-19 热式质量流量计检修作业指导书

一、技术准备

1. 分类

热式质量流量测量是利用流体流过外热源加热的管道时产生的温度场变化来进行流体的质量流量测量，或利用加热流体时流体温度上升某一值所需的能量与流体质量之间的关系来测量流体的质量流量的。一般情况下，热式质量流量测量主要用于气体测量。

按结构原理分，热式质量流量计有浸入式、热分布式和边界层式三种。热分布式是基于测量流体温度分布来测量流量的，边界层式是利用流体边界层的传热来测量流量的，并不需要对全部介质加热，它们都属于非接触气体的流量；浸入式因结构上测量元件伸入测量管内而得名，它利用热消散(冷却)效应的金氏定律进行质量流量测量，又称冷却效应式质量流量传感器。

2. 测量原理

现场安装的一般为浸入式质量流量传感器，测量原理如下：

浸入式质量流量传感器的测量的传感元件包括两个热电阻(铂RTD)，分别置于流体中两金属细管内。其中一个是速度传感器，另一个是自动补偿气体温度变化的温度传感器。当它们被置于被测流体中时，温度传感器用于感应流体温度T，速度传感器经功率恒定的电热器加热，其温度T_v高于流体温度T。流体静

止时 T_v 最高，随着质量流速 ρv 增加，气流带走更多热量，温度下降，测得温度差 $\Delta T=T_v-T$。该温度差与质量流速、电热器的功率之间的关系为：

$$P=[B+C(\rho v)^K]\Delta T \tag{1}$$

式中：B、C、K——由经验确定的常数；

ΔT——速度传感器与温度传感器的温度差，$\Delta T=T_v-T$；

ρv——被测流体的质量流速；

P——电热器的功率。

由式(1)可算出质量流速，乘上点流速与管道平均流速之间的系数和流通截面积便得到质量流量：

$$\frac{P}{\Delta T}=D+Eq_m^k$$

式中：E——与所测流体体物性参数，如热导率、比热容、黏度等有关的系数，如果流体成分和物性恒定则视为常数。

D——与实际流动有关的常数。

若保持 ΔT 恒定，控制加热功率随着质量流量的增加而增加，测量加热功率便可测出质量流量。若保持加热功率稳定，测量温度差也可测出质量流量。

二、检修准备

(1)开具合格的仪表作业许可证，确认作业安全环境。

(2)佩戴合适劳保用品。

(3)检修工具：活动扳手，万用表，475 手操器，24VDC 电源。

(4)检修材料：记号笔，打印版热式质量流量计检修跟踪表，组态参数备份记录表。

三、检修

1. 外观检查

(1)铭牌标识清晰，外观无破损、腐蚀，电缆外观干净正常；

(2)直管段符合要求上游直管段应在 20*D* 以上，下游直管段也不得小于 5*D*。

2. 工作状态检查

(1)流量计停用前根据流量计测量数值与通过其他途径估算的流量值进行对比，初步判断仪表是否处于正常工作状态。

(2)如果流量计测量不准先按以下步骤检查：

①检查仪表线路是否正常，供电电压是否正常；观察被检查的仪表接线端子是否松动，接头有否进水，各密封点有否泄漏；用手触摸工艺管道，感受温度是否正常。

②检查流量计的安装是否符合要求，探头是否插入管道中心，方向有否装反，上下游直管段是否符合要求。

③检查流量计的菜单设置是否正确；

④检查工艺介质成分和设计值是否一致，介质成分变化导致导热系数发生较大变化。

⑤检查传感器的接地是否可靠，接地电阻是否小于 4Ω。

⑥检查工艺介质是否带液。

(3)比对检查。如果上述都无问题，现场条件允许的情况下，可用比对法对现场工艺量进行检查确认；

①具体可用一台经计量部门检定的标准超声波流量计与其比对，若两台流量计的测量流量比较接近，则说明仪表测量基本正常，则由工艺来寻找原因。

②若流量比对结果相差数值较大，则要按如下方法作进一步检查：

A. 若工艺现场条件允许，则由工艺配合，慢慢关闭热式质量流量计的前后截止阀，并观察在阀门关闭过程中流量计的流量变化情况，如果流量计在阀门关闭过程中能从大到小正常变化，说明流量计本身基本正常，则要按下条检查流量计零位。

B. 确认前后截止阀关死的情况下，看流量计流量值是否为零，如不为零则要按制造厂规定方法调零；调零前测量管内介质不能带液体，并保证被测介质处于完全静止状态。

C. 仪表回零后投运仍不准，则要拆下送计量部门检定。

3. 流量计停用

(1)用 475 手操器或专用软件记录(备份)流量计组态参数；

(2)确认管线内工艺介质已排放，压力释放为零；

(3)先开启旁路阀门，再关闭上游和下游阀门停用流量计，对于在常温下凝固的被测介质，应吹扫净化处理；

(4)在机柜室内断开对应流量计变送器供电电源与信号开关。

4. 拆除检查

1)拆除电缆

(1)现场确认已断电后拆除变送器接线，用绝缘胶带包扎并做好标记，防止接地短路；

(2)对于分体式流量计，拆除流量变送器与传感器间连接电缆，做好接线记录；

(3)电缆拆除后将变送器及传感器接线盒电缆进线口密封保护。

2)拆除变送器

3)流量计拆清

(1)记录流量计位置、流向，变送器、传感器型号及序列号；

(2)使用合适工具拆卸流量计两侧法兰螺栓；

(3)清除流量计管道内壁上的积垢；

(4)流量计两侧法兰封堵，防止杂物进入流量计；

(5)拆卸完毕后，清理干净现场的油污、废工艺介质等。

5. 检定

将流量计传感器、变送器、专用电缆、打印版组态参数一起送计量机构校验检定。

四、回装

1. 安装

(1)根据打印版热质量流量计检修跟踪表确定流量计位号、安装位置；

(2)根据记录，确认流量计传感器和变送器配套无误；

(3)将流量计传感器用吊带缓慢调至安装位置；

(4)确认工艺介质的正确流向，使工艺介质流向与传感器流向一致；

(5)传感器安装完毕，将仪表电缆按标记进行接线，接线端子紧固、无腐蚀。

2. 投用

(1)变送器送电；

(2)打开流量计前后阀门，关闭旁路阀门，使连接投入运行；

(3)检查确认流量计的组态参数正确无误；

(4)与 DCS 显示检查对照确认流量计显示正常。

3. 故障处理

1)流量计无指示

(1)检查保险丝是否熔断；

(2)检查流量计壳体上的箭头是否与流体流方向一致；
(3)检查被测介质是否带液体；
(4)检查接地是否良好；
(5)检查探头是否干净；
(6)检查探头和变送器之间的连线是否松脱，接线是否正确；
(7)检查流体是否在测量的规定范围内(0.3~24m/s)。
2)流量计零点不稳
(1)检查工艺介质是否带液体；
(2)检查接地是否良好；
(3)检查探头是否干净；
(4)检查流量计是否靠近大电机、变压器等电气设备受到电磁干扰；
(5)检查探头到变送器，变送器至DCS之间连接是否良好，接线是否正确。

五、质量控制点

(1)流量计流向确认及工作状态检查；
(2)接线及接线端子检查，格兰密封防水、电缆防高温检查整改。

Ⅰ-20 玻璃板(管)液位计检修作业指导书

一、检修准备

(1)开具合格的仪表作业许可证，确认作业安全环境；
(2)佩戴合适劳保用品；
(3)工器具齐全，表A-4为推荐的工器具清单。

表A-4 玻璃板检修工器具清单

名称	规格	单位	数量	主要用途
有毒有害报警仪	H_2S，NH_3	台	1	确认玻璃板作业环境和玻璃板泄漏情况
呆板	M6~M24	套	1	用于玻璃板拆装固定
活板	8寸、10寸、12寸	把	各2	用于玻璃板拆装固定
一字螺丝刀	6mm×150mm，2.5mm×75mm	把	各1	用于清理玻璃板上的垫片
打压设备		台	1	用于玻璃板试压
力矩扳手	10~100N·m	把	1	用于安装玻璃板
防毒面罩	H_2S，NH_3	个	2	用于拆除有毒有害介质的玻璃板

二、检查检修

1. 外观检查
(1)检查铭牌标识是否完好清晰；
(2)玻璃板整体外观良好，密封点无泄漏及泄漏痕迹；

(3)检查高温介质的玻璃板是否停用，拆除保温或停用拌热，避免骤冷骤降；

(4)玻璃管液位计，主要检查玻璃管是否完好有无裂痕。

2. 玻璃板配件更换

(1)确认现场玻璃板一次阀可以关严。

(2)确认玻璃板里面介质排空或吹扫清理干净并检测合格。

(3)玻璃片、垫片、云母片更换：

A. 卸下紧固螺栓，清除所有油污和锈斑等缺陷，检查是否有螺纹损伤。

B. 更换螺栓，螺纹部分涂上机用油调和的石墨粉或高温润滑脂。

C. 按顺序卸下压盖、垫片、玻璃片，清除表体密封部分所有黏附物，注意不能损坏密封表面，否则影响密封效果。

D. 拆卸完成后确认玻璃板使用的垫片正确，缓冲金属石墨垫片。

E. 确认需要安装云母片的玻璃板是否安装。

F. 检查玻璃块、上下垫片，云母片不允许有裂纹和损伤，如有损伤及时更换。

G. 拆下玻璃板后及时清理玻璃板，保证玻璃板能看清。

H. 按顺序分别装上金属石墨垫片一件、云母片一件(仅带云母的液位计有)、玻璃一件、缓冲金属石墨垫片一件和压盖，用紧固螺栓紧固(紧固顺序见图 A-12)，紧固时螺栓必须按顺序逐渐均匀用力，分四次拧紧(当操作压力 $P\leq$2.0MPa 时，以 10N·m、20N·m、30N·m、40N·m；当操作压力 2.0MPa$<P\leq$5.0MPa 时，以 20N·m、30N·m、40N·m、50N·m；当操作压力 5.0MPa$<P\leq$10.0MPa 时，以 40N·m、60N·m、80N·m、100N·m)

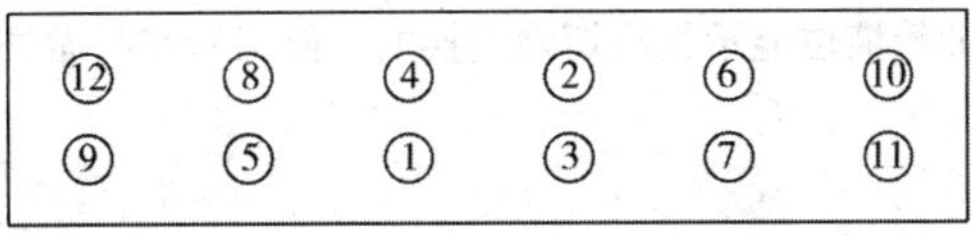

⑫　⑧　④　②　⑥　⑩

⑨　⑤　①　③　⑦　⑪

图 A-12　玻璃板螺栓紧固顺序

I. 更换完后要做耐压试验，防止投用后泄漏。

(4)放空阀、排污阀更换。

A. 确认玻璃板是否需要下线拆装更换；

B. 确认放空阀、排污阀的材质，尺寸是否适合；

C. 在线安装时用缠好四氟带确保安装放空阀、排污阀不泄漏；

D. 拆除更换的焊接阀门，要做耐压试验。

3. 玻璃板整体更换

(1)确认新玻璃板压力等级、材质、长度、法兰尺寸等与技术协议一致；

(2)确认新玻璃板所有密封件完整，一次阀开关正常；

(3)确认新玻璃板螺丝紧固，玻璃片无破损；

(4)确认新玻璃板耐试验、安全保护性能测试合格；

(5)确认新玻璃板配法兰垫片与现场匹配；

(6)确认新玻璃板两法兰中心距与容器两法兰中心距的实际偏差可忽略；

(7)确认现场玻璃板一次阀能够关严，不泄漏；

(8)拆卸玻璃板法兰，引压管内无论是否憋压都应该慢慢松开螺栓；

(9)安装新玻璃板紧固法兰，用十字交叉法紧固法兰螺栓；

(10)玻璃板安装完毕后，确保一次阀、放空阀、排污阀关闭。

4. 拆除下线

(1)确认玻璃板停用切出、隔离，无泄漏；

(2)确认完全关闭一次截止阀；

(3)打开放空阀、排污阀，确认排净玻璃板内的介质；

(4)确认玻璃板里面的介质无有毒有害介质或已经吹扫清洗合格；

(5)将玻璃板拆除下线。

5. 玻璃板耐压试验、安全保护性能试验

1)耐压试验

(1)耐压试验应以洁净水为试验介质，采用打压设备进行打压试验，试验压力应为1.5倍的设计压力，当达到试验压力后，稳压3min压力不降、无渗漏、无破损为合格。

(2)玻璃板液位计均带有快速切断阀，阀门内有一保险钢球，安装前需检查保险钢球有无漏装。保险钢球动作压力为0.25MPa，如果液位计的工作压力低于此压力，保险钢球将不起作用，因为钢球有重量，推动钢球需要一定的力量。检查保险钢球是否漏装的简易办法是：将液位计垂直挂起，打开排污阀，关闭其中的一个阀门，用塑料管接到水龙头上，用手捏住管口往开着的阀门内注水，排污阀内有大量水流出就说明没有保险钢球，或者是保险钢球没起作用，如果只是微量的水滴或者没有水流出，说明保险钢球已起封闭通道。

2)安全保护性能试验

在取压阀加压至0.3MPa，打开排污阀，钢球应自动关闭取压阀，工作介质不外泄。

6. 玻璃管液位计检修

(1)玻璃管液位计如果使用良好无变形、无裂痕、无泄漏，停工检修时无须拆除检修。因玻璃管容易炸裂故障率相对较高，如果可以切除更换的，原则上在停工检修时更换为玻璃板；

(2)应用于成套设备油站油箱液位显示无法切除更换的，停工检修时做外观检查。

三、回装

1. 玻璃板液位计安装

(1)安装前再次检查确认玻璃有无划伤和裂痕等缺陷；

(2)已经按规定进行压力试验，且试验合格；

(3)为减少安装应力，安装前校核容器上下两法兰密封面是否在同一平面，如果不在同一平面，调整上下两法兰，切忌强行安装；

(4)校核液位计两法兰中心距与容器两法兰中心距的实际偏差，偏差过大时应予调整，切忌强行安装；

(5)选用合适工具，准备好力矩扳手，按规范安装玻璃板液位计；

(6)安装前应先认真检查法兰是否匹配，垫片是否满足要求，螺栓规格型号是否相符；

(7)检查螺母、螺丝是否松动，若有松动先紧固好后再安装，应按图A-12所示的螺钉紧固顺序紧固，并且分4次拧紧，让玻璃均匀受力；

(8)液位计安装完毕后，确保一次阀、放空阀、排污阀关闭。

2. 玻璃板液位计的投用

(1)联系工艺操作员，投用玻璃板液位计；

(2)缓慢打开上一次阀1/4扣，确保介质进入引压管内，无泄漏；

(3)缓慢打开下一次阀1/4扣，确保介质进入引压管内，无泄漏；

(4)将玻璃板上一次阀缓慢打开一扣，让玻璃板预热3min，确认无泄漏；

(5)将玻璃板下一次阀缓慢打开一扣，确保介质进入引压管内，让玻璃板预热5min，确认无泄漏；

(6)缓慢将玻璃板上下阀完全开启；

(7)确认无泄漏，指示正常；

(8)上一次阀缓慢打开至开度30%；

(9)下一次阀缓慢打开至开度30%;
(10)确认无泄漏，指示正常;
(11)再次确认玻璃板无裂痕，使用正常。

3. 清场恢复

检修完毕后，清理干净现场油污、废工艺介质，将施工废料、垃圾等收集到指定位置。

四、质量控制点

(1)玻璃板垫片使用正确、云母片等配件正确安装;
(2)用力矩扳手按紧固顺序紧固玻璃板螺钉;
(3)玻璃板耐压、安全试验。

Ⅰ-21 磁翻板液位计检修作业指导书

一、检修准备

(1)开具合格的仪表作业许可证，确认作业安全环境。
(2)佩戴合适劳保用品。
(3)检修工具：活动扳手，磁铁，一字螺丝刀，绝缘胶纸，钢制小桶。
(4)检修材料：记号笔，打印版磁翻板液位计检修跟踪表，标签纸;

二、检查检修

1. 外观检查

(1)检查铭牌标识及整体外观是否完好;
(2)检查磁翻板有无渗漏;
(3)带远传的磁翻板检查确认接线格兰密封良好;
(4)磁翻板液位计本体周围是否有导磁物质接近;
(5)磁翻板液位计安装垂直且长度合适(普通型<3m、防腐型<2m)。

2. 检查检修

(1)用磁铁滑动校验磁浮子翻转正常，用校正磁铁将磁翻板零位时磁浮子全为白色，满程时全为红色，来回几次测验;
(2)配套变送器上感应面应面向和紧贴主导管，并用不锈钢抱箍固定(禁用铁质);
(3)远传配套变送器零位应与液位计就地零位指示相同;
(4)外观损坏、无法回零等故障，拆除下线检修。

3. 拆除下线

(1)确认磁翻板停用切出、隔离;
(2)确认完全关闭一次截止阀;
(3)确认磁翻板里面无有毒有害介质或已经吹扫清洗合格;
(4)打开放空阀、排污阀，确认排净磁翻板内的介质，并用小桶接住。

4. 磁翻板液位变送器检查检修

远传磁翻板液位计，是在就地磁翻板液位计的基础上增加了远传液位变送器；通常磁翻板液位变送器故障率较高，而且维修校准价值不大，一般停工检修时对液位变送器做外观检查及接线检查即可，如果信号变送故障可以按照检修计划更换新的磁翻板液位计变送器。

三、回装

1. 就地磁翻板液位计的安装

(1)磁翻板液位计本体周围不容许有导磁物质接近，禁用铁丝固定；

(2)磁翻板液位计安装必须垂直，以保证浮球组件在主体管内上下运动自如；

(3)安装磁翻板前应该用校正磁铁校验磁翻板的零位时，磁浮子底部为红色，其余全为白色，满程时全为红色；

(4)对超过一定长度(普通型>3m、防腐型>2m)的液位计，需增加中间加固法兰或耳攀作固定支撑，以增加强度和克服自身重量。

2. 远传磁翻板液位计的安装

(1)确认远传配套仪表紧贴液位计主导管，并用不锈钢抱箍固定，禁用铁质；

(2)确认变送器与DCS之间的连线最好单独穿保护管敷设或用屏蔽二芯电缆敷设；

(3)接线盒及格兰密封防水良好。

3. 磁翻板液位计的投用

(1)应先打开上部引管阀门，然后缓慢开启下部阀门；

(2)让介质平稳进入主导管，运行中应避免液体介质带着浮子组件急速上升而造成翻柱转失灵和乱翻，若发生此现象待液面平稳后可用磁钢重新校正；

(3)观察磁性红白球翻转是否正常；

(4)关闭下引管阀门，打开排污阀让主导管内液位下降；

(5)根据上述方法操作三次确认正常，即可投入运行；

(6)现场检查液位指示是否准确稳定。

4. 常见故障及处理

磁翻板液位计常见故障有显示不准、液位跳变性变化或者画直线不变化等。

1)故障原因

(1)磁翻板磁浮子脏污；

(2)工艺介质较黏稠或结晶造成的；

(3)磁翻板安装不垂直，导致卡涩；

(4)磁浮子磁性减弱。

2)原因分析

(1)浮子本身是含有磁性的磁铁，介质中含有或多或少的杂质，在长期的介质不流动状态下其杂质会被磁性浮子吸附在表面，随着使用时间的延长越聚越多，极易造成浮子质量增加而沉没，失去检测作用，即使脏污杂质的附着不会造成浮子沉没，其附着在浮子表面引起浮子在测量筒中上下活动受限，会出现卡阻或者卡死的现象。如果测量筒内壁也附着杂质，将更加阻碍浮子的上下浮动，引起液位变化出现跳变或者卡死的现象。

(2)介质本身正常情况下黏度比较大，极易造成浮子动作缓慢，此外一些介质在常温情况下结晶，导致卡涩。

(3)环境温度高等其他外部原因导致磁浮子磁性减弱。

3)处理办法

(1)确认磁翻板内是否无有毒有害物质介质；

(2)确认一次阀能够关严；

(3)确认是否可以吹扫或者已经吹扫干净，用小桶接住外排介质；

(4)通过磁翻板上部丝堵接入干净的水冲洗，或者接入蒸汽进行吹扫加热(一定要控制少量蒸汽，防止蒸汽压力温度过高导致磁翻板本体损坏)；

(5)冲洗磁翻板液位计时注意针阀是否堵塞，拆针阀时注意介质排空，防止憋压伤人。

四、质量控制点

(1)磁翻板垂直安装，无变形，长度适中；

(2)用磁铁滑动校验磁浮子翻转正常；

(3)液位计周边无强磁干扰和高温影响。

I -22 差压液位计检修作业指导书

一、差压液位计类型

1. 法兰式差压液位计

双法兰式差压液位计由差压变送器、毛细管和密封隔膜的双法兰组成；单法兰液位计，也属于法兰式差压液位计，原理上与双法兰式差压液位计相同。

2. 普通差压液位计

普通差压液位计，即采用普通引压管取压液位计，一般分为带隔离液和不带隔离液两种。

3. 反吹风差压液位计

吹气法基本原理如图 A-13 所示，净化气源经过流量测控，恒定地吹入导压管；调整减压阀，使吹气压力大于介质压力，吹气压力将充满导压管和差压变送器的正压室，吹入的气体从容器中鼓泡缓慢排出液面，一般每分钟最多几十个小气泡；导压管内气体压力与导压管口的液体介质压力相等，这时差压变送器反映的差压(压力)就是被测液位的压力。

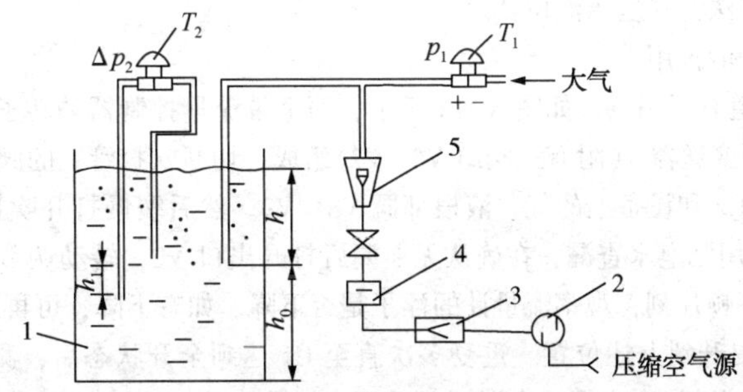

图 A-13 反吹风差压液位计测量原理图

1—容器；2—过滤器；3—减压阀；4—稳压器；5—转子流量计

二、检修准备

(1)开具合格的仪表作业许可证，确认作业安全环境。

(2)佩戴合适劳保用品。

(3)检修工具齐全：各种尺寸活动扳手，各种尺寸螺丝刀，475 手操器，万用表。

(4)检修材料准备：记号笔，打印版变送器校验记录。

三、检查检修

1. 停用拆除

(1)参考附录Ⅰ-2“压力(差压)变送器检修作业指导书”，停用拆除普通差压液位计；

(2)确认测量管道内压力已排空后关阀，停止反吹风，停用、拆卸反吹风差压位计；

(3)法兰式差压液位计，关闭一次阀停用，拆卸时注意保护好法兰面和毛细管。

2. 检查检修

(1)参考附录Ⅰ-2“压力(差压)变送器检修作业指导书”，检查检修普通差压液位计。

(2)反吹风差压位计，除常规检修外还应重点吹扫清理清洁反吹风管并全面试漏检查。

(3)法兰式差压液位计，重点检查法兰与设备连接部分密封是否良好；法兰与毛细管、毛细管与变送器连接部分及毛细管本身是否有泄漏；法兰膜片有无变形、损伤、腐蚀、结垢等不良情况；情况严重的打压测试，确认膜片响应时间不够或损坏，应及时更换。

3. 校验

参考附录Ⅰ-2“压力(差压)变送器检修作业指导书”进行变送器单验，并填写校验记录。

4. 组态参数检查

按照选型规格书及DCS功能设计规范要求检查备份变送器组态参数，注意差压开方的设置位置。

四、回装投用

1. 安装

(1)参考附录Ⅰ-2“压力(差压)变送器检修作业指导书”相关内容，安装普通差压液位计及反吹风差压位计。

(2)安装法兰式液位变送器时，将液位法兰(气相LOW在上，液相HIGHT在下)递上，先放好垫片，再安装紧固法兰；紧螺栓时，用两个扳手缓慢用力且对角依次紧固，确保法兰平行安装。

2. 液位计投用

(1)参考附录Ⅰ-2“压力(差压)变送器检修作业指导书”内容投用普通差压液位计。

(2)打开一次阀，投用法兰式差压液位计。

(3)反吹风差压液位计的投用。

①漏点检查。检查管道有无漏点，如图A-14所示，两个带流量控制器的转子流量计M1和M2、四个切断阀V1~V4及一台差压变送器T(附有三阀组V5~V7)组成；切断吹扫管上的阀门V1~V4，关好转子流量计上流量调节针阀C1、C2和设备上的气、液根部阀V8、V9。然后缓慢打开吹扫管线上的进气V1和流量控制器的调节针阀C1，用肥皂水查漏，在确认无泄漏后打开出口V2，转动调节针阀C1，使流量计的浮子在50%~80%位置上。停顿片刻，观察流量计的浮子是否下降。如有下降，可再适当大针C1的开度，使其流量增大，让浮子重新提升到上述位置。重复多次直至C1达到全开状态后，测量值归零，这说明这根气相吹扫管线自进气V1至根部V8之间没有泄漏。反之，如果经过一定时间C1的开度调节(可能当C1还没达到全开时]，流量已不再下降了，而是一直稳定在某一数值，则说明这根管线上自V2~V8间定有漏点存在，必须查找消除。检查时，将差压变送器部分一起检查；为防止差压变送器单向受压，可以打开平衡V6，并关闭另一侧的引压阀V5或V7；另一侧管道用同样方法检查。

②吹扫。打开气源，开V1、C1、V2、V8，吹扫管道，另一边同样吹扫。

③投用。调节流量控制器C1，转子流量计显示中间位置(或停用前常用的稳定的流量位置)，打开三阀组V5、V6，关闭平衡阀V7，差压变送器投用；反吹风吹液位计投用完成。

3. 伴热系统投用

有伴热系统的差压液位计检查确认后投用，并检查伴热效果。

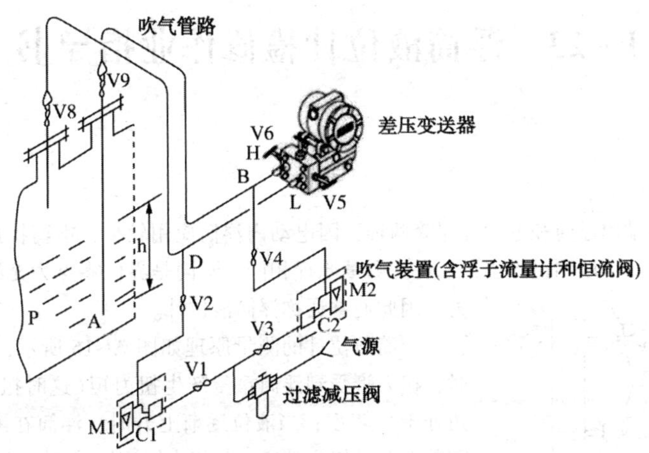

图 A-14 反吹风差压液位计测量连接图

4. 零点检查校准

(1)参考附录Ⅰ-2“压力(差压)变送器检修作业指导书”相关内容，检查校准普通差压液位计、法兰式差压液位计零点；

(2)零点迁移。

①校验和调整零点，进行正负迁移的场合，必须在测量初始压力下进行；

②零点迁移的基本原理。

差压液位计的安装如图 A-15 所示，密度 1 为 ρ_1，即充装介质密度，密度 2 为 ρ_2，即物料密度，H 为测量高度。变送器的安装位置与其测量量程没有关系(在适当的正负取压口之间)，变送器上移或下移不影响它测量的量程。它的迁移量为 $-\rho_1 gH$，量程为 $-\rho_1 gH$——$(\rho_1-\rho_2)gh$，单位为 kPa；

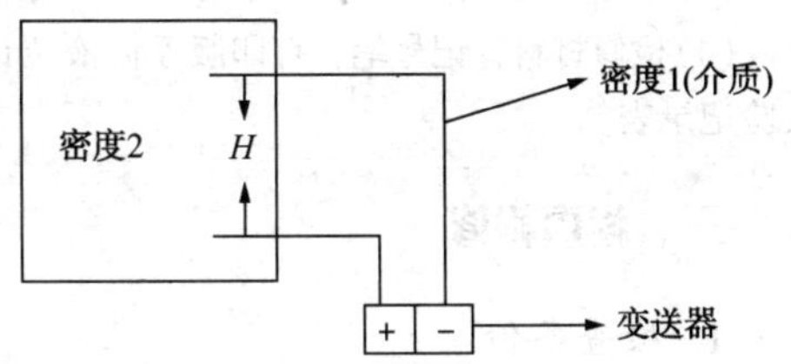

图 A-15 差压液位变送器零点迁移原理图

③计算迁移。根据仪表规格书介质的密度等数据，通过计算得到需要迁移的数值。

④实际迁移。打开正负压取压法兰对空，此时如果将正负法兰水平放置，应该显示为 0。当在实际测量位置将正负取压法兰口对空，仪表表头显示的数据即为要迁移的数值。例如，对空时表头显示为-10kPa，则需要迁移的值为 10kPa；将零点迁移到-10kPa，此时表头显示应该为 0 即可。如果测量量程为 30kPa，则表的量程应该改为-10~20kPa，量程依然为 30kPa。

(3)反吹风差压液位计的零点检查校准，应根据现场实际调整反吹风流量，通常正负压流量应一致，或者依据液位计停用前的反吹风经验流量值调整；如果依旧怀疑零点不准，应该根据现场实际彻底回零检查调整。

5. 清场恢复

检查检修完毕后，清理干净油污、废工艺介质，将施工废料、垃圾等收集到指定位置。

五、质量控制点

(1)按规范零点、量程校验，量程及迁移量做好记录；

(2)差压变送器引压管漏点检查；

(3)变送器格兰、前后盖部分做好密封防水措施。

I-23　浮筒液位计检修作业指导书

一、技术准备

浮筒液位计，有电动内浮筒和电动外浮筒两种，因电动内浮筒应用较少，本篇特指电动外浮筒。电动外浮筒既可以测量液位又可以测量界位，二者的测量原理相同，不同是界位零点为充满低密度介质时的浮力，因此通常通称浮筒液位计。

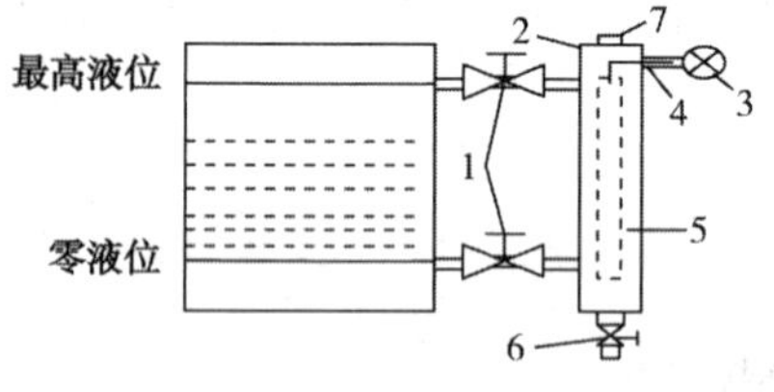

图 A-16　浮筒液位计测量原理图

浮筒液位计的测量原理如图 A-16 所示，当液(界)位在零位时，扭力管受到浮筒重量产生扭力矩(这时扭力最大)，扭力管转角处于“零”度；当液位逐渐上升时，浮筒在液体浮力的作用下也随着上升，扭力管产生的扭力矩逐渐减小，此时将其产生的转角β由变送器转换成 4～20mA DC 信号，该信号正比于被测量液(界)位。

二、检修准备

(1)开具合格的仪表作业许可证，确认作业安全环境。

(2)佩戴合适劳保用品。

(3)检修工具：接油桶，十字螺丝刀，内六角，透明连通管，水桶，砝码，475 手操器，万用表。

(4)检修材料：记号笔，打印版浮筒液位计检修跟踪表，标签纸，浮筒液位计参数备份记录表，浮筒校验记录表。

三、检查检修

1. 检查备份

(1)液位计铭牌各参数齐全准确，外观无损坏、变形，是否有泄漏、腐蚀等情况；

(2)应用于高温的液位计，散热片有无异物遮住；

(3)介质黏度大或寒冷易冻使用场合的液位计，保温伴热是否合理；

(4)通过 475 手操器连接浮筒液位计变送器，检查液位计组态参数并按照附件 1 格式记录浮筒液位计组态参数。

2. 停用

(1)机柜室内断开变送器供电电源；

(2)液位计停用，确认完全关闭引压阀；

(3)确认浮筒内无有毒有害介质；

(4)排空浮筒内的介质，用接油桶装好。

3. 线路检查

(1)检查格兰防水密封；

(2)检查接线端子、接线鼻子有无松动、锈蚀；

(3)检查线路绝缘是否良好，用 500V 兆欧表检查芯线之间、芯线对地电阻大于 20MΩ。

4. 拆检

(1)拆下浮筒液位计的电缆线，并做好保护；

(2)用防爆工具拆开法兰螺栓，取出浮筒，清洗内外桶，不得使用高温高压的蒸汽吹扫，防止浮筒变形损坏；

(3)清除浮筒、杠杆和扭力管上的油污等杂物；

(4)如图 A-17 所示，将变送器测量组件逐一拆检，确认无进水、无锈蚀氧化；

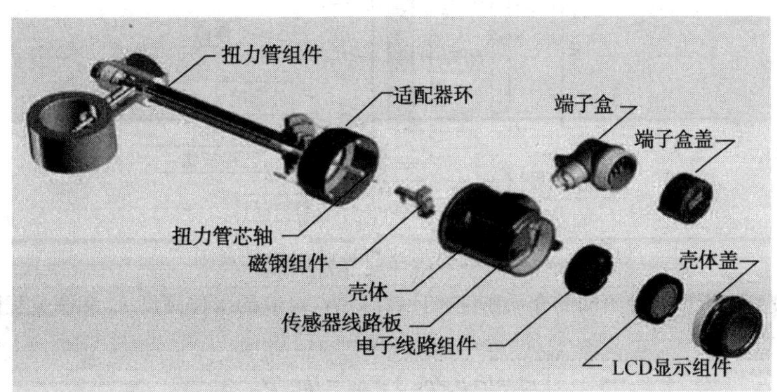

图 A-17 变送器扭力管分解结构示意图

(5)检查浮筒、扭力管、杠杆等零部件有无腐蚀磨损、变形和渗漏，情况严重者应更换。

四、回装投用

1. 回装

(1)按照拆除相反的顺序回装，组装时注意中心轴穿过小轴承时要加润滑油；

(2)按规范安装液位计，用重锤检查浮筒垂直度，确保测量室垂直浮筒外壁与浮筒室内壁不会相碰。

2. 校验

浮筒液位计的校验一般有挂重和灌液两种方法，通常多采用灌液法(又称水校法)。以灌液法为例，检修开始前依据打印版浮筒液位计检修跟踪表，按照位号逐一计算出灌液法液位计校验量程并填写在附件 2 表格中。

1)水校法

(1)浮筒液位计校验计算公式。原理公式：

$$\rho_1 gh=\rho gH$$

式中 ρ_1——被测介质的密度；

ρ——水的密度；

h——浮筒长度；

H——浮筒灌水高度；

g——重力加速。

例如被测介质的密度 $\rho_1=800\text{kg/m}^3$，水的密度 $\rho=1000\text{kg/m}^3$，浮筒长度为 $h=500\text{mm}$，用灌液法校浮筒灌水的高度为：$\rho_1 gh=\rho gH$，计算 $H=\rho_1/\rho h$，得出需要灌水的高度为：$H=800/1000\times500=400\text{mm}$。

(2)连接方式。灌液法浮筒的连接方式如图 A-18 所示。

(3)液位校验。

①关闭外套筒与设备之间的切断阀，打开排污口排空外套筒内清水，注意打开放空堵头。

②零点校验：排空测量室内的清水，调整变送器零位电位器，使输出为 4mA。

③满量程校验：向测量室内注入清水，使水位高度等于计算满程水位高度 h，调整变送器量程电位器，使输出为 20mA。

④按步骤反复调整试验，并按 10 等份检查线性，使输出信号满足测量精确度为止。

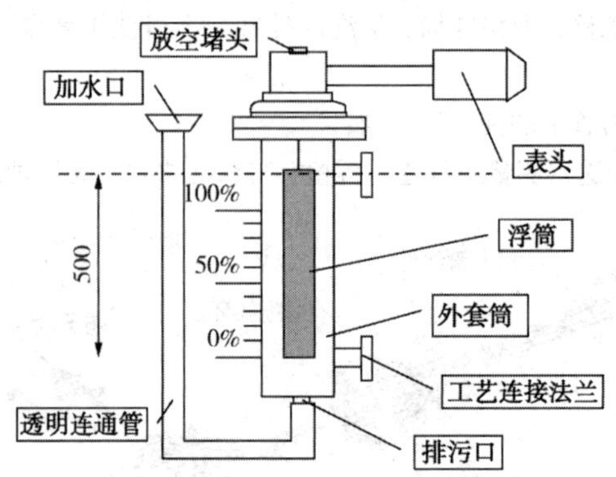

图 A-18　水校法浮筒校验连接示意图

(5)界位计校验。根据两种不同的介质密度，计算出零点对应的水位高度 h_0 和满量程时所对应的水位高度 h_m。计算公式如下：

$$h_0=H(\rho_q/\rho_{水})；\ h_m=H\rho_z/\rho_{水}$$

式中　h_0——零点对应水位高度，mm；

h_m——满量程时所对应的水位高度，mm；

H——仪表量程(浮筒长度)，mm；

ρ_q——轻介质密度，g/cm^3；

ρ_z——重介质密度，g/cm^3；

$\rho_{水}$——水密度，g/cm^3。

①根据计算出来的对应水位高度，以浮筒底面高度的刻度线为基准，分别画出 h_0(mm)和 h_m(mm)的标记。

②零点校验：向测量室内注入清水，使水位高度处于 h_0 时，用 475 手操器设置变送器零点，使输出为 4mA。

③满量程校验：向测量室内注入清水，使水位高度处于 h_m 时，用 475 手操器设置变送器量程使输出为 20mA。

例如有一浮筒液位变送器用来测量界面，浮筒长度 $L=800$mm，被测液体的密度分别为 $\rho_1=1200kg/m^3$，$\rho_2=800kg/m^3$，计算输出为 0%、50%、100%对应的灌水高度？

最高液面(输出为 100%)所对应的灌水高度：$L_{水}=1200/1000\times800=960$mm

最低界面(输出为 0%)所对应灌水高度为：$L_{水}=800/1000\times800=640$mm

由此可以看出浮筒只有 800mm，可需要灌水高度是 960mm，所以用灌液法时应把零位降至：960-640=320mm 作为迁移量，所以迁移后的零位为：

$H=0\%$　　$h_0=800-320=480$mm　此时输出信号为 4mA

$H=50\%$　　$h_{50}=800-320\times50\%=640$mm　此时输出信号为 12mA

$H=100\%$　$h_{100}=800$mm　此时输出信号为 20mA

校验完后再把浮筒灌水到 640mm，并通过变送器零点迁移把信号调整到 4mA 完成校验，并按照附件 2 格式填写浮筒液位计校验记录表。

2)挂重法

(1)浮力的计算：

$$F=\frac{1}{4}\times D^2rH$$

式中　D——浮子的外径；

r——介质的比重；

H——被测量程。

(2)各校验点挂重的计算：

$$W_n = W_o - F \cdot n\%$$

式中　$W_o = G$ = 浮子的重量；

F——最大浮力(满量程)；

n——0~100。

(3)液位校验。在室内将液位计固定在平稳的平台上，校验过程中须保证上法兰面水平；分别挂上0%、25%、50%、75%、100%液位时的重量，检查其线性变差，并检查变送器表头指示正确与否。

(4)界位校验。在室内将浮筒固定在平稳的平台装置，在校验过程中，须保证上法兰面水平，已知一浮筒体积为 V，质量为 G，轻介质密度为 ρ，重介质密度为 ρ_1，计算在0%、50%、100%挂砝码的重量。原理公式：$F_{轻} = \rho g V$；$F_{重} = \rho_1 g V$。

根据公式计算，

在0%时挂砝码的重量：$G_1 = G - F_{轻}$。

在100%时挂砝码的重量：$G_2 = G - F_{重}$；

在50%时挂砝码的重量：$G_3 = (G_1 - G_2)/2$。

最后根据计算结果挂相应重量的砝码进行校验。

3. 投用

(1)慢慢打开液位计一次阀；

(2)检查确认液位计变送器指示正常，现场无泄漏。

4. 常见故障及处理(见表A-5)

表A-5　浮筒液位计常见故障及处理办法

故障现象	可能原因	处理方法
DCS无指示	可能电源保险烧断	检查电源保险，更换新的
	可能仪表电缆接地	检查仪表电缆，排除接地故障
	可能仪表防爆接线盒内进水	排除接线盒积水并加固密封
	可能仪表本身有故障，如电路板坏、接线端子接地等	检查并排除故障或更换新的
	可能安全隔离栅烧坏	检查安全隔离栅，更换新的
	可能供电电压太低	检查电路，排除其相应故障
	可能仪表电源正负极接反	检查并改正接线
	输出超量程过大或浮筒掉了	排除其故障
现场指示正常但DCS指示偏低	可能仪表电缆负极接地	检查仪表电缆，排除接地故障
	可能液位计负极有接地	检查仪表负接线端子，排除其接地故障，或更换新仪表
仪表指示不准	可能工艺玻璃板液位假指示	确认玻璃板液位指示是否真实
	可能零位不准，或漂移	调整调零位并检查是否零漂移
	可能筒内有杂质卡住浮筒	从放空阀处把杂质排放干净

续表

故障现象	可能原因	处理方法
仪表指示不准	可能上下取压口有堵塞现象	从放空阀处把杂质排放干净，或用打压泵疏通
	可能量程不准	重新校验仪表
	可能浮筒变形，或损坏、腐蚀了	检查、确认浮筒是否完好，如果有问题，需更换新的
	可能供电电压偏低	检查电路，排除其相应故障
变化不灵敏	取压口、筒内有杂质或不畅通	疏通并把杂质排放干净
指示偏差很大	可能浮筒与表头型号不一致	检查、确认浮筒与表头型号
	可能仪表选型不对	更换新仪表

五、质量控制点

(1)浮筒液位计的校验；
(2)浮筒液位计参数检查备份；
(3)浮筒液位计拆装过程扭力管的保护。

附件1：

×××(装置或单元)×××(位号)浮筒液位计组态备份记录表

序号	参数	设置	备注
1	Displacer Weight Units：	kg	
2	Displacer Volume Units：	mL	
3	Displacer Length Units：	cm	
4	Enter Displacer Weight：	2	
5	Enter Displacer Volume：	1413	
6	Enter Displacer Length：	50	
7	Enter Driver Rod Length：	14.5	扭力连杆长度
8	Instrument Mounting：	Right of Displacer	正反作用设置
9	TT Material：	N05500	
10	Select Measuerment Application	Interface	界位
11	Level Offset：	265	零位迁移

注：表中“设置”列参数为示例组态参数。

附件2：

浮筒液位计校验记录

×××公司	浮筒液位计校验记录	单元名称：

仪表名称		仪表型号		仪表位号	
制造厂		精确度		出厂编号	
测量范围		允许误差		电/气源	
测量介质		安装位置		密度比	
测量介质密度		校验介质密度		换算后的测量范围	
标准表名称/编号/精度					
变送/指示部分					

输入值		标准输出值（ ）	实测输出值（ ）						
%	（ ）		上行	校验液位/mm	误差	下行	校验液位/mm	误差	回差

结论：

校验人： 日期：　　年　月　日	专业工程师： 日期：　　年　月　日	质量检查人： 日期：　　年　月　日

I -24 浮球液位计(开关)检修作业指导书

一、技术准备

1. 浮球液位计

浮球液位计是一种力矩平衡式仪表，由检测和转换部分组成，如图 A-19 所示。浮球液位计的测量部分由浮球与平衡杆和平衡锤组成力矩平衡机构，因此浮球可以自由地随液位的变化而升降。当液位改变时，浮球的位置发生相应的变化，通过球杆带动主轴转动，表头内角位移传感器与主轴通过齿轮啮合，将液位的变化转换成相应的电信号，再由表头内部的电子电路将此信号转换为与液面变化成正比的标准电流信号。浮球液位计适用于石化企业的热重油、沥青、含蜡和黏、稠、脏、污等液位测量。

按照测量部分的结构特点浮球液位计可分为普通型、大转角型、外浮球型三种类型；或者简单地分为内浮球液位计和外浮球液位计。

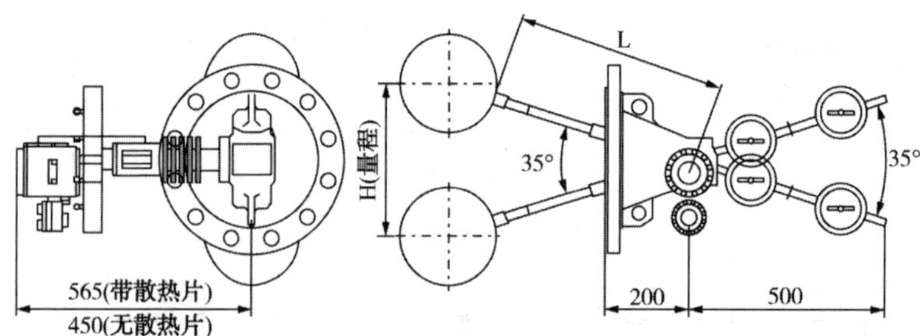

图 A-19 浮球液位计工作原理示意图

2. 浮球液位开关

浮球开关的结构原理见图 A-20，金属管内设计一点或多点的磁簧开关，管子贯穿一个或多个中空而内

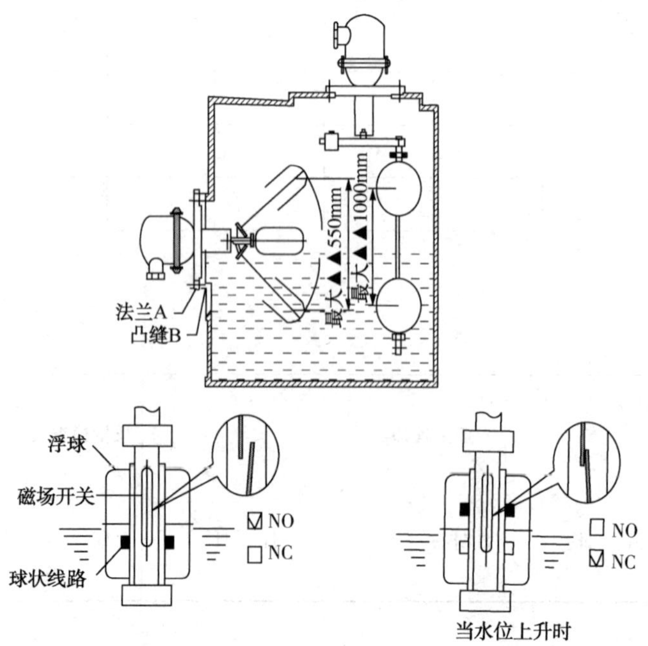

图 A-20 浮球液位开关工作原理简图

部装有环形磁铁的浮环，并利用固定环，控制浮球与磁簧开关在相关位置上，使浮球在一定范围内上下浮动；利用浮球内的磁铁吸引磁簧开关的接点，产生开与关的动作作为液位的控制或指示。图 A-19 下面部分为常闭(NC)及常开(NO)时浮球开关的相关位置。

二、检修准备

(1)开具合格的仪表作业许可证，确认作业安全环境。

(2)确认安装浮球的塔器已吹扫干净、无介质；化验分析合格，符合进入塔器的条件。

(3)佩戴合适劳保用品。

(4)检修工具：活动扳手，各种尺寸螺丝刀，信号发生器，万用表。

(5)检修材料：记号笔，打印版浮球液位计(开关)检修跟踪表。

三、检查检修

1. 外观及线路检查

(1)液位计(开关)外观良好、连杆无脱落损坏异常；

(2)检查接线盒密封及格兰密封；

(3)检查接线端子、接线鼻子有无松动、锈蚀；

(4)检查线路绝缘是否良好，用 500V 兆欧表检查芯线间、芯线对地线间绝缘电阻大于 20MΩ。

2. 检查检修

1)变送器检查

(1)检查变送器外观及是否存在故障报警；

(2)检查变送器参数设置，重点检查介质密度是否与现场实际相符合。

2)测量部分检查

(1)进入容器内检查浮球与杠杆、杠杆与中心轴等连接处的腐蚀程度并清理杂物。

(2)仪表零部件应完好无损，传动机构动作灵活、润滑良好，各部位螺钉有无松动。

(3)清理浮球上附着的杂质异物。

(4)检查浮球是否变形或者有裂纹等瑕疵，如有则更换浮球。

(5)浮球、杠杆、支点、平衡杆、中小轴和平衡锤应在同一个平面内，且转动自如。

(6)调整好四连杆机构的原始位置。

(7)大转角浮球垂直度的检查：在保证各机械部位都紧凑的前提下，塔内浮球连杆与塔外变送器表头平衡条处于平行位置；在塔内用手托起浮球杆至水平位置，目测塔外变送器表头平衡条也处于水平位置；如浮球连杆和平衡条没有保持平行状态，一般为浮球连杆和中心轴切面没有完全形成垂直连接。

(8)平衡锤的配重调整：在无介质状态下，浮球连杆能处于最下方，在外界给力托起浮球的力小于介质给浮球产生的浮力；一般在塔内用手托起浮球感觉比较轻松亦可。

3)微动开关检查

用万用表欧姆档检查浮球的微动开关常开、常闭点是否正常。在浮球开关处引出三根不同颜色的引线，通过测量这三根线的闭合与断开来判断浮球的好坏。三根线其中一根为公共端，另外两根为常开、常闭。接线类似压力开关具体可参考图 A-21。

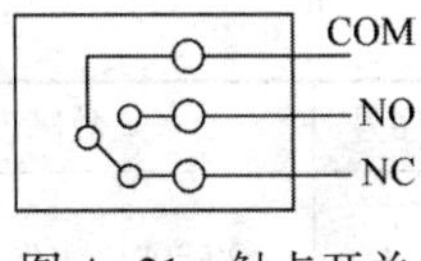

图 A-21 触点开关

四、回装校验

1. 安装

(1)普通浮球及球杆的安装。首先将浮球和球杆旋紧后焊牢；对于小转角浮球的新式连接结构的球杆安装操作是，将球杆旋入护杆套端部的联接杆内螺孔，并注意将连接杆两侧的顶丝拧紧在球杆上的环形凹槽内，再把顶丝上的锁紧螺母拧紧。

(2)大转角型浮球及球杆的安装：首先将浮球和球杆旋紧后焊牢；将球杆旋入摆臂端部的内螺孔，然后再把顶丝和锁紧螺母按同样方法拧紧。如果现场使用条件恶劣，应把顶丝和锁紧螺母焊在连接件上，或直接把球杆焊在连接件上，浮球与连杆相连处需要用相同材质焊条焊接(根据测量介质的特性选择特殊焊条)。

(3)安装浮球液位计法兰。

(4)检查浮球、杠杆、支点、平衡杆、中小轴和平衡锤应在同一个平面内，且转动自如。

(5)与工艺设备一同试压测试。

(6)打开变送器接线盒，接好电源、信号线，密封好接线盒。

(7)浮球液位开关的安装与上述浮球液位计安装类似。

2. 浮球液位计现场校验

浮球液位计安装后，一般在现场进行校验，以35°角内浮球为例校验步骤如下：

(1)在机柜室内闭合供电开关，给变送器供电；

(2)根据实际测量介质的密度，调整平衡锤在平衡条上的位置；

(3)用手向上摇动平衡杆，使其与水平面夹角为17.5°，调整变送器零点使输出为4mA；

(4)用手向下摇动平衡杆，使其与水平面夹角为-17.5°，调整变送器量程电位器使输出为20mA；

(5)按步骤(3)(4)重复进行调整，直到零点、量程满意为止；

(6)现场摇动平衡杆，与DCS操作站显示值比对测试；

(7)锁紧限位螺丝。

3. 浮球液位开关现场试验

浮球液位开关的现场试验，与浮球液位计相比更加简单，一般手动移动浮球并用万用表测量微动开关的触点变化即可。

4. 故障处理

1)浮球脱落

浮球液位计(开关)最常见的故障为浮球脱落或浮球与连杆之间不牢固，通常在停工检修期间需要将连接处焊死。

2)变送器故障

(1)变送器指示不准、不变化或其他指示故障，通常需要对浮球液位计重新校验；

(2)变送器超量程或零点不准，除重新校验之外，还应该重新检查变送器参数设置，确认介质密度、量程等重要参数设置正确；

(3)变送器硬件故障，更换新的变送器，并重新校验。

3)其他常见故障

浮球液位计常见故障原因及处理方法详见表A-6。

表A-6 浮球液位计常见故障及处理

序号	故障现象	故障原因	处理方法
1	实际液位变化，输出不灵敏	密封圈过紧 浮球变形	调整密封部件 更换浮球
2	无液位，但指示为最大	浮球脱落、变形、破裂	重装浮球或更换浮球
3	指示误差大	连接部件松动 平衡锤位置不正确	调紧 调整平衡锤位置

续表

序号	故障现象	故障原因	处理方法
4	液位变化，但无输出	变送器损坏 电源故障或信号线接触不良	更换变送器 处理电源或信号线故障

五、质量控制点

(1)浮球与杠杆、杠杆与中心轴的清洁清理与牢固连接检查；
(2)变送器检查校验；
(3)浮球液位计(开关)现场校验调试。

I-25 超声波液位计检修作业指导书

一、技术准备

超声波液位计是利用声波碰到液面(或料位)时产生反射波的原理，通过测出发射波和反射波的时间差，从而计算出液面的高度。超声波液位计的测量原理如图 A-22 所示。

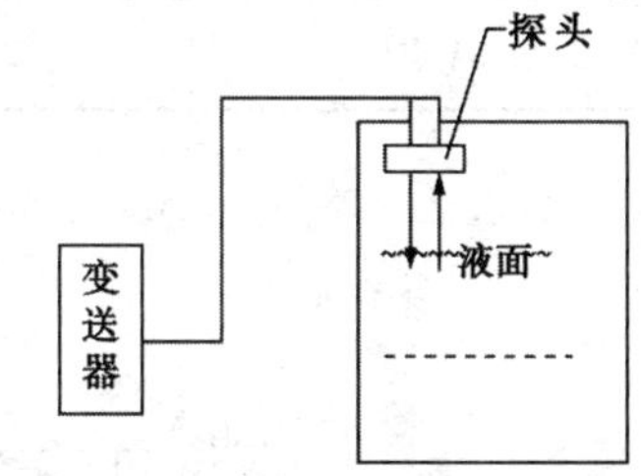

图 A-22 超声波测量液位示意图

超声波液位计测量介质的高度与声波在介质中的传播速度和声波传播时间有关，可用于强腐蚀性、有毒、高黏度介质的测量。超声波液位计的检测元件不能承受高温，不宜在高温环境下使用。

二、检修准备

(1)开具合格的仪表作业许可证，确认作业安全环境。
(2)佩戴合适劳保用品。
(3)检修工具：活动扳手，各种尺寸螺丝刀，475 手操器，高精度万用表。
(4)检修材料：记号笔，打印版超声波液位计检修跟踪表，超声波液位计参数备份记录表。

三、检查检修

1. 基本检查

(1)铭牌和位号指示牌完整；
(2)外观清洁、无锈蚀，接地线连接正常；
(3)变送器密封盖拧紧，备用进线口用防爆丝堵封堵；
(4)液位计本体有遮阳避雨的保护措施；
(5)液位计变送器显示状态正常，与 DCS 指示值、实际值一致。

2. 线路检查

(1)检查格兰密封；
(2)检查接线端子、接线鼻子有无松动、锈蚀；
(3)检查线路绝缘是否良好，用 500V 兆欧表检查芯线、芯线对地之间的绝缘电阻应大于 20MΩ。

3. 天线检查、清洁、清理

(1)检查超声波液位计天线是否外观良好、无变形;

(2)清理清洁天线上的异物,保障干净无水滴。

4. 参数检查设置

下面以 EMERSON 3100 系列超声波液位计为例介绍组态参数检查设置。

(1)参数设置界面与意义。超声波液位计基本的参数设置项目及范围界定分别见表 A-7、图 A-23。

表 A-7 超声波液位计基本参数设置项目

参数	快捷键	参数	快捷键
下消隐(P063)	2, 2, 5, 6	4mA 点[1]	2, 2, 1, 4
上消隐(P023)	2, 2, 5, 5	初级变量(D900)	1, 2, 1
距离偏量(P060)	2, 2, 2, 2	液位 SV(D901)	1, 2, 2
液位偏量(P069)	2, 2, 2, 4	距离 TV(D902)	3, 2, 1, 3
20mA 点[1]	2, 2, 1, 3	距离(D910)	3, 1, 2, 1, 1

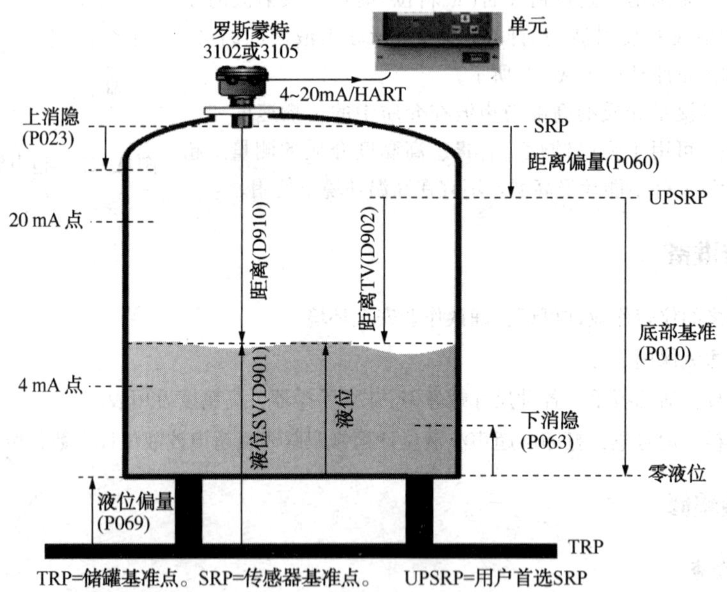

图 A-23 超声波液位计基本参数范围界定

(2)通过表头显示面板菜单进行参数检查。超声波液位计基本参数检查设置,可以通过变送器显示面板进行,也可以通过 475 HART 手操器进行,全部菜单树见图 A-24。如果超声波液位计投用后波动或测量不准,则通常主要通过上消隐(P023)调试调整。

(3)通过 HART 手操器检查设置。通过 HART 手操器进行参数检查、调整、设置、备份的步骤可参考图 A-25 和图 A-26。

(4)按照位号逐一记录备份超声波液位计具体组态参数(一般通过 475 手操器)。

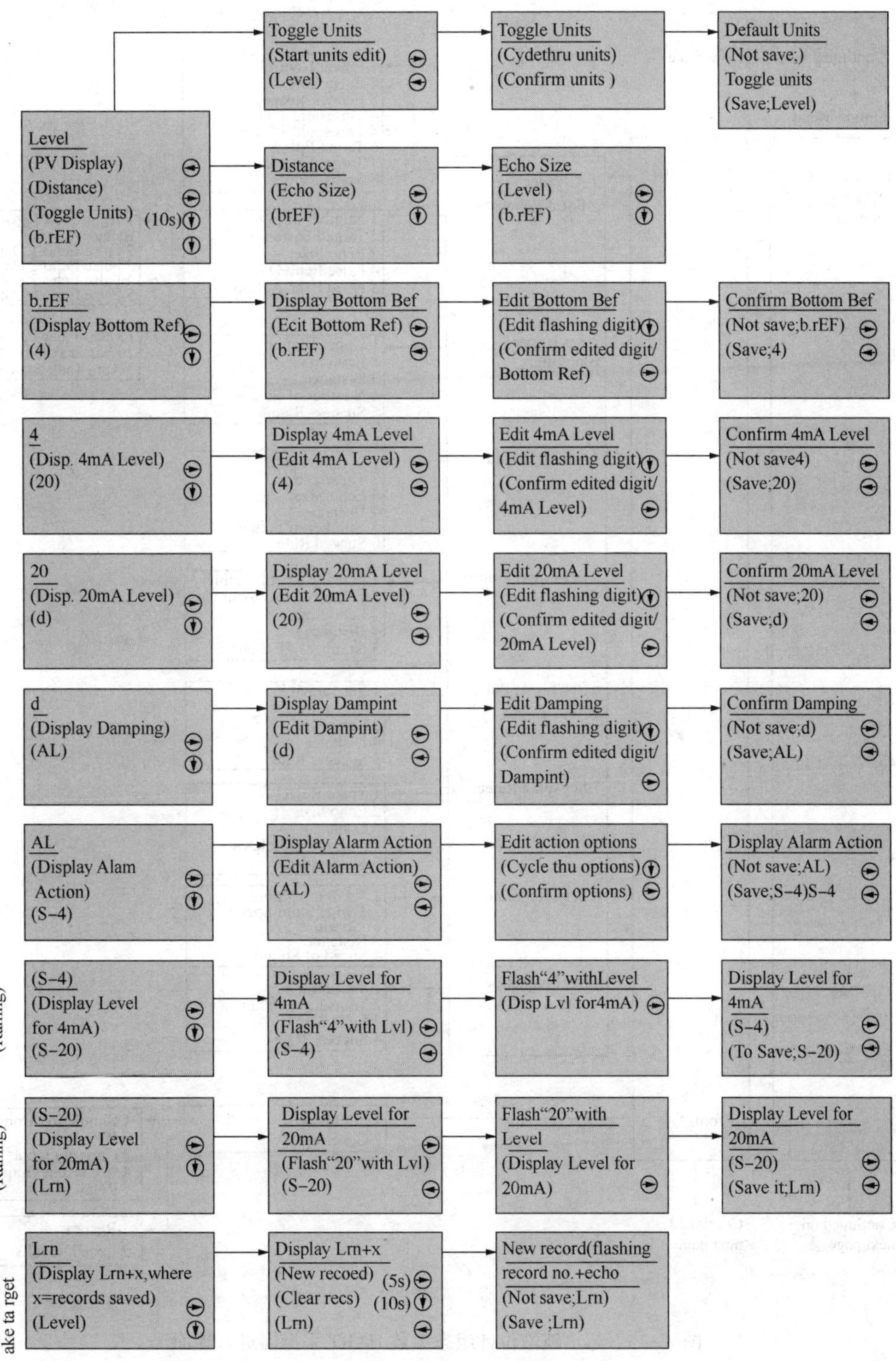

图 A-24 变送器参数设置菜单

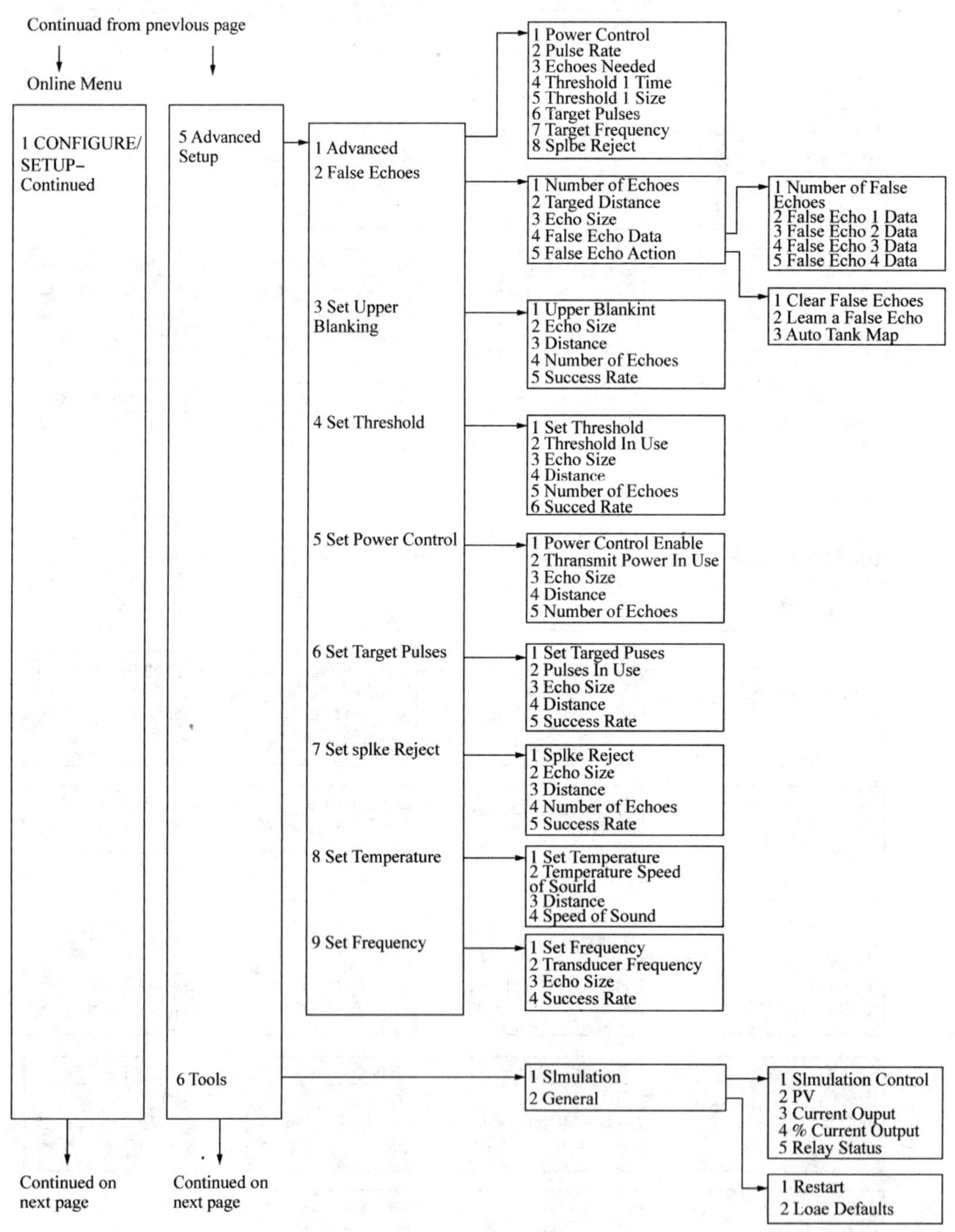

图 A-25 超声波液位计组态参数 HART 手操器进入界面

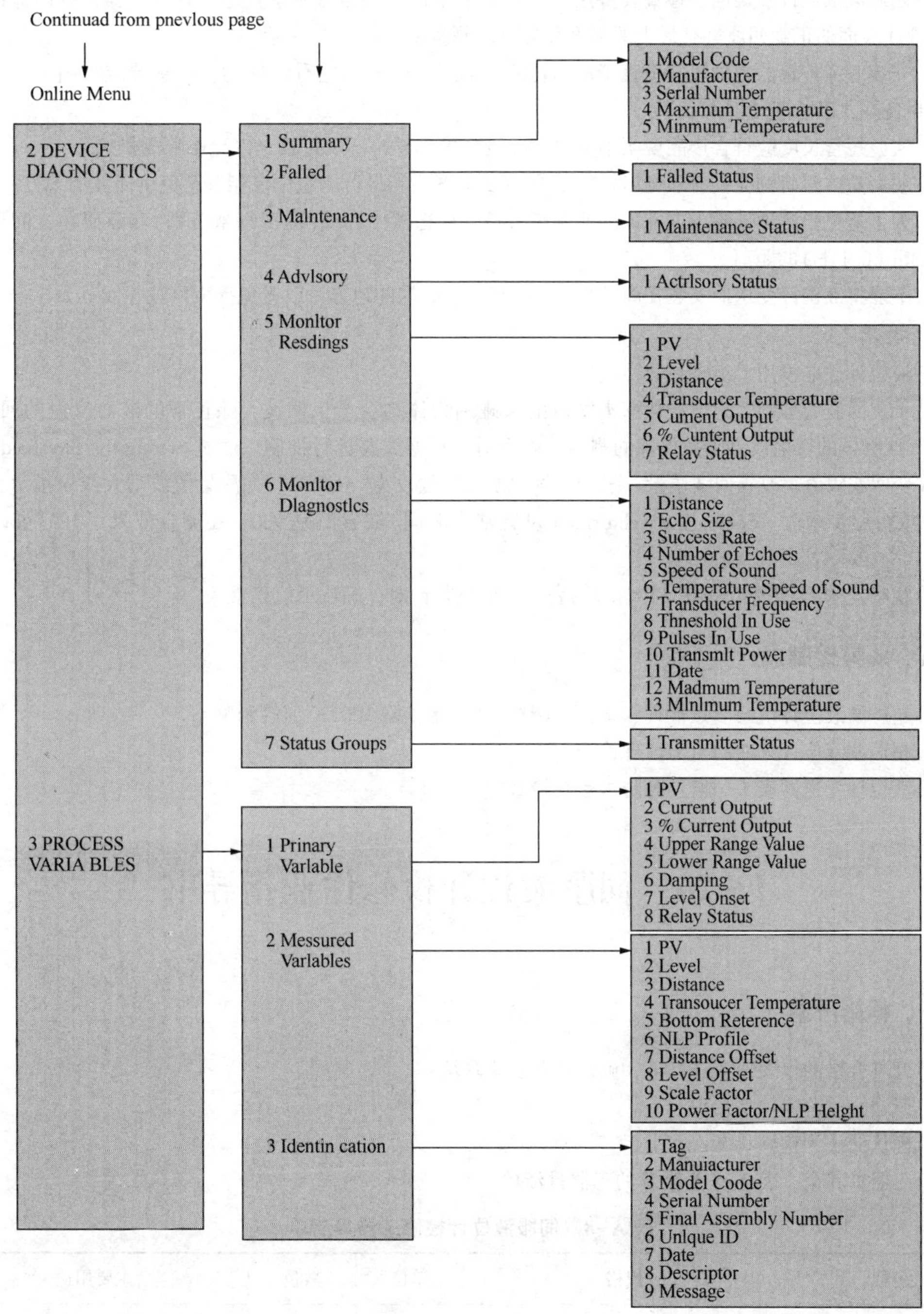

图 A-26 超声波液位计组态参数 HART 手操器参数设置界面

四、回装投用

1. 安装

检查、清理、检修后的超声波液位计按规范重新安装，主要注意事项如下：

(1)超声波液位计安装前，检查设备法兰应处于水平位置。尽可能垂直地安装变送器，以确保接收到的来自液体表面的正确回波具有最大的强度和最小的测量偏差。

(2)安装时，传感器中轴线应垂直于被测物的表面，且中间不应有障碍物；传感器应牢固可靠，电缆口应密封良好，以防潮气侵入。

(3)法兰短管长度应符合产品说明书要求，在设备内部伸出不要过长，以免影响测量。

(4)波束角内障碍物会反射强“伪回波”，所以变送器应当尽可能定位在能够避免伪回波的地方。

(5)为了避免检测到储罐内或井内的非期望目标，变送器中心线(对于每米范围)和障碍物之间至少要保持 4.3in (0.11m)的距离。

(6)不能将液位计变送器安装在离壁部 12in (0.3m)以内的地方，以避免损失回波强度。

2. 投用

(1)液位计送电投用、组态参数检查；

(2)干扰回波的抑制。超声波从探头发射出来碰到物体均会产生回波，除正常的液面反射的回波外，还会有其他物体的反射波会干扰仪表的测量，因而对干扰回波要进行抑制。通过 Setting the threshold(设置门槛)改变回波阈值，改善回波质量，减少干扰回波，一般设为“AUTO”。如测量值波动大或误指示，可以改为 50 或再逐步增大。Setting lost echo time(设置缺省时间)缺省值是 900，在测量效果不好时可以逐步改小。

(3)观察变送器 DCS 指示值，并与现场表头示值进行比对，确认示值正常。

五、质量控制点

(1)超声波液位计组态参数检查、备份、调整[尤其上消隐(P023)值的调整]；

(2)超声波液位计天线的清洁清理检查；

(3)液位计变送器表头、格兰等防水密封检查。

Ⅰ-26　伺服液位计检修作业指导书

一、检修准备

(1)开具合格的仪表作业许可证，确认作业安全环境；

(2)佩戴合适劳保用品；

(3)确认储罐为检修状态；

(4)工器具齐全，表 A-8 为推荐的工器具清单。

表 A-8　伺服液位计检修工器具清单

名称	规格	单位	数量	主要用途
专用笔记本电脑		台	1	液位计调试
活扳手	8 寸、10 寸、12 寸	把	各 2	用于液位计拆装
万用表	数字	台	1	回路的检测
一字螺丝刀	6mm×150mm，2.5mm×75mm	把	各 1	用于接线端子紧固
十字螺丝刀	6mm×150mm，2.5mm×75mm	把	各 1	用于接线端子紧固

续表

名称	规格	单位	数量	主要用途
内六角螺丝起子	M4	把	1	用于液位计拆装
内六角		套	1	用于液位计拆装
取磁鼓轴承工具		把	1	用于磁鼓拆装

二、检查检修

1. 伺服液位计及罐旁表外观检查

(1)液位计铭牌标识是否清晰、完整；

(2)液位计整体外观良好、无损坏、无变形、无泄漏；

(3)检查液位计状态指示灯是否正常，液晶屏显示是否正常，是否有报警信息。

2. 测量浮子清洗更换

(1)提浮子到校准腔；

(2)关闭球阀；

(3)拆开校准腔外盖；

(4)将浮子放到合适的位置；

(5)伺服液位计断电；

(6)拆下浮子；

(7)清洗浮子；

(8)恢复安装或更换浮子，安装校准腔外盖；

(9)打开球阀；

(10)通电测试。

3. 故障部件更换

(1)确认备件的型号、规格和原部件一致；

(2)伺服液位计停电；

(3)更换部件；

(4)伺服液位计通电；

(5)检查显示是否正常；

(6)检查并恢复原参数设置。

4. 其他检查检修

(1)电缆外观检查及绝缘测试；

(2)格兰防水密封检查；

(3)供电电压检测检查确认；

(4)罐旁表防晒处理；

(5)接线端子紧固及防锈检查处理。

三、校验投用

1. 零位校准

(1)确认储罐已经清空；

(2)伺服液位计力传感器解锁；

(3)伺服液位计外观及接线检查正常；

(4)导向管无异常；

(5)伺服液位计通电；

(6)伺服液位计参数检查并恢复；

(7)核对伺服液位计零点，室内外指示正常并一致。

2. 检尺校准

通过检尺数据进行现场校验、校准，并按照附件1格式填写校验记录。

3. 伺服液位计数据备份

(1)通过专用笔记本或手操器查看相应的参数并记录；

(2)具体的参数备份项目见附件2。

4. 通信单元数据备份

(1)将装有调试软件ENSITE的笔记本电脑，通过RS232C通信端口与CIU通信单元连接。开机运行调试软件；

(2)进入调试端口配置界面，记录调试端口通信参数，并按照附件3格式备份记录；

(3)进入485端口配置界面，记录485端口通信参数；

(4)记录总线挂接的液位计位号及参数。

四、质量控制点

(1)伺服液位计及格兰防水密封检查；

(2)伺服液位计零点校准；

(3)组态参数备份。

附件1：

伺服液位计校验记录

单元号		仪表位号			
仪表型号规格				精度	
仪表制造厂				出厂编号	
仪表地址 T_A		浮子重量 D_W		浮子体积 D_V	
磁鼓周长 D_C		钢丝张力 S_1		钢丝张力 S_2	
罐高 T_T		马达高限位置 M_H		马达低限位置 M_L	

续表

<table>
<tr><td>单元号</td><td></td><td>仪表位号</td><td colspan="3"></td></tr>
<tr><td>最大不平衡重量 B_U</td><td></td><td>最小不平衡重量 B_V</td><td></td><td>重量 B_W</td><td></td></tr>
<tr><td colspan="6">人手检尺(三次取平均值)：mm</td></tr>
<tr><td colspan="2">液位参数记录</td><td colspan="2">现场伺服液位计显示</td><td colspan="2">DCS 显示</td></tr>
<tr><td colspan="2">液位计校准前值/mm</td><td colspan="2"></td><td colspan="2"></td></tr>
<tr><td colspan="2">校准前误差/mm</td><td colspan="2"></td><td colspan="2"></td></tr>
<tr><td colspan="2">液位计校准后值/mm</td><td colspan="2"></td><td colspan="2"></td></tr>
<tr><td colspan="2">校准后误差/mm</td><td colspan="2"></td><td colspan="2"></td></tr>
<tr><td>校准鉴定</td><td colspan="5"></td></tr>
<tr><td colspan="6">校验人：　　　　质量验收人：　　　　校验时间：</td></tr>
</table>

附件 2：

伺服液位计参数备份记录表

<table>
<tr><td>序号</td><td>参数名称</td><td colspan="6">参数</td><td>备注</td></tr>
<tr><td>1</td><td>单元</td><td></td><td></td><td></td><td></td><td></td><td></td><td></td></tr>
<tr><td>2</td><td>仪表位号</td><td></td><td></td><td></td><td></td><td></td><td></td><td></td></tr>
<tr><td>3</td><td>出厂编号</td><td></td><td></td><td></td><td></td><td></td><td></td><td></td></tr>
<tr><td>4</td><td>磁鼓周长 D_C</td><td></td><td></td><td></td><td></td><td></td><td></td><td></td></tr>
<tr><td>5</td><td>浮子重量 D_W</td><td></td><td></td><td></td><td></td><td></td><td></td><td></td></tr>
</table>

续表

序号	参数名称	参数						备注
6	浮子体积 D_V							
7	I1 时钢丝张力 S_1							
8	I2 时钢丝张力 S_2							
9	仪表地址 T_A							
10	罐的编号 T_I							
11	最大不平衡质量 B_U							
12	最小不平衡质量 B_V							
13	质量 B_W							
14	罐顶位置 T_T							
15	高高报警液位 H_H							
16	高报警液位 H_A							
17	低报警液位 L_A							
18	低低报警液位 L_L							
19	马达高限位置 M_H							
20	提浮子限位位置 M_Z							
21	马达低限位置 M_L							
22	力传感器频率 F_0							
23	力传感器频率 F_1							
24	力传感器频率 F_2							
25	力传感器频率 F_3							
26	备份人员							
27	备份时间							

附件3：

通信单元CIU数据备份记录表

序号	参数名称		参数值	备注
1	单元			
2	仪表位号			
3	出厂编号			
4	调试端口	波特率		1200
5		通信端口		Com1
6		通信地址		all
7	485通信	通信地址		
8		波特率		
9		RTU地址		
10		数据排列方式		按罐排列还是按数据类型排列
11		工作模式		冗余
12				
13	接入仪表位号			
14	备份人员			
15	备份时间			

Ⅰ-27 雷达液位计检修作业指导书

一、技术准备

1. 简介

雷达液位计是利用超高频电磁波经天线向被探测容器的液面发射，当电磁波碰到液面后反射回来，检测出发射波和回波的时差，从而计算出液面高度。雷达液位计特别适用于大型立罐和球罐，一般分为测量级(又称过程级)和计量级，测量级雷达与计量级雷达工作原理相同，但计量级雷达精度更高、功能更强，因此下面主要以PRO系列计量级雷达为例介绍雷达液位计的停工检修。

2. 测量原理

PRO系列雷达液位计通过从储罐顶部天线发射的雷达信号对储罐内产品的液位进行测量；变送器向产品表面发送频率连续变化的微波信号，在雷达信号被产品表面反射后，回波被天线接收。由于信号频率不断变化，与此时发射的信号相比，回波的频率稍微有所不同，从而产生与产品表面距离成比例的低频信号。变送器使用快速傅立叶变换(FFT)技术从而得到储罐内所有回波的频谱，从该频谱可求出表面液位，从而实现对储罐液位的快速、可靠和精确测量。该种测量方法被称为FMCW(调频连续波)并应用于所有高性能雷达变送器。相关测量原理示意图见图A-27和图A-28。

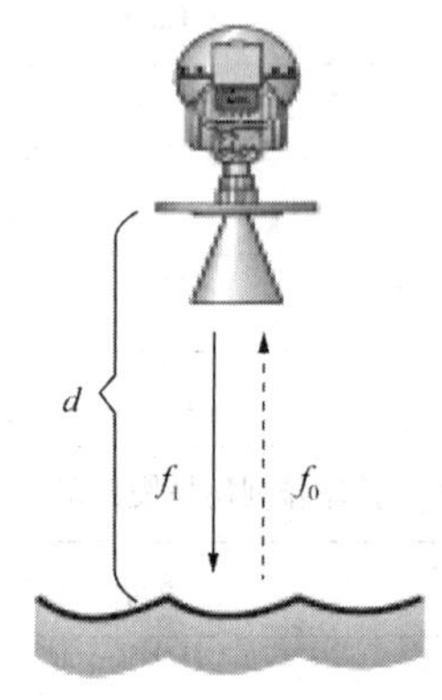

图A-27 基于频率连续变化的雷达扫描

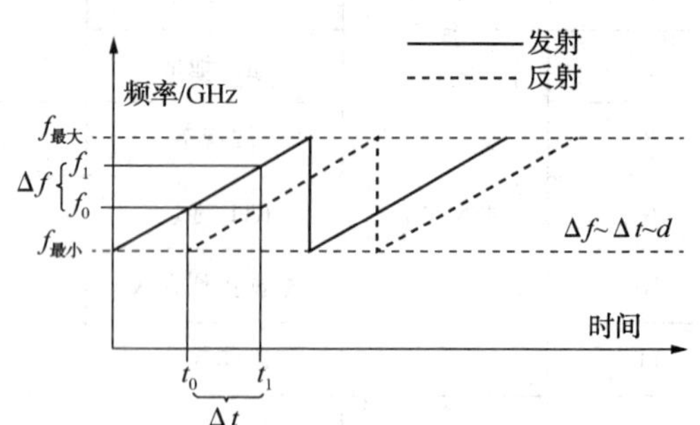

图A-28 调频连续波图

3. 基本构成

如图A-29所示，计量级雷达液位计测量系统由RTG雷达液位计和罐旁指示仪组成。以PRO系列为例，带罐旁指示仪(型号2210)的雷达液位计RTG40B，可组态的输出参数有：液位、空高、多点温度、体积、信号强度、液位变化速率等，相对于测量级雷达功能更强大。

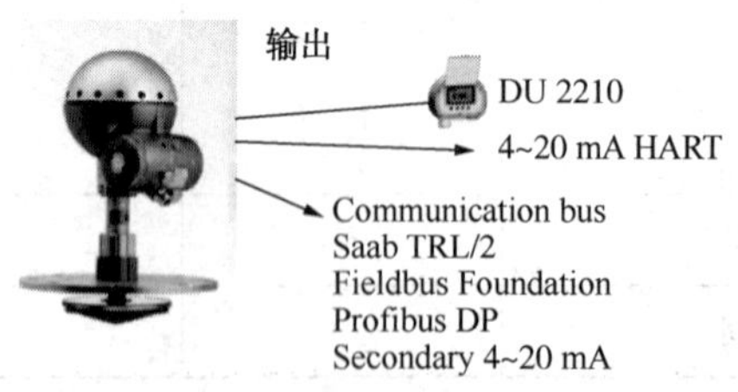

图A-29 计量级雷达外形图

4. 电气连接

如图A-30所示，PRO系列变送器具有两个分开的接线盒X1和X2分别用来连接设备电源、输出和显示装置。采用DC或AC作为具有较宽输入范围的内置电源，变送器供电单元可自动将电压调整到指定电压极限范围内的适用电压。变送器输出为HART/4~20mA主要模拟输出或FF现场总线。

1)端子块X1接线(见图A-31)

(1)端子1-2：用于连接非本质安全HART/4~20mA模拟输出，接到端子柜(TB35-15+/16-)。

(2)端子3-4：用于连接电源输入，由机柜室电源柜(PSC112-01)空开供电。

(3)端子A：电气安全接地端子。

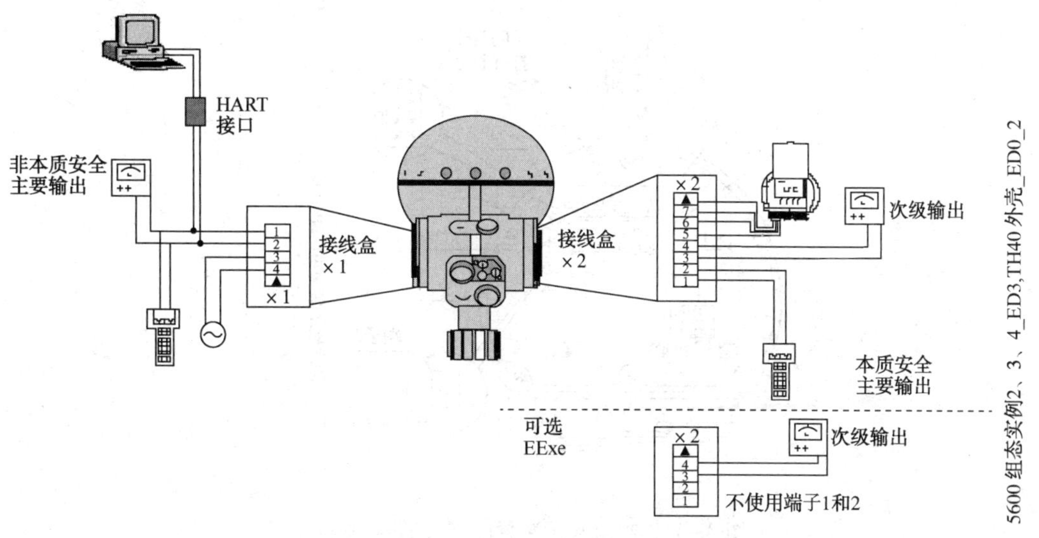

图 A-30　PRO 系列变送器电气原理图

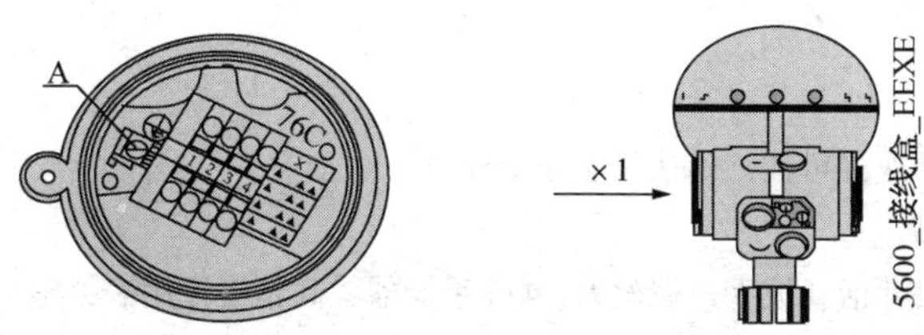

图 A-31　变送器端子块 X1 接线图

2）端子块 X2 接线（见图 A-32）

（1）通过四根导线，将显示装置与接线盒内的 X2 端子块连接。

（2）端子 A：与显示装置接地端子连接。

（3）端子 5：与显示装置的电源线相连接。

（4）端子 6 和端子 7：与显示装置的信号线连接。

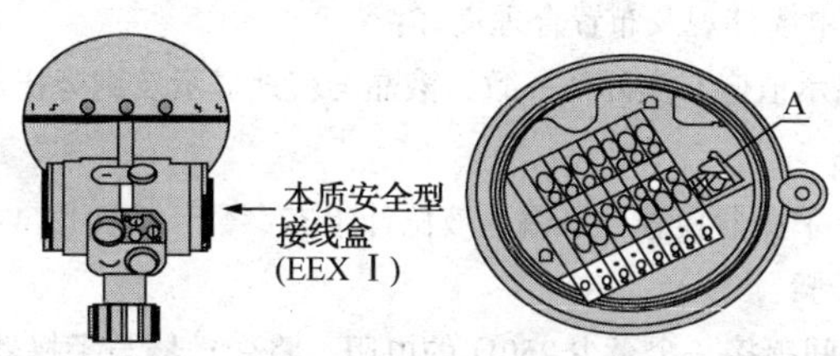

图 A-32　变送器端子块 X2 接线图

3）罐旁指示仪连接（见图 A-33）

（1）罐旁指示仪（2210 显示装置），显示装置可用于变送器组态或用于显示储罐数据。

（2）电源连接，在端子块 X2 端子 5 和端子块 X12 端子 1 之间接线。

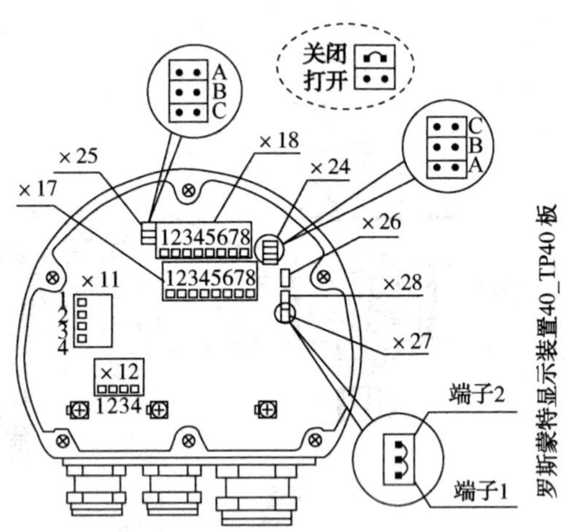

图 A-33　2210 显示装置电路板 TP40 板概览

(3)通信连接，在端子块 X2 端子 6 和端子块 X12 端子 2 之间接线并在端子块 X2 端子 7 与端子块 X12 端子 3 之间接线。

(4)接地连接，在 X2 端子隔室的安全接地螺钉与端子块 X12 端子 4 之间接线。

二、检修准备

(1)开具合格的仪表作业许可证，确认作业安全环境。

(2)佩戴合适劳保用品。

(3)检修工具：各种尺寸活动扳手、螺丝刀，475 手操器，高精度万用表，笔记本。

(4)检修材料：雷达液位计组态参数备份记录表。

三、检查检修

1. 性能检查

(1)液位计投用状态正常，铭牌和位号指示牌完整，本体及连接件固定牢靠；

(2)外观清洁、无锈蚀，接地线连接正常；

(3)液位计变送器是否有遮阳避雨的保护措施；

(4)格兰密封良好，信号电缆外观及布置合理良好；

(5)雷达液位计的 DCS 指示值应与实际值一致，液晶屏就地显示及罐旁指示仪应正常。

2. 组态参数检查备份

连接笔记本电脑或用 475 手操器检查记录雷达液位计组态参数，下面以 475 手操器通信连接方式为例介绍组态参数设置备份操作步骤：

(1)在通信连接与电源之间串接一个至少 250Ω 的电阻，将变送器与手操器连接。手操器引线可从 4~20mA 信号回路中的任一端接点引出。

(2)注意事项。在使用手操器通信时，所有组态更改必须通过采用“Send”(发送)键(F2)发送到变送器。

(3)进入 PRO 雷达液位变送器组态界面，HART 手操器菜单树进入界面(见附件 1)。

(4)或者通过快捷菜单(见表 A-9)进入相关参数组态检查画面。

表 A-9 PRO 雷达液位变送器组态 HART 通信快捷键

Antenna Type(天线类型)	1, 3, 3, 1
Basic Volume(基本容量)	1, 3, 3, 7
Device Information(装置信息)	1, 4, 1
Diagnostics(诊断)	1, 2, 1
Distance Unit(距离单位)	1, 3, 1, 1
Poll Address(轮询地址)	1, 4, 2, 1
Primary Variable(第一变量)	1, 1, 1, 1
PV Alarm Mode(第一变量报警模式)	1, 3, 4, 1, 4
PV Lower Range Value(第一变量量程下限值)	1, 3, 4, 1, 3
PV Upper Range Value(第一变量量程上限值)	1, 3, 4, 1, 2
PV Source(Assignment)[第一变量源(分配)]	1, 3, 4, 1, 1
Tank Height(储罐高度)	1, 3, 3, 3
Temperature(温度)	1, 3, 3, 8

(5)重点检查记录备份如下参数:

①通信协议，通信地址，数据位波特率，开始位，校验位，停止位;

②总空高(mm)，量程(mm)，盲区(m)，滤波门限值;

③天线类型，天线尺寸，工作模式。

3. 罐旁指示仪检查

2210 显示装置(罐旁指示仪)可用于组态并可浏览储罐数据；使用四个软键，可以浏览不同的菜单并可选择各种服务和组态功能。详细的菜单树见附件 2。

1)主菜单

如图 A-34 所示，主菜单包含下列选项:

(1)View(视图)选项，浏览液位数据和信号强度;

(2)Service(服务)选项，浏览组态状态、编辑保存记录、将保存记录重置到工厂设置数值，进行软件重置或启动表面回波搜索;

(3)Setup(设置)选项，对变送器进行组态;

(4)Display Panel(显示板)选项，设置测量值单位，设置语言并可更改用户口令。

2)液晶显示器对比度调整

同时按下右手侧的两个按钮可增加液晶显示器对比度。同时按下左手侧的两个按钮可降低液晶显示器的对比度。将显示板的对比度从最小调整至最大大约需要 10s 时间。

3)输入口令

通过以某种顺序按下三个空白软键(最多 12 个字符)可输入口令。每个数字代表一个特定软键，如图 A-35 所示；默认情况下口令为空白，即可通过只按下 OK 按钮可打开口令保护的窗口。

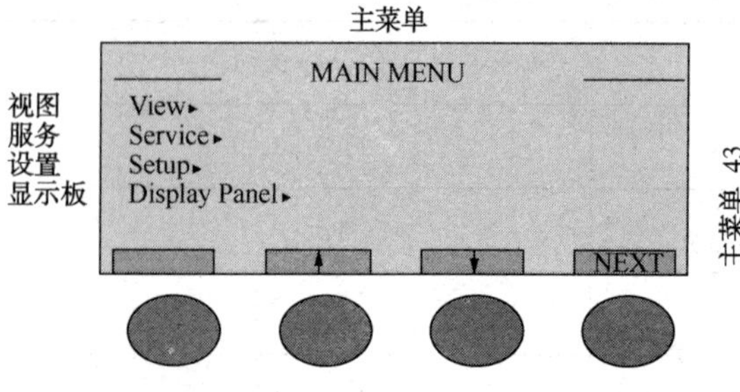

图 A-34　2210 显示装置主菜单

图 A-35　显示装置口令显示屏

4)软键

软键的意义随打开窗口的不同而不同，使用箭头键上下移动光标(或侧向移动到某些窗口)。当要求输入数值时，也可用这些按钮更改数字。

5)显示测量数据

在浏览测量数据时，采用软键在不同视图间浏览，如图 A-36 所示。状态指示器将显示所执行的测量以及这些测量是否有效。

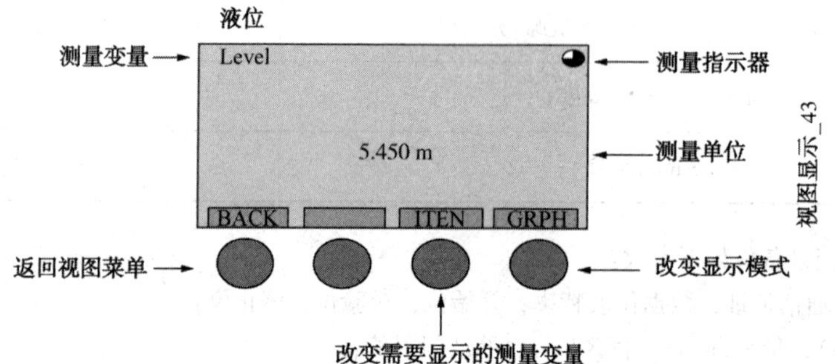

图 A-36　显示装置视图显示

6)不同选项之间的选择

(1)利用软键可定义可选择的特定项目并保存当前设置。

(2)当光标抵达最后一项时，按向下箭头按钮，可跳回到第一项。

(3)输入数字型数值。

(4)用向上箭头按钮输入所需数值。每次点击将数字从 0~9 递增，并可逐步递减返回零；

(5)Next(下一步)按钮将光标移动到下一个数字上。当光标抵达最后一个数字时，选择 NEXT(下一步)按钮又将光标返回到第一个数字。

7)显示设置

显示设置用于设置显示单位、显示语言和设置仅用于 2210 显示装置的口令。

8)用户定义视图

(1)选择 User Defined(用户定义)并按 Next(下一步)。

(2)上一步骤所选择的项目数量决定下一步所选择的是类型还是模式。如果选择单个项目，应选择类型并按下 Next(下一步)。如果选择两个或以上项目，应选择模式并按下 Next(下一步)。对于切换模式，也可选择每个项目所要显示的时间并按下 Next(下一步)。

(3)为所选项选择单位并按下 Next(下一步)。

(4)为显示设置以分钟计算的超时限制以使其返回默认视图并按下 Save(保存)。

9)语言选择

(1)选择 Language(语言)并按下 Next(下一步);

(2)移动光标至首选语言并按下 Mark(标记);

(3)按下 Save(保存)保存选择结果，显示器将返回到视图模式。

10)单位设置

(1)选择 Units(单位)菜单并按下 Next(下一步);

(2)选择 Length(长度)、Velocity(速度)、Volume(容量)或 Temperature(温度)按下 Next(下一步)，选择用于显示数据的测量单位并点击 Save(保存)进行保存。

11)更改口令

更换显示板口令需选择 Password(口令)选项并按下按钮，输入该口令才能更改变送器的组态;

12)安装设置 PRO 雷达液位变送器

(1)从主菜单中选择 Setup(设置)并任选一项进行变送器组态。

(2)引导设置。Guided Setup(引导设置)包括启动变送器的基本设置。该选项引导用户逐步浏览一系列组态窗口。这些窗口以预定义顺序自动打开。按照下列步骤，采用引导设置对新雷达变送器进行组态:

a. 从 Main Menu(主菜单)选择 Setup(设置)。

b. 输入口令并按下按钮，以特定顺序点击前三个软键可定义口令。按下的每个键以星号显示。

c. 从 Setup Menu(设置菜单)中选择“Guided...”(引导设置)并按下 Next(下一步)。

d. 设置天线类型。按 Save(保存)移动光标至所需的天线，点击 Mark(标记)进行选择:

Std=标准;

P=PTFE 储罐密封;

Q=石英密封;

HP=仅限于工厂使用;

C=仅限于工厂使用。

按 Save(保存)结束。注意必须使用箭头滚动清单以查找所有可用的天线类型。

e. 设置 Tank Type(储罐类型)。按箭头移动光标至所需储罐类型点击 Mark(标记)进行选择。

f. 校准 Tank Height(储罐高度)(R)。储罐高度(R)定义为上部参考点(距离漂移 G 确定)与下部参考点(零液位)之间的距离;按 Save(保存)结束。

g. 如果在选择储罐类型时必须对储罐底部类型进行定义，按箭头按钮移动光标至所需的储罐类型;点击 Mark(标记)对其进行选择。

h. 选择 Tank Environment(储罐环境)选项;选择合适的表面条件;通过选择 Mark(标记)将符合储罐环境的选项做上标记。

4. 停用清理

(1)核对仪表位号是否正确，确认组态参数已经备份;

(2)机柜间断开雷达液位计供电开关;

(3)确认介质压力已排泄，用便携式硫化氢报警器检测现场无危险介质，才能拆卸液位计;

(4)清理清洁雷达天线。

5. 线路检查

(1)检查接线箱盒及格兰密封;

(2)检查接线端子、接线鼻子有无松动、锈蚀;

(3)检查罐旁指示仪、变送器等格兰密封良好;

(4)检查线路绝缘是否良好，用 500V 兆欧表检查芯线间、芯线对地绝缘电阻大于 20MΩ。

(5)用高精度万用表重新检查测量雷达液位计供电电缆的绝缘性能。

四、回装投用

1. 安装

雷达液位计能否正确测量，依赖于反射波的信号；如果所选择安装的位置，液面不能将电磁波反射回雷达天线，或在信号波的范围内有干扰物反射干扰波给雷达液位计，雷达液位计都不能正确反映实际液位。因此安装对雷达液位计十分重要，主要注意事项如下：

(1)确认雷达液位计喇叭口或天线上结晶、异物已经清理清洁。

(2)安装通用要求：

①雷达液位计天线的轴线应与液位的反射表面垂直；

②天线平行于测量槽壁，利于微波的传播；

③安装位置距槽壁距离应大于30cm，以免将槽壁上的虚假信号误做回波信号；

④尽量避开下料区、搅拌器等干扰源，使波束范围内无固定物，提高信号的可信度；

⑤接管直径应小于或等于屏蔽管长度(100mm或250mm)。

(3)塔内的搅拌阀、塔壁的黏附物和阶梯等物体，如果在雷达液位计的信号范围内，会产生干扰的反射波，影响液位测量，在安装时要选择合适的安装位置，以避免这些因素的干扰。

(4)喇叭形雷达液位计的喇叭口要超过安装孔的内表面一定的距离(>10mm)。杆式液位计的天线要伸出安装孔，安装孔的长度不能超过100mm；对于圆形或椭圆形的容器，应装在离中心为1/2R(R为容器半径)距离的位置，不可装在圆形或椭圆形的容器顶的中心处，否则雷达波在容器壁的多重反射后，汇集于容器顶的中心处，形成很强的干扰波，会影响准确测量。

(5)安装后，可以用装有监控软件的笔记本观察反射波曲线图，来判断液位计安装是否恰当，如不恰当，则进一步调整安装位置，直到满意为止；有些安装位置无法避免的干扰波，还可利用监控软件识别虚假波的功能，液位计能根据实际液位标识出干扰反射波，并存于雷达液位计内部数据库，使雷达液位计在数据处理时能识别这些干扰波，去除这些干扰反射波的影响，保证测量的准确性。

2. 投用

(1)机柜间合上雷达液位计供电开关；

(2)观察变送器DCS指示值，并与现场表头示值以及罐旁指示仪进行比对，确认示值正常。

3. 校准

(1)液位测量值与检尺值有偏差时，需要对液位计校准校验。

(2)如果工艺反应仪表液位指示与实际液位有偏差需要进行液位校准时，首先由工艺人员对罐液位进行手工检尺，为保证检尺数据的准确性，应在静罐情况下进行三次独立的测量，三次检尺数据的平均值作为液位修正的参考值。

(3)校准可通过笔记本、罐旁指示仪或HART手操器进行校准，应检查罐高、静空、量程等参数是否设定正确。下面重点介绍通过罐旁指示仪校准步骤：

①从Main Menu(主菜单)中选择Setup(设置)；

②输入口令并按OK确认；

③从Setup Menu(设置菜单)中选择Custom(自定义)并按下Next(下一步)；

④从Custom Setup(自定义设置)菜单中选择Start Radar(启动雷达)选项。

a. 从Start Radar(启动雷达)菜单中选择Antenna Type(天线类型)选项。可用的天线类型有：杆形、锥形、过程密封和抛物线形。

b. 选择变送器已安装的天线的类型，并点击Save(保存)打开Start Radar(启动雷达)菜单。

c. 选择Tank Environment(储罐环境)选项，选择合适的表面条件。通过选择Mark(标记)将符合储罐环境的选项做上标记。

d. 按 Save(保存)保存当前设置。

e. 选择 Product DC(产品介电常数)选项。产品介电常数决定产品反射微波的效果。

f. 选择 Start Code(启动代码)，变送器与启动代码配套供应，启动代码可激活订购的软件。

g. 按 Back(返回)返回到 Custom Setup(自定义设置)菜单。

(4)从 Custom Setup(自定义设置)菜单中选择 Geometry(几何尺寸)选项。

a. 选择 Tank Type(储罐类型)并按下 Next(下一步)。选择 Tank Shape(储罐形状)选项并按下 Save(保存)。

b. 选择 Tank Height(储罐高度)并按下 Next(下一步)。Tank Height(储罐高度)(R)定义为上部参考点与下部参考点(零液位)之间的距离。设置储罐高度按 Save(保存)。

c. 选择 Bottom Type(底部类型)并按下 Next(下一步)选择 Tank Bottom (储罐底部)选项并按下 Save(保存)。

d. Calibration Distance(校准距离)默认值设置为零。校准距离用于调整变送器，使测量液位与手工检尺测量的产品液位匹配。通常情况下，只需要进行微调。例如，在实际储罐高度与变送器数据库中存储的数值之间也许会存在偏差。Calibration Distance(校准距离)并按下 Save(保存)。

e. 选择 Advanced(高级功能)菜单按下 Next(下一步)，设置 Distance Offset(距离漂移)(G)；距离漂移(G)定义为上部参考点与法兰(法兰被用作变送器参考点)之间的距离。可使用距离漂移指定自定义的储罐顶部参考点。如果想把法兰用作上部参考点，就将距离漂移的值设置为零。如果使用的上部参考点超出变送器参考点，将距离漂移设置为正值。当变送器的测量液位符合手工检尺方式测量的液位值时，应使用距离漂移。

f. 设置 Minimum Level Offset(最小液位漂移)(C)。最小液位漂移(C)确定下部无效区，该下部无效区将量程延伸超出零液位参考点以下直达储罐底部。最小移位漂移定义为零液位(储罐液位参考点)和最小可接受液位即储罐底部之间的距离。如果使用储罐底部为零液位参考点，可将最小液位漂移设置为零。如果零液位未定义在储罐底部而是定义某标高点作为基准面，需要定义最小液位漂移。注意最小液位漂移不能为负值。

g. 设置 Tank Connection Length(储罐连接长度)。输入的储罐连接长度参数仅适用于用户定义的天线类型。标准天线，可自动设置储罐连接长度值。

(5)从 Custom Setup(自定义设置)菜单(可选)中选择 Analog Out 1(模拟输出 1)选项。如果变送器配有模拟输出，输出范围将自动校准以实现与储罐校准(距离漂移和储罐高度)的匹配。

(6)从 Custom Setup(自定义设置)菜单(可选)中选择 False Echo(伪回波)选项。在正常运行情况下，变送器将检测的回波与记录的干扰回波清单进行对比以确定真实的表面回波。为浏览变送器已检测到的回波清单，可选择 Tank Echoes(储罐回波)选项。

从该清单中选回波并添加到记录的回波清单，只记录被确认为储罐内的物体引起的干扰回波。按照下列步骤可记录干扰回波：

a. 将光标移动到想添加到清单的回波。

b. 点击 Edit(编辑)。

c. 将光标移动到 Add to list(添加到清单)并点击 Mark(标记)。

d. 点击 Save(保存)将做标记的回波记录到清单中。

e. 如果想记录更多的干扰回波，请重复步骤 a 至 d。使用 Set as surface(设置为表面)选项，可将回波定义为产品表面。如果想手工添加回波，可在 Add new false (添加新伪回波)选项上做上标记，如果存在低于产品表面、安装时不能被变送器检测的已知干扰的，该选项相当有用。

f. 点击 CNCL(取消)返回到 False Echo(伪回波)菜单。为了浏览记录的当前干扰回波清单，可选择 Reg. False Echoes(记录的干扰回波)。

按照下列步骤可清除记录的干扰回波：将光标移动到想清除的回波；点击 Edit(编辑)；选择 Remove

echo(清除回波选项)并点击 MARK(标记)；点击 Save(保存)以清除选定的回波。

如果想手工添加回波到记录干扰回波清单，可将 Add new false (添加新伪回波)选项做上标记；如果想清除整个干扰回波清单，将 Clear list(清除清单)选项做上标记。

(7)从 Custom Setup(自定义设置)菜单中选择 Volume(容量)选项。使用 Volume(容量)选项，可对 PRO 系列雷达液位变送器进行容量计算设置；可在选用预定义的储罐形状，如球形、卧式或立式圆筒形，或者将液位和容量值输入储罐容量表。

a. 选择 Shape(形状)并按下 Edit(编辑)，择需要使用的储罐几何尺寸并按 Save(保存)；

b. 选择 Diam(直径)并按下 Edit(编辑)，设置储罐直径并按 Save(保存)；

c. 选择 Zero Level Offset(零液位漂移)并按 Edit(编辑)，设置从零至储罐底部按 Save(保存)；

d. 选择 Volume Offset(容量漂移)并按 Edit(编辑)，设置容量漂移并按 Save(保存)；

e. 选择 Volume Control(容量控制)并按 Edit(编辑)，在 NegVolDisabled(负容量禁用)选项做上标记并按 Save(保存)。

4. 常见故障处理

1)液位显示不准

(1)检查参数基本设置，重点检查罐体形状、介质状态、储罐高度等参数是否设置正确；

(2)根据实际液位做干扰抑制设置(观察反射波曲线图消除干扰反射波)；

(3)对液硫、硫黄粉等介质应首先考虑是否探头被污染，清洁探头；

(4)条件允许的情况下，可拆出对准附近墙壁，测量到墙壁的距离，以判断其测量是否准确；

(5)如有报警代码，可以根据代码查说明书，排除故障。

2)液位测量失灵

(1)查检供电是否正常。

(2)查检通信是否正常。通过安装了雷达调试软件的笔记本、FBM(双向调制/解调器)接入 FCU 2160 (现场通信单元)，可以在操作界面上读取雷达的所有数据——发射波、反射波强度，雷达的组态数据。如果读不到，则通信有问题，还可以拿着这些设备到雷达头处接入信号线，以判断故障所在，这样处理可以排除信号线的故障。

(3)如果罐底部有管道、支架，会对雷达波形成漫反射，所以在无液位或液位较低时，显示不正常时，待工艺液位正常后，重启一下会有显示。在工艺进油时，如果产生了蒸汽，也会形成漫反射而使液位失灵，温度正常后会自动恢复。

(4)对轻污油罐优先考虑天线结晶、沾污可能。拆下雷达前必须佩戴合适的防护器具；在罐顶拆下的螺栓妥善放好，勿使滑落伤人；断电后抬起雷达倾斜放下，注意轻拿轻放，不使天线受损；用抹布擦去结晶或油污，不要让天线弯曲，切忌铁器刮擦，以免破坏天线。

(5)如仍不能恢复正常，可以用好的雷达板卡甚至是底板、天线与之调换。调换前要做好记号并且要断电，通电并进行必要的组态后，即可进行测试，以判定哪一块板卡出了问题。

(6)查看诊断信息，若出现故障，可通过检查其故障代码，进行诊断和处理。如果仍不能解决问题，则要联系或咨询生产厂家专业维修人员做进一步检查。

五、质量控制点

(1)雷达液位计的现场校准；

(2)雷达液位计组态参数检查备份；

(3)供电电缆绝缘测试检查，格兰、变送器、罐旁指示仪防水密封检查。

附件 1：

PRO 雷达液位变送器 HART 手操器菜单树

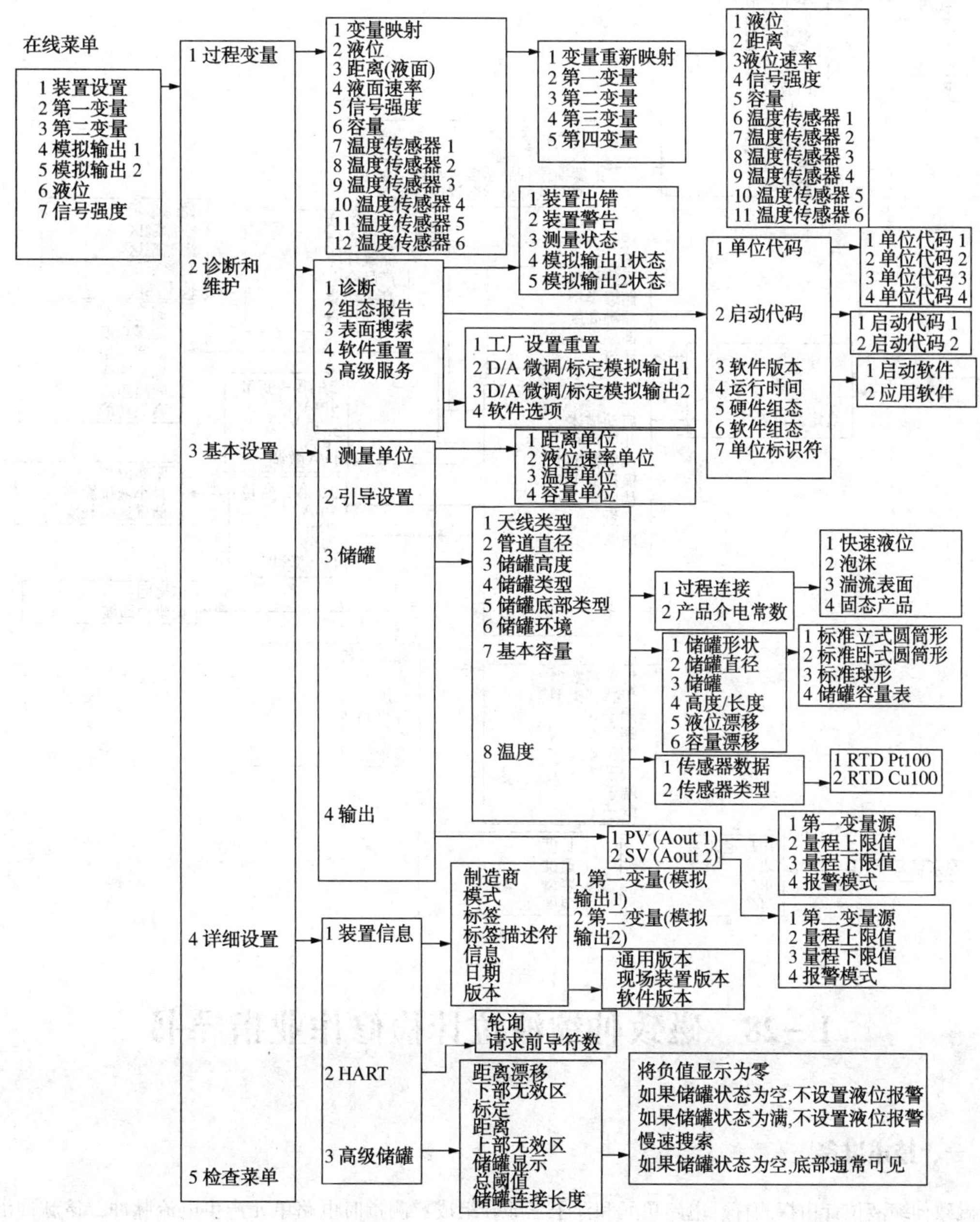

附件 2：

雷达罐旁指示仪(2210)菜单树

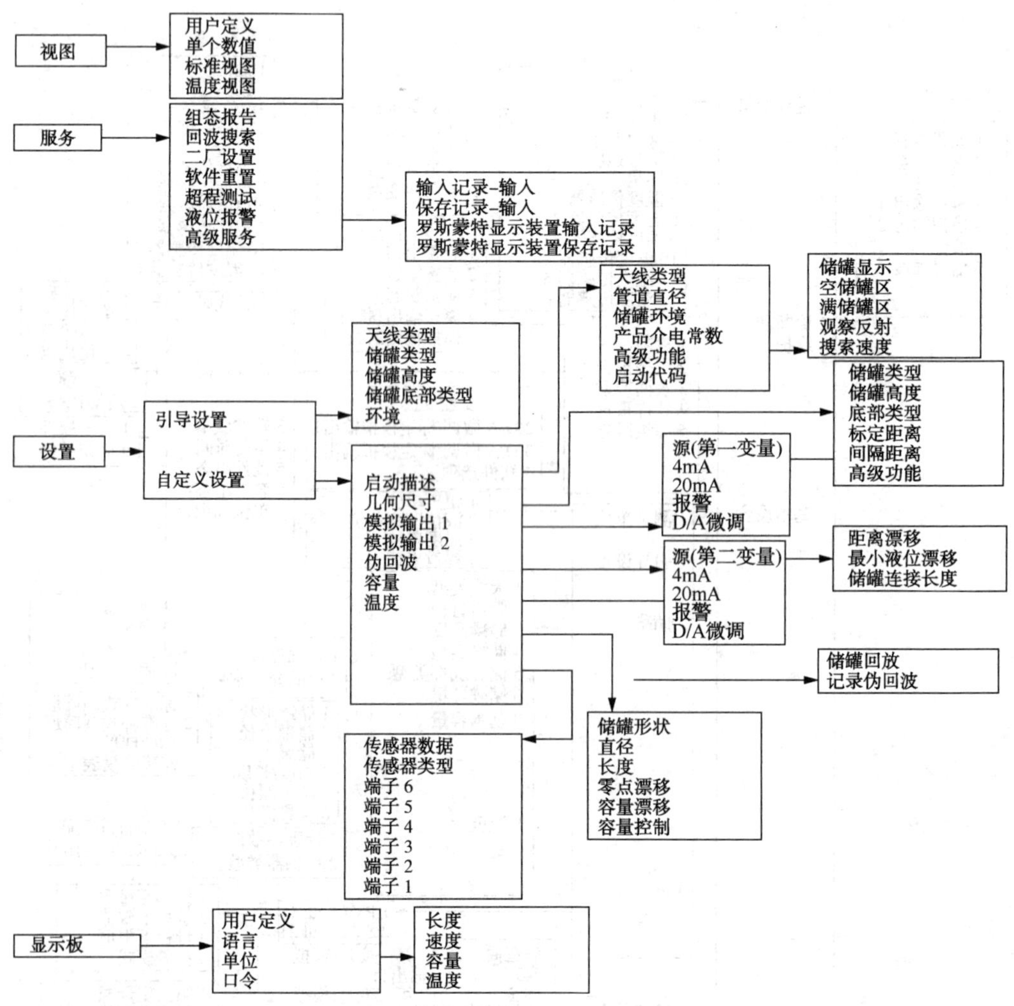

Ⅰ-28　磁致伸缩液位计检修作业指导书

一、技术准备

磁致伸缩液位计由探测杆、电路单元和浮子三部分组成；测量时电路单元产生电流脉冲，该脉冲沿着磁致伸缩线向下传输，并产生一个环形的磁场。在探测杆外配有浮子，浮子沿探测杆随液位的变化而上下移动，浮子内装有一组永磁铁，同时产生一个磁场；当电流磁场与浮子磁场相遇时，产生一个“扭曲”脉冲，或称“返回”脉冲。将“返回”脉冲与电流脉冲时间差转换成脉冲信号，从而计算出浮子的实际位置，测得液位。组成原理图如图 A-37 所示。

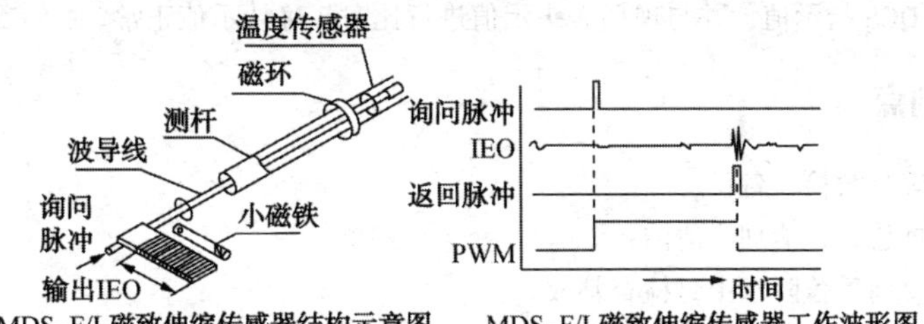

图 A-37 磁致伸缩液位计结构原理图

二、检修准备

(1)开具合格的仪表作业许可证，确认作业安全环境。

(2)佩戴合适劳保用品。

(3)检修工具：各种尺寸活动扳手，螺丝刀，475 手操器，万用表。

(4)检修材料：磁致伸缩液位计组态参数备份记录表。

三、检查检修

1. 性能检查

(1)外观检查。变送器状态显示正常，铭牌和位号指示牌完整，外观清洁、无锈蚀。

(2)状态检查。查液位计实际应用工况是否符合测量点的技术要求，如介质、压力、环境温度、测量范围等。

2. 停用清理

(1)核对仪表位号是否正确，备份组态参数；

(2)机柜室内断开液位计供电开关；

(3)确认介质压力已排泄，才能拆卸液位计；

(4)检查探测杆有无变形或破损，并清理清除杂物；

(5)检查浮子在探杆上是否能自由滑动。

3. 线路检查

(1)检查格兰密封；

(2)检查接线端子、接线鼻子有无松动、锈蚀；

(3)检查线路绝缘是否良好，用 500V 兆欧表检查芯线间、芯线对地间的缘电阻大于 20MΩ。

4. 校准

在仪表面板分别有“ZERO”和“SPAN”键，分别对应零点和满度，校准时，先将浮子置于零点位置，按住“ZERO”键 5s，松开，零点校准完成；

将浮子置于满度位置，按住“SPAN”键 5s，松开，满度校准完成(有些型号校准方法不同，参考具体仪表说明书)。

四、回装投用

1. 安装

(1)磁致伸缩液位计安装时，其传感器中轴线应垂直于被测物的表面，且中间不应有障碍物；

(2)接线，确认电缆口密封良好。

2. 投用

(1)机柜室内合上液位计供电开关；

(2)观察变送器DCS指示值，并与现场表头示值进行比对，确认示值正常。

五、质量控制点

(1)零点、量程等参数检查备份；
(2)液位计探测杆检查、清理、清洁；
(3)液位计格兰、前后盖防水密封检查整改。

Ⅰ-29 射频导纳(电容)液位计检修作业指导书

一、技术准备

射频导纳液位计基本测量原理与电容式液位计相同，由于电容电极在黏稠介质中使用容易结垢挂料，在使用一段时间后就会出现一个附加的电容 C_{CO} 和电阻 R_{CO}。由于许多 $C_{CO_1} \sim C_{CO_n}$ 和 $R_{CO_1} \sim R_{CO_n}$ 的存在，使振荡器输出到探头电压降低，导致测量回路误差；同时 C_{CO} 的存在，直接产生测量误差。射频导纳液位计是在电容式液位计基础上对此缺陷进行补偿，克服挂料所引起的测量误差，而重新得名的；其挂料附加电容和电阻的等效回路如图A-38所示，图中1为电极，2为非金属筒体，3为保护电极。

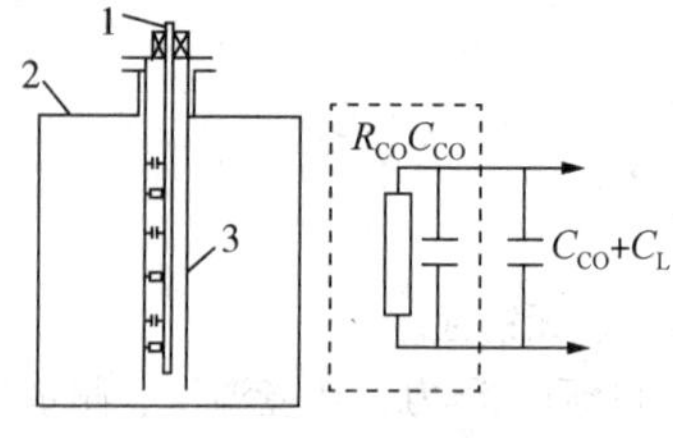

图A-38 等效电容原理图

射频导纳液位计采用的射频导纳技术，防挂料电路将容抗信息和阻抗信息综合在一起，能可靠地消除传感器和容器壁上挂料或结垢影响，可用于多数黏稠、沾污介质、颗粒状介质、混合介质测量，也适用于强酸、碱等腐蚀性强介质的测量。

二、检修准备

(1)开具合格的仪表作业许可证，确认作业安全环境；
(2)佩戴合适劳保用品；
(3)选用合适的防爆工具。

三、检查检修

1. 外观检查与备份

(1)液位计外观良好，无损坏、无泄漏、无异常；
(2)变送器显示正常，是否有故障报警；
(3)变送器参组态数设置是否合理完整，按位号用475手操器连接液位计逐项检查记录备份。

2. 液位计拆除

(1)断开仪表电源，拆开信号电缆接线并用绝缘带将电缆头缠紧包好，防止接地短路；
(2)用合适工具将法兰螺丝拧松，将探头从设备上取下，注意不能损坏探头。

3. 清理检修

(1)传感器清理。射频导纳液位计、电容式液位计拆除后，重点检查传感器部分是否变形、是否干净。通常传感器为杆式传感器，清洁程度直接影响决定着液位计的测量，务必清理干净并彻底消除杂质附着隐患。

(2)变送器与传感器连接处密封检查处理。变送器与传感器连接处通常防水效果较差，甚至会积水，造成液位计测量波动或不准。如果发现有渗水迹象，应该根据情况做密封处理。

4. 变送器检查

1)电子单元检查

(1)拆除传感器与变送器之间的连接电缆；

(2)在电子单元探头一侧接上电容箱；

(3)按量程大小调节电容箱，看输出电流是否随电容增加而增大；

(4)若输出随之相应增加且波动小于0.5%，说明单元正常。

2)传感元件检查

(1)用模拟欧姆表(数字表可能产生误差)检查探头与地之间的电阻，其阻值应为无限大，低于1MΩ可造成读数误差，若阻值低于100kΩ，说明探头有泄漏，此泄漏可能发生在机壳内密封件或安装螺母附近区域，需更换探头。

(2)与工艺实际就地测量物位进行校对，并将测量值记录。

(3)覆盖物(挂料)误差的特点是：下降的物位引起高输出，当物料低于探头端部时，输出仍大于0%；确定覆盖物问题后，清除探头上的附着物并重新检查是否工作正常。

3)连接电缆检查

连接电缆出现的问题主要是短路和断路，把连接电缆从仪表上拆下来，在其一端短路或断开，测量检测。

4)回路检查

(1)从接线板(+)(-)端断开电源，测量电源开路电压，其值应为11.5~30VDC；

(2)接好电源，将电容箱接到电子单元上，调整电容值，使输出为最大20mA；

(3)测量(+)(-)接线端间电压，在11.5~30VDC，若低于所要求的最小11.5VDC，则电源有题；

(4)断开设备的电源和信号线，检查供电环路上是否负载过多，或是电源线有短路。

5. 故障处理

按照检修计划检查、处理、更换故障备件。

四、回装投用

1. 安装

(1)用于测量液位时，探头应垂直于液面；

(2)过程接口法兰连接牢固；

(3)防止变送器接线过程信号线短接，并做接线盒密封检查。

2. 校准

射频导纳液位计和电容液位计，一般均不需要现场校验校准，如下的校准方法仅供参考。

(1)在控制室内将变送器供电电源合闸；

(2)在初始状态下(容器内没有物料介质的情况下)，调整电桥电路调谐电容器的大小，平衡掉初始电容C0(分布电容)，使变送器的输出为4mA；

(3)升高容器内物料高度，测量实际物料高度，调节量程，使仪表输出与实际高度相符；

(4)重复调整，直到符合要求为止。

五、质量控制点

(1)测量探头完好及附着物检查、清理清洁；

(2)传感器与变送器连接处防水密封检查处理。

I-30 音叉物位开关检修作业指导书

一、检修准备

(1)开具合格的仪表作业许可证，确认作业安全环境。

(2)佩戴合适劳保用品。

(3)检修工具：活动扳手，螺丝刀，内六角，万用表。

(4)检修材料：记号笔，打印版音叉开关检修跟踪表，聚四氟乙烯带，标签纸。

二、检修

1. 基本检查

(1)铭牌标识清晰，外观无破损、腐蚀，整体无破损、无泄漏；

(2)电缆外观良好，接线紧固，接线端子无松动、锈蚀，供电电压稳定。

2. 拆卸

(1)确认管线、塔器内介质、压力排净；

(2)机柜室断开该路音叉开关电源和信号线刀闸端子，现场拆下密封盖锁紧螺钉，打开音叉开关接线盒盖，并用万用表确认电源已经断开；

(3)用扳手缓慢拧松音叉开关接头，确认没有介质溢出后进行完全拆卸作业；

(4)标记音叉开关的位号、接线端子号、内部跳线及安装位置；

(5)对拆除的音叉开关进行位号及安装位置标记，并封好安装接口，防止异物进入。

3. 校验设定

1)校验

(1)按照图A-39接线图接好线，端子"1""2"接DC 24V电源。端子"3" "4"为继电器接点输出；仪表设置为"上限位"时为有料吸合，仪表设置为"下限位"时为空料吸合。

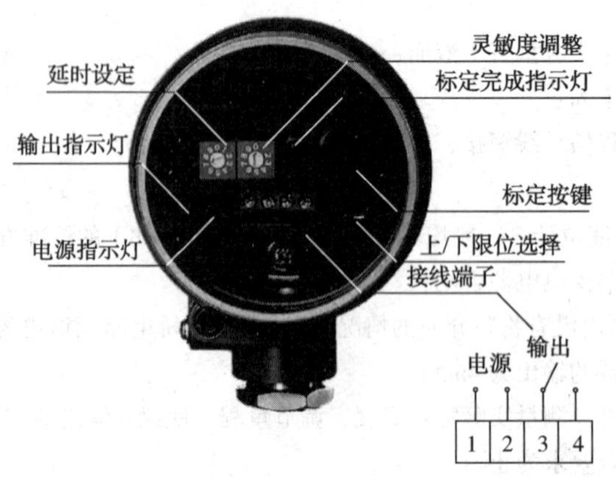

图A-39 音叉开关接线图

(2)把音叉开关检测头插入水中，测量3、4号端子通断变化。

(3)通常也可以通过手握音叉观察触点变化来进行初步判断。

2)音叉开关功能设定

(1)延时设定。用于消除输出继电器抖动。如液面波动较大，输出继电器抖动，可以将延时设定(出厂设置为零)长一些直至消除抖动。

(2)灵敏度调整。出厂时设置为“3”，如需调整，应在厂家指导下进行：小于“3”灵敏度提高，大于“3”灵敏度下降。

(3)上/下限位选择。上/下限位由短路器设置，短路器插至右边为“上限位”状态，输出继电器为有料吸合；短路器插至左边为“下限位”状态，输出继电器为空料吸合(出厂设置为上限位)。

(4)指示灯。仪表通电时电源指示灯点亮，输出继电器接点闭合时输出指示灯点亮。

(5)校验。若出现仪表不能正确动作，在空液位条件下按下“校验键”3s以上至“校验完成”指示灯点亮后抬手即可恢复正常工作。

三、回装

1. 安装

(1)安装方向，确保叉体面和液体升降或流动保持方向一致，可以避免由于介质对叉体的阻力而产生的测量误差，具体如图A-40所示。

(2)按照标识接好电源线和信号线。检查端子盖密封圈是否老化，对有老化密封圈应更换。确认电缆入口的密封完好。

(3)安装、接线完成后，在机柜间测量电缆对地绝缘应无异常。

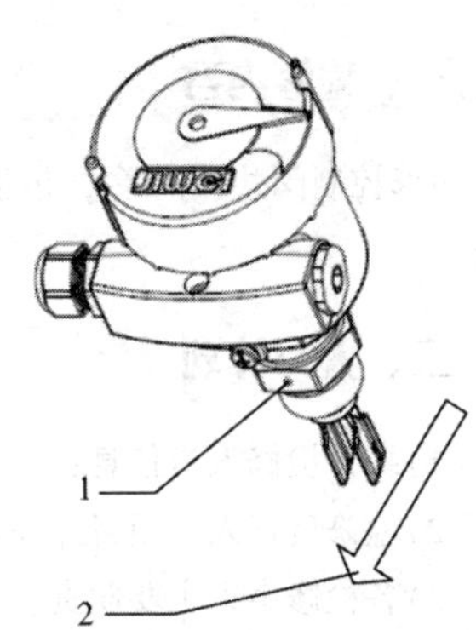

图A-40 介质流动方向

1—螺纹连接的标志点；

2—介质流动方向

2. 投用

(1)从机柜室机柜合上该路开关电源线、信号线刀闸端子，相关DCS液位报警应根据现场实际液位显示报警或正常信号；

(2)再次检查格兰、端子盖密封，做好防水措施。

四、质量控制点

(1)音叉开关拆除清理；

(2)音叉开关检查校验；

(3)音叉开关安装方向确认。

附录Ⅱ　检修施工方案

Ⅱ-1　控制阀检修作业方案

一、检修内容

检修控制阀共计××台，包括控制阀在线检查、更换填料、下线解体试压、研磨加工、回装、校验等工作。

二、人力计划

(1)统计检修人员信息；

(2)检修负责人、项目经理×××；

(3)各检修小组主要职责。

分16个检修组，包括在线检修组(8组)，控制阀下线检修组(6组)，阀门试压调试组(2组)；按照运行部来划分相应的负责人，基本的组织构架见图B-1。

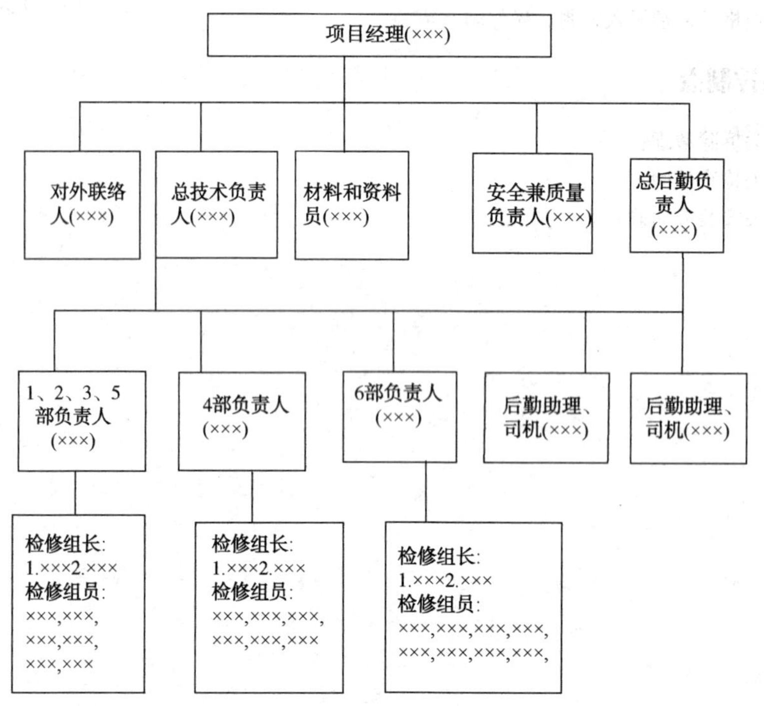

图B-1

三、工器具及耗材

1. 机具(见表 B-1)

表 B-1 控制阀检修所需机具清单

名称	规格	单位	数量	主要用途
遥控器		个	1	调试电动阀
万用表	数字	块	1	用于线路、供电测试
验电笔		支	1	用于电源验电
呆扳	各种尺寸	套	4	拆装控制阀用
活扳	各种尺寸	套	4	拆装控制阀用
管钳	12 寸、14 寸	把	各 4	拆装控制阀用
内六角		套	1	开表盖用
大小螺丝刀		套	1	拆紧螺丝用
一吨倒链		套	2	拆装控制阀用
承重架		个	1	拆装控制阀用
吊带		根	2	拆装控制阀用
秒表		个	1	用于记录控制阀开、关时间
运输车辆	货车	辆	1	运输控制阀
试压机		台	2	试压测试控制阀
空压机		台	2	气动控制阀用
叉车		台	2	卸装控制阀

2. 消耗材料(见表 B-2)

表 B-2 控制阀检修所需消耗材料清单

序号	用品名称	单 位	数 量	备 注
1	清洗布	包	3	
2	除锈剂	瓶	10	
3	机油、黄油	桶	1	

四、质量管理

1. 质量目标

国家及行业相关现行标准，控制阀维修质量合格率 100%。

2. 质量验收规范及标准

(1)《石油化工检修安全技术规程》(SH3505)；

(2) ANSI/FCI 70-2(formerly ASNI B16. 104), Control Valve Leakage;

(3) MSS-SP-61 Pressure Testing of Steel Valves;

(4)HG25416-91 气动凸轮挠曲调节阀维护检修规程 化工部设备维护检修规程；

(5)HG25417-91 气动薄膜套筒调节阀维护检修规程 化工部设备维护检修规程；

(6)HG25418-91 气动长行程执行机构维护检修规程 化工部设备维护检修规程；

(7)HG25419-91 气动蝶阀维护检修规程 化工部设备维护检修规程。

3. 质量保证体系及措施

(1)建立建全施工质量保证体系，每个检修组设一名质量员，对本组质量全面负责。

(2)严格按设计图纸和施工规范进行检修。

(3)加强工序质量控制和中间验收，及时发现消除，对质量通病分析原因并防范。

(4)加强进度控制，协调好工序之间的交叉配合。

(5)严格按照标准规范执行控制阀强度和气密性试验。

(6)泄漏试验要求：在检修后，将确保不降低原控制阀所规定达到的泄漏等级。

(7)执行机构的性能检查要求：执行机构要进行气密性检查；动作试验检查，确保动作正常，无泄漏。

(8)调节阀动作按 5 点校验，本误差应在±1%左右，回差、始终点偏差不应超过 1.0%，死区不应超过全量程的 3%。

(9)开关阀动作检查，阀杆动作应平稳、到位，无卡涩；阀位反馈及开关回讯均正常，开关速度符合设计要求。

(10)手轮机构动作灵活可靠。

(11)经过研磨之后的密封零件，其接触面的光洁度应达到密封要求。

(12)检修过程中加工的零部件，图纸齐全、准确，检修记录、试压记录、图纸等齐全。

五、安全管理

1. 目标

按计划、高质量、安全完成检修项目，安全事故为“零”。

2. 施工作业安全管理规定

(1)头部保护。头部保护必须使用合格的安全帽，不得在安全帽上钻孔及做其他任何变动，戴安全帽时要紧好下颚帽带。

(2)眼部和脸部保护。电气焊作业、打磨作业及喷砂作业人员必须佩戴防目镜和相应的面罩。

(3)手部保护。检修作业或进入现场作业需佩戴手部的劳保用品，涉及有毒有害化学品或化学溶剂介质作业时，应佩戴专用手套；

(4)脚部保护。检修作业或进入现场作业需穿符合标准的劳保鞋；可能发生高处坠落或掉落物件的周边设置有效的防护栏杆。

3. 事故预防措施

(1)严格按照 HSE 管理程序进行各种作业，杜绝“三违”现象；

(2)落实工作过程中的危害识别与评估，全力推行 HSE 体系的全面实施和正常运行；

(3)落实各项安全措施，把握直接作业环节安全管理，防止检修作业事故发生。

六、在线检修

1. 调节阀检查

(1)附件检修，更换破损锈蚀的接头、风线管，调试、更换阀门定位器、过滤减压阀、保位阀、气动换向阀、放大器、回讯器、阀位开关等其他附件。

(2)按调节阀、定位器铭牌上标识的数据检查调节阀，对常规调节的调节阀分别断电、断气检查故障状态与铭牌标识相符。

(3)增加(气开阀)或者减少(气关阀)气信号，使得控制阀开到最大位置，确认指针与刻度盘是否吻合，误差不应大于全行程的2%；如果误差超过允许范围，断开阀杆和推杆的连接件，重新调整控制阀的初始位置。

(4)对附带锁位阀的调节阀需断开气源，确定能锁位。

(5)对附带电磁阀的调节阀需对电磁阀断电，确定其动作状态。

(6)对附带气罐的调节阀需断开主气源，单独利用其储气罐对阀进行一次校验，确定事故状态下能正常切换。

(7)对带手轮的调节阀需切换到手动状态下，确定手动操作的顺利进行。

(8)检查定位器参数，进行自动整定或手动整定。

(9)利用信号发生器如FLUKE 741给4~20mA信号控制调节阀开度，调节阀开度与所给信号一致；对正作用调节阀4mA对应0%开度，20mA对应100%开度，反作用调节阀4mA对应100%开度，20mA对应0%开度；记录调节阀启动最小电流值。

2. 开关阀检查

(1)给开关信号，控制阀的动作方向与要求一致；

(2)确认阀开及阀关位置，调整与确认内、外限位螺钉；

(3)单气缸正作用型阀开状态的调整与确认：以输出轴头部的键槽为基准，确认从全开到全关是否转到规定的角度，否则重新调整内限位螺钉。

(4)双气缸及单气缸反作用型阀开状态的调整与确认：确认阀板达到规定的开度，否则重新调整外限位螺钉。

3. 薄膜执行机构检修

(1)松开膜头螺栓，先在膜头一对角上换上两套长螺栓，再均匀地松开螺栓，待弹簧力卸尽后方可拆除长螺栓(有手轮的视情况拆除手轮机构)；

(2)检查膜片应无损伤、顶盘无锈蚀、弹簧未变形、推杆及密封件无磨损，更换不合格的部件，锁紧推杆背紧螺帽；

(3)合上膜头上盖，用长螺栓均匀预紧，到其他螺栓能连上时再按对角法均匀地分多次拧紧螺栓；

(4)连上执行机构与阀体，上好推杆与阀杆连接块；

(5)对于正作用执行机构，要在气室通入比额定的最大气信号小于15~20kPa的气信号时，连接阀杆和执行机构推杆，以确保关闭时控制阀泄漏量最小；

(6)对于反作用执行机构，要在气室通入比最小气信号大于15~20kPa的气信号时，连接阀杆和执行机构推杆，以确保关闭时控制阀泄漏量最小。

4. 活塞式执行机构检修更换

(1)确认拆除前执行机构处于事故状态(对不带弹簧的双气缸比较重要)，在阀体、气缸、连接头等处做好标记，记下各部件连接方位；

(2)拆除气缸，在人抬或吊具就位后松开气缸与阀体连接块及螺栓，取下气缸，注意拿好传动连接件，防止掉落伤人；

(3)把备用气缸的位置旋到事故位置，安装好备用气缸，装好传动连接件及连接块。

5. 更换填料

(1)用专用工具把填料函取出，记录好填料的个数，以避免回装时出现少装或错装；

(2)对取出的填料函进行清理、上润滑油并更换掉旧的O形圈；

(3)清理后回装填料，确认填料个数，按照所做的标记回装，并在阀杆上涂抹润滑油。

6. 控制阀校验

(1)使用带手轮的控制阀应注意手轮位置指示标记，校验时手轮置为“自动”位；用作限位用的，应在单校和回路试验合格后再打到预定位置。

(2)基本误差校验。将输入信号平稳地按增大和减小方向给阀门定位器，观察各点所对应的行程值。试验点为输入信号范围的0%、25%、50%、75%、100%五个点，各点偏差应在±1%左右。

(3)回差校验。在同一输入信号所测得的正反行程的最大差值即为回差。用调节阀的额定行程的百分数表示，不应超过1.0%。

(4)始终点偏差校验。将输入信号的上、下限值分别加入定位器，测量相应的行程值，偏差不应超过1%。要特别注意保证气开式调节阀的始点、气关式调节阀的终点在阀关位置上。

(5)死区校验。在输入信号的25%、50%、75%三点上进行校验，方法为缓慢改变(增大或减小)输入信号，直到观察出一个可察觉的行程变化(0.1mm)。此点上正、反两方向的输入信号差值即为死区，不应超过全量程的3%。

(6)灵敏度试验。对控制精度要求高的调节阀做灵敏度试验，将调节阀阀位分别停留在25%、50%、75%处，增加或降低执行机构的输入信号范围的0.3%，调节阀能响应动作。

(7)全行程时间试验。开关阀和在设计时对调节器的全行程时间有明确要求的调节阀(通常为自保开关阀)，需进行全行程时间试验；在调节阀处于全开(或全关)状态下，操作电磁阀，使调节阀处于全开(或全关)，用秒表测定从电磁阀开始动作到调节阀走完全行程的时间，该时间不得超过设计值；对于保持器、保压储气罐、继动器、联锁电磁阀等附件应当在回路试验过程中一并检查；对带有阀位回讯器(开、关位置回讯，行程回讯)的执行机构，应在回路试验过程中对附件进行检查、校验；DCS显示状态应与现场控制阀状态一致。

(8)参考附件1校验记录格式记录控制阀校验情况。

7. 恢复清场

清理现场，回收工具，控制阀处于可用状态。

七、下线检修

1. 控制阀下线

(1)对控制阀的阀门定位器、过滤器、电磁阀、保位阀、气动放大器等附件的各信号接口、介质流向标记记录。用数码相机对控制阀整体、控制阀所带的重要附件，控制阀故障点、标牌，重要连接位置从多个角度进行拍照，并把图片编号妥善保存。

(2)按照检修位号清单对控制阀断电、断气检查阀的故障状态，做好记录。

(3)对于角行程的气缸阀记下阀的旋转方向(一般为顺时针关阀，逆时针开阀)，以免检修中出错、弄反的事故及安装时不小心损坏回讯开关等。

(4)从机柜间或现场接线箱出线端拆除到控制阀的控制、回讯等信号线，电缆头用绝缘胶布包好。

(5)关闭气源球阀，拆除气源风线，待执行机构内仪表风完全泄放后视情况拆除阀门定位器、过滤减压阀、保位阀、气动换向阀、放大器、风线管等附件；各接口可靠封堵，信号线接头用绝缘胶布包好，附件整理好带回值班室按位号集中保管。

2. 运输

(1)与相关人员确认要装车的控制阀完好情况，发现问题(如定位器被压坏、减压阀被压坏、反馈杆被压断损坏等情况)及时上报告；

(2)开具控制阀出厂票据；

(3)把控制阀装车运往维修地点进行维修。

3. 解体检修

1)清洗检查

(1)清洗。滞留在阀体腔内的工艺介质是具有腐蚀或放射性的，在进入解体工序前必须以水洗或蒸汽吹扫的方法，将控制阀被工艺介质浸责的部件清洗干净；

(2)阀体、阀座、阀芯、阀板等阀内组件的检查，查看是否受流体介质的腐蚀和冲蚀；

(3)检查上阀盖的填料函处、阀体、上阀盖、下阀盖各法兰密封面的腐蚀程度；

(4)检查执行机构中膜片和O形密封圈老化，裂损程度；

(5)根据零部件损伤程度情况，决定采用更换或修复处理。

原则上所有拆除的密封填料、法兰垫圈、O形密封圈需更换；有损伤而又不能保证下一运行周期工作的零件也应更换；重要的零部件如阀芯、阀杆、阀座等若损伤严重又不能恢复的应进行更换；轻度损伤的，可通过补焊、机加工、研磨等各种手段予以修复。

2)阀体检修

(1)检查阀杆表面必须光滑，无毛刺、腐蚀、凹坑、轴向划痕等影响密封的缺陷；

(2)控制阀解体后，检查阀内部件(如阀芯、阀笼、阀座、导套等)及阀体的腐蚀和损坏情况，如发现阀芯、阀座或阀笼、导向套等已损坏的部件应修复或更换，并在检修单里详细记录检修内容和更换配件内容；

(3)阀芯阀座的密封面不得有冲刷、腐蚀、凹坑、划痕等影响密封的缺陷；

(4)阀盖密封面、法兰密封面、阀体上放置阀座的密封面等密封部位不得有腐蚀、凹坑、径向划痕等影响密封的缺陷；

(5)大修的控制阀应更换其全部填料及阀内垫片，有注油器的控制阀，应彻底清洗注油器(去除陈旧油脂)，在复位时，必须注满新的高温专用油脂；

(6)禁油控制阀更换内件时，先用除油剂清洗备件，在复位前还须对内件和阀内腔彻底清洗一次，做好已清洗的标识；

(7)先粗磨后细磨，直至阀芯与阀座的密封面为连续线接触，最后要把阀内件上研磨剂清洗干净。

3)执行机构检修

(1)气开式控制阀薄膜气室加入适当的气压使阀芯与阀座脱离接触后，方能旋转阀杆，使之与执行机构的推杆分离；

(2)波纹管密封应首先将阀体与上阀盖分离后，方可进行其他零部件的解体工作，否则将可能使波纹管扭曲而遭损；

(3)必要时需将执行机构组件完全分解，对薄膜、活塞、弹簧等易损件进行检查；

(4)执行机构分解后的零部件应集中存放塑料箱内，以防散失或碰伤。

4. 试压测试

(1)执行机构密封性测试。将设计规定的额定压力的气源通入封闭气室中，切断气源，5min内薄膜气室中的压力下降不得超过2.5kPa。

(2)耐压强度测试。控制阀应以1.5倍公称压力进行不少于3min的耐压试验，不应有肉眼可见的渗漏。

(3)填料函及其他连接处密封性测试。应保证在1.1倍公称压力下无渗漏。

(4)检查、检修、测试完成，按照附件2格式填写控制阀检修记录卡，用于存档。

5. 回装

(1)检修完成的控制阀按原先的标记回装上阀盖并固定其相应螺母，并按行程进行上阀盖与执行机构推杆连接件的固定；回装定位器、减压阀等附件。

(2)在装配的全过程中特别重视各零件相互间的对中性。

(3)阀体与上下阀盖组装时，用对角线十字逐次旋紧法，螺栓上涂抹二硫化钼润滑剂。

(4)密封填料装配：

①使用开口填料时，应使相邻两填料的开口相错180°或90°；

②对需定期向注油器加润滑油的调节阀，应使填料函中的填料套(又称灯笼套)处于适中位置，与注油口对准；

③按填料的材质选用合适的润滑密封油脂。

6. 单校

(1)基本误差校验；

(2)回差校验；

(3)始终点偏差校验；

(4)死区校验；

(5)灵敏度试验；

(6)全行程时间试验；

(7)参考附件 1 校验记录格式记录控制阀校验情况。

具体的校验要求参考“六、在线检修”相关部分。

7. 清场恢复

清理现场，控制阀返回现场，与相关人员对接交付。

附件 1：

调节阀/开关阀校验记录

<table>
<tr><td colspan="2">仪表名称</td><td></td><td>仪表型号</td><td></td><td>仪表位号</td><td></td></tr>
<tr><td colspan="2">制造厂</td><td></td><td>精确度</td><td></td><td>出厂编号</td><td></td></tr>
<tr><td colspan="2">行程</td><td></td><td>允许误差</td><td></td><td>阀芯特性</td><td></td></tr>
<tr><td colspan="2">规格</td><td colspan="3">PN=　　DN=　　d_i=</td><td>作用形式</td><td></td></tr>
<tr><td colspan="2">标准表名称</td><td></td><td>精度</td><td></td><td>编号</td><td></td></tr>
<tr><td rowspan="2">阀门定位器</td><td>型号</td><td colspan="3"></td><td>作用方向</td><td></td></tr>
<tr><td>气源</td><td>MPa</td><td>输入</td><td></td><td>输出</td><td></td></tr>
<tr><td colspan="5">检修内容</td><td colspan="2">检修结果</td></tr>
<tr><td colspan="5"></td><td colspan="2"></td></tr>
<tr><td colspan="2">全行程时间/s</td><td>开阀</td><td colspan="2"></td><td>关阀</td><td></td></tr>
<tr><td colspan="2" rowspan="2">被校刻度</td><td colspan="3">带阀门定位器</td><td colspan="2">不带阀门定位器</td></tr>
<tr><td>0</td><td>50%</td><td>100%</td><td>0%</td><td>100%</td></tr>
<tr><td colspan="2">输入信号(　)</td><td></td><td></td><td></td><td></td><td></td></tr>
<tr><td colspan="2">标准行程(　)</td><td></td><td></td><td></td><td></td><td></td></tr>
<tr><td rowspan="2">实测行程
(　)</td><td>正</td><td></td><td></td><td></td><td></td><td></td></tr>
<tr><td>反</td><td></td><td></td><td></td><td></td><td></td></tr>
<tr><td rowspan="2">误差
(　)</td><td>正</td><td></td><td></td><td></td><td></td><td></td></tr>
<tr><td>反</td><td></td><td></td><td></td><td></td><td></td></tr>
<tr><td colspan="2">回差(　)</td><td></td><td></td><td></td><td></td><td></td></tr>
<tr><td colspan="2">质量评定</td><td colspan="5"></td></tr>
<tr><td colspan="7">更换零配件：</td></tr>
<tr><td colspan="4">检修人：</td><td colspan="3">验收人：</td></tr>
</table>

附件 2：

控制阀检修记录卡

部门：________________ 检修日期：20____年____月____日

技术参数						
	位号		装置名称		生产厂家	
	产品型号		产品名称		产品规格	
	压力等级		温度等级		介质名称	
	介质温度		阀座直径		流量特性	
	流通能力		密封型式		泄漏等级	
	法兰型式		填料型式		阀体材质	
	阀芯材质		阀杆材质		阀座材质	
	执行机构类型		执行机构型号		执行机构规格	
	作用型式		行　　程		弹簧范围	
	供气压力		手轮机构		定位器类型	
	定位器型号		信号范围			
	其他附件		装置名称			

检查维修内容				
	1. 解体清洗 ☐	2. 检查阀芯阀杆连接 ☐	3. 检查连接螺纹 ☐	4. 检查填料函及密封 ☐
	5. 校修阀杆 ☐	6. 补焊阀芯、阀座 ☐	7. 车修阀芯、阀座 ☐	8. 车、镗修套筒 ☐
	9. 配研阀芯、阀座 ☐	10. 补焊、车修阀体 ☐	11. 拆检执行机构 ☐	12. 添加润滑剂 ☐
	13. 禁油处理 ☐	14. 防腐处理 ☐	15. 组装、单调、联调 ☐	16. 上线复位 ☐
	17. 更换推杆密封件 ☐	18. 更换推杆 ☐	19. 更换活塞密封件 ☐	20. 更换膜片 ☐
	21. 更换执行机构弹簧 ☐	22. 更换防水部件 ☐	23. 更换支架 ☐	24. 更换填料部件 ☐
	25. 更换阀内垫片 ☐	26. 更换阀座密封件 ☐	27. 更换阀座弹簧 ☐	28. 更换阀芯(球芯、阀板) ☐
	29. 更换平衡密封环 ☐	30. 更换阀杆(转轴) ☐	31. 更换阀座 ☐	32. 更换套筒 ☐
	33. 更换阀体 ☐	34. 更换阀体组件 ☐	35. 更换执行机构 ☐	36. 其他 ☐

性能测试	测试项目 测试内容	试验介质	试验压力	保持时间	允许泄漏量	实际泄流量	试验结果
	执行机构气密试验	气压		3min	0	0	合格 ☐
	耐压及填料密封试验	水压		5min	0	0	合格 ☐
	泄漏量试验/(mL/min)	水压		5min			合格 ☐

校验测试记录									
		相对行程/%							
	标准值	行程/mm							
		输入信号/mA							
	实测值	正行程							
		反行程							

备注								
记录		检修		校验				

记录卡编号：__________

Ⅱ-2　设备检修与控制系统检修冲突作业方案

一、作业内容

(1)作业内容。水力除焦控制系统检修改造和除焦设备检修涉及的电气和仪表回路保护。

(2)原因说明。水力除焦程控柜部分电路需要在停工检修期间检修改造，但水力除焦单元中控制钻机绞车的西门子 S7-200PLC、变频器与水力除焦控制系统 S7-400 PLC 关联；钻机绞车的联锁动作允许条件，由水力除焦控制系统给到 S7-200 PLC，钻机绞车运行回讯又接入水力除焦控制系统：水力除焦控制系统和钻机绞车控制系统的相关继电器触点接入关联控制回路，变频器频率检测输出接入水力除焦控制系统。为解决水力除焦控制系统检修与除焦设备检修时发生仪表和电气回路冲突，避免引起短路以及联锁条件不满足，需要根据现场情况进行短接等处理才能满足两个专业检修的需要。

二、作业准备

(1)开具合格的仪表检修作业票，确认作业安全环境。

(2)佩戴合适的劳保用品。

(3)工器具准备：一字、十字电工螺丝刀，绝缘胶带，万用表。

三、作业方案

(1)确认水力除焦程控系统处于停工状态。

(2)两个控制系统关联点确认。

①水力除焦 PLC 系统继电器常开触点接入钻机绞车 PLC 的 DI 回路 8 个：

KC23 常开点：D101 绞车允许上升　　KC24 常开点：D101 绞车允许下降

KC25 常开点：D102 绞车允许上升　　KC26 常开点：D102 绞车允许下降

KC27 常开点：D103 绞车允许上升　　KC28 常开点：D103 绞车允许下降

KC29 常开点：D104 绞车允许上升　　KC30 常开点：D104 绞车允许下降

②钻机绞车 PLC 继电器常开触点接入水力除焦 PLC 的 DI 回路 12 个：

KC101 常开点：D101 绞车上升检测　　KC102 常开点：D101 绞车下降检测

KC1 常开点：D101 绞车启动检测　　KC111 常开点：D102 绞车上升检测

KC112 常开点：D102 绞车下降检测　　KC113 常开点：D102 绞车启动检测

KC201 常开点：D103 绞车上升检测　　KC202 常开点：D103 绞车下降检测

KC203 常开点：D103 绞车启动检测　　KC211 常开点：D104 绞车上升检测

KC212 常开点：D104 绞车下降检测　　KC213 常开点：D104 绞车启动检测

③变频器绞车频率检测模拟量输出接入水力除焦控制系统 AI 点 4 个：

PIW392：1#绞车频率检测　　PIW394：2#绞车频率检测

PIW396：3#绞车频率检测　　PIW398：4#绞车频率检测

(3)断开相关回路接线并做保护。对上述所有继电器的常开触点和模拟量点在变频柜内断开接线，用绝缘胶带包裹绝缘；如果设备专业暂时不需要对钻机绞车检修，仪表专业可按计划组织水力除焦 PLC 检修；如果设备专业检修需要使用钻机绞车，绞车联锁动作条件不具备，需要按照下面一步进行处理。

(4)当钻机绞车检修安装完成需要进行测试或者吊装设备，将对应位号的钻机绞车允许上升和允许下降的常开触点短接，使钻机绞车联锁动作条件满足；在钻机绞车使用完成后，将已经短接的触点断开，用绝缘胶布包扎保护。

(5)清场恢复。作业完毕后，将施工废料、垃圾等收集到指定位置，保持干净现场。

四、质量控制点

(1)仪表和电气零部件完好，动作灵活、线路良好；

(2)核对图纸，确保每一项作业按照图纸进行。

Ⅱ-3　停工吹扫作业方案

一、作业内容

用蒸汽吹扫黏稠、有毒介质等＊＊＊装置＊＊＊台现场仪表及仪表管路。

二、作业准备

(1)开具合格的仪表作业许可证和高空作业票，确认脚手架按规范搭建。

(2)佩戴合适劳保用品。

(3)工器具准备：各种尺寸呆扳手，各种尺寸活头扳手，管钳2把，F型阀扳2把，安全带5根，铁桶5个。

(4)根据工艺吹扫方案制定仪表吹扫顺序路径；拆卸低于吹扫蒸汽温度的双金属温度计、管道式流量计等；拆卸工艺吹扫线路上的调节阀并准备好临时短接管道。

(5)列出需吹扫的仪表位号清单、标注吹扫顺序，并按装置打印吹扫仪表清单。

三、作业方案

1. 现场条件确认

(1)现场确认工艺吹扫完毕或已经允许仪表专业吹扫，而且相关塔器、管线内尚存有合适压力的蒸汽；

(2)根据相关管线蒸汽存留时间核对优化仪表吹扫顺序及时间；

(3)按打印版吹扫仪表清单现场分组。

2. 吹扫

(1)普通差压仪表吹扫。关闭变送器三阀组正、负压手柄，拆卸正负压排污阀堵头，缓慢打开排污阀，吹扫3~5min，确认有干净蒸汽排除后关闭排污阀；吹扫完成后，关闭仪表一次阀、放空阀、排污阀，拧紧排污堵头。

(2)带冲洗油的差压仪表吹扫。仪表引压管线部分吹扫与普通差压仪表相同，增加对仪表冲洗油管线的吹扫；仪表冲洗油管线的吹扫，必须在工艺确认冲洗油已经退回冲洗油罐且冲洗油总管线已经吹扫完成后才能进行；冲洗油线的吹扫首先打开冲洗油三阀组，吹扫方法与差压仪表引压管线吹扫方法相同，其次从仪表放空阀、排污阀处排放蒸汽，确认吹扫合格后关闭冲洗油总阀及三阀组。

(3)浮筒液位计吹扫。确认工艺吹扫合格且尚具备仪表吹扫条件或可以与工艺同步吹扫，塔器内蒸汽满足吹扫要求；缓慢打开浮筒放空阀，确认蒸汽从放空阀排出，缓慢打开浮筒排污阀，确认浮筒内残留介质排出后，观察排污口蒸汽排除情况，吹扫3~5min，确认干净后关闭一次阀、放空阀、排污阀。

(4)玻璃板液位计吹扫。确认工艺吹扫合格且尚具备仪表吹扫条件或可以与工艺同步吹扫，塔器内蒸汽满足吹扫要求；缓慢打开玻璃板液位计放空阀，确认蒸汽从放空阀排出，缓慢打开玻璃板液位计排污阀，确认玻璃板液位计内残留介质排出后，观察排污口蒸汽排除情况，持续吹扫3~5min，确认干净后关闭一次阀、放空阀、排污阀。

(5)法兰式变送器吹扫。法兰式变送器与设备连接部位有排污孔的，拆开堵头进行吹扫，吹扫时不要用蒸汽对着法兰膜片；与设备连接部位无排污孔的应拆开法兰进行吹扫。

(6)吹扫过程根据现场实际处理排出液体，尤其在打开放空阀、排污阀排放过程注意用铁桶或其他方式接液，避免随意排放。

(7)吹扫过程中，如果放空阀、排污阀堵塞需要进行疏通，勿必防止喷溅；如果一次阀堵塞，同样需要疏通；吹扫情况记录在打印版吹扫仪表清单中。

(8)吹扫完成，按要求停用相关仪表，并做好停用记录。

3. 清场恢复

吹扫完毕后，清理干净现场的油污、废工艺介质等，保持现场清洁。

四、质量控制点

(1)吹扫时间足够，仪表管路清洁、畅通、无阻塞；

(2)结合工艺吹扫计划按顺序吹扫。

Ⅱ-4 仪表风系统改造施工方案

一、作业内容

(1)项目名称：硫黄回收装置仪表风线改造。

(2)作业内容：风线引压管预制，旧风线拆除，新风线连接固定。

二、作业准备

(1)开具合格的仪表作业许可证及动火作业许可证。

(2)确认动火作业安全环境，准备灭火器、防火棉等消防用品。

(3)佩戴合适劳保用品。

(4)工器具准备：各种尺寸呆扳手，各种尺寸活头扳手，绝缘胶布，密封胶带，各种尺寸螺丝刀，卷尺或皮尺，管钳，焊机，切割机，套丝机。

三、作业方案

(1)风线预制。

①按设计图纸实地测量风线长度，相关图纸见图B-2~图B-11；

②按测量长度提前预制风线；

③角铁钻孔预制。

(2)旧风线拆除，整理放置备用。

(3)按照图B-2~图B-11进行现场风线配管连接，并检查焊接角铁是否固定并试漏。

(4)清场恢复，施工完毕将施工废料、垃圾等收集到指定位置，清理干净现场。

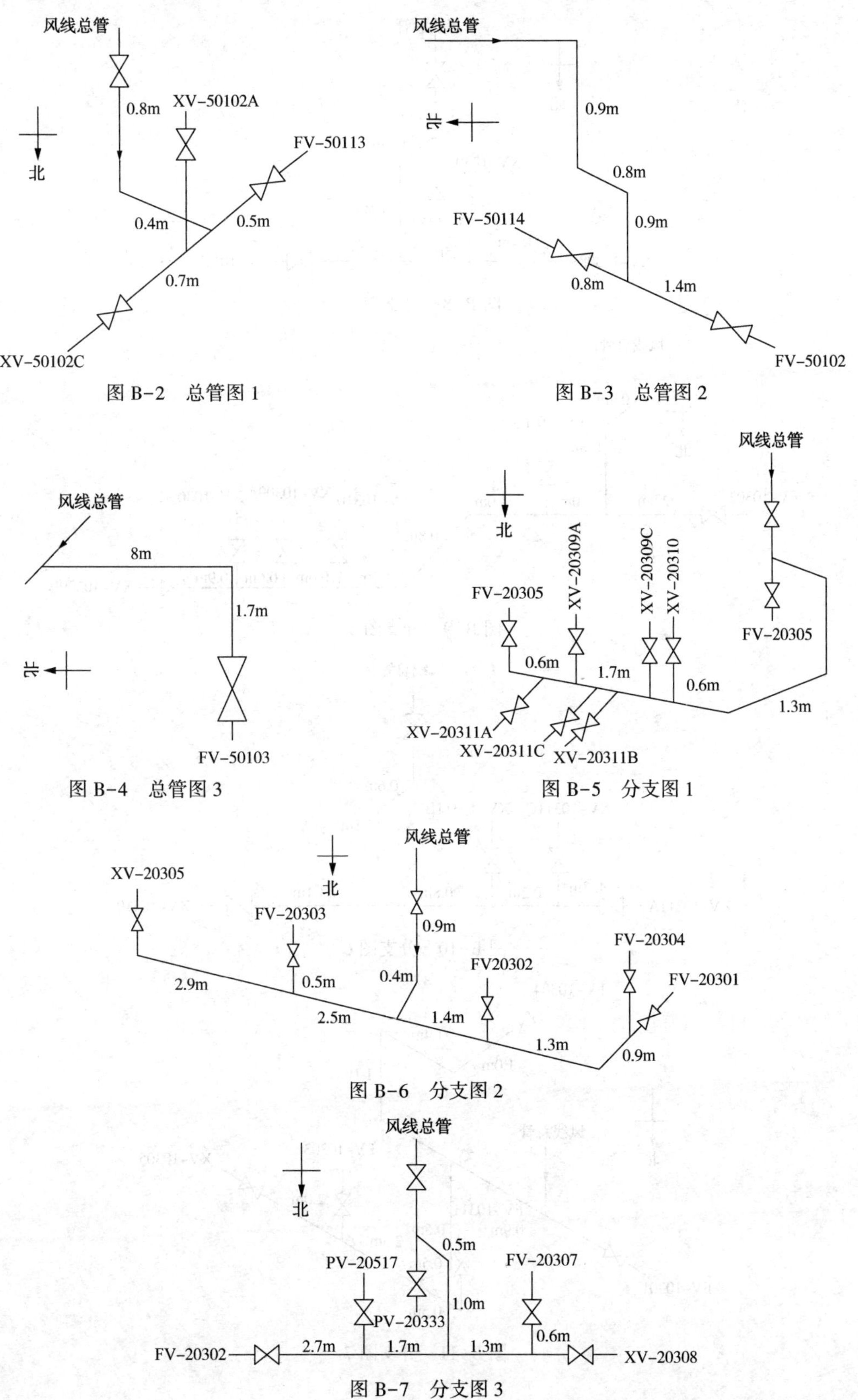

图 B-2 总管图 1

图 B-3 总管图 2

图 B-4 总管图 3

图 B-5 分支图 1

图 B-6 分支图 2

图 B-7 分支图 3

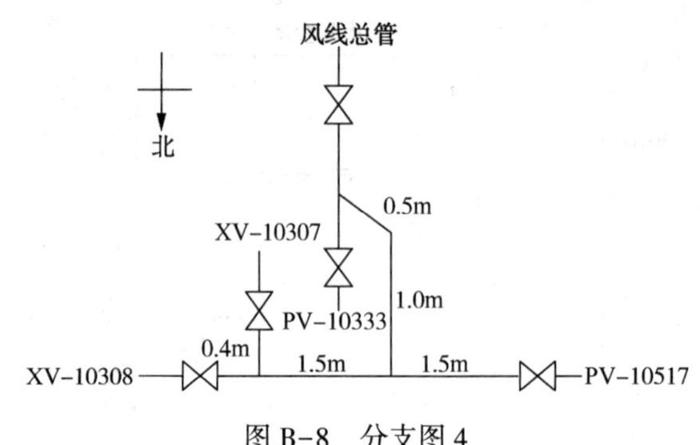

图 B-8　分支图 4

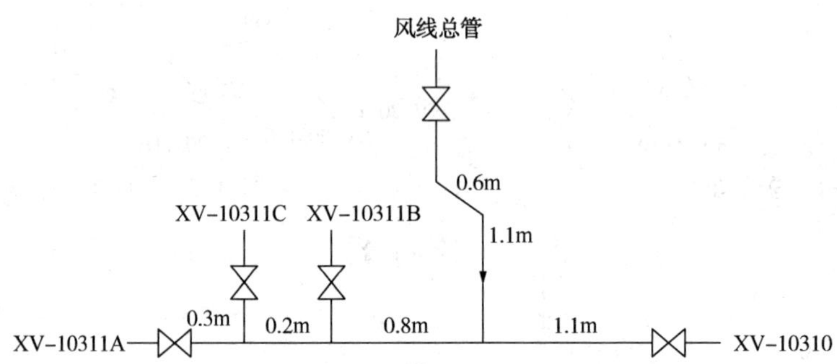

图 B-9　分支图 5

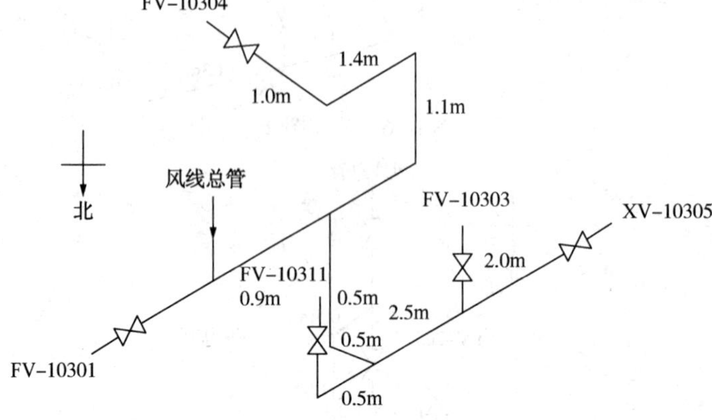

图 B-10　分支图 6

图 B-11　分支图 7

四、质量控制点

(1)配管合理、无漏点；
(2)工完料净场地清。

Ⅱ-5 孔板改楔式流量计施工方案

一、施工内容

(1)安装仪表设备：楔式流量计6台。
(2)敷设分支电缆75m，制作安装角钢支架30m。
(3)楔式流量计安装、校验、回路试验。

二、施工准备

(1)技术准备。编制指导现场施工的施工方案，并由仪表工程师向施工人员进行现场技术交底。
(2)人员准备。选择合格、称职、经验丰富的施工人员，并确认所有人员职责及具体工作内容。
(3)工器具准备(表B-3)

表B-3 工器具清单

名 称	规 格	单位	数量	主要用途
万用表	数字	台	1	回路的检测
摇表		台	1	绝缘测试
剥线钳		把	1	剥线
压线钳		把	1	压线
斜口钳		把	1	裁线
一字螺丝刀	6mm×150mm 2. 5mm×75mm	把	各1	用于接线端子紧固
十字螺丝刀	6mm×150mm 2. 5mm×75mm	把	各1	用于接线端子紧固
电焊机		台	1	预制、固定支架等
安全带	1. 5m，承重100kg	付	4	高空作业人员佩带
内六方扳手		套	1	仪表开盖用

(4)设备材料准备。按照施工图纸在施工前对仪表设备、材料和管件等进行核对检查；其规格、型号、材质、数量、压力等级等应符合设计和规范要求，外观无损坏、损伤等缺陷。合格证与鉴定证书齐备，随机资料和附件齐全，在施工前将施工用料从库房领出。

(5)进度计划。根据项目总体要求与进度安排，编制施工进度计划，进度计划示例见表B-4。

表 B-4 施工进度计划表

序号	施工步骤	工期(日)		
		1	2	3
1	仪表槽盒预置安装			
2	电缆绝缘测试合格			
3	电缆敷设，槽盒盖板安装			
4	仪表单体校验			
5	楔式流量计安装			
6	变送器及支架安装			
7	绝缘测试合格，接线			
8	仪表参数设置，并记录			
9	回路试验			

(6)施工安全宣贯。参照表 B-5 内容对施工人员进行施工安全宣贯。

表 B-5 孔板改楔式流量计施工作业危害识别及控制措施

序号	作业内容	主要危害或潜在事件	主要后果	关键控制措施
1	电缆敷设	物体坠落	人员伤亡	做好技术交底；做好高空作业各种防护，系好安全带
2	仪表设备安装	设备倒下损坏	砸伤人员，设备损坏	系好安全带； 做好各种防护措施
3	仪表支架焊接及保护管安装	焊接时烧伤、触电，高空作业发生人员伤亡	人员伤亡	做好配送基本要求； 按电气作业规程操作； 做好高空作业各种防护
4	系统调试	接错线、短路	仪表烧坏	调试前对照图纸检查线路； 正确使用电器设备

三、施工步骤

(1)架子搭设。现场察看后，确认 FT-04402 敷设电缆至接线箱，沿途需搭设垂直架子 2m×1.5m×15m；FT-01501 电缆敷设及角钢支架安装需沿途需搭设垂直架子 2m×1.5m×12m。

(2)预制。按照位号打印好项目所需号码管，敷设电缆所需的角钢，结构支架提前预制切割和钻孔，仪表支架预制 2 支(变送器和接线箱支架：1.2m)。

(3)拆除设备。拆除 4 台变送器及孔板、1 台靶式流量计、1 超声波流量计仪表；拆除 FT-01801、01802、04601、01501 原有引压管及冲洗管线；拆除 FT-03301/04402/01501 分支电缆。

(4)电缆敷设。安装仪表电缆用角钢支架，铺设分支电缆：

①FT-01801/01802/04601 电缆利旧；

②仪表角钢配置，由现场接线箱到仪表 FT-03301/04402/01501，安装 30m；

③测试电缆绝缘，并确认电缆绝缘测试合格；

④电缆敷设；

⑤电缆敷设完毕，安装槽盒盖板，检查确认安装牢固，并填写附件 1“电缆敷设检测记录”。

(5)仪表单校。

①按照附录Ⅰ-2“压力(差压)变送器检修作业指导书”相关内容校验变送器；

②记录变送器校验数据，对线性不好的变送器做好记录并汇报；

③根据设计要求检查修改变送器差压、量程等组态参数。

(6)安装接线。

①确定介质流向，安装楔式流量计；

②根据节流元件安装位置，配置连接引压管、放空阀、排污阀等；

③安装固定 6 台流量变送器；

④并按照附件 2“仪表安装检查记录”检查记录；

⑤按位号逐一校对所有接线，确认电缆绝缘良好敷设正确后，按正确极性接线，注意电缆格兰防水密封性检查。

(7)回路试验。

①设置仪表参数并记录；

②回路试验，现场手操器给信号，观察并记录 DCS 指示，具体参考标准化检修中回路试验相关内容。

(8)清理现场。清理现场施工废料、垃圾及废旧仪表设备材料。

四、质量标准

(1)楔式流量计方向与工艺介质流向相同；

(2)敷设电缆时保护好槽盒原有电缆；

(3)施工记录要求清晰、准确、真实。

附件 1：

电缆敷设检测记录

<table>
<tr><td colspan="2">SH/T 3503-J507</td><td colspan="3">电缆敷设与绝缘检测记录</td><td colspan="3">项目名称：
单元名称：</td></tr>
<tr><td>序号</td><td>编号</td><td>型号规格</td><td>起点</td><td>终点</td><td>敷设方式</td><td>长度/m</td><td>绝缘电阻/MΩ</td></tr>
<tr><td></td><td></td><td></td><td></td><td></td><td></td><td></td><td></td></tr>
<tr><td></td><td></td><td></td><td></td><td></td><td></td><td></td><td></td></tr>
<tr><td></td><td></td><td></td><td></td><td></td><td></td><td></td><td></td></tr>
<tr><td colspan="3">监理单位</td><td colspan="3">项目单位</td><td colspan="2">施工单位</td></tr>
<tr><td colspan="3">专业工程师：

日期：　年　月　日</td><td colspan="3">专业工程师：

日期：　年　月　日</td><td colspan="2">专业工程师：
质量检查员：
施工班组长：
日期：　年　月　日</td></tr>
</table>

附件 2：

仪表安装检查记录

<table>
<tr><td colspan="2">＊＊＊＊(公司)</td><td>现场仪表安装检查记录</td><td colspan="3">工程名称：
单元名称：</td></tr>
<tr><td colspan="2">仪表名称</td><td colspan="4"></td></tr>
<tr><td colspan="2">仪表位号</td><td colspan="4"></td></tr>
<tr><td>序号</td><td colspan="2">检查项目与要求</td><td>检查结果</td><td>检查日期</td><td>备注</td></tr>
<tr><td>1</td><td colspan="2">仪表型号、规格、材质、测量范围、压力等级、数量等符合设计文件要求</td><td></td><td></td><td></td></tr>
<tr><td>2</td><td colspan="2">仪表的水平度、垂直度、安装标高、位号标志牌符合设计文件和规范要求</td><td></td><td></td><td></td></tr>
<tr><td>3</td><td colspan="2">仪表的可读性(刻度)符合设计文件和规范要求</td><td></td><td></td><td></td></tr>
<tr><td>4</td><td colspan="2">仪表保温箱、保护箱的水平度、垂直度、安装标高、位号标志牌符合设计文件和规范要求</td><td></td><td></td><td></td></tr>
<tr><td>5</td><td colspan="2">接线盒的水平度、垂直度、安装标高、位号标志牌、接线、接地安装符合设计文件和规范要求</td><td></td><td></td><td></td></tr>
</table>

续表

序号	检查项目与要求	检查结果	检查日期	备注
6	分支汇线槽、分支桥架的安装符合设计文件和规范要求			
7	电缆保护管安装符合设计文件和规范要求			
8	气源管、信号管安装符合设计文件和规范要求			
9	取源部件安装符合设计文件和规范要求			
10	测量管安装符合设计文件和规范要求			
11	隐蔽工程安装符合设计文件和规范要求			
12	伴热安装符合设计文件和规范要求			
13	分支电缆敷设、电缆头制作、接线及标志牌符合设计文件和规范要求			
14	安装所使用材料符合设计文件要求			

注："仪表名称"和"仪表位号"栏可按单元工程填写数台同类仪表或同个单元的仪表

结论：

施工班组长： 日期： 年 月 日	专业工程师： 日期： 年 月 日	质量工程师： 日期： 年 月 日

附录Ⅲ　参考表格

Ⅲ-1　自动化仪表变更申请审批单

申请部门：　　　　　　　　　申请人：　　　　　　　　　申请日期：

<table>
<tr><td rowspan="6">申请</td><td>装置名称</td><td colspan="3"></td></tr>
<tr><td>仪表名称</td><td></td><td>位号</td><td></td></tr>
<tr><td>变更名称</td><td colspan="3"></td></tr>
<tr><td>起止时间</td><td colspan="3"></td></tr>
<tr><td>变更原因</td><td colspan="3"></td></tr>
<tr><td>变更内容</td><td colspan="3"></td></tr>
<tr><td rowspan="4">审批</td><td>运行部
意见</td><td colspan="3">仪表工程师：
设备工程师：
工艺工程师：
安全工程师：
运行部经理：</td></tr>
<tr><td rowspan="2">设备中心意见</td><td colspan="3">仪表工程师：</td></tr>
<tr><td colspan="3">仪表经理：</td></tr>
<tr><td>HSE 中心会签</td><td colspan="3">HSE 工程师：</td></tr>
<tr><td>备注</td><td colspan="4"></td></tr>
</table>

Ⅲ-2　强制检定计量器具检定计划

×××(公司)×××年强制检定计量器具检定计划

序号	单元号	压力表	温度计	热阻热偶	流量计	要求送检时间	要求返回时间	可燃气有毒气报警仪	现场检定时间	备注
	101	479				10月10日	10月20日	74	10月15~30日	
	102	479			2	10月4日	10月15日	58	10月16~25日	
	103	105				10月4日	10月14日	16	10月16~24日	
	104	282			8	10月10日	10月17日	23	10月18~31日	
	105	101				10月4日	10月15日	14	10月16~27日	
	217	8				10月10日	10月15日	6	10月16~30日	
	106	408	166	388		10月10日	10月16日	89	10月16~31日	
	107	354	192	231	3	10月11日	10月18日	57	10月16~31日	
	108	263	122	127		10月12日	10月18日	40	10月16~31日	
	109	278	105	255	7	10月7日	10月12日	48	10月16~31日	
	110	170	109	340		10月14日	10月19日	61	10月16~31日	
	112	448	36	275	2	10月10日	10月15日	34	10月16~31日	
	113	223	40	74		10月11日	10月16日	51	10月16~31日	
	114	129	30	82	2	10月12日	10月17日	43	10月16~31日	
	115	113	80	64		10月13日	10月18日	58	10月16~31日	
	116	28	22	54		10月14日	10月19日	10	10月16~31日	
	341	177	62	220		10月15日	10月18日	30	10月12~20日	
	343	203	24	17	11	10月15日	10月18日	1	10月12~20日	
	301	133		48		10月14日	10月17日	15	10月12~20日	
	344	70	56	32		10月14日	10月17日	0	10月12~20日	
	307	142		15	20	10月14日	10月17日	54	10月12~20日	
合计		4593	1044	2222	55			782		

Ⅲ-3 强制检定计量器具备案、申请检定申报表

□备案　　□申请检定

单位名称(必填)：　　(盖章)×××公司　　联系人(必填)：　　手机(必填)：

地址(必填)：　　电子邮箱(必填)：　　填报日期(必填)：　　年　月　日

序号	计量器具名称(必填)	规格型号(必填)	测量范围(必填)	准确度等级(必填)	制造单位	制造计量器具许可证编号	出厂编号	安装使用地点(必填)	计量器具用途(必填)	上次检定日期(必填)	备注

××市质计所强检备案办公室	备案登记编号：________ 上述强检计量器具已登记备案 (盖章) 备案日期：年月日	×××市质量计量监督检测所检定受理意见： __________项，由我所检定； __________项，请向×××省计量科学研究院申请检定。 经办人：×××市质量计量监督检测所(盖章) 受理日期：　　年　月　日

说明：

1. 申请备案单位须提供营业执照(或法人登记证)及组织机构代码证复印件各3份(加盖公章)，根据备案或申请检定在“□”中打“√”。
2. 申请单位应对照实物如实填写本表的各项内容，本表填满后需另外附表填写。
3. 安装/使用地点：指具体的科室、部门、使用场所或大型设备。
4. 上次检定日期：指上次经法定计量检定机构检定合格的日期。
5. 计量器具用途：指社会公用计量标准、部门或企事业计量标准、贸易结算、安全防护、医疗卫生、环境监测等。
6. 此表一式四份，一份交计量行政部门，一份交计量技术机构，一份交财政部门，一份由申请单位留存。
7. 提供电子文档，发至邮箱：×××。

Ⅲ-4　I/O模块点检测试记录表

AI模块(3700)测试记录表

模块位置

通道	位号	测量范围(单位)	开方	0%	25%	50%	75%	100%	历史趋势	报警值(H)	SOE	报警值(L)	SOE	报警值(HH)	SOE	报警值(LL)	SOE
1																	
2																	
3																	
4																	
5																	
6																	
7																	
8																	
9																	
10																	
11																	
12																	
13																	
14																	
15																	
16																	

注：H—高报警值；L—低报警值；HH—高高报警值；LL—低低报警值。

测试日期：________年________月________日

记录人：

技术负责人：

质量检查人：

DI 模块(3503E)测试记录

模块位置　　　　　　　　　　　　　　　　　第　页　共　页

通道	位号	输入“0”	输入“1”	SOE	通道	位号	输入“0”	输入“1”	SOE
1					17				
2					18				
3					19				
4					20				
5					21				
6					22				
7					23				
8					24				
9					25				
10					26				
11					27				
12					28				
13					29				
14					30				
15					31				
16					32				

测试日期：________年________月________日

记录人：

技术负责人：

质量检查人：

DO 模块(3604)测试记录

模块位置　　第　页　共　页

通道	位号	输出“0”	输出“1”	SOE	通道	位号	输出“0”	输出“1”	SOE
1					1				
2					2				
3					3				
4					4				
5					5				
6					6				
7					7				
8					8				
9					9				
10					10				
11					11				
12					12				
13					13				
14					14				
15					15				
16					16				

测试日期：________年________月________日

记录人：

技术负责人：

质量检查人：

AO 模块(3805)测试记录表

模块位置

通道	位号	测量范围(单位)	0%	25%	50%	75%	100%	历史趋势	报警值(H)	SOE	报警值(L)	SOE	报警值(HH)	SOE	报警值(LL)	SOE
1																
2																
3																
4																
5																
6																
7																
8																
9																
10																
11																
12																
13																
14																
15																
16																

注：H—高报警值；L—低报警值；HH—高高报警值；LL—低低报警值。

测试日期：________年________月________日

记录人：

技术负责人：

质量检查人：

Ⅲ-5 装置检修交生产确认表

表单编号：

运行部： 装置名称： 确认时间： 年 月 日

序号	确认项目	确认单位	确认人
1	各项检修项目施工完毕，做到工完、料净、场地清	运行部 设备中心	
2	各类催化剂、添加剂均已装填完毕	运行部 生产指挥中心	
3	装置内所有照明设施完好备用	运行部 设备中心	
4	装置内平台完好，无漏洞；栏杆、直梯牢固，无残缺	运行部 设备中心 HSE 中心	
5	各种固定式报警仪和便携式报警仪完好备用	运行部 HSE 中心 设备中心	
6	电气接地设施完好	运行部 设备中心	
7	安全阀处于完好状态	运行部 设备中心	
8	劳动保护设施齐全	运行部 HSE 中心	
9	消防设施及消防器材齐全且达到完好备用条件	运行部 设备中心 HSE 中心	
10	装置内所有塔器人孔封闭	运行部 设备中心	
12	技改项目已施工完，遗留问题有解决措施	运行部 生产指挥中心	
备注			

确认签字	生产指挥中心		HSE 中心	
	设备中心		运行部	

Ⅲ-6 固定污染源烟气 CEMS 比对检测结果表

企业名称： 测试日期： 年 月 日

测试点位：

CEMS 主要仪器型号			
仪器名称	型号	原理	制作单位
CEMS 系统			
颗粒物分析仪			
二氧化硫分析仪			
氨氮分析仪			
氧量分析仪			
烟气流速			
烟气温度			

项目	参比法数据	CEMS 数据	单位	限值	检测结果
颗粒物					
二氧化硫					
氮氧化物					
氧量					
烟气流速					
烟气温度					

所用标准气体名称	浓度值	生产厂商名称

参比方法	所用仪器名称	型号、编号	原理	方法依据

备注	填写说明： 1. 核查烟气 CEMS 中过剩空气系数、烟气流量、污染物折算浓度、污染物排放速率等参数设置及计算是否正确； 2. 其他相关信息
结论	填写说明： 1. 对 6 项检测项目评价； 2. 评价过剩空气系数、烟气流量、污染物折算浓度、污染物排放速率等参数设置及计算是否正确； 3. 对不合格项提出整改意见

报告编写： 日期：

质量负责人： 日期：

技术负责人： 日期：

Ⅲ-7 水污染源自动监测设备比对监测结果表

排污企业名称		现场监测日期	
站点名称		分析日期	
工况		样品类型	
测试项目		在线仪表测量范围	

实际采样测定

样品编号	采样时间	在线仪表测定值	实验室测定值	比对试验绝对误差	比对试验相对误差/%	结果评定	备注

质控样品测定

标样编号	测试时间	测试结果	标准样品批号	标准样品浓度范围	结果评定	备注

技术说明

	方法	仪器名称	仪器型号	仪器出厂编号	检出限
实验室仪器					
在线仪器					

比对结果

注：pH 单位为无量纲，其余项目单位为 mg/L。

部门审核人：________ 项目负责人：________ 批准人：________

日　　期：________ 日期：________ 日期：________

批准人职务：